谢锦辉 主编

2011 广播电视规划院技术研究报告

（上册）

TECHNICAL RESEARCH REPORTS COMPILATION IN 2011
BY ACADEMY OF BROADCASTING PLANNING (ABP), SARFT

中国广播电视出版社
CHINA RADIO & TELEVISION PUBLISHING HOUSE

编 委 会

序　言

“十二五”时期是我国全面建设小康社会的重要时期，是深化改革开放、加快转变经济发展方式的攻坚时期。广播影视是我们党、政府和人民的喉舌，是国家重要的信息化基础设施和战略资源，是文化产业的中坚力量，在加快经济发展方式转变中具有重要战略地位。“十二五”期间，广播影视科技发展的主题是转变发展方式，推动全行业实现战略转型。推动战略转型要做到三个适应，一是要适应党和国家对未来媒体发展的要求、对舆论宣传的要求，确保广播影视作为国家主流媒体的地位和作用；二是要适应人民群众更趋多元、多变、多样的精神文化和信息需求，满足人民群众日益增长的新需求、新期待；三是要适应全球技术发展趋势和潮流，用全球的视野、战略的高度谋划广播影视科技的未来发展。

当前，全球正处于技术变革促进社会快速发展变化的新阶段，经济全球化、全球信息化迅猛发展，互联网迅速普及，新媒体不断涌现，传统广播电视面临巨大挑战。如何通过技术创新、业态创新、体制创新、服务创新和管理创新，把现有传统的广播电视网改造成为一张全国互联互通、信息共享、可管可控、安全可靠，具有中国特色的新型广播电视网，加快实现广播电视的战略转型，是摆在广大广播电视科技工作者面前的一道严峻课题。

2011 年是“十二五”规划的开局之年，广播电视规划院总结近年来在规划、标准、信息以及重大专项等研究领域的最新成果，坚持理论和实践相结合，精心编纂了《广播电视规划院技术研究报告（2011）》。报告内容涉及地面数字电视、移动多媒体广播、三网融合、电磁辐射与防护、数字电视图像序列以及云计算等多个领域，内容丰富、数据翔实、分析透彻，理论性和实用性强，对于我们把握发展趋势、分析存在的问题、提出对策性思路都具有很强的参考价值和借鉴意义。希望广播电视规划院秉承“支撑政府决策、服务行业发展”的工作宗旨，进一步加大研究力度，不断丰富年度技术研究报告的内容，提高质量、扩大影响，使之成为具有国际影响力的重要科技文献，为推动我国广播影视大发展大繁荣做出新贡献。

国家广播电影电视总局副局长 张海涛

2011 年 1 月于北京

前　言

广播电视规划院自成立以来，致力于广播电视技术标准、规划、检测、咨询和信息研究工作，坚持“科学、准确、公正、规范”的工作方针，以求真务实的工作精神、科学严谨的工作态度、扎扎实实的工作作风，完成了广电总局交办的各项重大科研任务和技术工作，科研工作卓有成效。

近年来，广播电视规划院获得多项广电总局科技创新奖。其中，2008 年一等奖 3 项、二等奖 2 项；2009 年一等奖 6 项、二等奖 9 项。《广播电视规划院技术研究报告（2011）》的内容主要来源于上述部分获奖项目的主要研究成果，涵盖了地面数字电视、移动多媒体广播电视、数字电视图像序列、国外三网融合发展、广播电视电磁辐射和电磁兼容、云计算和有线电视宽带接入等方面的技术。

《广播电视规划院技术研究报告（2011）》汇总了近年来的最新科研成果。作者主要来自于广播电视规划院，都是工作在广播电视技术一线的专业技术人员，他们结合工作实际，总结科研成果，整理完成了本研究报告。

研究报告上册内容包括：

一、《中国地面数字电视发展战略研究（2010 年）》来源于广播电视规划院科研项目《中国地面数字电视发展战略研究》，项目主要参加人员：姜文波、李熠星、何剑辉、倪士兰、冯景锋、刘骏、邓向冬、王惠明、周新权[1]、韩冬[1]、管毅[1]、李国松。此次报告的编写人员：李熠星、何剑辉、倪士兰、邓向冬、王惠明。

二、《地面数字电视技术试验》来源于广电总局科研项目《北京地面数字电视技术试验》，项目主要参加人员：李熠星、冯景锋、曾庆军[1]、周新权[1]、黄晓兵[2]、张小良[2]、刘菲[3]、李明亮[2]、李国松、刘骏、何剑辉、周兴伟；该项目获2009年度总局创新奖一等奖。此次报告的编写人员：冯景锋、何剑辉、李国松、刘骏、代明。

三、《地面数字电视单频网技术研究》来源于广电总局科研项目《地面数字电视单频网技术关键问题研究》，项目主要参加人员：何剑辉、李熠星、冯景锋、刘骏、李国松、李雷雷、常江、朱云怡、代明、周兴伟、刘长占、倪士兰。此次报告的编写人员：冯景锋、何剑辉、李雷雷、代明、常江。

四、《移动多媒体广播电视（CMMB）频率及覆盖规划》来源于广电总局科研项目《针对CMMB业务的规划平台改建及覆盖规划研究》，项目主要参加人员：李熠星、何剑辉、周兴伟、代明、李国松、吴醒峰、孙红云；该项目获2009年总局科技创新奖一等奖。此次报告的编写人员：李熠星，何剑辉，代明，周兴伟，李国松。

五、《移动多媒体广播电视（CMMB）测试系统及方法研究》来源于广电总局科研项目《CMMB系统设备测试方法及检测系统研究》，项目主要参加人员：冯景锋、李熠星、邓向冬、刘骏、吴醒峰、李国松、代明、崔俊生、覃毅力、肖辉、李厦、谢锦辉；该项目获2009年总局创新奖一等奖。此次报告的编写人员：冯景锋、董文辉、刘骏、崔俊生、常江。

六、《移动多媒体广播电视（CMMB）覆盖测试》来源于广电总局

[1] 广电总局科技司
[2] 广电总局无线电台管理局
[3] 江苏省广播电视总台

科研项目《全国37城市移动多媒体广播覆盖网络效果测试及优化》，项目主要参加人员：冯景锋、刘廷军[4]、刘波[4]、刘骏、李国松、代明、何剑辉、王欣刚[4]、吕百灵[4]、刘江鹏[4]、陈莉[4]、常江；该项目获2009年总局创新奖一等奖。此次报告的编写人员：冯景锋，何剑辉，代明，周兴伟，李国松。

七、《标准清晰度数字电视测试图像研究》来源于广电总局科研项目《标准清晰度数字电视主观评价用测试图像》，项目主要参加人员：何宗就[5]、陈默[5]、崔建伟[5]、邓向冬、高少君、刘新[5]、路晓俐[5]、宁金辉、史萍[6]、王珮[5]、王晓萌[5]、张乾；该项目获2009年总局创新奖一等奖。此次报告的编写人员：张乾、邓向冬、史萍[6]、李若霜、路晓俐[5]、高少君、宁金辉。

八、《云计算与广播电视》来源于广电总局科研项目《信息技术发展对广播电视行业的影响》，项目主要参加人员：姚永晖、袁丽华、卢群、孔彬、孙琳、田霖、房磊、赵兴玉、王海平。此次报告的编写人员：姚永晖、卢群。

研究报告下册内容包括：

一、《国外三网融合政策演进及业务融合》。随着信息技术的快速发展和社会信息化需求的增加，包括广播电视网、电信网和互联网的融合已经成为网络发展主流趋势。为适应融合发展的需要，国际上许多国家和地区在广电、电信和互联网监管体制和政策上不断探索和完善。本报告对国外三网融合政策演进和业务融合情况进行了研究，对我国推进三网融合具有启示意义。此次报告的编写人员：陈志国、金雪涛[6]、姚毅[7]、秦龑龙、姚琼、李忠炤、孙黎丽。

---

[4] 中广传播有限公司

[5] 中央电视台

[6] 中国传媒大学

[7] 凌云光子技术集团

二、《EPON 和 EoC 接入技术研究》来源于广电总局科研项目《EPON、EoC 测试评估标准研究及“下一代广播电视网（NGB）电缆接入技术（EoC）需求白皮书”》，项目主要参加人员：张红[8]、秦龑龙、陈志国、孙黎丽、杨家胜、崔岩、唐月、聂明杰、杨木伟、李旭；该项目获 2009 年总局创新奖一等奖。此次报告的编写人员：孙黎丽、聂明杰、崔岩、唐月、杨家胜、杨木伟、李旭、周阳。

三、《广播电视电磁辐射和电磁兼容研究》来源于广电总局科研项目《广播电视系统电磁辐射和防护标准测试系统》，项目主要参加人员：高少君、龚波 、李熠星、吴醒峰、姚瑞虹 、蔡晓梅 、肖荫升、周兴伟、王祖立、路明利；该项目获 2008 年总局创新奖一等奖。此次报告的编写人员：龚波、吴醒峰、姚瑞虹、李康、杨帆、曹志、王乙。

《广播电视规划院技术研究报告（2011）》从一定程度上填补了我国数字电视相关技术领域的空白，有助于提升广播电视专业技术人员的理论和实践能力，进而推动我国数字电视技术的进一步发展。它的出版将使广播电视规划院的科研项目研究成果得到更广泛的推广应用。本研究报告适用于广播电视行业工程技术人员在开展科研、咨询、规划、标准、检测、信息等工作时参考和借鉴。我们热忱期望业内的专家、学者、同仁、读者一道互相切磋、相互探讨，共同促进我国数字电视的发展与繁荣。

国家广播电影电视总局
广播电视规划院院长

2011 年 1 月于北京

[8]广电总局电影数字节目管理中心

总目录

上册

下册

中国地面数字电视发展战略研究（2010年）

摘要

经过几十年的发展和建设，我国目前已建成了多层次布点、覆盖广泛的地面模拟广播电视无线传输与覆盖体系，为广大人民群众提供广播电视公共服务。然而，现有地面模拟电视系统的频率占用已近饱和，在节目数量和收视质量上都已无法满足人民群众的需求。

地面数字电视广播取代地面模拟电视业务将是我国电视发展历史上的一次重大转变，当前在我国地面数字电视的发展、模数过渡等工作中还有许多战略性的问题尚未有定论，地面数字电视发展技术政策、节目政策、经济政策、产业政策等都没有系统的发展战略研究，各地广电部门对于地面数字电视如何推广应用基本处在观望状态。

为此，广播电视规划院于 2009 年 6 月设立了“中国地面数字电视发展战略研究”课题，开展相关研究工作。本项目分析地面数字电视在我国推广应用的必要性和紧迫性，调研其他国家和地区地面数字电视发展情况、法规、政策、模数过渡策略、开展业务形态等，调研我国当前地面数字电视的发展状况，包括中央主导开展的工作以及各地广电部门已经开展的基于地面数字电视技术体制的多种形式的业务情况、国家地面数字电视事业和产业发展的需求等。本项目对信源编码应用进行了详细的评估，提出了地面数字电视高标清同播的应用方式建议，并针对我国具体国情在地面数字电视的服务定位、标准体系、频率规划、节目、经济和产业政策以及模数过渡策略等方面提出了具体的发展战略建议。

目录
Contents

1. 研究背景

我国经过几十年的发展和建设，目前已建成了多层次布点、覆盖广泛的地面模拟广播电视无线传输与覆盖体系，为广大人民群众提供广播电视公共服务。据统计，全国约有 3.78 亿户家庭，其中 2.4 亿户在农村，全国三分之二的家庭特别是广大农村家庭仍然需要依靠地面无线方式收看电视节目。然而现有地面模拟电视系统的频率占用已近饱和，在节目数量和收视质量上都已无法满足人民群众的需求。

地面数字电视具备频道利用率高、接收效果好、可移动接收以及可提供高清数字电视业务和多媒体业务等特点，可以有效提升广播电视公共服务水平，更好地满足人民群众日益增长的精神文化需求。与此同时，通过地面电视的模数过渡可以释放宝贵的频率资源，为地面数字电视广播、高清数字电视广播、移动多媒体广播电视等新媒体、新产业、信息化新平台提供发展壮大的基本条件。地面数字电视的推广应用也将直接推动文化和新技术、电子信息产业的飞速发展，起到拉动内需、刺激经济增长的作用。此外，地面数字电视在国内的顺利推广将起到显著的示范作用，对我国自主知识产权的地面数字电视标准的海外推广意义重大。

鉴于地面数字电视发展的重要性，我国在十七大报告、“十一五”规划和文化产业振兴规划等重要文件中都对地面数字电视的发展做出了明确的指示，因此地面数字电视的推广应用已经迫在眉睫，刻不容缓。

1.1 我国模拟电视现状

我国经过几十年的发展和建设，到 2008 年底全国已拥有电视转播发射台 18490 座，电视发射机 32615 部，总发射功率 12102 千瓦，无线电视综合覆盖率达 91.59%，建成了多层次布点、覆盖广泛的地面模拟广播电视无线传输与覆盖体系，为广大人民群众提供广播电视公共服务。

广电总局对截至 2008 年底的全国广播电视覆盖情况的统计结果见表 1①。

表 1　2008 年全国广播电视覆盖情况

指标	单位	数量
广播综合人口覆盖率	%	95.96
中央广播节目覆盖率	%	94.42
无线广播综合覆盖率	%	92.99
中央广播节目无线覆盖率	%	91.33
电视综合人口覆盖率	%	96.95
中央电视节目覆盖率	%	95.33
无线电视综合覆盖率	%	91.59
中央电视节目无线覆盖率	%	89.54

① 数据来源于 www.chinasarft.gov.cn。

对我国地面电视频率资源使用情况的不完全统计（依据：1998 年总局科技司普查资料）结果见图 1 和图 2。

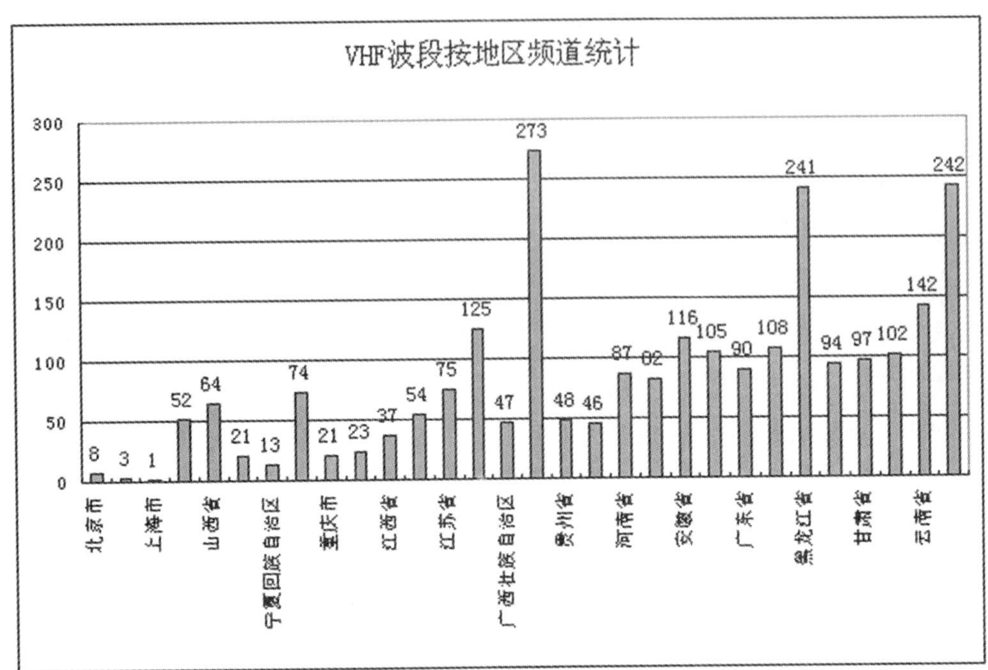

图 1 VHF 波段电视规划频道数量（按地区频道统计示意图）

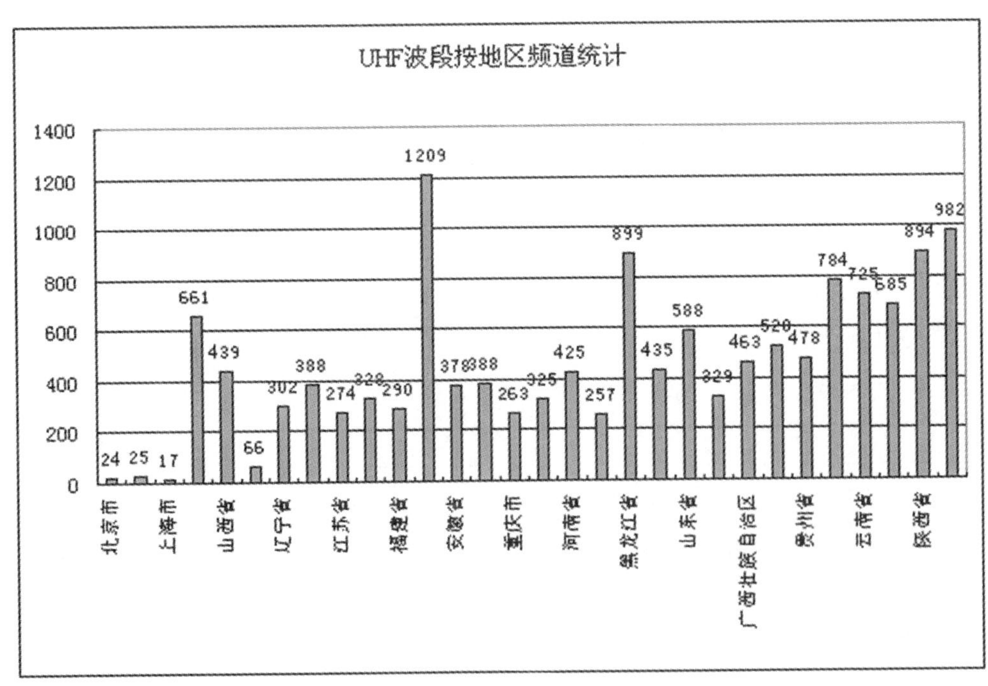

图 2 UHF 波段电视规划频道数量（按地区频道统计示意图）

以北京为例，图 1、图 2 中米波电视使用 8 个频道、分米波电视使用 24 个频道（其中 9 个为规划台），在随后开展的农村中央广播电视覆盖工程中，又新增分米波模拟频道 8 个

（其中包括 DS-13、23、44 复用两次，DS-47 复用三次），加上 6 个数字频道 DS-14、20、22、32、33、48，不考虑尚未启用的规划台，北京地区分米波实际使用频道 24 个，共计已经使用了 27 个频道。北京地区分米波频道使用情况见表 2。

表 2　北京地区分米波频道使用情况统计表

序号	发射台名	频道	功率（kW）	播出机构	节目套别	频道名
1	汤河口南山广播电视转播站	DS－13	1.0	——	中一	——
2	昌平电视发射台	DS－13	3.0	北京电视台	第九套	公共频道
3	中央广播电视发射台	DS－14	1.0	北京电视台	北京奥运高清	
4	中央广播电视发射台	DS－15	10.0	中央电视台	第十五套	音乐频道
5	房山区白草畔电视转播台	DS－17	0.3	——	中七	——
6	顺义电视发射台	DS－18	3.0	北京电视台	第九套	公共频道
7	中央广播电视发射台	DS－20	1.0	中广传播	CMMB	
8	中央广播电视发射台	DS－21	30.0	北京电视台	第二套	文艺频道
9	中央广播电视发射台	DS－22	1.0	北京电视台	待定	
10	房山区白草畔电视转播台	DS－23	0.3	——	中一	——
11	卧佛山广播电视转播站	DS－23	1.0	——	中一	——
12	中央广播电视发射台	DS－27	30.0	北京电视台	第三套	科教频道
13	怀柔电视发射台	DS－29	0.3	怀柔电视台	——	——
14	延庆电视发射台	DS－30	1.0	北京电视台	第九套	公共频道
15	中央广播电视发射台	DS－32	1.0	中央电视台	标清同播	
16	中央广播电视发射台	DS－33	1.0	中央电视台	中一高清	
17	中国教育电视台北京发射台	DS－35	10.0	中国教育电视台	——	——
18	密云电视发射台	DS－38	0.3	——	中一	——
19	通州调频电视发射台	DS－39	1.0	北京电视台	第九套	公共频道
20	房山电视发射台	DS－40	3.0	北京电视台	第九套	公共频道
21	佛爷顶广播电视转播站	DS－41	1.0	——	中七	——
22	中央广播电视发射台	DS－44	10.0	中央电视台	第十四套	少儿频道
23	卧佛山广播电视转播站	DS－44	1.0	——	中七	——
24	汤河口南山广播电视转播站	DS－47	1.0	——	中七	——
25	井台山广播电视转播站	DS－47	1.0	——	中七	——
26	大兴广播电视发射台	DS－47	3.0	北京电视台	第九套	公共频道
27	中央广播电视发射台	DS－48	5.0	地面数字移动电视	试验	北广传媒

注：数字频道标记为浅灰色。

1.2 地面数字电视的特点

电视广播目前是我们党和国家联系千家万户的最便捷、最普及的宣传渠道、娱乐工具和信息载体。在电视广播信号的传输方面，地面电视广播是电视广播覆盖技术的最早形式，也是最基本的覆盖方式。它通过前端将节目传送到地面电视发射机，经馈线再由发射塔的天线将电视信号通过无线的方式进行开路广播。

地面电视广播具有覆盖环节少、设备简单、投资小、覆盖范围较广等优点，其主要缺点在于开路信号容易受外界干扰，同时地形和高大建筑遮挡可能会造成信号阻挡而导致无法接收。在模拟电视时期，地面电视广播在覆盖范围内受无线信号反射、散射造成的多径干扰以及其他噪声干扰的影响，接收到的电视信号会出现重影、雪花等现象，影响收视效果。而数字化之后的地面数字电视广播系统，凭借纠错编码和数字调制等技术手段，为地面电视广播的覆盖质量和传输效率带来了质的飞跃。与此同时，地面电视广播系统的数字化，不是对地面模拟电视广播的简单转换，而是技术体制、服务水平、业务范围的全面提升和扩展。地面数字电视广播的特点主要体现在以下方面：

（1）接收方式简单、接收效果好

同样采用原来室外或者室内天线的接收方式，通过普通电视机外接地面数字电视机顶盒或者带有地面数字电视接收功能的电视机就可以接收到清晰、无雪花、无重影的电视节目。

（2）提供高清数字电视业务和多媒体业务

除了传统的标准清晰度电视和高清晰度节目以外，可以作为数字化信息传输平台提供，以及数字声音广播、数据等多媒体业务。

（3）提高频道利用率

地面模拟电视广播一个频道只能传送一套电视节目，而且多个发射台无法利用同样的频道将一套节目覆盖整个地区或省。地面数字电视广播不仅可以组建单频网，通过多个发射台用同一个频道覆盖整个地区或省，而且一个频道可以传送 8 套左右的标准清晰度数字电视节目。此外，地面模拟电视广播在同一个发射台无法利用相邻频道进行广播，而地面数字电视广播凭借其抗干扰能力强的特点，可以在同一个发射台实现邻频道广播。可见地面数字电视广播的频道利用率大大提高。

（4）可实现移动接收

传统的地面模拟电视广播系统提供的业务类型相对单一，仅仅是针对固定接收的电视广播业务。地面数字电视广播利用数字化技术充分发挥了无线广播的灵活性，可以实现移动接收，如车载移动接收等，丰富了地面电视广播的业务类型，拓展了电视广播的服务领域。

（5）恢复简单快速

在自然灾害、战争等极端情况下，相对有线电视广播和卫星电视广播而言，地面数字电视广播具备快速恢复电视广播覆盖的能力。

1.3 地面数字电视发展的必要性

我国经过几十年的发展和建设，已经建成了多层次布点、覆盖广泛的地面模拟电视无线传输与覆盖体系，为广大人民群众提供电视公共服务。据统计，全国有广播电视播出机构2500多座，电视转播发射台18490座，电视机社会拥有量5.12亿台，约有3.78亿户家庭，其中2.4亿户在农村，全国三分之二的家庭特别是广大农村家庭仍然需要依靠地面无线方式收看电视节目。

2006年8月18日，我国自主知识产权的地面数字电视标准《数字电视地面广播传输系统帧结构、信道编码和调制》经国家标准化管理委员会批准，标准号为GB 20600-2006，本标准为国家强制性标准。2007年底初步完成了相关配套标准的制定工作。2008年1月1日，地面数字电视在北京开播，主要转播中央电视台高清综合频道和中央电视台、北京电视台等六套标清频道，这标志着我国地面无线广播电视数字化正式启动。2008年北京奥运会期间在天津、上海、沈阳、青岛、秦皇岛以及深圳和广州等城市也相继开通了地面数字电视。目前，国内其他城市和地区也已经陆续开通了地面数字电视广播，2009年将在全国范围内全面推进地面数字电视的网络建设。

总体上我国地面数字电视起步较晚，与欧美等发达国家差距较大。按照十七大报告“运用高新技术创新文化生产方式，培育新的文化业态，加快构建传输快捷、覆盖广泛的文化传播体系”的要求，我国计划用10年左右的时间完成地面模拟电视向数字电视的过渡转换，提升广播电视公共服务水平，提升广播电视的传播能力和影响力，进一步巩固拓展宣传阵地，以便更好地满足人民群众日益增长的精神文化需求。

为了促进我国地面数字电视广播的推广和发展，国家、行业在政策方面都给予了明确的支持。我国“十一五”时期广播影视科技发展规划明确指出，要“加强广播电视无线覆盖”，“积极推进地面广播电视数字化”，“建立地面数字电视系统，积极推进多种应用。2008年开展地面高清晰度电视广播，2010年全国大中城市建立地面数字电视系统，初步构建全国地面数字电视覆盖网。积极应用地面数字电视组网技术，兼顾固定与移动接收，开展多种业务”。

2008年1月1日，国务院发布本年度第1号文件：国务院办公厅转发发展改革委等部门关于鼓励数字电视产业发展若干政策的通知（国办发［2008］1号）。通知指出广播电视数字化是国民经济和社会信息化的重要组成部分，在坚持正确方向、确保文化和信息安全的前提下，为加快我国数字电视产业发展，丰富人民群众的精神和物质文化生活，培育国民经济新的增长点，特制定《关于鼓励数字电视产业发展若干政策》。该政策第四项“推动技术进步”中第十二条明确提出“积极发展地面数字电视，加强农村地区广播电视覆盖，大力推进广播电视网络的数字化升级改造，满足数字电视发展的需要”。

2009年9月底，国家正式发布了《文化产业振兴规划》，提出在当前和今后一个时期，要着力做好八个方面工作，其中明确指出要“发展新兴文化业态。采用数字、网络等高新技术，大力推动文化产业升级。支持发展移动多媒体广播电视、网络广播影视、数字多媒体广播、手机广播电视，开发移动文化信息服务、数字娱乐产品等增值业务，为各种便携显示终端提供内容服务。加快广播电视传播和电影放映数字化进程”。

地面数字电视是和整个电视产业的发展紧密联系在一起的，地面数字电视产业的发展也将带动相关产业，包括数字家庭、车载电视产业的发展。地面数字电视产业化涉及面广泛，包括地面数字电视发射机、接收机、显示设备及关键模块、专用集成电路、专用软件、专用设备仪器等一系列电子信息技术产品。地面数字电视广播的推广应用将直接推动电子信息产业的飞速发展，地面数字电视产业为文化和新技术、电子产业带来的“链式反应”也将起到拉动内需、刺激经济增长的作用。

地面数字电视在国内的推广应用状况也将直接影响国家标准的海外推广。标准的国际竞争，实际上是标准的圈地，它将带动一个产业领域的技术、产品、服务和金融稳定等一系列的服务捆绑式出口，这对中国数字电视的发展具有很大的意义。地面数字电视是我国信息产业领域从产品进口、初级产品出口、高技术产品出口到技术出口后的又一个新的历史性阶段。目前，世界上很多国家都在进行地面数字电视标准的调研、测试和选择，地面数字电视在国内的广泛和迅速推广将起到显著的示范作用，对我国自主知识产权的地面数字电视标准的海外推广意义重大。

我国自主创新、研发的地面数字电视国家标准已颁布两年多，相关的技术准备已经成熟。为推动我国广播电视大发展和大繁荣，国家广电总局提出了用3至5年时间，在全国各省会、直辖市、333个地市及2861个县全面覆盖地面数字电视的战略目标和部署。为此，国家已经计划投入25亿元财政资金，对地面数字电视在全国的推广应用予以支持。地面数字电视全国覆盖将分为两个阶段：一是在37个大中城市转播中央电视台高清节目，同时有标清频道同播节目；第二个阶段是在333个地市及2861个县播出标清同播节目，同播中央、省、市、县的标清节目。该计划已从2008年底、2009年初开始全面推进。随着我国国民经济的持续增长，在全国范围内开展地面数字电视广播已成必然趋势。

1.4 地面数字电视发展的紧迫性

1.4.1 地面模拟电视系统的落后与老化

截至2008年底，我国地面模拟电视发射台已达18490座，发射机32615部，无线电视综合覆盖率91.59%，中央电视节目无线覆盖率89.54%，其中，中一和中七电视节目的无线人口覆盖率分别提高到82%和68%，覆盖人口分别达到10.7亿和8.9亿。但现有地面模拟电视广播实现一套模拟电视全省覆盖至少需要占用4个频道，而且同一个发射台不能采用邻频道进行模拟电视广播。距离较近的各省、地市进行地面模拟电视广播时必须相互避让同、邻频道，以免相互干扰。因此，现有各地方台的节目以及需全省覆盖的中央、省公共服务节目已经将有限的频率资源消耗殆尽，在地面模拟电视广播平台上无法进一步增加节目数量。

与此同时，现有的地面模拟电视广播平台基本上运行状况不佳，大量模拟电视发射机陈旧老化，需要更新改造，实际覆盖效果堪忧。因此，对困难群众、流动人口以及有线不能通达的地区人民群众的广播电视服务，在节目数量和收视质量上都无法得到可靠保障，急需通过地面数字电视广播来实现节目数量和收视质量的彻底改善。

自国家标准2006年8月发布、2007年8月实施以来，我国相关配套标准已经发布实施，融合芯片和一体机等终端也已成熟，我国已经到了大规模推广地面数字电视的时期。

现阶段，我国正在逐步加大地面数字电视广播的推动力度，全国已经形成了地面数字电视发展的良好契机。在此形势下，迫切需要抓住发展机遇，加紧推广地面数字电视广播，运用高新技术创新文化生产方式，在高起点上推动体制机制、传播手段创新，构建传输快捷、覆盖广泛的文化传播体系。

地面数字电视广播系统不但具有支持传统电视广播服务的基本功能，而且还具备移动接收功能。在移动接收模式下，可以提供标准清晰度数字电视业务、数字声音广播业务、多媒体广播和数据服务业务。地面数字电视广播可以提高公共服务水平，提供更加灵活多样的业务形式和更加丰富的电视广播服务手段，扩大电视广播的服务领域。通过地面数字电视广播的推广应用来丰富、更新广播电视传播手段已成为当务之急。

1.4.2 新媒体、新产业、信息化新平台的发展需求

在现有广播电视产品当中，高清电视是在家庭收看模式下，视听品质最高的一种。目前，美国、日本、英国、韩国、德国等12个国家开播的高清数字电视节目深受广大观众欢迎，成为黄金时间段的主要对象。在美国，主要电视台高清电视节目比例已经超过80%，卫星直播电视公司播出了150套高清节目，有线电视的高清频道已经超过了30个。在欧洲，英国天空卫视播出了26个高清频道，卢森堡、德国、法国、意大利、瑞典等转播了美国卫星高清频道，BBC等公共广播机构相继开播了地面数字电视高清频道，英国、荷兰、挪威有线电视网也相继开播了高清电视频道。在日本，电视台的演播室设备高清化已经达到了百分之百，转播高清比例超过90%，日本卫星电视播出10个高清频道，地面播出7个高清频道，覆盖家庭超过5000万户。可见高清是未来数字电视发展的必然方向。

目前，我国高清电视目前的发展还处于起步阶段，到2009年9月28日，共开通了13套高清电视频道，开始大力推进高清电视频道落地入户。

数字技术的引进大大拓展了地面数字电视广播系统的应用范围，高清晰度电视业务是地面数字电视广播的重要应用之一。北京奥运会的高清赛事转播进一步推动了高清晰度电视的需求。分析显示，在北京等八大试点城市推广地面数字电视的过程中，收看高清电视是吸引观众购买接收设备的最关键的因素。随着物质文化生活水平的进一步提高，人们对于高清电视业务的需求将进一步增强。尽快启动地面数字电视广播的推广应用，有利于提高高清数字电视的认知度，占据高清数字电视产业的市场先机。

为了尽快打开广播电视行业新媒体、新产业的发展局面，首要任务是尽快建设全国地面数字电视广播体系，通过模数过渡加快释放目前被地面模拟电视广播业务占据的频率资源。只有获取必要的频谱资源，高清数字电视广播、地面数字电视广播、CMMB等新媒体、新产业、信息化新平台才具备发展壮大的基本条件。我们应当充分重视地面数字电视广播推广应用的重要性和紧迫性，响应国家政策号召，抓紧地面数字电视广播的推广，为推动全国各地新媒体、新产业、信息化新平台的建设发展提供有力的政策和财政支持。

2. 国外地面数字电视发展战略情况介绍

目前，除了我国地面数字电视传输标准之外，国际上主要存在三大地面数字电视标准，包括美国的ATSC、欧洲的DVB-T和日本的ISDB-T。

从国际地面数字电视的发展经验来看，几乎所有国家均将地面数字电视首先作为公益事业，和地面模拟电视一样采用免费收看模式，无论有线、卫星是否覆盖，地面电视都是一种必备的覆盖手段。免费收看是地面数字电视发展初期迅速推广普及的必要保障。在开展公益性免费电视业务的基础上，部分国家（如英国、法国、意大利等）开展付费电视业务，取得了成功的营运经验。此外，为了促进地面数字电视的发展，大多数国家对接收机进行各种形式的补贴，并制定相应的产业优惠政策。

为了推广应用地面数字电视，各国都根据自身国情特点制定了相应的数字电视频率规划，以规范地面数字电视的发展。考虑到地面电视的模数过渡可以释放部分频率资源，地面电视数字化转换后，一些国家将部分UHF频段划给移动通信业务，用于手机电视等业务。

目前，荷兰、瑞典、美国等国家已经关闭了地面模拟电视广播，很多发达国家都将地面模拟电视的关闭时限定在2010年至2012年，模数过渡期基本都需要10年以上，发达国家的地面数字电视发展经验值得我国学习和借鉴。

2.1 发展情况

2.1.1 欧洲

欧洲的地面数字电视平台增长快速，在地面数字电视平台上推出免费的电视广播服务是地面数字电视取得成功的一个关键因素。地面数字电视主要对传统上依靠免费接收模拟电视的那些观众有吸引力。由于频道提供的可收看的节目数量普遍增多，观众愿意购买接收这些新服务的机顶盒。在拥有高百分比地面模拟电视观众的国家，预计地面数字电视DTT将继续提高其市场渗透率。

在欧洲，估计已销售1000万台以上机顶盒（STB，Set Top Box），其中50%以上是在2004年销售的。在机顶盒的销量方面，英国是领先的。在英国已销售的630万台STB中，300万台是2004年销售的。

STB在意大利的销售也是强劲的，自2004年底开播DTT以来，已销售160万台STB。为鼓励消费者购买交互机顶盒，政府予以补贴，这也意味着意大利市场定位为把额外付费的交互内容传送给最大量的观众。在德国，DTT机顶盒的销售也是旺盛的，估计目前已有170~200万台STB进入德国家庭，其中大部分是在2004年开播地面数字电视的地区销售的。现在柏林约有27.5万台机顶盒。STB在德国的销量比原先预计的要多得多。消费电子协会ZVEI原先估计，到2004年底，可能有120万~140万台STB进入零售市场，但实际上向零售商发送了240万台机顶盒。在北欧，2004年，瑞典地面数字电视运营商Boxer公司的用户增长

78%，2005 年第一季度新增用户 3.5 万户，用户总数达到41 万户。芬兰是欧洲地面数字电视普及率领先的国家，约有 40 多万台 STB 已进入芬兰家庭。丹麦和挪威预计 2006 年开播地面数字电视。

欧洲地面数字电视平台在 2005 年继续增长。法国已于 2005 年 3 月开播地面数字电视，并显示出良好的发展前景；2005 年9 月，DTT 覆盖范围进一步扩大；到2005 年底，可能将有100 万以上的家庭用户接收 DTT 服务。在西班牙，2005 年 11 月重新开播全国性地面数字电视，这很可能使西班牙 DTT 电视市场重新充满活力。

欧洲存在着次电视机（即第二和第三电视机）市场。在英国，销售的全部机顶盒中大概有 25%用在也接收有线或卫星电视的家庭有户。在德国，销售的许多机顶盒用于第二和第三电视机。这表明有线、卫星和地面数字电视可以相互补充。虽然有线和卫星很适于向主电视机提供服务，但地面数字电视能提供移动性。随着看电视变成更加个人化的行为，观众将决定哪种组合式服务最适合他们个人的需要。

DTT 平台的增长也源于提供新的服务。虽然免费广播的地面数字电视证明是成功的，但付费的 DTT 也有助于提高地面数字电视的普及率。虽然西班牙和英国最初的尝试失败了，但“Pay-Lite”方式可能证明是更为成功的。在英国，Top Up TV 于 2004 年 3 月 31 日推出的低收费服务提供 10 个频道，到 2005 年 1 月中旬订户达到 20 万户；2005 年 4 月，Top Up TV 又开始试验按日付费。在意大利，商业广播机构采用按次付费方式来吸引观众，已经销售 120 万个 DTT 电视预付卡。法国在 2005 年 9 月开播 11 个付费的 DTT 频道，由于采用增强的 MPEG-4 压缩技术，付费频道运营商能在 DTT 平台上提供新的服务，最终将能提供高清电视服务。

地面数字电视已成为欧洲数字电视发展的重要推动力。Strategy Analytics 公司的调研报告称，2004 年西欧新增 820 万数字电视用户，地面数字电视和 IPTV 电视占其中的 60%。因此，DTT 和 IPTV 已成为西欧向数字电视过渡的重要推动力。

欧洲 DTT 的业务模式地面数字电视能否取得成功，业务模式是至关重要的。正如 EBU 战略信息部门的调研报告所称，“英国 Ondigital 平台和西班牙 Quiero 平台的失败是这两个国家中地面数字电视业务模式的失败”。因此，各国在开办地面数字电视时，都把业务模式作为一个首要问题加以研究探索。目前，在西欧大体上有以下四种业务模式。

（1）Freeview 模式

这是一种免费业务模式，是在英国付费平台失败后，在有相当用户订购数字电视的情况下提出的一种策略。用户购买机顶盒，免费接收基本的免费广播频道的节目。德国的地面数字电视也采用这种模式。实践证明，Freeview 业务模式受到消费者的普遍欢迎。业界也公认，这是地面数字电视成功的一种业务模式，已受到世界许多国家的关注。

（2）Payview 模式

这是英国和西班牙最初采用的一种付费业务模式。由于在提供付费电视方面难以与卫星付费电视平台竞争，因而没有大量的模拟用户转向 DTT 平台，终于失败了。瑞典地面数字电视基本上也是这种模式，在开播后的头几年进展缓慢。但经过 2003 年的调整，增加频道，提供多样化节目内容，降低收费标准，使DTT有了新的起色，2004年用户增长78%。

（3）Everybodyview模式

这是Freeview和Payview这两种模式相结合的一种业务模式。用户购买机顶盒，免费接收一些免费广播频道的节目内容，如果用户愿意，也可订购附加的付费频道。模拟电视一个地区、一个地区地向数字转换。英国2004年推出的Top Up TV业务和2005年开始试验的Xtreview业务，以及法国的地面数字电视基本上属于这种业务模式。这一业务模式有可能被证明是更为成功的。

（4）充值卡与付费电视相结合的按次付费业务模式

这是意大利地面数字电视采用的业务模式，受到意大利消费者的欢迎。

从欧洲DTT至今的进展情况来看，Freeview业务模式是成功的，少数国家在Freeview基础上也进行了收费业务的尝试，取得了一些成功经验。不管采取什么业务模式，关键的是地面数字电视平台能提供多样化的频道、多样化的低价位节目内容，满足观众的需要，对观众有吸引力，能与卫星和有线平台竞争。

当前，在欧洲有20多个国家的40多家公司运营高清电视频道。大多数卫星电视运营商都把高清电视视为增值业务。跟踪调查的Informa Telecoms & Media公司的最新数字显示，到2007年底，西欧共有130万高清电视用户，2008年增加到320万户，增长近1.5倍。

英国BSkyB公司相信，公众对高清电视的接受程度较预计的快得多。在2008年9月底其高清电视用户达到59.1万户，占其用户总数的6%。有线电视运营商Virgin Media公司的高清电视用户达到42.49万户，占其用户总数的13%。

从2008年10月起，法国5个高清频道都开始提供无线电视，覆盖法国40%的人口。法国有线电视运营商Nunericable公司目前提供16个高清频道。法国卫星电视运营商TNTSA将在2009年2月中旬开播免费高清频道。

2009年1月30日，法国公布了一项研究结果表明，未来5年，欧洲拥有数字高清电视机的家庭将超过1.7亿户，是2008年的3倍。目前，欧洲共有5900万户家庭拥有高清电视机，可收看超过130套数字高清电视节目。

西欧数字电视的发展在全球是领先的，欧委会确立2012年为其成员国停止地面模拟信号传输的目标日期，这更激励了西欧各国向数字转换的步伐。现在，西欧一些国家已经实现了地面模拟电视的停播，有些国家已经开始或即将开始模拟电视向数字电视的转换，个别国家已实现100%数字化。

荷兰于2006年12月11日正式停止全国地面模拟信号的传输，从而成为欧洲及全球第一个停播地面模拟电视的国家。荷兰从2003年4月16日起分三个阶段开始提供地面数字电视服务，到地面模拟电视的停播用了3年零8个月的时间。荷兰共有708万电视家庭，它是一个有线电视高度普及的国家，主要通过光缆传输有线电视信号。到2006年12月停播地面模拟电视时，仅有7.5万电视家庭收看地面模拟电视。因此，在荷兰完成向地面数字的转换并不很困难。

安道尔是欧洲第二个停播地面模拟电视的国家。继荷兰和安道尔之后，芬兰于2007年9

月 1 日在全国停播地面模拟电视，成为世界上第三个完成地面模拟电视向地面数字电视转换的国家。芬兰在 2001 年 8 月开播地面数字电视，到 2007 年 9 月停播地面模拟电视之间经历了 6 年多一点的时间。到 2007 年底，地面数字电视家庭为 94.5 万户，有线数字电视订户为 103.2 万户，数字 DTH 电视家庭 11.1 万户，IPTV 家庭 3.3 万户；数字电视家庭总计 212.1 万户，渗透率达到 89%。到 2007 年底，只有 25.8 万有线电视家庭有待向数字转换。

瑞典在 1999 年 4 月开播地面数字电视，从 2005 年 9 月开始逐步进行向数字的转化。2007 年 3 月，首都斯德哥尔摩的地面模拟信号停止传输，10 月 15 日该国南部的斯科讷省和布莱金省关闭地面模拟信号。至此，瑞典完成了地面模拟电视向数字的转换，成为世界上第四个完成停播地面模拟电视的国家。2007 年底，瑞典共有 419.9 万电视家庭，其中数字电视家庭为 237.3 万户（其中地面数字电视家庭 84.5 万户，有线数字电视家庭 65.8 万户，数字 DTH 电视家庭 75.8 万户，IPTV 家庭 11.2 万户），普及率达到 57%；未向数字转换的有线电视家庭还有 182.6 万户。瑞典计划 2012 年实现 100% 数字电视家庭渗透率。

继上述四国之后，瑞士于 2008 年 2 月停止地面模拟电视信号传输，成为第五个停播地面模拟电视的国家。瑞士现在有 30 万地面数字电视家庭，占全国总计 311 万电视家庭的 10%。

英国是世界上数字电视发展领先的国家，到 2007 年底，数字电视家庭渗透率达到 87.9%。英国于 1998 年 11 月开播地面数字电视，是世界上最早开播地面数字电视的国家。现在英国 DTH 已经数字化，有线电视也基本实现了数字化。因此，英国向数字电视的转换主要是地面模拟电视向数字的转换。英国将全国划分成 14 个电视区，以便逐地区向数字转换。2007 年 10 月 17 日，英国在拥有 2.5 万个电视家庭的怀特里文镇正式拉开了向数字转换的序幕。计划用 5 年时间完成转换进程，2012 年实现 100% 数字电视家庭渗透率。

此外，德国和比利时的 Flemish 地区计划 2008 年底实现模拟电视停播，挪威和丹麦预定 2009 年底前完成数字的转换。马耳他和西班牙完成转换的目标日期定在 2012 年；法国、奥地利、卢森堡和比利时的 Wallonia 地区预定 2011 年完成转换。意大利、爱尔兰和葡萄牙最近才组织招标。动作最慢的是希腊，它尚未使转换成为可能而进行立法，预计难以满足欧委会确定的 2012 年目标日期。不过，从总体来看，西欧向数字转换的进展是顺利的，实现欧委会确定的 2012 年转换的目标日期是充满希望的。

2.1.2 美国

美国的数字电视（DTV）是 1998 年开播的。当初的目标是到 2006 年完成数字化转移并停止模拟广播。但由于接收机的普及迟缓，于是便于 2005 年修改规划并定于 2009 年 2 月 17 日完成数字化转移。2009 年 1 月 21 日，美国第一任黑人总统奥巴马正式宣誓就职，10 天之后在 2 月 11 日签署了《数字电视推迟法案》（DTV Delay Act），决定将美国地面模拟电视关闭的最后期限推迟到 2009 年 6 月 12 日。2009 年 6 月 12 日美国关闭地面模拟电视广播。

美国向地面数字电视的转换，开始于上世纪 80 年代中期。1985 年，一些移动通信运营商向 FCC 建议，要求分享广播电视运营商尚未使用的 UHF 频段。美国广播联盟（NAB）声称，为以后实施包括高清电视在内的高级电视服务需要保留这些频段资源，并于 1987 年提出要求暂停分享新的 UHF 波段，为以后的高清电视预留。

在其后的《1997年预算法案》中，美国曾计划到2006年12月31日关闭地面模拟电视节目，但这一目标最终没有实现。一是因为当时只有少数家庭购买了昂贵的数字电视机或者数字电视机顶盒；而且，高清电视节目本身的发展也非常缓慢；同时，缺乏激励性因素也是数字高清电视发展缓慢的原因之一。尤其是1992年克林顿政府上台后，新的FCC掌门人Hundt并不认同前任的转换战略，而将地面数字电视发展的重点放在数字电视相关的增值服务上。不过事情很快就出现了转机，2006年初，小布什签署了《2005年赤字削减法案》，彻底加快了地面数字电视替代模拟电视的进程。

该法案明确要求，在截至2009年2月17日的3年之内，全美必须强制性实现由地面模拟电视到数字电视的转换。与此同时，政府对电视机制造商也提出了强制性要求：新生产的25英寸以上（包括25英寸）电视机，都必须内置数字电视转换装置；从2007年3月1日起，这一强制性要求扩大到所有新生产的电视机；2007年7月1日之后，市场上销售的任何新设备，如DVD播放机和刻录机等，如果配备了内置转换器，这种转换器也必须是数字电视转换器。此外，目前的美国电视台在黄金时段大都以高清信号播放电视连续剧和体育赛事，而绝大多数有线电视系统也有4~12个频道为高清信号，这也是一个刺激性因素。

其实，小布什政府之所以积极推进地面数字电视转换、关闭模拟电视，也有其想捞一笔的经济背景。因为模拟电视转换后空出的700MHz频段（频宽约108MHz），将可以为布什政府带来一笔不小的经济收入，有助于削减当时的财政赤字。果不其然，2008年3月20日结束的700MHz频段拍卖就给布什政府创造了高达196亿美元的收入。

要彻底告别模拟电视，并不是颁布一个行政命令那么简单的事情。上世纪60年代，彩色电视机进入市场并被人们迅速接受，基本上是依靠市场力量推进的，而且直到现在，人们依然可以利用黑白电视机欣赏电视节目。但是，地面数字电视转换则呈现出一幅完全不同的景象——最基本的问题是，如果不购买数字电视机顶盒，现有的模拟电视机就根本无法收看数字电视节目，而成为一堆废铁。按照市场售价，每一个机顶盒为50~70美元，而强制性要求全美2000万个只能接收模拟电视信号的家庭，将所有电视机都配置这样的机顶盒，将是一笔不菲的开支，尤其对弱势群体来说，这将是一种很大的负担。

美国国会为此承诺向商务部所属的国家电讯管理中心拨款15亿美元的补贴经费，以减缓数字转换给弱势群体带来的经济负担——从2008年1月1日起，美国每个家庭都可以申请到最多两张面额为40美元的购物券，用于购买数字电视机顶盒。但是随着金融危机的加深，美国商务部现在已经没有足够的资金来支付这笔补贴，而且美国消费者联盟认为全美需要配置机顶盒的模拟电视有4500万台，15亿美元的补贴根本不能完全覆盖消费者在这一转换中的支出。于是，在距离原定关闭地面模拟电视信号最后期限不到一周时，奥巴马新政府做出了再次推迟地面数字电视转换期限的新决定。

2.1.3 日本

日本的广播数字化首先于2003年12月在东京、大阪、名古屋三大都市展开。到2008年12末，日本共建立了地面数字广播转播台4099座（其中，NHK 1444座，民营电视台2655座），覆盖户数为96%，接收地面数字电视的接收机已达4555万台。并计划到2010年末要使 NHK 对全部户数（约 4960 万）的电波覆盖达到 98%。

日本在数字化革新中，模拟电视按计划将于 2011 年 7 月 24 日停播。它是 2001 年 7 月 25 日从执行新的频率规划大致需要 10 年时间的过渡来考虑的。为达到此目标，今后日本将进一步增建数字转播台，这是官民一体的举措。

日本在地面广播数字化初期，为了调整频率分配曾进行过一次“Ana-Ana 变换”工程（即停掉一部分模拟现用的频率并更改新的频率，为全国数字化的频率重新分配所进行的工程），但地面数字化中的模拟停播与 Ana（模拟）变换不同，它不是一个地区而是以全国为对象的。

日本总务省的方针主要有以下三点：

（1）在全国设置 10 个“商谈中心”

在模拟停播方面，向国民宣传和说明数字广播的优点是重要的。在此基础上，也要在接收机和天线的购置上满足人们的愿望。在宣传方面，除了分发宣传册和在全国利用大篷车实际收视观看之外，各个电视台的主持人也作为“地面数字大使”，与名演员合作，制作了 1000 多套节目，尤其是在“亮点广告”等方面发挥电视媒体的作用。在说明通告方面，总务省为了加强技术上的商谈，准备在全国设立 10 处“商谈中心”，与居民、公寓的业主、管理者进行交流，必要时还将派遣技术人员实地协助。

为了开展上述工作，在宣传、说明通告方面（包括宣传册）准备了 5.6 亿日元，在收视商谈体制方面也拨款达 5 亿日元。

（2）关于模拟电视机的废弃，要增强处理能力

在模拟停播方面，估计居民要与自治体尤其是市、镇、村商谈的事项较多，其中就有关于现有的模拟电视机将来如何废弃、处理的问题。除日本的经济产业省、环境省正在协作之外，内阁官房（办公厅）和有关省厅也设置了联席会议。据日本电子信息技术产业协会（JEITA）的概算，到 2011 年全日本残留的模拟电视机中，经数字调谐器连接收视的有 2100 万台。估计要废弃的模拟电视机可能是 1400 万台，不过也有另外的统计估计是 1800 万台。因此，按现在的处理能力，只要再稍加强些即可望解决。目前日本有关省（部）厅的联络会议正在制定具体行动计划。

（3）呼吁公寓的共用天线设施要及早对应

关于城市大楼（电波）阴影区的共用天线适应地面数字电视的改造费用问题，日本总务省认为在 2007 年出台的方针是障碍的对象，按独门独户住家所需要的天线与施工费（约 3.5 万日元）应由个人负担。但对于偏远（收视困难）地区的共用天线，则是由国家按个人负担费用予以补助的。不过对于城市居民在接收障碍地区，如果施工超过 3.5 万日元的部分应由原因者的大楼业主负担。一般如果接收障碍户有 50 户，所出资金（即 3.5 万日元 ×50 = 175 万日元）使现有的模拟电视（系统）数字化一般应该是没有问题的。

2.1.4 澳大利亚

澳大利亚地面数字电视广播制式为 DVB-T，7MHz 的带宽。2001 年 1 月 1 日，澳大利亚正式开始推进数字电视广播，标志着澳大利亚电视行业从模拟电视向数字电视转变的开始，

当时主要覆盖范围是大城市。随后25个取得许可的数字电视台开通（5大城市各5个）。而全国性的数字电视广播从2004年1月1日正式开始。

澳大利亚广播局（ABA）是澳大利亚联邦政府委派的媒介管理机构。ABA为数字电视的推进规划可用的频道，并开发、制定相关规定。ABA规定，在推进数字电视发展上，所有广播电视公司必须提供独特的“三播”服务（包括现有的模拟服务，加上标准及高清晰两种数字电视服务），基本上相当于我国的数模同播，且必须达到相同的覆盖率，同播的时间最少为8年，在这段同播的时间内（延续到2012年1月1日），要确保澳大利亚观众能够在不损失原有节目和服务的基础上欣赏到真正意义上的高清节目。据澳洲广播联盟统计，从澳大利亚整个覆盖率来看，目前75%的澳大利亚人都可以接收到模拟和数字同播的电视服务。模拟电视的传送将在同播8年之后停止，这也是行业联盟规定的，届时数字电视许多技术难题和运营难题都将在这一过程中逐步得到解决，迎来真正意义上的数字电视时代。澳大利亚政府把85%的数字电视覆盖率作为完全转换的前提，目前，ABC、SBS、7号台、9号台、10号台5个公共频道节目的开路频道都将在转换期间和转换前继续。同时，数字电视技术将给观众带来更多的频道和选择，消费者们并不会因数字电视的转换而损失目前享受的内容。

澳大利亚地面数字广播电视是依靠现存的10个广播电视运营组织构成的。其中，全国性的有政府基础的广播电视组织是ABC和SBS；以大城市为基础商业的广播电视网络有7、9、10三个商业公司；地区性的广播网络有WIN、Prime、Southern Cross Broadcasting、NBN和Imparja。以上广播电视组织中的每个电视运营商都提供综合的电视广播业务，并且都至少包含一个标清的电视节目和MEPG-1 LayerⅡ声音数据。在高清和标清同播的同时，也需要提高一定份额的高清电视节目。这些广播电视业者和广播网络要满足广播电视联盟最低份额要求，即最少每周20个小时的高清节目，每年最少为1080小时。这些要求实际上是政府对电视市场的推进，以确保澳大利亚拥有数字电视接收机的观众能欣赏到高清节目。

模拟电视向数字电视转换的过程是一个十分复杂的系统工程，涉及节目制作和传送方面的数字编码技术和复用标准制定，以及庞大繁杂的广播电视运行体系进行脱胎换骨的更新改造，包括电视机的生产、电视节目的制作、传输网络的改造、发射机的更换、卫星设备的更换、中继站的重建等。在集成数字电视机时代到来之前，数字电视机顶盒将作为中间商品在数字化进程中发挥不可替代的作用。到目前为止，虽然机顶盒的售价已从当初的500澳元降至目前的120澳元左右，但澳大利亚人却不太积极地购买只提升了电视声像质量，并不能获得额外的新服务的机顶盒。实际上，澳大利亚在数字电视接收机上的发展并不慢，在数字电视广播的第一年，就有1.5万个机顶盒销售到市场。到2004年数字机顶盒和集成的数字电视达到41万台，2005年底达60万台，到2006年底累计已超过了80万台。对于拥有2000多万人口、750万户家庭的澳大利亚来说，目前模拟电视人口覆盖率可达95%，数字电视覆盖率可达90%，近15%的家庭已经全面享受到数字电视带来的全新感受，已经是十分不容易的了。当前澳大利亚联邦政府正考虑运用大笔资金资助机顶盒的广泛配售，以加速实现纯数字电视播出。

总之，澳大利亚数字电视发展迅速，政府确定并积极推进高清电视的发展思路，促进了电视节目的制作，这样多角度地增强了数字电视发展的机遇，也给广播业者带来了更高更新的挑战。

2.2 频率规划

频率规划是地面数字电视发展的重要前期工作之一，世界各国在推广地面数字电视业务之前都针对各自国家的具体情况对所用频率进行了科学合理的规划。

2.2.1 英国地面数字电视频率规划

英国在模数过渡期间，数字电视采用较小功率、定向天线；模拟电视关闭后，通过调整调制码率、增加功率、调整天线方向性，改善数字电视覆盖。数字规划是个逐步演进的规划。

英国的地面数字电视采用 DVB-T 标准，英国地面数字电视广播规划工作是从 1995 年开始的，当时独立电视委员会（ITC）与英国广播公司（BBC）、英国贯通通信公司（NTL）签署了一个谅解备忘录，委托他们共同制订一个地面数字电视（DTT）频率规划。规划工作是根据共同的规划纲要进行的，以多频网、固定接收为主，其 6 个数字频道中，1、B、C、D 频道采用 16QAM、3/4 码率，2、A 频道采用 64QAM、2/3 码率。纲要要求依据用于模拟电视广播的 51 个骨干台和 30 个主要的转播台，拟订详细的 DTT 规划。该项目于 1999 年 3 月全部完成了覆盖预测和现场测试验证。

1998 年 6 月，ITC 又委托了一个新的研究计划，新计划是由 ITC、BBC、NTL 和国际城堡传输公司（CTI）共同承担。规划要求：在 DTT 第一阶段规划所获得覆盖的基础上如何改善和扩大覆盖，规划的台站数目也不限于最初的 81 台（或者说扩展到 81 个台站以外的方法）。具体做法是：增加辐射功率或是使用低功率盲区填充发射机，来改善现有 81 个台的覆盖。

英国地面数字电视规划主要遵循以下规划原则：

①数字业务不能干扰现有模拟业务；

②数字业务覆盖不能低于现有模拟覆盖；

③尽可能利用模拟台站已有设施和用户接收天线；

④全国范围用 6 个数字频道（MUX）组网；

⑤最初要求 DTT 最大 ERP 比模拟低 20dB。

英国使用自己开发的 UKPM 传播模型进行电波传播预测。采用基于地形的“Schwartz and Yeh”多重干扰合成方法。

DTT 规划使用波段 IV 和 V，为每个台站分配 6 个数字频道进行同播，在指配数字频道时，充分利用了 DVB-T 邻频保护率较低的规划业务特性，在同台址指配模拟频道的邻频开通 DTT 业务。模数同播期间，指配邻频数字频道对原模拟台站造成干扰时，改变原来模拟台站的频道或增加新的模拟台站进行补充。

2006 年至 2010 年按照地区逐步关闭模拟之后，频率将重新分配。3 个公共数字频道转换完毕后将使用现行公共业务的 3 个模拟频道和现有的 1154 个模拟发射点进行发射覆盖。其他 3 个商业 MUX 使用这些发射点中的 200 多个发射点（具体发射点由运行商决定）。其数字业务的具体规划为：取每 4 个频率相近的频点为一组，共 9 组，按地图分色原理逐个地区进行频率指配。

2.2.2 美国地面数字电视频率规划

美国在模数转换期间，给每个模拟电视频道分配一个数字频道，如何使用由运营商自己定，完成模数转换后交回一个频道。

美国的地面数字电视采用 ATSC-T 技术体制，8VSB 调制，2/3 码率。美国地面数字电视频率规划主要应用在多频网（MFN）、固定接收方面，对其商业和非商业台站进行规划。其传输及干扰计算采用的是 Longley-rice 传播模型。利用地理间隔法，根据城镇、郊区和用户数的不同进行规划。政策上采用先申请先分配的原则，在相互协商的基础上以市场为导向。

在过渡期间，为每一个授权的现有大功率台站（转发站除外）在原有模拟频道的基础上，临时指配一个数字频道（一般处在中心频谱范围内），进行模数同播。多余的频道留给教育或公共 TV（非商业），并收回空置的模拟频道。

为降低数字接收设备的花费以及减少站间技术的不同，所有数字业务分配在同一波段内。关闭模拟后，空出的频谱拍卖给其他无线业务。频谱资源拍卖得到的巨额利润，用于解决由数字化带来的财政赤字。

数字频道覆盖实行同原模拟服务区同等覆盖并最大化的原则，在邻近区实行频谱再覆盖政策。过渡期间，以数字台站提供最大服务区并对现有模拟站干扰最小为原则，规定 DTV 发射功率应比模拟低 12dB。在此基础上，将仍受干扰的模拟业务考虑转入有线电视系统传输。

美国的模拟地面电视频道编号从 2～69（54MHz～806MHz）。其模拟和数字频道划分如图 3 所示。其中阴影部分为模拟关闭后，地面数字电视使用的频道。

54-72MHz CH2-4	76-88MHz CH5-6	174-216MHz CH7-13	470-608MHz CH14-36	614-698MHz CH38-51	698-806MHz CH52-69

图 3　NTSC 业务和建议 DTT 业务（阴影部分）占用频道

2.2.3 日本地面数字电视频率规划

日本利用模数过渡的机会，进行频谱搬移，模拟电视关闭后，政府收回低端和高端的频谱，重新划分给地面数字声音广播和 3G 等其他业务。

日本的地面数字电视采用 ISDB-T 传输标准，分 13 个子段，其中 12 个子段使用 64QAM、3/4 码率、16.85Mpbs，用于播出 1 路高清（14Mbps）或 3 路标清（每路 4.3Mbps）电视节目；1 个子段使用 QPSK、1/2 码率、312kpbs，用于移动及便携业务的数据广播。

日本频率规划使用的电波传播模型是 ITU-R P.1546 建议书。规划主要以多频网、固定接收为主，部分地区小范围使用了单频网（SFN）组网方式。服务范围基于模拟电视台站的原有覆盖区。

日本为每个地区分配 5～6 个数字频道（2 个给 NHK 日本广播协会使用，3～4 个给地方使用）。其中 2 个频道为高清，1 个频道复用 3 路标清，1 个频道复用 2 路标清，1 个频道用于移动接收。

为现有的地面模拟电视台指配一个数字电视频道，进行模数同播。同台址安插数字频道时使用隔频指配（隔两个频道）的办法，频率确实拥挤的地方也做邻频指配。

数字频道原则上在 13～32 频道范围内指配（该段是 UHF 波段低端，地面模拟的使用率较低），根据实际情况也可以考虑在 UHF 波段的中端（33～52 频道）进行指配。如果新指配的数字频道影响到邻近台的模拟频道（13～32 频道）时，将模拟信道搬移到高端。

地面模拟全部关闭后，空出的频谱，低端用于数字音频广播和数据广播业务，高端用于移动通讯 3G 业务和其他业务。

2.2.4 澳大利亚地面数字电视频率规划

澳大利亚地面数字电视规划包括多频网、单频网，固定、移动接收及 DVB-H 等多种应用。规划用的调制模式：HDTV 的净码率需要达到近 20Mbps，64QAM 调制，2/3 码率，1/8 保护间隔，8k 载波的参考模式。固定接收所需的信噪比 C/N 要达到 20dB。SFN 频率规划中首先以 COFDM 调制 8k 模式开始，但广播商也可采用其他模式运营。

澳大利亚不限定要使用哪种传播模型，但在使用某传播模型之前必须用实测值进行检验。通常使用统计的场强预测方法。

澳大利亚地面数字电视初始规划主要面向大都市，主要依靠 10 个重要的电视广播组织，包括两个国家性的广播网络进行全国覆盖。澳大利亚要求频道容量必须满足 HDTV 传输的需求（不低于 19.3Mbps）。所有广播商的数字节目必须以标清格式播出，同时，还要求每周有 20 小时的高清格式的节目的播出。因此，澳大利亚的同播阶段实际上是包括模拟、数字高清、数字标清在内的三种节目方式。

数字电视频率首选相关模拟业务的邻频或同频；原来运营 VHF（UHF）频道的模拟广播商的数字频道也将指配在 VHF（UHF）频段。分配优先顺序：优先分配模拟业务的上邻频；如果上邻频不可用，优先分配模拟业务的下邻频；如果上下邻频都不可用，在该发射点，将可用频道由低到高逐一指配给该频点，第一个可用的频道将被选定用作数字指配。这些规则是基础，但在特殊环境下可能有所改变。在某些地区，也可能特别地采用其他的分配方法。

澳大利亚地面模拟电视全部关闭后，低端频道（CH0～CH5）不再用作地面数字电视传输（因为背景噪声较大），重新安排 202MHz～208MHz 以及 222MHz～230MHz 之间的频谱；806MHz～820MHz 频段可转让给其他业务。

2.2.5 国际电联一区和部分三区国家地面数字电视规划

国际电联一区和部分三区国家的地面数字电视频率规划以频段、接收方式、系统参数、网络结构、覆盖质量等五个方面为出发点。

规划采用 DVB-T 标准，该标准参数模式众多，规划时选择几种代表性参数设置模式，尽量减少参数变化，以便统一规划。

接收方式分固定、便携（室外和室内）、移动。对于不同接收方式，建立不同的参考规划模型参数和天线性能规格，除了固定接收外，不考虑接收天线极化方式。

组网方式可考虑单频网、多频网或者两者结合。以 70%、90%、95%、99% 等不同的地点概率代表覆盖质量。为统一规划，建议使用较少的地点概率。

最低中值场强的计算考虑的因素有：C/N、接收机输入噪声功率（接收机噪声指数和噪声带宽）、天线增益、馈线损耗、人为噪声、天线高度损耗、建筑物渗透损耗、地点修正系数等。

传播模型以ITU-R P. 1546-1 建议书为基础，将规划区域细分为9个小区，为各个小区制定不同的折射参数和传播曲线。

规划原则侧重于各地区之间的协调：

①平等拥有频率资源的基础上注意对个别需求的满足，并留出未来发展需求的空间；

②压缩频道数量，对频谱进行有效利用；

③RRC 频率规划分为数字电视和模拟电视两部分；

④将 III 波段和 IV/V 波段分开考虑；

⑤忽略低功率指配和小范围分配；

⑥不考虑有效辐射功率 200kW 以上的数字指配；

⑦成员国提交需要保护的现有和已规划的指配，新规划将以各国通报为基础；

⑧双边或多边协调结果要通报 ITU-BR；

⑨要保证数字频率指配/分配及现有和已规划模拟指配的兼容；

⑩保证数字频率指配/分配之间的兼容。

数字指配/分配方法：一种是在考虑现有和已规划模拟指配的基础上新增数字指配/分配；另一种是完全不考虑现有和已规划指配，对频谱进行最优化使用。一般实际规划过程中两者结合使用。

指配规划需要对每一个发射站进行规划，在地址和发射机参数均已知的情况下，为每一个发射站指定频率，不需要再次协调。如果发射站地点排列比较整齐，可采用格网法。分配规划在地址和发射机参数均未知的情况下，为每一个区域指定频率，特别适用于 SFN 等规划。如果 MFN 规划的细节尚未开始，也可采用频率分配。在实际规划中，一般是两者都使用，且没有优先级差别。

2006 年完成一区和部分三区国家的地面数字电视频率规划，形成日内瓦 06 协议（GE06）。

3. 我国地面数字电视应用现状

2006 年 8 月，我国地面数字电视传输标准 GB 20600-2006 正式颁布。2008 年，北京、上海、天津、沈阳、秦皇岛、青岛、广州、深圳共 8 个城市首先开通了地面数字电视业务，开展标清模数同播和高清数字电视业务。2009 年底将在包括省会城市、直辖市、计划单列市和部分地级城市在内的 100 个城市开播地面数字电视信号。广电总局计划用 3 年左右的时间，在 333 个地市及 2861 个县播出标清同播节目。

然而，目前国内存在采用非国标进行地面数字电视广播，擅自采取收取初装费和网络维护费来运营地面数字电视等现象。此类擅自运营地面数字电视业务的行为受到广电总局的严厉查处，所产生的投资损失由违规单位自身承担。除了地面数字电视的规范和管理有待进一步加强之外，数字电视信源编码标准尚未达成共识，数字电视终端标准仍需协调，地面数字电视的标准体系有待完善，经济和产业政策有待明确和落实……以上系列问题都严重阻碍了我国地面数字电视的健康发展。

3.1 广电总局地面数字电视推广现状

我国地面数字电视广播传输技术历经十余年的研究，2006 年 8 月，国家标准化管理委员会发布了强制性国家标准 GB 20600-2006《数字电视地面广播传输系统帧结构、信道编码和调制》，并明确该标准于 2007 年 8 月 1 日起正式实施。

国标颁布以后，根据国家数字电视领导小组的要求，广电总局成立了技术试验组、技术标准组、频率规划组、技术政策组、节目政策组和经济政策组等六个工作组，积极组织、周密部署，以 2008 年北京奥运播出为目标，全面开展地面数字电视的推广应用的准备工作。

经过一年多坚持不懈的努力，通过开展地面数字电视相关技术试验，同时充分考虑满足当前及未来可能的地面数字电视业务发展的需要，减少产业界的开发成本和生产成本，加速单/多载波模式的真正融合，最终根据技术试验结果，在国家标准众多工作模式中确定了 7 种模式（见表 3），作为我国今后开展地面数字电视广播的应用模式。

表 3　推荐的国家标准模式

序号	工作参数	系统净码率（Mbps）
1	C = 3780 16QAM 0. 4 PN = 945 720	9. 626
2	C = 1 4QAM 0. 8 PN = 595 720	10. 396
3	C = 3780 16QAM 0. 6 PN = 945 720	14. 438
4	C = 1 16QAM 0. 8 PN = 595 720	20. 791
5	C = 3780 16QAM 0. 8 PN = 420 720	21. 658
6	C = 3780 64QAM 0. 6 PN = 420 720	24. 365
7	C = 1 32QAM 0. 8 PN = 595 720	25. 989

广电总局积极组织推进 GB 20600 – 2006 国标的配套标准研究工作。截至目前，广电总局共组织编制 17 项配套行业标准，已发布 9 项（如下所列）。这些标准逐步完善了整个地面数字电视系统的多个技术环节和技术要求，地面数字电视频率覆盖规划有章可依，覆盖网络建设有据可依。

①GY/T 229. 1-2008《地面数字电视广播单频网适配器技术要求和测量方法》；

②GY/T 229. 2-2008《地面数字电视广播激励器技术要求和测量方法》；

③GY/T 229. 3-2008《地面数字电视传输流复用和接口技术规范》；

④GY/T 229. 4-2008《地面数字电视广播发射机技术要求和测量方法》；

⑤GY/T 230-2008《数字电视广播电子节目指南规范》；

⑥GY/T 231-2008《数字电视广播业务信息规范》;

⑦GY/T 236-2008《地面数字电视广播传输系统实施指南》;

⑧GY/T 237-2008《VHF/UHF 频段地面数字电视广播频率规划准则》;

⑨GY/T 238.1-2008《地面数字电视广播信号覆盖客观评估和测量方法第 1 部分：单点发射室外固定接收》。

在技术试验的基础上，广电总局组织完成了全国直辖市、省会城市、计划单列市等重点城市的频率规划工作，为每个城市规划两个频道，一个频道用于播出中央高清节目，另一个频道用于同播中央模拟电视节目。针对北京、天津、上海、沈阳、青岛、秦皇岛、广州、深圳八城市重点完成单频网组网规划研究。

以上这些工作为 2008 年 1 月 1 日北京地面数字电视试验播出提供了技术保证。

2008 年 1 月 1 日，广电总局正式批准在北京地区采用地面数字电视传输国家标准进行地面数字电视广播高清业务和标清业务的试验播出。2008 年 5 月 1 日进行正式播出，从而拉开了我国地面数字电视传输国家标准推广应用的序幕。此后，在广电总局的统一部署下，截至 2008 年 8 月，包括北京、上海、天津、青岛、秦皇岛、沈阳在内的 6 个奥运城市以及广州、深圳等地陆续采用地面数字电视传输国家标准正式开展了地面数字电视高清业务和标清业务。

2009 年，广电总局在全国范围大面积、分步骤推广地面数字电视，年底前在全国 100 个大中城市组织实施地面数字电视工程。2010 年完成全国所有地市以上城市地面数字电视开通任务，实现标清电视与模拟电视同步播出，其中在直辖市、省会市和计划单列市还要同时播出高清电视节目。

目前，国家标准化管理委员会已经批准广电总局进一步开展十多项地面数字电视配套标准的研究制定，其中包括《地面数字电视紧急广播技术规范》、《地面数字电视发射设备网管技术规范》、《高清晰度数字电视主观评价用测试图像序列》、《高清晰度电视节目素材交换格式》等。全国其余地级城市的地面数字电视规划也正在有序开展，为每个城市规划一个频道，用于同播中央模拟电视节目。

3.2 国内各地应用欧洲 DVB－T 标准和国家标准的情况

3.2.1 内地

从我们了解的情况看，目前，全国有 27 个省、自治区、直辖市开展了地面数字电视广播业务（发射机 93 部），其中采用欧洲 DVB－T 标准开展公交移动或地面数字电视试验或运营的发射机有 74 部（包含已批准 22 部、未批准 52 部）；采用我国国家标准开展地面数字电视试验或运营的发射机有 19 部（均为已批准）。

此外，还有一些城市没有向主管部门申请就已经开展地面数字电视广播业务。

上述这些现状与我国地面数字电视标准密切相关。我国地面数字电视标准经历了近十年的研究期，2006 年才正式发布，而在国际地面电视数字化的大潮影响下，我国各地从上世纪 90 年代起就开始尝试开通移动数字电视系统。广电总局陆续批准 22 个试验频道后，国家标准 GB 20600 发布。尽管国家标准从发布到实施留出了一年的时间，但产业尚不成熟，因此标准发布初期也还有部分地区使用欧标开展试验。

已开播地面数字电视节目的城市，很大一部分尚未获得主管部门批准，采取收取初装费和网络维护费来运营，并作为有线电视网向农村地区延伸覆盖的技术手段。

据数字电视市场调查公司格兰研究的调查显示，上海、杭州、昆明、黑龙江、湖南等省市正在运行的地面数字电视都给用户装载了 CA 系统。在固定接收方面所采用的运行模式基本上是套用有线数字电视的。

据不完全统计，目前全国 32 个城市开始运营地面数字电视固定接收业务，其中 18 个城市是国标多载波运营，14 个城市是单载波运营。地面数字电视移动业务在全国 30 多个城市开展，主要是以广告收入为主的商业运营模式。在移动接收方面，已经出现了从单个城市向全国性发展的趋势，在广告经营上出现了一些全国性的移动电视公司，如巴士在线、世通华纳、华视传媒等。

除了必须遵守 2004 年 11 月广电总局发布的 45 号令《广播电视无线传输覆盖网管理办法》，对于地面数字电视试验的规范管理，总局也已发布有关文件进行规范：

2006 年 3 月 27 日发布《广电总局关于加强移动数字电视试验管理有关问题的通知》（广发社字［2006］11 号）；

2007 年 2 月 1 日发布《广电总局关于进一步规范地面数字电视系统技术试验的通知》（广发［2007］8 号）。

3.2.2 港澳

2006 年 8 月我国地面数字电视传输标准 GB 20600–2006 颁布之后，经香港实地试验，香港特别行政区政府在 2007 年 6 月 4 日宣布采纳国家标准 GB 20600 – 2006 作为香港地面数字电视广播制式。

2007 年 12 月 31 日晚上 7 时，香港地面数字电视正式开播。亚洲电视以“多频道，多选择”为目标，推出 5 个标清节目，另外每日播放两小时的高清节目；2009 年 3 月，亚洲电视改为推出一个全日广播的高清节目，并引入台湾电视频道。无线电视（TVB）则主力推出一个全日广播的高清节目，并辅以标清的年青人频道和新闻频道。

数字电视开播初期，只有最重要的慈云山发射站投入服务，覆盖全港人口大约 50%。但政府则规定覆盖率须在 2008 年底增至 75%，亚视和无线两台用临时设施启动其余 5 个主要发射站，并加设 1 个辅助发射站，达到了政府要求的目标，足以覆盖香港大部分人口密集的地区。两家电视台会于 2011 年前再增建 22 个辅助发射站，使覆盖率提高至 99%。

由于国家标准 GB 20600–2006 没有规定信源编码的制式，香港无线电视决定在新频道采用较先进的 H.264 编码，而亚洲电视起初倾向全面使用 MPEG – 2，但最终也决定跟随无线电视采用 H.264。

为了让市民在选购地面数字电视接收器时能做出适当的选择，香港电讯管理局推行了自愿性标签计划。标签适用于接收香港本地地面数字电视服务的接收器，共分两种标签。贴有基本版接收器标签，指只可接收以 MPEG–2 压缩标准广播的电视频道；而贴有升级版接收器标签的，则可接收以 MPEG–2 或 H.264 压缩标准广播的电视频道（所有数字频道）。截至

2009 年 8 月 13 日，香港共有 201 款解码器和综合电视机具备升级版标签，但没有任何一款数字电视接收器拥有基本版标签。对于会否取消“基本版”标签，香港政府表示数字电视开播只有一年多，应多观察一段时间再作讨论。

香港地形复杂、楼宇众多，用户主要通过室外固定接收天线或大厦共用天线加大厦内同轴电缆系统接收地面数字电视信号。香港大厦内同轴电缆系统（在大厦内以同轴电缆系统去传送电讯、广播及保安等服务）完备，并遵从香港电讯管理局的频率分配计划《大厦内同轴电缆系统的频率分配计划（1999 年 7 月 15 日）》。香港还制定了相关的技术规范：《为接收数码地面电视而提升大厦内同轴电缆系统设备的指引》、《大厦内同轴电缆系统设备的性能要求》等。

此外，澳门为了便于民众收视内地和香港的电视节目，同样决定采用国家标准 GB 20600–2006 作为地面数字电视广播制式。目前澳门也在进行地面数字电视的相关试验播出。

3.3 我国地面数字电视产业链现状

经过数年的发展，我国地面数字电视解调芯片、解码芯片均已基本成熟。目前，已经推出 5 代 7 款地面数字电视解调芯片，被广泛应用于高清晰度地面数字电视一体机、高清晰度地面数字电视机顶盒、移动和便携式地面数字信号接收机等众多领域，包括东芝、LG、三星、TCL、创维、海信、索尼等在内的国内外众多电视机及机顶盒生产企业已先后推出了近百款内置解调芯片的一体机和机顶盒产品。应该说中国地面数字电视的推进已经具有较为充分的产业准备。

3.4 运营商和用户的要求

3.4.1 探索建立一个良好的运营模式

地面数字电视在大力推进信号覆盖的同时，其运营主体和运营模式受到了广泛关注。目前上海、河南、湖南、黑龙江等地都在探索商业运营模式。在这样的背景下，一些企业开始尝试与地方广电部门合资组建运营主体，开展地面数字电视推广和运营业务。业内人士认为，通过资本层面的合作来推动地面数字电视的发展，未来将成为一种趋势。

由于广电总局将地面数字电视定位为公益性服务项目，因此在没有一定商业机会的情况下，各地运营主体推广地面数字电视的积极性并不高。在上海、浏阳等地，当地运营商都是企业化运作，如果没有利润支撑，它们很难维持正常运转和发展。对于这些运营企业来说，发射塔的建设与改造、中继站的补建、节目的购买与编发、机顶盒与馈线等产品的采购、推广和维护人员的招聘等等，都需要投入大量资金。因此，没有合理利润支撑的完全公益对它们来说是难以接受的。

地面数字电视的推广必须找到一个良好的运营模式，这种模式，必须在保证地面数字电视公益性的基础上，充分调动运营企业的积极性，使其获得合理的利润，以支持其可持续发展。

目前，在全国范围内进行地面数字电视的推广运营还存在一定的政策风险。相比模拟电视，数字电视的节目传输质量和数量都有了很大提高，各地运营商开展付费节目已具备一定的技术基础，但广电总局尚没有出台任何鼓励开展有偿服务的政策。

地面电视发展的各阶段都离不开国家和各级财政的支持。这些支持确保了地面电视的持续、快速发展，保障了广大农村和边远地区老百姓能看到电视，也基本奠定了地面电视公益性服务的性质。

3.4.2 地面接收方式是广播电视覆盖的必要手段之一

我国地域广，人口多，在这样的基本国情之下，广播电视的传输方式与区域地理环境、经济发展等各种因素有关，因此，老百姓接收广播电视的方式呈现出多样性的特征。

中国有超过 13 亿人口，约 4 亿户家庭，有线电视用户只有约 1.6 亿户，还有超过 2 亿户不能接收有线电视。自上世纪 90 年代以来，我国在 11.7 万个行政村、10 万个 50 户自然村和 71.66 万个 20 户自然村开展了“村村通”工程，其中 20 户自然村采用直播卫星方式解决了 1234 万户收看电视的问题。其他用户尤其是城乡结合部的大量进城务工人员，只能或者必须还得使用地面方式接收广播电视服务。因此，广电总局从大局出发，将地面数字电视定位于公共服务，这是保障人们接收数字化的广播电视基本服务的一种措施和手段。

3.5 地面数字电视发展面临的主要问题

我国地面数字电视发展面临的问题主要体现在以下几个方面。第一，国家地面数字电视发展整体规划还需完善；第二，地面数字电视存在运行主体和工作模式较多的状况；第三，部分地区已采取商业化运营方式开展地面数字电视，不符合总局目前的政策；第四，原有的欧洲标准（DVB-T）需要转换为国家标准；第五，由于 AVS 产业化程度还须完善、H.264 非国标，高效信源编码的选择还存在困难；第六，鼓励地面数字电视终端产业政策、地面数字电视解码功能的终端强制要求政策还有待明确；第七，产业扶持政策尚不明确；第八，我国标准管理体系下发端和终端分别由广电总局和工信部管理，统筹考虑不足。

4. 我国地面数字电视发展战略的几点意见

地面数字电视是替代现有地面模拟电视覆盖的技术手段，提供免费的电视服务。无论有线、卫星是否已经覆盖，地面数字电视作为基础的公共服务是一种必备的电视广播覆盖手段。

为了规范和促进我国地面数字电视的发展，建议完善涵盖覆盖网组网技术标准、节目制作、业务类标准、接收终端技术标准、用户服务管理、乡村和城市楼宇接收系统技术标准等方面的地面数字电视标准体系，明确信源标准的应用策略，进行 MPEG-2、AVS、H.264、AC-3、DRA 等多种信源压缩编码标准的应用试验。

建议模数同播阶段为所有省会、直辖市、计划单列市的主发射站指配 2 个地面数字电视频道，为地级城市的主发射站指配 1 个地面数字电视频道，采取模数同播、高标清同播、中央节目与地方节目同播的节目政策。建议政府明确终端产业政策，并为地面数字电视覆盖网建设、数字电视终端普及、高清节目制作、模数过渡频率调整等环节提供资金支持。

对于地面模拟电视的关闭，建议采用面积覆盖率和终端的普及率（渗透率）来考核关闭的条件；至少以地市为单位关闭模拟电视，并由国家广电总局组织对关闭模拟电视的条件进行评估验收。从 2015 年开始逐步关闭地面模拟电视，2020 年完成地面电视的模数过渡。

4.1 地面数字电视服务定位

各国均将地面电视作为公共服务的最基本的技术手段，我国地面数字电视的定位是：地面数字电视是替代现有地面模拟电视覆盖的技术手段，提供免费的电视服务。无论有线、卫星是否已经覆盖，地面数字电视作为基础的公共服务是一种必备的广播电视覆盖手段。

当前，我国其他广播电视技术系统的服务特点为：

①有线电视以城市以及发达地区为中心，建立以双向交互、高速为技术基础的广播电视及多媒体综合信息平台；

②直播卫星用于“村村通”工程，解决有线电视通达不到的农村地区用户收听、收看广播电视，目前只用于 20 户以上的自然村；

③移动多媒体广播电视（CMMB）是广播电视的补充和延伸，采用产业化运营模式，针对移动人群，提供手持电视服务。

因此，在关闭模拟电视之前，要特别关注只能通过地面无线覆盖网固定接收地面模拟电视的用户，这部分用户主要是有线电视通达不到的乡镇居民用户、城乡结合部用户和进城务工人员，他们将是在地面电视模拟向数字转换时，政府应该重点关注的对象。由于地面数字电视服务包括了免费高清电视节目和本地标清电视节目，在服务区内通过其他手段无法收看高清电视节目的用户可以通过地面数字电视收看高清电视节目。

地面数字电视主要是本地电视节目，直播卫星主要是中央节目和各地的卫视节目，两者可互为补充。按照广电总局的部署，今后将继续采用直播卫星成片推进“村村通”工程，并大力推进户户通广播电视。因此，地面数字电视和直播卫星联合推广，可以在实现广播电视“村村通”工程的同时，较快地提高地面数字电视的终端普及率，促进地面数字电视的快速发展。

4.2 配套标准体系的完善

4.2.1 覆盖网组网技术标准

我国地面数字电视国家标准颁布以来，已陆续制定了一系列的规划准则、相关设备等配套标准，但是仍然难以满足地面数字电视覆盖网系统的应用需求，还需要在国家标准 GB 20600-2006 基础上不断完善传输技术标准体系，进一步研究制定单频网组网技术规范及相关设备的技术标准。通过完善的覆盖网标准体系引导地面数字电视覆盖网建设的健康快速发展，以便充分发挥地面数字电视的技术优势，不断丰富业务形态和内容，更好地服务于广大电视观众。

4.2.2 节目制作、业务类标准

相对于地面模拟电视，地面数字电视除了提供高质量的标清、高清电视节目传输之外，还可以支撑电子节目指南（EPG）、信息推送、紧急广播等新业务。因此，对高标清节目制作、信源编码等技术标准有待进一步完善和明确。此外，地面数字电视的 EPG、紧急广播、信息推送等业务的应用技术规范也有待进一步统一完善。

4.2.3 接收终端技术标准、用户服务管理

根据信源编码、各类业务的技术标准，需要尽快完善地面数字电视机顶盒、一体机等接收终端的技术标准。GB 20600-2006 作为强制性国家标准也应尽快体现在新生产的电视机功能要求之中。此外，为改变以往地面电视粗犷的服务模式，应加强对地面数字电视的个性化服务，建议研究制定面向用户的地面数字电视的条件接收（CA）、用户管理和业务管理等相关标准，不断提升地面数字电视覆盖网络的技术水平，扩大标准的适用范围。

4.2.4 乡村和城市楼宇接收系统技术标准

对于如何接收地面数字电视信号，除了加大对普通民众的宣传力度之外，应当制定或完善各种接收方式、系统的技术标准。考虑到地面数字电视的峭壁效应、室内信号衰减大以及城市内大厦个体用户安装室外天线困难等因素，为保证地面数字电视在城市的有效覆盖，建议我国修订相关的建设规范标准，规范民用建筑加装共用天线系统和家庭地面数字电视系统技术要求。

4.3 信源编码策略

4.3.1 信源标准的应用策略

采用高效的音视频信源编码（AVS、H.264、DRA）可以有效增加单个频道内的节目数量，缓解频率资源紧张状况。为促进高清电视在地面数字电视中的推广应用，促进我国广播电视的数字化，应尽快加强 MPEG-2、AVS、H.264、AC-3、DRA 等信源编码标准和地面数字电视传输标准适用性研究，适时开展多种高效信源编码的试验播出。

进行 MPEG-2、AVS、H.264、AC-3、DRA 等多种信源压缩编码标准的应用试验，有利于促进集成多种信源压缩编码标准的多合一终端芯片（SOC）的产业化。此外，采用国外的 H.264、AC-3 视音频信源压缩编码标准涉及高额知识产权费用，采用自主知识产权的 AVS、DRA 视音频信源压缩编码标准知识产权费用低廉，同时采用 AVS、H.264、AC-3、DRA 视音频信源压缩编码标准也有利于降低 H.264、AC-3 的知识产权费用。

4.3.2 信源编码方案规划

地面数字电视信源编码方案规划的主要原则如下：

①信源压缩编码标准的选择，既要保证编码的高效性，同时还要尽量降低编码标准的知识产权费。

②信源编码码率的选择，应根据地面数字电视的发展现状，结合国际电联对广播级图像质量的要求，在满足信源编码质量需求的前提下，尽量降低编码码率，节约带宽资源。

③信源编码方案的规划，应根据地面数字电视的信道模式、频道数量、节目来源等因素，

制定有效的编码方式组合。

通过对 MPEG-2、AVS、H.264、AC-3、DRA 等多种信源压缩编码标准的编码质量摸底和相关编码标准的知识产权调研，结合上述原则，提出了适合我国地面数字电视的信源编码方案建议，详见附录《地面数字电视信源编码方案规划》。

4.4 频率规划策略

4.4.1 模数同播阶段的频率规划策略

我国近年来大力发展地面模拟广播电视事业，实施了农村中央广播电视节目无线覆盖工程、省广播电视节目无线覆盖工程等多项重大工程，新开通大量模拟电视频道；东、中部地区电视频道资源总体十分紧张。此外，我国电视专用频率资源有限（只有 47 个频道），如北京等一些城市，本地及周边地区实际启用的模拟及数字电视频道数量已经饱和。与此同时，我国也在继续大力发展移动多媒体广播电视。因此，我国地面数字电视发展可使用的频谱资源非常有限。

建议模数同播阶段在尽可能避免干扰现有地面模拟电视覆盖的前提下，充分挖掘可用的频率资源，为所有省会、直辖市、计划单列市的主发射站指配 2 个地面数字电视频道，为地级城市的主发射站指配 1 个地面数字电视频道。

在完成地级城市覆盖的基础上，采用单频网技术手段用同一个地面数字电视频道建设覆盖县级的地面数字电视网，将中央和省、地级节目的覆盖扩大延伸到县级区域。通过中央和省、地级节目的地面数字电视覆盖促进数字终端的普及，实现关闭地面模拟电视的终端普及率（渗透率）目标，便于其他地面模拟电视节目在主管部门的指导下，不再用额外的频道进行模数同播而直接进行模数转换。

4.4.2 制定全数字化阶段的频率规划策略

在模数同播时期，需要考虑模数同播阶段的地面数字电视频率规划状况，启动地面电视全数字化阶段频率规划方案的制定，以保证将来地面数字电视的健康和可持续性发展。全数字化阶段的频率规划需要在主管部门的主持下，根据地面数字电视的系统、网络及节目复用特点统筹安排、统一规划，为后续的频率资源管理、网络管理、节目管理打下良好的基础。

4.4.3 模数同播向全数字化阶段的频率转换策略

全数字化阶段频率规划方案的应用和实施需要经主管部门批准，通过模数同播向全数字化阶段的频率转换，最终落实全数字化的频率规划方案。

①全数字化阶段的频率规划虽然已经在一定程度上兼顾了模数同播阶段的频率规划，但由于模数同播阶段的频率规划需要避免干扰原有模拟电视，所以用 1～2 个频道进行模数同播具有一定的临时过渡性。为此，需要依据全数字化阶段的频率规划对部分模数同播阶段规划的地面数字电视频率进行必要的改频调整。

②在模数同播阶段通过中央和省、地级节目的地面数字电视覆盖促进数字终端的普及，实现关闭地面模拟电视的终端普及（渗透率）目标，便于其他地面模拟电视节目在主管部门的指导下，不再用额外的频道进行模数同播而直接根据全数字化阶段频率规划进行模数转换。

③用一个地面数字电视频道可以播出多套模拟电视节目，模数过渡腾出的频道可以根据全数字化阶段频率规划，在主管部门批准的前提下用于开展新业务。

4.5 节目政策

根据地面数字电视试验播出的经验，地面数字电视必须坚持三个同播以及县级电视节目的数字化，才能保证地面数字电视有效地推广普及。

（1）模数同播

在模拟电视向数字电视转换期间，模拟电视和数字电视需要共存同播。模数同播是以停播无线模拟电视、释放频率资源为目标，要满足无线覆盖用户收看电视的需求，为地面电视数字化提供条件，做到只要模拟电视用户加装地面数字电视接收终端就可能接收地面数字电视。在原来地面模拟电视覆盖的范围内，开通地面数字电视广播，按照模拟电视接收条件，地面数字电视覆盖范围应不小于相应模拟电视覆盖范围，为降低建设和运维成本，主发射点尽量选择在现有模拟电视发射点。

（2）高标清同播

在模数同播期间，在一个地面数字电视频道内同时播出高标清电视节目，采用 MPEG-2 编码方式，可以播出 1 套高清和 1 到 2 套标清电视节目，采用高效信源编码技术，可以播出更多的电视节目。高标清同播可满足人民群众收看高清电视的需求，加速高清电视的普及，提升数字化时代电视节目的品质。高标清同播有效地减少高清电视开播初期用户少对高清电视节目制作、播出和运营带来的影响，加大了推动电视节目标清向高清转换的力度。高清电视的播出，将推动高清电视机市场，促进电子产业的发展。今年 9 月 28 日，CCTV-1 等 11 套卫视节目采用高标清同播，按照总局的要求，这些卫视节目第一年高清节目达到 50%，第二年高清节目将达到 70%，第三年达到 100%，高清电视节目将在中国迅速普及。

（3）中央节目与地方节目同播

在模数同播期间，中央节目与地方节目同播是考虑在一个地面数字电视频道内播出 CCTV-1 高清节目、省卫视和市一套标清节目，这样做不仅可以充分发挥地方的积极性，还可以充分利用现有广播电视发射台站的资源优势，有效地降低地面数字电视覆盖网的建设成本和运维成本。

（4）县级电视节目的数字化

考虑到按照现行模拟电视广播四级办、多频网覆盖方式，地面数字电视频率规划如仍采用多频网布局，实现全部的中央、省、市、县节目模数同播的困难很大，因此，建议以地市主发射站为基础，充分利用县级发射站，组建地市范围地面数字电视单频网，对地市及以上节目进行模数同播，县级电视节目在地面数字电视覆盖达到一定程度后直接转为数字化播出。

地面电视模数过渡到一定阶段将腾出部分原地面模拟电视占用的频率资源，根据全数字化阶段频率规划，在主管部门的指导下可以考虑进一步开展高清、个性化专题节目、地面公交移动电视等新业务。

4.6 经济和产业政策

我国发展地面数字电视所采取的经济和产业政策应充分考虑我国经济发展的实际情况，通过政府的政策支持来加大地面数字电视的推广力度。

一是国家投入资金，建设模数过渡时期全国地面数字电视传输覆盖网络，对中央、省、市、县共2474个主发射点的地面数字电视建设需要25亿元建设资金。为了使地面数字电视覆盖达到或超过现有地面模拟电视的覆盖，需要进一步通过构建单频网等方式进行覆盖网的优化工作，以1比3的比例增加发射点，逐步完成全国城乡地面数字电视的覆盖任务，共需资金约100亿元。

二是要明确终端产业政策，颁布地面数字电视一体机的相关强制性标准，规范接收机中信源、信道技术要求（电视机强制加装数字接收功能），如强制规定2010年以后生产的32英寸以上电视机以及2012年以后生产的所有电视机必须具备接收地面数字电视信号的能力，以尽可能在用户电视机更新换代过程中，自然地实现接收终端的模数换代。

三是参照美国等国家的方式，对于只能采用无线方式的用户，借鉴“村村通”工程的经验，采取国家补贴统一采购的方式，向上述用户赠送地面数字电视机顶盒，并组织专门力量为用户提供技术服务，按2亿地面数字电视用户每户300元补贴测算，大约需要600亿元。

四是明确促进高清节目制作的政府补贴政策，促进高清数字电视普及，带动电子产业发展，如北京市已于今年国庆前投入10亿元资金用于高清节目制作。

五是由于模数同播阶段的频率规划需要避免干扰原有模拟电视，所以具有一定的临时过渡性，在全数字化阶段的频率规划需要对部分模数同播阶段规划的地面数字电视频率进行必要的改频调整，改频调整将需要数十亿元的经费支持。

4.7 关闭地面模拟电视的条件

在已经开播地面数字电视的地区，需要明确关闭模拟电视的条件，例如地面数字电视面积覆盖率和地面数字电视终端的普及率（渗透率）指标。

（1）面积覆盖率

考虑到目前农村中央广播电视节目无线覆盖工程主要实施中央一套和七套电视节目的覆盖，各省、各地区可以参考中央一套地面模拟电视节目的实际覆盖状况来确定关闭地面模拟电视的地面数字电视面积覆盖率目标，建议地面数字电视应与相应模拟电视的覆盖面积相当。

（2）终端的普及率（渗透率）

在终端集成地面数字电视接收模块的强制性要求出台5年之后，关闭地面模拟电视的地面数字终端的普及率（渗透率）指标可针对主要服务对象，即有线电视通达不到的乡镇居民用户、城乡结合部用户和进城务工人员。建议对只采用地面数字电视收看电视的用户统计终端普及率（渗透率）指标。

4.8 关闭地面模拟电视的策略

根据地面数字电视覆盖网建设进度、地面数字电视终端的普及率以及不同地区的频率需求状况来制定地面模拟电视的关闭策略。通过关闭地面模拟电视的条件评估，可以考虑经济发达、业务需求量大、频率资源紧张的地区优先关闭地面模拟电视，例如按照东、中、西部和大、中、小城市及农村的顺序推进地面电视的模数过渡。建议按照以下步骤关闭地面模拟电视：

①至少以地市为单位（包含下属各县），在基本完成地面数字电视在本市范围内覆盖网建设的条件下，提前一年公布关闭地面模拟电视的时间；

②在地市通过省广电局提交关闭模拟电视申请之后，由国家广电总局根据关闭地面模拟电视的条件，组织对地市关闭模拟电视的申请进行评估验收；

③在取得相关主管部门的批复意见后，关闭地面模拟电视；

④关闭模拟电视之后，由地市广电局承担处理用户投诉等事宜。

4.9 我国地面数字电视推广计划

根据我国广播电视现状，地面数字电视推广可以分为以下几个阶段：

（1）试验播出阶段

从2006年8月我国地面数字电视传输标准颁布开始，北京进行了一系列关于地面数字电视的技术试验。2008年1月1日，广电总局正式批准在北京地区采用地面数字电视传输国家标准进行地面数字电视广播高清业务和标清业务的试验播出。2008年8月，包括北京、上海、天津、青岛、秦皇岛、沈阳在内的6个奥运城市以及广州、深圳等地陆续采用地面数字电视传输国家标准试验播出了地面数字电视高清业务和标清业务。

地面数字电视的技术试验和试播，为后续的大规模工程实施和应用推广积累了经验，并且为地面数字电视技术体系的建立和完善提供了技术依据。

（2）模数同播阶段

①中央和省、地级节目在地级以上城市的覆盖

在模数同播阶段初期，充分利用现有的地面电视发射基础设施，主要完成中央和省、地级节目在地级及以上城市的地面数字电视覆盖。

2009年，广电总局在全国范围大面积分步骤推广地面数字电视，年底前在全国100个大中城市组织实施地面数字电视工程，2010年计划完成全国所有地市以上城市地面数字电视开通任务，实现地面数字电视与地面模拟电视同步播出。

②中央和省、地级节目覆盖扩大到县级覆盖

在模数同播阶段初期基础上，同样充分利用现有的地面电视发射基础设施，建设县级地面数字电视覆盖网，将中央和省、地级节目的覆盖扩大延伸到县级区域，争取实现中央和省、地级节目地面数字电视的覆盖范围与原地面模拟电视相当。

（3）关闭模拟电视时间表

从模拟电视向数字电视过渡需要有一个转换时间，关闭地面模拟电视将是一个分阶段、

分步骤的过程，因此，需要根据模数过渡计划制定关闭地面模拟电视的时间表。根据我国的电视广播现状和具体国情建议如下：

①2015 年开始至少以地市（包含下属各县）为单位逐步停播地面数字电视服务区内的地面模拟电视业务；

②2020 年停播所有地面模拟电视业务，完成地面电视的模数过渡。

（4）全数字化阶段

在完全关闭地面模拟电视的全数字化阶段，利用地面数字电视平台丰富公益服务的内容、提高公益服务的质量，并在此基础上开展地面数字电视增值服务。

附录

地面数字电视信源编码方案规划

1. 信源编码质量摸底情况

信源编码方案的规划，有一个重要因素，就是信源编码图像质量及音频质量。为更好地进行方案规划，对适合我国地面数字电视应用的几种信源编码的图像质量和音频质量进行了摸底，详细情况如下。

1.1 图像质量

1.1.1 MPEG-2 高清 17Mbps 图像质量

项目组对一款 2005 年生产的 MPEG-2 编码器进行了测试，高清 17Mbps 编码的图像质量比源图像下降 11.3 分。

序号	序列名称	质量下降值		
		平均值	标准偏差	95% 置信间隔
1	转盘（快速）	6.5	5.9	2.1
2	水波和松树	11.8	8.2	2.9
3	独轮车表演	9.5	8.0	2.9
4	CCTV 花坛	13.9	8.1	2.9
5	京剧	14.4	10.3	3.7
6	女排拉拉队	10.6	8.7	3.1
7	旋转的鸟笼	11.6	8.9	3.2
8	合成噪声的京剧片断	12.4	10.0	3.6
平均值		11.3	——	——

1.1.2 MPEG-2 高清 16Mbps 图像质量

项目组对一款 2008 年生产的 MPEG-2 编码器进行了测试，高清 16Mbps 编码的图像质量比源图像下降 8.9 分。

序号	序列名称	质量下降值		
		平均值	标准偏差	95%置信区间
1	拥挤的人群	9.3	5.3	[6.5，12.1]
2	京剧舞旗片段	6.8	5.3	[4.0，9.6]
3	花园跑步	11.8	5.8	[8.7，14.8]
4	演播室访谈	7.8	3.3	[6.1，9.59]
平均值		8.9	——	——

1.1.3 AVS 高清 11Mbps 图像质量

项目组对一款 2009 年生产的 AVS 编码器进行了测试，高清 11Mbps 的图像质量比源图像下降 11.8 分。

序号	序列名称	质量下降平均分
1	Crowdrun	12.0
2	Parkjoy	13.8
3	花坛	10.2
4	秋叶	11.2
4 个序列平均值		11.8

1.1.4 H.264 高清 11Mbps 图像质量

项目组对一款 2007 年生产的 H.264 编码器进行了测试，高清 11Mbps 编码的图像质量比源图像下降 10 分。

序号	序列名称	质量下降值		
		平均值	标准偏差	95%置信间隔
1	Crowdrun	6.4	3.4	1.6
2	Parkjoy	7.4	6.0	2.9
3	花坛	6.2	4.2	2.0
4	演播室访谈 2	5.5	4.0	1.9
5	京剧舞旗片断	7.6	10.1	4.8
6	秋叶	26.8	17.6	8.4
平均值		10.0	——	——

1.1.5 MPEG－2 标清 3.2Mbps 图像质量

项目组对一款 2005 年生产的 MPEG-2 编码器进行了测试，标清 3.2Mbps 编码的图像质量比源图像下降 14.5 分。

序号	序列名称	质量下降值		
		平均值	标准偏差	95% 置信间隔
1	室内乒乓球	9.4	7.1	2.7
2	花园	10.7	8.3	3.1
3	玩具火车和日历	14.3	9.6	3.6
4	篮球比赛	16.3	10.8	4.1
5	水波和松树	17.9	15.6	5.0
6	京剧	21.4	12.8	4.8
7	合成噪声的京剧片断	16.4	10.4	3.9
8	转盘（快速）	9.6	6.5	2.5
平均值		14.5	——	——

1.1.6 MPEG－2 标清 3.0Mbps 图像质量

项目组对一款2006 年生产的 MPEG-2 编码器进行了测试，标清3Mbps 编码的图像质量比源图像下降 19.1 分。

序号	序列名称	质量下降值
1	乒乓球	14.0
2	花园	18.2
3	玩具火车	22.5
4	篮球	26.3
5	马术	19.8
6	噪声	13.8
平均值		19.1

1.1.7 AVS 标清 3.0Mbps 图像质量

项目组对一款 2008 年生产的 AVS 编码器进行了测试，标清 3Mbps 编码的图像质量比源图像下降 13.6 分。

序号	序列名称	质量下降值		
		平均值	标准偏差	95% 置信间隔
1	小火车	13.4	7.9	3.9
2	噪声	15.4	13.0	6.4
3	乒乓球	12.4	8.8	4.3
4	篮球	13.2	6.7	3.3
5	花园	11.7	6.6	3.2
6	马术	15.8	7.9	3.9
平均值		13.6	——	——

项目组对一款2009年生产的AVS编码器进行了测试，标清3Mbps编码的图像质量比源图像下降12.0分。

序号	序列名称	质量下降值		
		平均值	标准偏差	95%置信间隔
1	乒乓球	7.7	7.7	4.0
2	花园	10.1	3.6	1.9
3	小火车	12.1	3.4	1.8
4	篮球	9.8	7.0	3.7
5	马术	7.4	5.5	2.9
6	噪声	13.4	8.1	4.2
7	秋叶	23.1	8.8	4.6
平均值		12.0	——	——

1.1.8 AVS标清2.5Mbps图像质量

项目组对一款2009年生产的AVS编码器进行了测试，标清2.5Mbps编码的图像质量比源图像下降17.2分。

序号	序列名称	质量下降平均分
1	乒乓球	15.7
2	花园	14.7
3	小火车	20.1
4	篮球	18.4
5	马术	12.9
6	噪声	21.3
6个序列平均值		17.2

1.1.9 H.264标清3.0Mbps图像质量

项目组对一款2007年生产的H.264编码器进行了测试，标清3.0Mbps编码的图像质量比源图像下降12.3分。

序号	序列名称	质量下降平均分
1	乒乓球	9.2
2	花园	11.7
3	玩具火车	14.2
4	篮球	15.4
5	马术	11.2
6	噪声	11.9
平均分		12.3

1.2 音频质量

1.2.1 杜比 AC－3 5.1 声道环绕声

项目组对一款 2006 年生产的 AC-3 编码器进行了测试，AC-3 448kbps 编解码，所测 6 个片段分差值均优于－1.0 分，符合 ITU-R BS.1548《数字广播音频编码系统用户要求》，基本达到了 EBU 定义的“不能识别损伤的”音频质量。

1.2.2 DRA 5.1 声道环绕声

项目组对一款 2005 年生产的 DRA 编码器进行了测试，被测编码软件和解码硬件在环绕声 384kbps 条件下的环绕声音质总体优于 4.5 分，所测 8 个片段分差值均优于－1.0 分，符合 ITU-R BS.1548《数字广播音频编码系统用户要求》。

1.2.3 双声道

项目组对一款 2005 生产的 DRA 编码器进行了测试，被测编码软件和解码硬件在双声道 128kbps 条件下的立体声音质总体优于 4.7 分，所测 8 个片段分差值均优于－1.0 分，符合 ITU-R BS.1548《数字广播音频编码系统用户要求》，并且达到了 EBU 定义的“不能识别损伤的”音频质量。

2. 信源编码相关的许可费介绍

2.1 图像编码技术许可费

主要图像编码技术许可费一览表

编码技术名称	MPEG－2	MEPG－4 Visual	WMV 9	H.264 Visual（MPEG LA 公司管理的部分）	H.264 Visual（Via 公司管理的部分）
解码器	2.5 美元/个	0.25 美元/个	0.1 美元/个	0.2 美元/个（最低 10 万个）每年超过 500 万个时，为 0.1 美元/个	0.25 美元/个
解码器许可费上限（每年）	无限制	100 万美元	40 万美元		
编码器	2.5 美元/个	0.25 美元/个	0.2 美元/个	使用费 2500 美元/个（运营商）	
编码器许可费上限（每年）	无限制	100 万美元	80 万美元		

（续表）

编码技术名称	MPEG－2	MEPG－4 Visual	WMV 9	H. 264 Visual（MPEG LA 公司管理的部分）	H. 264 Visual（Via 公司管理的部分）
内容配送者许可费	无	0. 000333 美元/分钟，或者每年每个收视用户收取 0. 25 美元	无	广播： 10 万户以下：免费 10 万~50 万户：2500 美元 50 万~100 万户：5000 美元 超过 100 万户：1 万美元 订阅性收视： 10 万户以下：免费 10 万~50 万户：25000 美元 50 万~75 万户：50000 美元 75 万~100 万户：75000 美元 超过 100 万户：10 万美元 付费性收视： 每次点击：0. 02 美元或者是收费额的 2%	广播： 250 万美元/年 PC 随附软件： 400 万美元/年 付费性收视：每个节目 30 分钟内：0. 005 美元 30～90 分钟：0. 015 美元超过 90 分钟：0. 025 美元
内容配送者许可费上限（每年）	无限制	100 万美元	无限制		
报价有效期限	2010 年 12 月 31 日	2008 年 12 月 31 日	2012 年 12 月 31 日		
信息来源	www. mpegla. com《MPEG－2 Patent Portfolio License Briefing》	www. dvbcn. com《掀起 H. 264 的面纱》	www. dvbcn. com《掀起 H. 264 的面纱》	www. streamcrest. com《MPEG－4 AVC License Proposals 2》	www. streamcrest. com《MPEG－4 AVC License Proposals 2》

2. 2　音频编码技术许可费

2. 2. 1　DRA

GB/T 22726–2008 多声道数字音频编解码技术规范（简称 DRA 音频）采用按声道收费的政策。机顶盒解码后每输出 1 个声道需付 1 元人民币，如果输出压缩流则机顶盒不需要付费。

2. 2. 2　杜比 AC–3

双声道：最高 5 美元/台，对季度产量 10 万台以上 1 美元/台~1. 5 美元/台；

5. 1 声道：最高 12. 5 美元/台，对季度产量 10 万台以上 2. 5 美元/台~3. 75 美元/台。

3. 地面数字电视信源编码方案建议

通过对国外及香港等地区的信源编码方案以及信源编码相关许可费的调研，为我国地面数字电视信源编码标准的选择提供的参考依据；在对几种信源编码在各种码率下图像和声音质量进行摸底后，结合国际电联对广播级图像质量的要求（即编码图像质量相对于源图像的下降百分比不超过 12%），提出了地面数字电视信源编码方案的建议，该建议共有 5 种方案，具体如下：

方案一：1 套 MPEG-2 高清节目 +2 套 MPEG-2 标清节目

高清节目视频采用 MPEG-2 编码，视频码率 17Mbps；音频编码采用 DRA 的 384kbps 或 AC-3 的 460kbps。

标清节目视频采用 MPEG-2 编码，视频码率为 3. 2Mbps；音频编码采用 DRA 或MPEG-1，每套节目的音频码率为 128kbps。

总码率为：17 +0. 384 +(3. 2 +0. 128) ×2 = 24. 04Mbps

可采用信道模式 6，支持净负荷 24. 365Mbps。

方案二：1 套 MPEG-2 高清节目 +3 套 AVS 标清节目

高清节目视频采用 MPEG-2 编码，视频码率 16Mbps；音频编码采用 DRA 的 384kbps 或 AC-3 的 460kbps。

标清节目视频采用 AVS 编码，每套节目的视频码率为 3Mbps；音频编码采用 DRA，每套节目的音频码率为 128kbps。

总码率为：16 +0. 384 +(3. 0 +0. 128) ×3 =25. 768Mbps

可采用信道模式 7，支持净负荷 25. 989Mbps。

也可适当降低标清码率，如每套标清采用 2. 5Mbps，总码率为 24. 268Mbps，可采用信道模式 6。

方案三：1 套 H. 264 高清节目 +4 套 AVS 标清节目

高清节目视频采用 H. 264 编码，视频码率 11Mbps；音频编码采用 DRA，音频码率 384kbps。

标清节目视频采用 AVS 编码，视频码率为 3Mbps；音频编码采用 DRA，每套节目的音频码率为 128kbps。

总码率为：11 +0. 384 +(3 +0. 128) ×4 =23. 896Mbps

可采用信道模式 6，支持净负荷 24. 365Mbps。

可适当降低标清码率，增加高清码率，如每套标清采用 2. 5Mbps，高清采用 13Mbps，总码率 23. 896Mbps。

方案四：1 套 H. 264 高清节目 +4 套 H. 264 标清节目

高清节目视频采用 H. 264 编码，视频码率 11Mbps；音频编码采用 DRA，音频码率 384kbps。

标清节目视频采用 H. 264 编码，视频码率为 3Mbps；音频编码采用 DRA，每套节目的音频码率为 128kbps。

总码率为：11 +0. 384 +(3 +0. 128) ×4 =23. 896Mbps

可采用信道模式 6，支持净负荷 24. 365Mbps。

可适当降低标清码率，增加高清码率，如每套标清采用 2. 5Mbps，高清采用 13Mbps，总码率 23. 896Mbps。

方案五：1 套 AVS 高清节目 +4 套 AVS 标清节目

高清节目视频采用 AVS 编码，视频码率 11Mbps；音频编码采用 DRA，音频码率 384kbps。

标清节目视频采用 AVS 编码，视频码率为 3Mbps；音频编码采用 DRA，每套节目的音频码率为 128kbps。

总码率为：11 +0. 384 + (3 +0. 128) ×4 =23. 896Mbps

可采用信道模式 6，支持净负荷 24. 365Mbps。

可适当降低标清码率，增加高清码率，如每套标清采用 2. 5Mbps，高清采用 13Mbps，总码率 23. 896Mbps。

参考文献

[1] ETS 300 744, "Digital broadcasting systems for television, sound and data services; framing structure, channel coding and modulation for digital terrestrial television", ETSI Draft EN 300 744 v. 1. 2. 1, (1999 – 1) .

[2] ETSI TR 101 190 v. 1. 1. 1, "Implementation guidelines for DVB terrestrial services: Transmission aspects", ETSI Technical Report TR 101 190 v. 1. 1. 1 (1997 – 12) .

[3] ETSI TS 101 191 v. 1. 3. 1 Digital Video Broadcasting (DVB); DVB mega – frame for Single Frequency Network (SFN) Synchronization.

[4] Yiyan Wu, Comparision of Terrestrial DTV Transmission System: The ATSC 8 – VSB, DVB – T COFDM and ISDB – T BST – OFDM.

[5] ATSC, "ATSC Digital Television Standard", ATSC Standard A/53, September 16, 1995.

[6] ARIB, "Terrestrial Integrated Services Digital Broadcasting (ISDB – T) Specifications of channel coding, framing structure, and modulation," September 28, 1998.

[7] ITU – R, "Planning Criteria for Digital Terrestrial Television Services in the VHF/UHF bands", ITU, Recommendation ITU – R BT. 1368 – 2, Oct. 19, 2001.

[8] ATSC, A/54A "Guide to Use of the ATSC Digital Television Standard, with Corregendum" NO. i. Washington, D. C: ATSC 2006.

[9] Planning Parameter for Hand – held Reception, EBU – Tech3317.

[10] Transition to Digital Terrestrial Television Broadcasting in Hong Kong, ABU. Doc. T – 5/32 – 1.

[11] GE06 规划。

[12] Report on Analysis of the LAB and Field tests of Digital TV systems performanced in Brazil, EIA 005A/RT – 01 – AA.

[13] ITC/NTC and BBC Digital TV Frequency Planning Project, Technical Parameter and Planning Algorithms, 2001. 4. 17.

[14] Review of UK Frequeacy Planning experience using DVB – T and comparison with ATSC system capabilites and achievenmcnts. 1999. 2 BC.

[15] D. Lauzon, A. Vincent and L. Wang, "Performance evaluation of MPEG – 2 video coding for HDTV", IEEE Trans. Broadcasting, vol. 42, no. 2, June 1996.

[16] Joint H. 264/MPEG – 4 AVC Patent Licence, EBU Technical Statement – D 96 – 2003.

[17] 广播电视无线传输覆盖网管理办法，国家广播电影电视总局令（第 45 号），2004 年 11 月 15 日。

[18] 广电总局关于进一步规范地面数字电视试验管理有关问题的通知（广发社字

〔2006〕11号），2006年3月27日。

［19］广电总局关于进一步规范地面数字电视系统技术试验的通知（广发〔2007〕8号），2007年2月1日。

［20］关于鼓励数字电视产业发展若干政策的通知（国办发〔2008〕1号），2008年1月1日。

［21］张桂卿、夏志平：《国际电联地区地面数字电视频率规划的研究》，《广播电视信息》2006年第7期。

［22］张桂卿：《美、日、英、澳等国的地面数字电视频率规划比较》，《广播电视信息》2006年第7期。

［23］《美国地面HDTV规划的技术基础——赴美考察报告之一》，《国际广播电视技术》1994. VOL. 8. NO. 5。

［24］地面HDTV的频道制约——研究报告之二（内部报告），1995年1月。

［25］香港电信管理局（OFTA）数字地面电视（DTT）频率规划研究最终报告。

［26］广东珠江三角洲地区地面数字电视广播频率规划研究报告。

［27］黄萍：《地面数字电视广播ATSC标准与DVB－T标准浅析》，《西部广播电视》2006年第4期。

［28］陈志远：《掀起H.264的面纱》，数字电视中文网（www. dvbcn. com）。

［29］MPEG－2 Patent Portfolio License Briefing（www. mpegla. com）.

［30］MPEG－4 AVC License Proposals 2（www. streamcrest. com）.

地面数字电视技术试验

摘要

国家广播电影电视总局广播电视规划院于2007年至2008年在北京和南京地区组织展开了地面数字电视传输标准的技术试验。地面数字电视技术试验包括地面数字电视测试系统建设、发射系统建设、单频网节目传输系统建设以及相关实验室测试和现场测试等。本研究报告系统地介绍了地面数字电视技术试验的测试系统及方案、实验室测试、现场测试和地面数字电视推广应用建议等内容。

测试系统及方案部分介绍了地面数字电视系统的被测设备和相关测试设备，对整个技术试验涉及的测试模式和失败判据以及相关测试条件进行了具体说明。实验室测试部分介绍了实验室测试系统的架构，给出了载噪比门限和射频保护率等实验室测试项目在各个测试模式下的试验测试结果。现场测试部分介绍了现场测试系统的架构，给出了分别在单点发射和单频网覆盖网络情况下的固定接收和移动接收的试验测试结果。

技术试验表明，我国地面数字电视广播系统基本可以满足我国开展地面数字电视广播业务（标清业务和高清业务）的需求，无论是单载波还是多载波工作模式都能够支持多频网和单频网两种组网方式。技术试验为我国地面数字电视配套标准的制定提供了科学的测试数据，为我国地面数字电视的频率规划提供了技术依据，并在此基础上提出了地面数字电视的应用模式建议，为我国地面数字电视的实施、推广和普及积累了相关经验。

目录 Contents

1. 前言

2006年8月30日，国家标准化管理委员会发布了《数字电视地面广播传输系统帧结构、信道编码和调制》标准，标准号为GB 20600－2006。本标准为国家强制性标准，批准日期为2006年8月18日，2007年8月1日起正式实施。

为加快推进地面数字电视推广应用，2006年12月，国家广电总局张海涛副总局长主持召开工作会议，成立了总局地面数字电视工作领导小组，组织和协调全国地面数字电视推进工作，为实施国家数字电视地面传输标准做好各项准备工作。领导小组下设技术政策、技术标准、技术试验、频率规划、节目政策和经济政策等6个工作组，分别开展国家数字电视地面传输标准推广和实施的相关工作。根据张海涛副总局长在“地面数字电视工作组情况汇报会”上关于地面数字电视项目的重要指示，技术试验组按照科学、严谨、客观和可操作的原则，在北京、江苏、山东、四川和广东等地区建立地面数字电视国标应用技术试验系统，开展相关测试工作。

受总局科技司委托，国家广播电影电视总局广播电视规划院（以下简称“广播电视规划院”）承担了总局地面数字电视技术试验工作，于2007年4月至2008年2月在北京地区组织展开了地面数字电视传输标准的技术试验。2007年6月至2008年4月，在江苏省广播电视总台（集团）的配合下，广播电视规划院组织在南京地区开展国家地面数字电视传输标准推广应用的技术试验。其中，江苏省广播电视总台（集团）组织构建成了南京地区地面数字电视技术试验覆盖网，网络建设符合《广电总局关于同意江苏广播电视总台使用DS－21频道开展地面数字电视国标试验的批复》（广局［2007］34号）的要求。本次技术试验目的是为了评估地面数字电视传输系统在不同城市传输环境中的接收性能，同时考虑到在北京地区技术试验过程中已经开展地面数字实验室性能相关测试，因此，本次南京地区技术试验仅开展现场性能测试。

通过北京和南京两个地区的地面数字电视技术试验，为我国地面数字电视配套标准的制定提供科学的测试数据，为我国地面数字电视的频率规划提供技术依据，为我国地面数字电视的实施、推广和普及积累相关经验。

2. 测试系统及方案

2.1 被测设备

本次技术试验的被测设备均由地面数字电视标准特别工作组提供。

2007年4月10日，特别工作组提供被测激励器1台和被测接收机2台（多载波模式），分别见图1和图2。2007年5月10日，特别工作组提供基于双芯片的全模式接收机2台，见图3。2007年7月底，特别工作组提供基于单芯片全模式接收机10台，见图4。2007年8月，特别工作组提供激励器2台和单频网适配器1台用于单频网，见图5。

图1　被测激励器

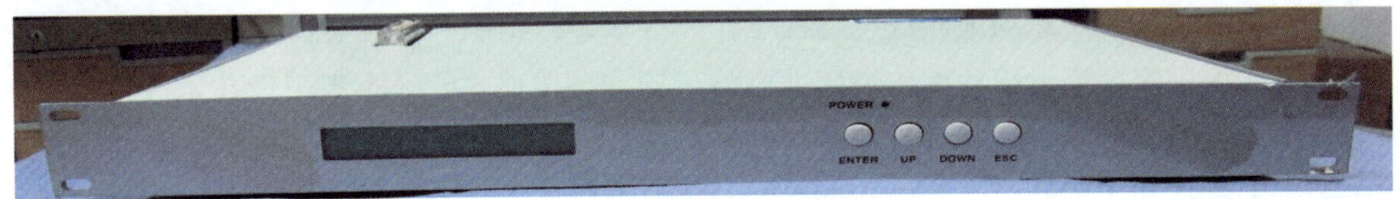

图2　被测接收机（单模式）

图3　被测接收机（双芯片，全模式）

图4　被测接收机（单芯片，全模式）

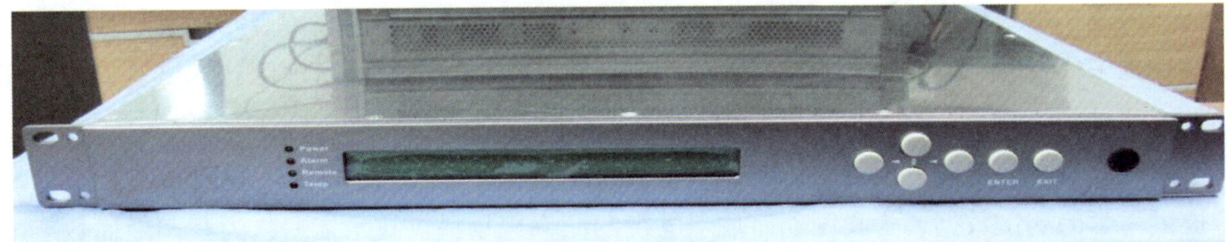

图5　被测单频网适配器

2.2　测试设备

测量仪器的计量是保证测试结果准确的基础，是完成整个测试任务的基石。为保证本次技术试验结果的准确、可靠和量值的可溯源性，用于本次技术试验的仪器及配件均经国家计量部门的计量和校准并均在有效期内。本次技术试验仪器清单见表1。

表 1　测试仪表清单

序号	仪器设备名称	数量
1	PAL 视频测试信号发生器	1 台
2	音视频信号分析仪	1 台
3	低噪声频谱分析仪	1 台
4	14 英寸彩色监视器（PAL）	1 台
5	PAL 调制器	1 台
6	数字电视测试接收机	1 台
7	高斯噪声发生器	1 台
8	信道模拟器（多径发生器）	1 台
9	数字传输分析仪	1 台
10	手持频谱分析仪	1 台
11	频谱分析仪	1 台
12	矢量分析仪	1 台
13	GPS 授时接收机	2 台
14	GPS 授时接收机	3 台
15	ASI/SDI 数字光端机	3 台
16	ASI 码流分配器	1 台
17	码流分析仪	2 台
18	射频信号分配器	2 台
19	44CH 滤波器	1 台
20	29 英寸彩色电视机（PAL）	1 台
21	单频网适配器	1 台
22	调制器	4 台
23	接收机	2 台
24	地面数字电视综合测试仪	1 台

地面数字电视传输国家标准是我国自行研发的技术体制，考虑到市场上缺乏相关成熟的测试设备，为确保地面数字电视北京地区技术试验工作的顺利开展，2007 年 3 月起，北京广电天地信息咨询有限公司开始自行研究开发地面数字电视专用测试设备，并将该设备成功应用于本次技术试验当中。图 6 为本次技术试验采用的地面数字电视综合测试仪（专利申请号：201010151102.5、201010151157.6，软件著作权登记号：2010SR014258）。

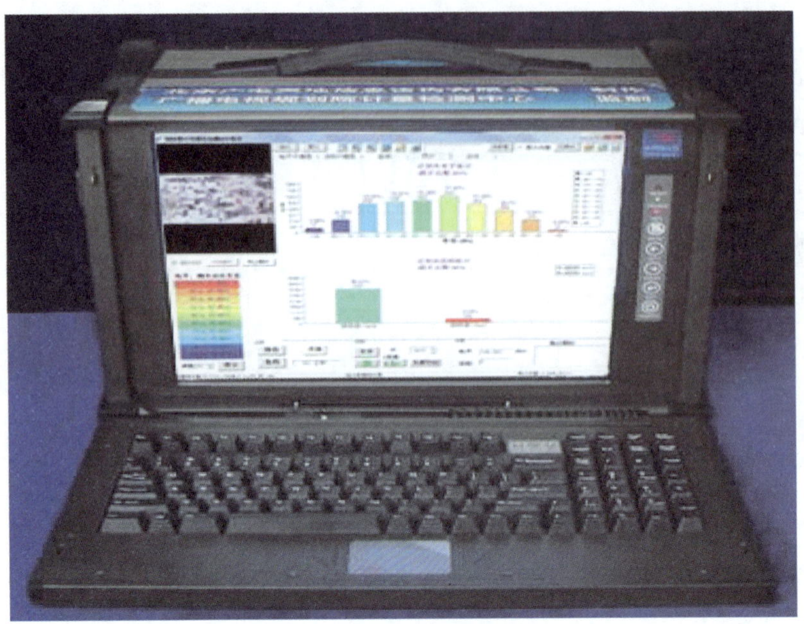

图 6　地面数字电视综合测试仪

图 7 和图 8 为开展本次技术试验现场性能测试的地面数字电视测试车。

图 7　地面数字电视测试车 1

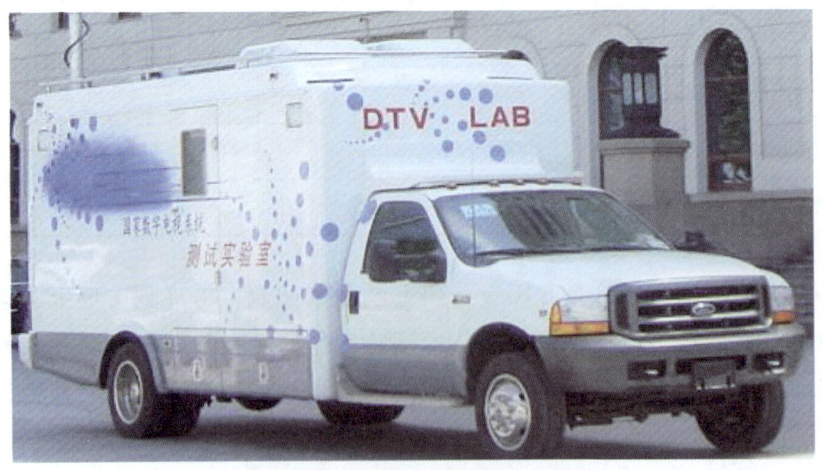

图 8　地面数字电视测试车 2

2.3 测试模式

根据调制方式、编码效率、帧体结构、PN 序列初始相位、导频、交织方式以及载波数量的不同，地面数字电视传输国家标准 GB 20600－2006《数字电视地面广播传输系统帧结构、信道编码和调制》共包含 330 种不同工作模式，涉及 24 种不同传输码率，如表 2 所示。

表 2　地面数字电视传输国家标准工作模式

信号帧长度		信号帧长度 4200 个符号		
FEC 码率		0.4	0.6	0.8
映射	4QAM－NR			5.414Mbps
	4QAM	5.414Mbps	8.122Mbps	10.829Mbps
	16QAM	10.829Mbps	16.243Mbps	21.658Mbps
	32QAM			27.072Mbps
	64QAM	16.243Mbps	24.365Mbps	32.486Mbps

信号帧长度		信号帧长度 4375 个符号		
FEC 码率		0.4	0.6	0.8
映射	4QAM－NR			5.198Mbps
	4QAM	5.198Mbps	7.797Mbps	10.396Mbps
	16QAM	10.396Mbps	15.593Mbps	20.791Mbps
	32QAM			25.989Mbps
	64QAM	15.593Mbps	23.390Mbps	31.187Mbps

信号帧长度		信号帧长度 4725 个符号		
FEC 码率		0.4	0.6	0.8
映射	4QAM－NR			4.813Mbps
	4QAM	4.813Mbps	7.219Mbps	9.626Mbps
	16QAM	9.626Mbps	14.438Mbps	19.251Mbps
	32QAM			24.064Mbps
	64QAM	14.438Mbps	21.658Mbps	28.877Mbps

注：表中相同颜色表示工作模式码率相同。

考虑到地面数字电视传输国家标准工作模式众多，为了便于制定地面数字电视配套标准、开展数字电视频率规划、积累地面数字电视实施经验以及推进地面数字电视的应用和普及，北京地区技术试验首先必须确定试验中所采用的工作模式。为了最大限度体现标准的技术特点，经总局地面数字电视技术试验组和技术政策组研究，提出测试模式选择原则如下：

（1）兼顾多载波/单载波模式

考虑到标准中包含单/多载波模式，并且两种模式都具有各自技术特点，测试模式应同时包括单载波模式和多载波模式。

(2) 不考虑多载波和单载波交叉模式

为了体现多载波和单载波系统设备各自的性能，本次测试模式不考虑多载波和单载波交叉工作模式。

(3) SDTV/HDTV 业务需求

按照目前采用的信源编码技术，为了保证 SDTV/HDTV 业务的开展，测试模式的传输码率应涵盖 5Mbps、10Mbps、15 Mbps 和 20Mbps。

(4) SFN 组网要求

不同的帧头长度决定了不同的 SFN 设台距离，为了验证 SFN 设台距离，测试模式中应包括 420、595 和 945 帧头模式。

(5) 制定相关标准的需要

为了配合相关配套标准，特别是地面数字电视规划准则、调制器技术要求等标准的制定，测试模式应包括不同调制方式（4QAM－NR、4QAM、16QAM、32QAM 和 64QAM）和不同编码效率（0.4、0.6 和 0.8），通过测试为标准制定提供相应技术依据。

(6) 制定频率规划的需要

鉴于开展地面数字电视频率规划的需要，根据国际相关频率规划制定经验，需要选取典型工作模式作为规划的基本工作模式，并通过试验进行相应验证，为开展地面数字电视频率规划积累经验。

(7) 尽量避免码率相同

对于 8MHz 信道而言，国家标准中共涉及 24 种不同传输码率，测试模式应涵盖尽可能多的传输码率。

(8) 其他因素

工作模式的选择应当考虑当前特别工作组和生产厂家已实现的模式和近期可能应用的模式。

综合上述因素，本次地面数字电视传输标准技术试验测试模式初步建议分别选取单/多载波模式低码率（5Mbps）、中码率（10Mbps、15Mbps）和高码率（20Mbps）工作模式若干种，具体参数如表 3 所示。

表 3 建议测试模式

载波模式	调制方式	编码效率	帧头模式	SFN 最大设台距离（km）	数据率(Mbps)	接收方式
多载波	4QAM	0.4	420	16.7	5.414	移动接收
	16QAM	0.6	420	16.7	16.243	移动/固定接收
	16QAM	0.8	945	37.5	19.251	固定接收
	16QAM	0.8	420	16.7	21.658	固定接收
	64QAM	0.6	945	37.5	21.658	固定接收
	64QAM	0.6	420	16.7	24.243	固定接收

（续表）

载波模式	调制方式	编码效率	帧头模式	SFN 最大设台距离（km）	数据率（Mbps）	接收方式
单载波	4QAM－NR	0.8	595	23.6	5.198	移动接收
	4QAM	0.4	595	23.6	5.198	移动接收
	16QAM	0.4	595	23.6	10.396	移动/固定接收
	16QAM	0.6	595	23.6	15.593	移动/固定接收
	16QAM	0.8	595	23.6	20.791	固定接收
	32QAM	0.8	595	23.6	25.989	固定接收

此外，考虑到制定数字电视相关标准的需要，另外增加 7 种摸底测试模式。具体参数如表 4 所示。

表 4　摸底测试模式

载波模式	调制方式	编码效率	帧头模式	SFN 最大设台距离（km）	数据率（Mbps）	接收方式
多载波	16QAM	0.4	420	16.7	10.829	移动/固定接收
	16QAM	0.6	945	37.5	14.438	移动/固定接收
	64QAM	0.8	420	16.7	32.486	固定接收
	16QAM	0.8	945	37.5	19.251	移动接收
	16QAM	0.8	420	16.7	21.658	移动接收
	64QAM	0.6	945	37.5	21.658	移动接收
单载波	16QAM	0.8	595	23.6	20.791	移动接收

2.4　失败判据

本次技术试验数字电视信号采用客观评价的失败判据：接收机输出（经 FEC 解码后）码流的误比特率（BER）高于 3×10^{-6} 为接收失败，统计时间为 1 分钟。此规定与国际上常用的可视门限（TOV）一致。

模拟信号质量评价标准按照 BT.1368 建议书：对于图像评价，3 分质量对应主观感觉有些讨厌、4 分质量对应可察觉损伤，但不讨厌；对于 FM 接收信号，3 分质量对应解调音频信号 S/N 为 40dB、4 分质量对应解调音频信号 S/N 为 49dB。

2.5　输入电平规定

对于地面数字电视接收机，凡外加高斯白噪声进行测试的项目，规定接收机输入信号功率为中等电平（－53dBm）；凡不外加高斯白噪声进行测试的项目，规定接收机输入信号功率为低电平（－60dBm）。

模拟电视信号保护率值在 -39dBm 的接收机输入功率（调制峰值上图像载波的均方根值）下进行测量。对应 FM 伴音保护率在 -49dBm 的接收机输入功率下进行测量。

3. 实验室测试

3.1 测试系统

实验室测试系统是由测量仪器和专用设备建立的地面数字电视传输测试系统，通过在接收信号中加入各种噪声或干扰，模拟各种接收环境，实现对被测系统各项性能指标的测试。由于加入的各种噪声或干扰是人为可控、可精密测量的，所以可以准确地获得被测系统的各项性能指标。但是必须说明：实验室测试条件是对实际传输条件的部分模拟，其测试结果只反映部分因素的影响。

实验室测试系统总框图如图 9 所示。

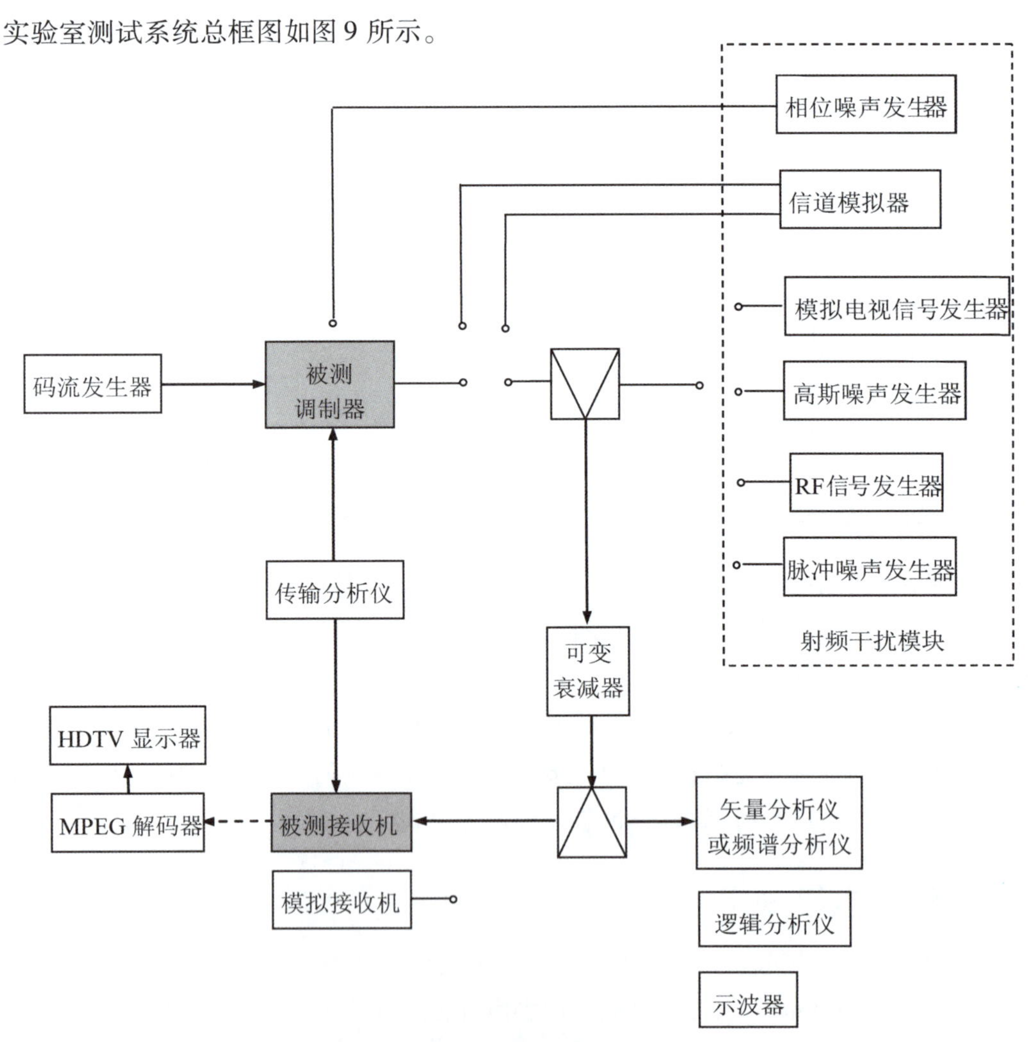

图 9　实验室测试系统总框图

考虑到本次技术试验试实验室测试主要是为制定地面数字电视频率规划准则提供技术依据和测试数据，故本次技术试验仅需在实验室测试系统在各种信道下的载噪比门限和射频保护率。

3.2 载噪比门限

（1）测试目的

此项目用于测量地面数字电视传输系统在高斯信道、莱斯信道和瑞利信道下对白噪声的容忍度，所测载噪比门限决定了系统在各种信道条件下固定接收所需的最小信号电平和场强。

莱斯信道和瑞利信道模型见附录《地面数字传输国家标准实验室测试信道模型》。

（2）测试方法

载噪比门限是当被测接收机达到接收失败判据时的信号功率与噪声功率之比（dB）。测试中选用客观失败判据，在特定信号接收电平情况下，增加高斯噪声使系统达到失败判据，分别测量此时系统带宽内接收机输入端信号电平和噪声电平，计算载噪比门限。

（3）测试结果

表5、表6 和表7 分别给出了地面数字电视系统在高斯信道、莱斯信号和瑞利信道下的载噪比门限测试结果。

表5 高斯信道下载噪比门限

测试项目名称		高斯信道下的载噪比门限（dB）				
工作模式（M＝720）						
调制	编码效率	帧结构 PN420		帧结构 PN945		帧结构 PN595
		C＝3780	C＝1	C＝3780	C＝1	C＝1
4QAM－NR	0.8	——	——	——	——	1.7
4QAM	0.4	1.8	2.3	2.1	2.5	——
	0.6	3.8	4.2	4.1	4.4	——
	0.8	5.9	6.4	6.2	6.7	5.6
16QAM	0.4	7.7	8.2	7.9	8.4	——
	0.6	10.0	10.5	10.4	10.7	——
	0.8	12.8	13.9	13.3	14.3	12.1
32QAM	0.8	——	——	——	——	15.2
64QAM	0.4	12.7	14.2	13.0	14.6	——
	0.6	15.3	17.4	16.1	18.1	——
	0.8	19.3	——	21.0	——	——

表 6　莱斯信道下载噪比门限

测试项目名称 工作模式（M=720）		莱斯信道下的载噪比门限（dB）				
调制	编码效率	帧结构 PN420		帧结构 PN945		帧结构 PN595
		C=3780	C=1	C=3780	C=1	C=1
4QAM-NR	0.8	——	——	——	——	2.1
4QAM	0.4	2.4	3.3	2.7	3.4	——
	0.6	4.5	5.3	4.8	5.3	——
	0.8	7.0	7.8	7.3	7.9	6.2
16QAM	0.4	8.5	9.6	8.5	9.6	——
	0.6	10.9	11.8	11.1	11.8	——
	0.8	13.9	15.1	14.0	15.1	12.8
32QAM	0.8	——	——	——	——	15.9
64QAM	0.4	13.3	15.5	13.6	15.7	——
	0.6	16.3	18.5	16.7	19.6	——
	0.8	20.3	——	21.7	——	——

表 7　瑞利信道下载噪比门限

测试项目名称 工作模式（M=720）		瑞利信道下的载噪比门限（dB）				
调制	编码效率	帧结构 PN420		帧结构 PN945		帧结构 PN595
		C=3780	C=1	C=3780	C=1	C=1
4QAM-NR	0.8	——	——	——	——	3.5
4QAM	0.4	3.8	6.2	4.0	5.9	——
	0.6	6.5	8.3	6.8	8.1	——
	0.8	11.1	10.6	11.4	10.5	8.4
16QAM	0.4	9.3	14.2	9.5	14.1	——
	0.6	12.9	16.9	13.2	16.5	——
	0.8	17.3	20.4	17.5	19.9	16.1
32QAM	0.8	——	——	——	——	20.3
64QAM	0.4	14.3	21.0	15.0	21.0	——
	0.6	18.2	24.7	19.2	25.7	——
	0.8	24.1	——	26.6	——	——

3.3　射频保护率

（1）测试目的

此项目用于测量高斯信道、莱斯信号和瑞利信道条件下，地面数字电视传输系统抗地面数字电视传输系统干扰、地面数字电视系统抗模拟电视系统的保护率和模拟电视系统抗地面数字电视系统的保护率。射频保护率包括：同频保护率、上、下邻频保护率和镜频保护率。

（2）测试方法

保护率值是达到失败判据时，有用信号与干扰信号功率比。测试中选用客观失败判据，在各种信道条件下，增加干扰信号功率使系统达到失败判据，分别测量此时系统带宽内欲收信号电平和噪声电平，计算保护率。本项目不另加高斯白噪声。

（3）测试结果

表 8 和表 9 分别给出了地面数字电视信号受地面数字电视信号和模拟电视信号干扰的保护率值。表 10 和表 11 分别给出了模拟电视图像信号和模拟电视声音信号受数字电视信号干扰的保护率。

表 8　地面数字电视信号受地面数字电视信号干扰的保护

工作模式（M=720）			同频保护率（dB） 干扰频道 N=44 欲收频道 N=44			下邻频保护率（dB） 干扰频道 N=44 欲收频道 N=45			上邻频保护率（dB） 干扰频道 N=44 欲收频道 N=43		
载波数量/帧头	调制方式	编码效率	高斯信道	莱斯信道	瑞利信道	高斯信道	莱斯信道	瑞利信道	高斯信道	莱斯信道	瑞利信道
C=3780 PN945	4QAM	0.4	2.6	3.5	4.6	-37.9	-37.8	-35.0	-37.5	-35.9	-34.5
		0.6	4.5	5.0	9.9	-35.2	-34.6	-32.7	-34.6	-34.2	-32.2
		0.8	6.5	7.6	14.4	-31.6	-31.6	-28.8	-31.8	-31.1	-26.1
	16QAM	0.4	8.1	9.7	10.0	-31.9	-31.9	-29.6	-31.9	-31.2	-29.9
		0.6	11.1	11.4	14.3	-29.0	-28.7	-26.7	-28.4	-28.3	-26.2
		0.8	13.6	14.3	18.5	-24.8	-24.7	-22.4	-24.4	-23.8	-21.0
	64QAM	0.4	13.3	14.2	16.2	-28.2	-26.8	-24.9	-26.2	-26.9	-24.5
		0.6	16.1	15.6	18.9	-23.2	-23.3	-19.7	-22.9	-22.8	-19.9
		0.8	20.2	21.1	23.8	-17.4	-16.6	-11.3	-15.1	-16.4	-11.3
C=1 PN945	4QAM	0.4	2.9	4.0	6.6	-36.9	-36.1	-33.8	-37.6	-37.0	-35.2
		0.6	4.9	5.9	8.9	-34.2	-33.9	-31.2	-33.9	-33.6	-31.5
		0.8	7.8	8.0	11.8	-30.7	-29.5	-28.4	-30.5	-30.3	-27.8
	16QAM	0.4	9.6	10.2	16.1	-29.2	-27.8	-24.3	-29.8	-29.7	-21.9
		0.6	11.9	12.8	17.6	-24.9	-24.5	-20.1	-26.0	-26.4	-18.5
		0.8	15.5	15.9	20.8	-21.7	-20.0	-16.7	-21.4	-21.5	-15.0
	64QAM	0.4	16.0	17.0	21.5	-21.7	-21.9	-16.4	-22.6	-21.2	-15.2
		0.6	19.0	20.4	23.6	-15.9	-17.4	-13.5	-19.2	-16.5	-9.8
		0.8	失败	失败	失败	失败	失败	失败	失败	失败	失败
C=1 PN595	4QAM-NR	0.8	2.6	2.8	4.8	-38.8	-38.0	-36.1	-38.4	-38.2	-37.0
	4QAM	0.8	6.2	6.6	9.2	-34.2	-33.4	-31.0	-35.0	-33.8	-32.8
	16QAM	0.8	12.7	12.9	17.5	-27.5	-26.7	-24.9	-28.5	-26.8	-23.9
	32QAM	0.8	15.1	15.9	20.6	-24.8	-23.9	-20.6	-24.8	-24.2	-20.5

表 9　地面数字电视信号受模拟地面电视信号干扰的保护

工作模式（M=720）			同频保护率（dB） 干扰频道 N=44 欲收频道 N=44			下邻频保护率（dB） 干扰频道 N=44 欲收频道 N=45			上邻频保护率（dB） 干扰频道 N=44 欲收频道 N=43		
载波数量/帧头	调制方式	编码效率	高斯信道	莱斯信道	瑞利信道	高斯信道	莱斯信道	瑞利信道	高斯信道	莱斯信道	瑞利信道
C=3780 PN945	4QAM	0.4	-8.5	-7.0	-6.4	-47.4	-46.9	-42.2	-54.1	-53.6	-52.5
		0.6	-5.3	-9.2	-3.8	-47.1	-47.1	-42.2	-53.3	-52.2	-50.6
		0.8	-0.7	0.1	7.6	-47.8	-47.0	-42.3	-50.2	-49.3	-43.5
	16QAM	0.4	-6.4	-5.1	-2.8	-47.1	-46.8	-42.0	-51.4	-50.7	-49.6
		0.6	-4.3	-2.6	3.0	-47.4	-46.9	-42.3	-49.1	-48.1	-46.2
		0.8	5.8	5.5	10.6	-45.9	-45.5	-40.3	-45.6	-44.9	-40.4
	64QAM	0.4	-4.2	-0.3	1.9	-46.0	-45.5	-41.9	-47.7	-46.7	-45.0
		0.6	1.1	4.5	9.6	-42.9	-42.2	-39.4	-43.8	-43.1	-40.1
		0.8	12.4	12.5	19.5	-39.2	-37.6	-26.7	-38.1	-36.9	-23.1
C=1 PN945	4QAM	0.4	-13.1	-12.6	-3.5	-47.6	-47.1	-42.4	-54.8	-54.3	-52.0
		0.6	-8.8	-8.4	-1.3	-47.4	-47.0	-42.4	-53.2	-52.6	-50.5
		0.8	-6.7	-3.9	1.8	-47.2	-47.1	-42.3	-51.5	-50.9	-47.9
	16QAM	0.4	-2.8	-0.8	3.8	-47.4	-47.1	-42.3	-49.8	-48.6	-45.3
		0.6	0.3	2.7	5.9	-47.3	-47.0	-42.4	-48.1	-46.9	-42.8
		0.8	5.5	7.2	10.2	-46.5	-45.8	-39.1	-44.9	-44.4	-38.8
	64QAM	0.4	6.4	8.1	11.4	-45.6	-45.2	-38.3	-44.7	-43.5	-38.0
		0.6	11.6	12.2	19.0	-42.1	-40.9	-30.5	-40.5	-39.1	-29.9
		0.8	失败	失败	失败	失败	失败	失败	失败	失败	失败
C=1 PN595	4QAM-NR	0.8	-2.7	-2.3	-2.0	-51.7	-53.0	-48.9	-48.0	-47.5	-47.7
	4QAM	0.8	-4.1	-4.6	-3.6	-49.7	-49.3	-45.0	-48.7	-48.5	-47.7
	16QAM	0.8	-6.4	-6.5	-0.8	-44.1	-43.6	-38.1	-46.2	-45.3	-41.2
	32QAM	0.8	3.9	3.4	3.3	-39.9	-39.6	-33.3	-43.0	-42.4	-37.8

表 10　模拟地面电视信号受地面数字电视信号干扰的保护

模式（交织模式 720）				同频保护率（dB）干扰频道 N=44 欲收频道 N=44		下邻频保护（dB）干扰频道 N=44 欲收频道 N=45		上邻频保护率（dB）干扰频道 N=44 欲收频道 N=43		镜频保护率（dB）干扰频道 N=44 欲收频道 N=35	
载波数量/帧头	图像等级	调制方式	编码效率	输入电平 -39dBm	输入电平 -50dBm	输入电平 -39dBm	输入电平 -50dBm	输入电平 -39dBm	输入电平 -50dBm	输入电平 -39dBm	输入电平 -50dBm
C=3780 PN945	4 分	16QAM	0.8	34.3	34.3	-9.7	-9.8	-12.5	-13.6	-19.4	-16.4
		64QAM	0.8	37.0	33.4	-9.6	-9.7	-10.7	-11.6	-18.2	-17.3
	3 分	16QAM	0.8	31.4	28.7	-10.8	-11.7	-13.9	-14.6	-23.3	-25.3
		64QAM	0.8	29.5	29.2	-11.6	-11.8	-13.8	-13.8	-23.0	-23.3
C=1 PN595	4 分	16QAM	0.8	34.4	33.8	-10.6	-11.5	-12.6	-13.7	-20.2	-19.2
	3 分	16QAM	0.8	29.4	28.9	-12.6	-12.6	-14.7	-15.7	-24.2	-24.2

表 11　模拟地面电视信号中的声音信号受地面数字电视信号干扰的保护

模式（交织模式 720）				同频保护率（dB）干扰频道 N=44 欲收信号 N=44	下邻频保护率（dB）干扰频道 N=44 欲收信号 N=43	上邻频保护率（dB）干扰频道 N=44 欲收信号 N=45	镜像频道保护率（dB）干扰频道 N=44 欲收信号 N=35
载波数量/帧头	图像等级	调制方式	编码效率	副载波电平 -49dBm	副载波电平 -49dBm	副载波电平 -49dBm	副载波电平 -60dBm
C=3780 PN945	4 分	16QAM	0.8	18.3	-20.6	-8.1	--
		64QAM	0.8	18.1	-18.5	-8.8	--
	3 分	16QAM	0.8	11.6	-24.5	-14.6	-50.0
		64QAM	0.8	11.2	-24.6	-15.5	-50.0
C=1 PN595	4 分	16QAM	0.8	19.9	-19.4	-7.4	--
	3 分	16QAM	0.8	11.6	-23.5	-14.5	-50.8

实验室性能测试数据为技术标准组地面数字电视广播相关配套标准的制定提供了重要的技术依据，其中载噪比门限和射频保护率等指标被《VHF/UHF 频段地面数字电视广播频率规划准则》和《地面数字电视广播传输系统实施指南》等参考采用。

4. 现场测试

4.1　测试系统

现场测试是对被测系统设备在实际地面广播传输条件下系统整体性能的测试。主要测试被测系统设备在开路情况下不同的使用环境中（移动接收和固定点接收）、不同的地形、地物及城市高大建筑楼群等对接收情况的影响。现场测试中使用44频道(758MHz~766MHz)。

现场测试系统总框图如图10所示。

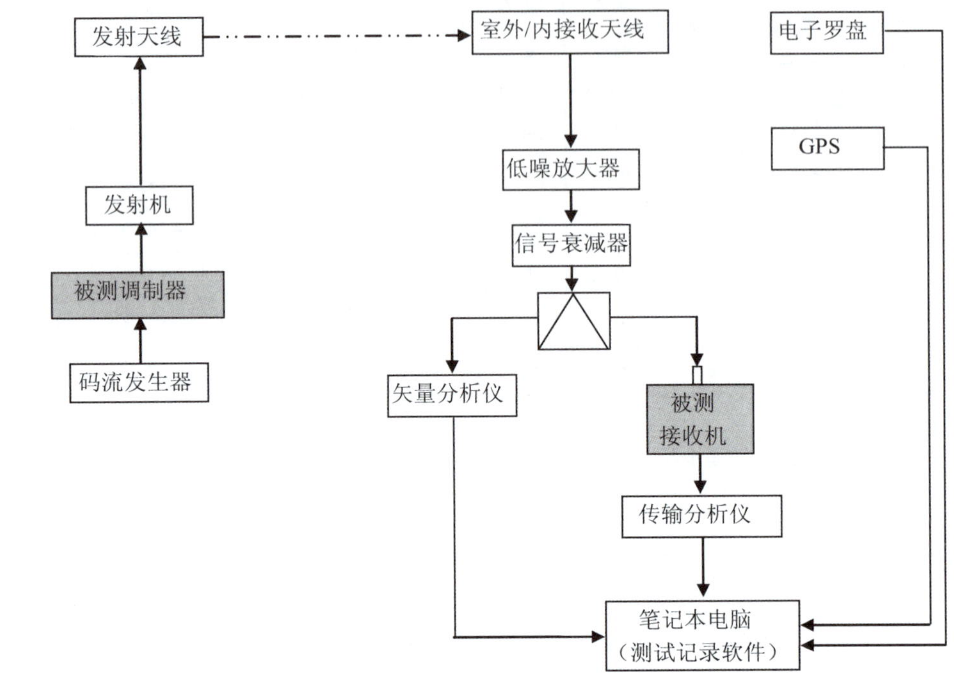

图10　现场测试系统总框图

为了验证地面数字电视单频网性能，北京地区技术试验现场测试包括：单点覆盖测试和单频网覆盖测试。

4.2　单点覆盖测试

单点覆盖测试采用中央大塔作为发射点，中央大塔发射点测试发射机和发射天线具体参数见表12。

表12　中央大塔发射点测试发射机和天线主要参数

发射机数量	1台
发射机额定功率	1000W
电压	3 Phase 400V AC
天线型式	4 dipole on the reflector
振子排列	2层4面
天线工作频率	470MHz~860MHz
天线特性阻抗	50Ω
天线高度	2m

（续表）

发射塔所在地海拔高度	489.5m
极化方式	垂直极化
馈线规格	$3\frac{1}{8}''$
馈线长度	120m
天馈系统增益	8dB
发射塔坐标	116.203824 E　　22.357550 N
天线方向图	全向

4.2.1　固定接收测试

为全面评估地面数字电视系统各种模式在单发射点情况下覆盖效果，同时考虑到2006年10月，全国广播电视标准化管理委员会已经组织开展了用于开展地面数字电视高清业务模式的单点覆盖室内固定接收测试，本次技术试验单点覆盖测试主要针对室外固定接收进行，采用10米天线。

室外固定接收测试指标主要包括：接收信号电平、最小信号接收电平、噪声功率、载噪比门限和信号裕量。

为了尽可能反映地面数字电视传输系统各种模式在不同环境下的接收性能，本次技术试验共在北京地区选取了34个典型的固定接收测试点，测试点分布如图11所示。

表13至表16为所有测试模式在其中4个接收点的测试结果。

图12至图24为各种模式分别在34个接收点成功接收分布及概率。

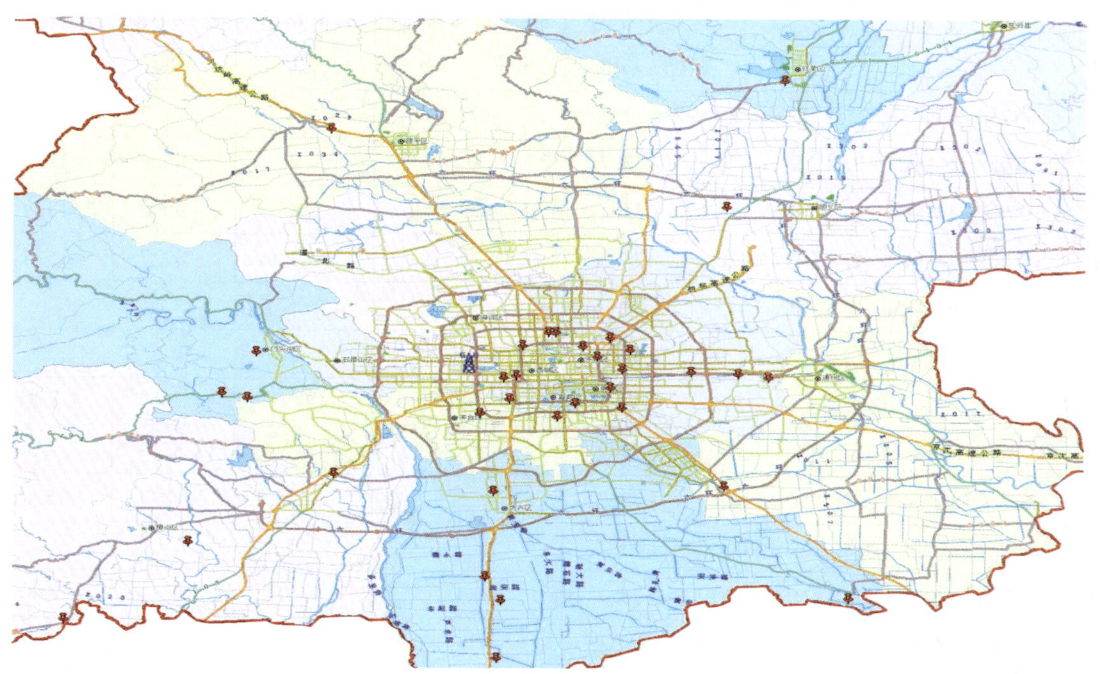

图11　北京单发射点测试点分布

表 13　昌平南口测试结果

测试点		昌平南口（37km）				
序号	工作模式	接收信号电平（dBm）	最小信号接收电平（dBm）	接收裕量（dB）	噪声功率（dBm）	载噪比门限（dB）
1	C = 3780、4QAM、0.4、PN = 420	-67.4	-96.0	28.6	-69.6	2.2
2	C = 3780、16QAM、0.6、PN = 420	-67.7	-86.4	18.7	-78.3	10.6
3	C = 3780、16QAM、0.8、PN = 945	-67.7	-82.5	14.8	-81.6	13.9
4	C = 3780、16QAM、0.8、PN = 420	-67.5	-83.2	15.7	-81.3	13.8
5	C = 3780、64QAM、0.6、PN = 945	-67.5	-75.6	8.1	-84.7	17.2
6	C = 3780、64QAM、0.6、PN = 420	-67.3	-76.3	9.0	-84.0	16.7
7	C = 1、4QAM - NR、0.8、PN = 595	-67.7	-95.2	27.5	-70.4	2.7
8	C = 1、4QAM、0.8、PN = 595	-67.5	-91.6	24.1	-74.3	6.8
9	C = 1、16QAM、0.8、PN = 595	-67.4	-84.0	16.6	-82.3	14.9
10	C = 1、32QAM、0.8、PN = 595	-67.5	-74.8	7.3	-84.8	17.3
11	C = 3780、16QAM、0.4、PN = 420	-67.8	-89.6	21.8	-75.8	8.0
12	C = 3780、16QAM、0.6、PN = 945	-67.5	-86.3	18.8	-78.4	10.9
13	C = 3780、64QAM、0.8、PN = 420	-67.6	-71.8	4.2	-88.0	20.4

表 14　大兴龙熙宾馆测试结果

测试点		大兴龙熙宾馆（33km）				
序号	工作模式	接收信号电平（dBm）	最小信号接收电平（dBm）	接收裕量（dB）	噪声功率（dBm）	载噪比门限（dB）
1	C = 3780、4QAM、0.4、PN = 420	-73.7	-92.9	19.2	-74.7	3.7
2	C = 3780、16QAM、0.6、PN = 420	-73.7	-80.9	7.2	-86.2	12.5
3	C = 3780、16QAM、0.8、PN = 945	-74.1	-75.5	1.4	-90.0	15.9
4	C = 3780、16QAM、0.8、PN = 420	-74.5	-75.6	1.1	-89.7	15.2
5	C = 3780、64QAM、0.6、PN = 945	-73.7	不工作			
6	C = 3780、64QAM、0.6、PN = 420	-74.0	不工作			
7	C = 1、4QAM - NR、0.8、PN = 595	-73.6	-91.3	17.7	-77.3	3.7
8	C = 1、4QAM、0.8、PN = 595	-74.9	-88.4	13.5	-82.9	8.0
9	C = 1、16QAM、0.8、PN = 595	-73.7	-76.9	3.2	-88.7	15.0
10	C = 1、32QAM、0.8、PN = 595	-73.7	不工作			
11	C = 3780、16QAM、0.4、PN = 420	-73.7	-83.2	9.5	-83.1	9.4
12	C = 3780、16QAM、0.6、PN = 945	-74.1	-79.1	5.0	-86.9	12.8
13	C = 3780、64QAM、0.8、PN = 420	-74.1	不工作			

表 15　北京戒台寺测试结果

测试点		北京戒台寺（19km）				
序号	工作模式	接收信号电平（dBm）	最小信号接收电平（dBm）	接收裕量（dB）	噪声功率（dBm）	载噪比门限（dB）
1	C＝3780、4QAM、0.4、PN＝420	－58.1	－95.0	36.9	－61.0	2.9
2	C＝3780、16QAM、0.6、PN＝420	－58.1	－85.7	27.6	－68.5	10.4
3	C＝3780、16QAM、0.8、PN＝945	－58.0	－77.2	19.2	－72.1	14.1
4	C＝3780、16QAM、0.8、PN＝420	－58.0	－77.3	19.3	－71.8	13.8
5	C＝3780、64QAM、0.6、PN＝945	－58.0	－74.5	16.5	－75.4	17.4
6	C＝3780、64QAM、0.6、PN＝420	－58.1	－75.0	16.9	－75.3	17.2
7	C＝1、4QAM－NR、0.8、PN＝595	－58.0	－94.8	36.8	－60.3	2.3
8	C＝1、4QAM、0.8、PN＝595	－58.0	－91.0	33.0	－64.7	6.7
9	C＝1、16QAM、0.8、PN＝595	－58.0	－82.0	26.0	－71.2	13.2
10	C＝1、32QAM、0.8、PN＝595	－58.1	－74.6	16.5	－74.4	16.3
11	C＝3780、16QAM、0.4、PN＝420	－58.1	－83.0	24.9	－66.6	8.5
12	C＝3780、16QAM、0.6、PN＝945	－58.1	－81.2	23.1	－69.1	11.0
13	C＝3780、64QAM、0.8、PN＝420	－58.0	－68.0	10.0	－79.0	21.0

表 16　京津塘高速马驹桥服务区测试结果

测试点		京津塘高速马驹桥服务区（28km）				
序号	工作模式	接收信号电平（dBm）	最小信号接收电平（dBm）	接收裕量（dB）	噪声功率（dBm）	载噪比门限（dB）
1	C＝3780、4QAM、0.4、PN＝420	－69.3	－92.1	22.8	－73.9	4.6
2	C＝3780、16QAM、0.6、PN＝420	－68.8	－79.8	11.0	－82.1	13.3
3	C＝3780、16QAM、0.8、PN＝945	－70.0	－74.4	4.4	－84.8	14.8
4	C＝3780、16QAM、0.8、PN＝420	－69.8	－76.5	6.7	－83.6	13.8
5	C＝3780、64QAM、0.6、PN＝945	－69.0	－72.2	3.2	－87.0	18.0
6	C＝3780、64QAM、0.6、PN＝420	－69.5	－73.6	4.1	－86.7	16.2
7	C＝1、4QAM－NR、0.8、PN＝595	－69.2	－92.0	22.8	－73.0	3.8
8	C＝1、4QAM、0.8、PN＝595	－69.4	－84.3	14.9	－76.8	7.4
9	C＝1、16QAM、0.8、PN＝595	－70.1	－78.0	7.9	－83.9	13.8
10	C＝1、32QAM、0.8、PN＝595	－69.8	不工作			
11	C＝3780、16QAM、0.4、PN＝420	－69.5	－83.1	13.6	－78.5	9.0
12	C＝3780、16QAM、0.6、PN＝945	－69.7	－80.4	10.7	－81.4	11.7
13	C＝3780、64QAM、0.8、PN＝420	－69.7	不工作			

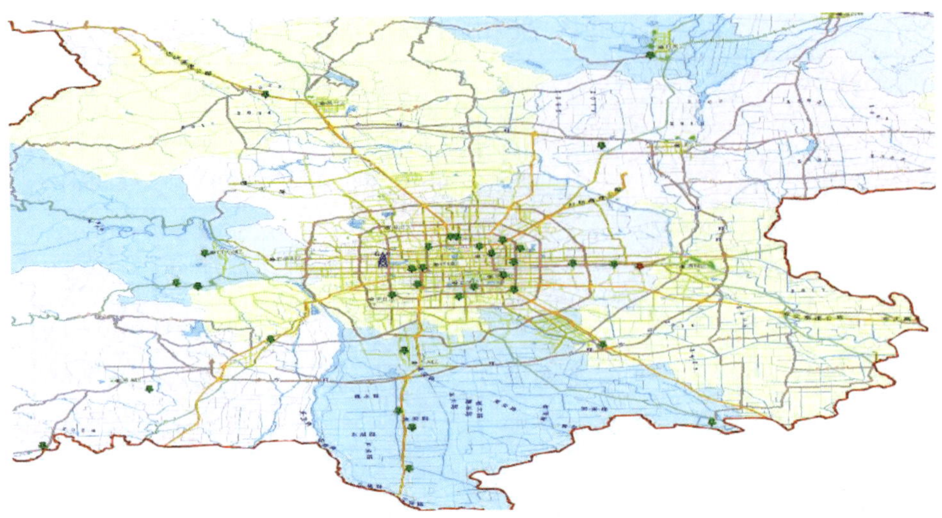

图12　4QAM 0.4 PN＝420 多载波 成功接收概率：97.1%

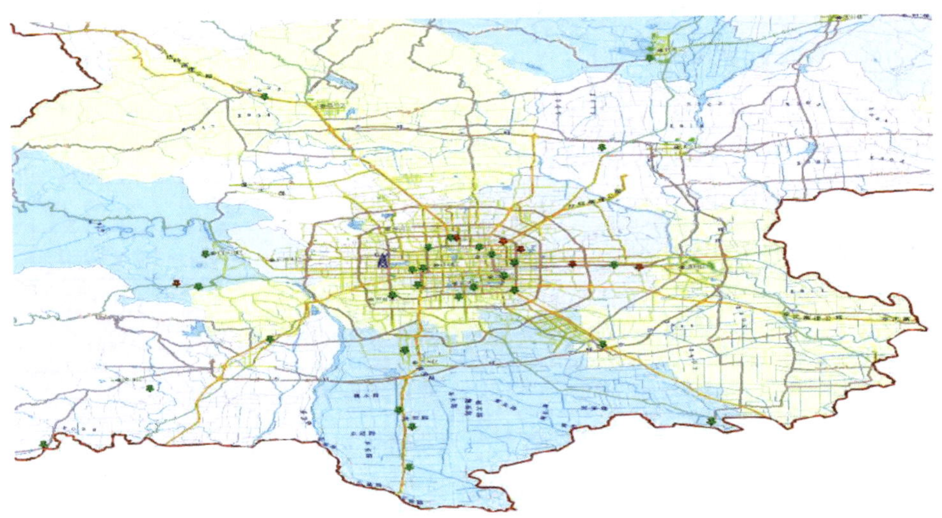

图13　16QAM 0.4 PN＝420 多载波 成功接收概率：82.4%

图14　16QAM 0.6 PN＝420 多载波 成功接收概率：79.4%

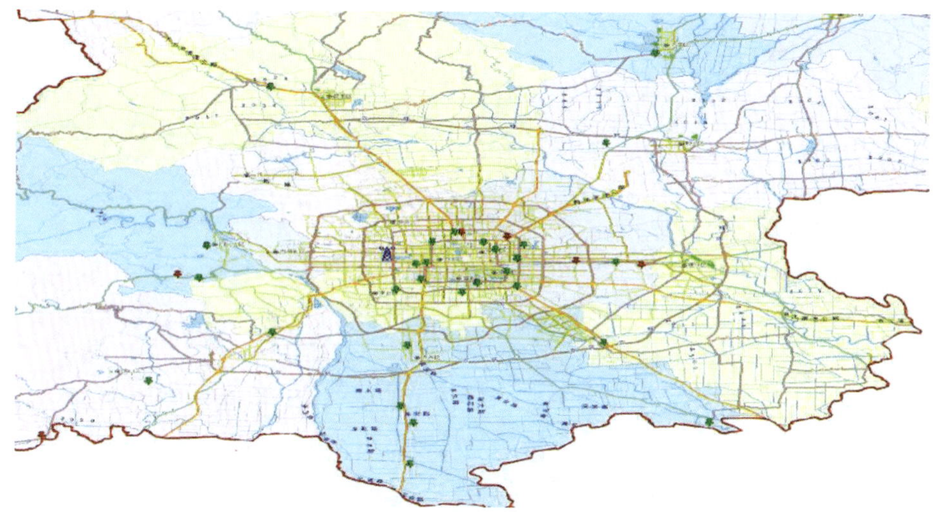

图 15　16QAM 0.6 PN = 945 多载波 成功接收概率：82.4%

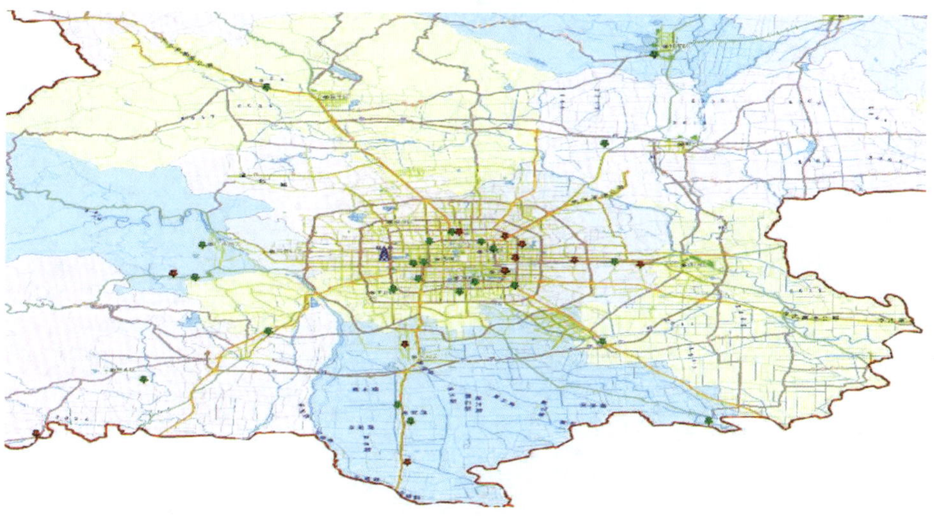

图 16　16QAM 0.8 PN = 420 多载波 成功接收概率：70.6%

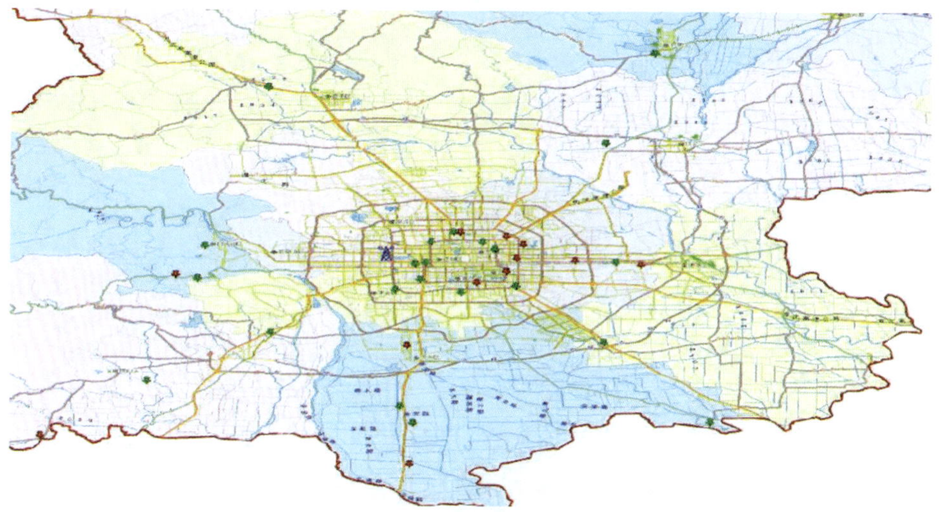

图 17　16QAM 0.8 PN = 945 多载波 成功接收概率：64.7%

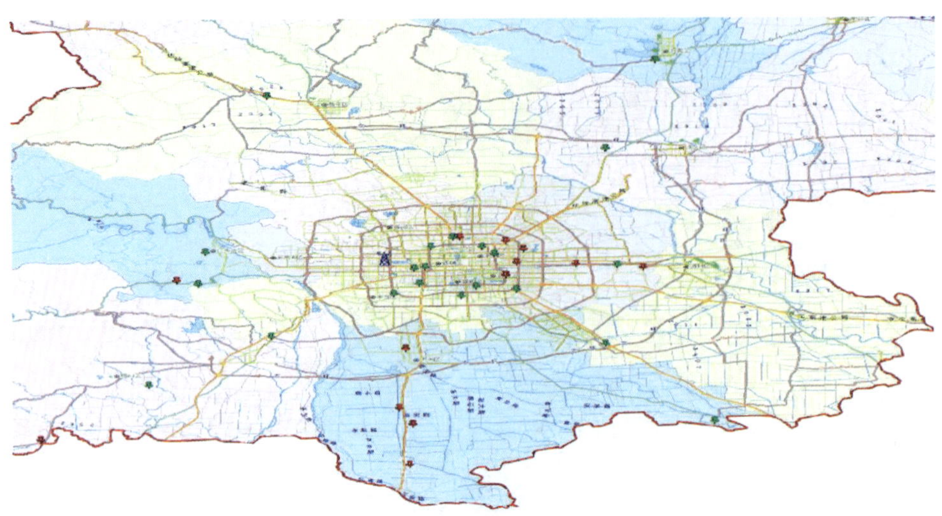

图 18　64QAM 0. 6 PN = 420 多载波 成功接收概率：61. 8%

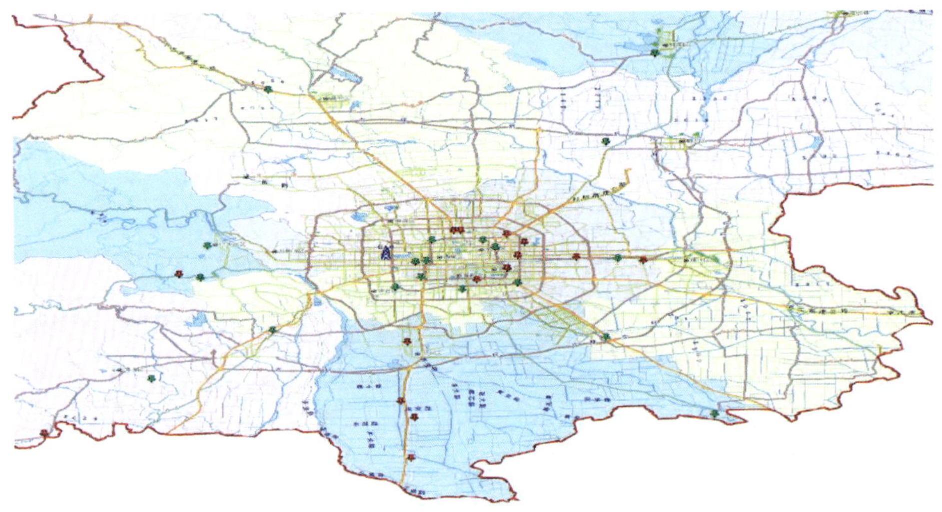

图 19　64QAM 0. 6 PN = 945 多载波 成功接收概率：55. 9%

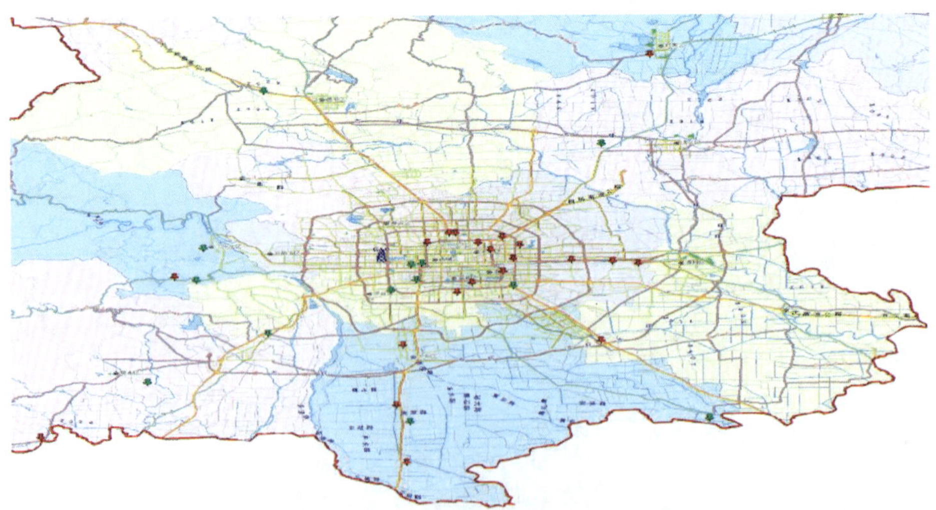

图 20　64QAM 0. 8 PN = 420 多载波 成功接收概率：38. 2%

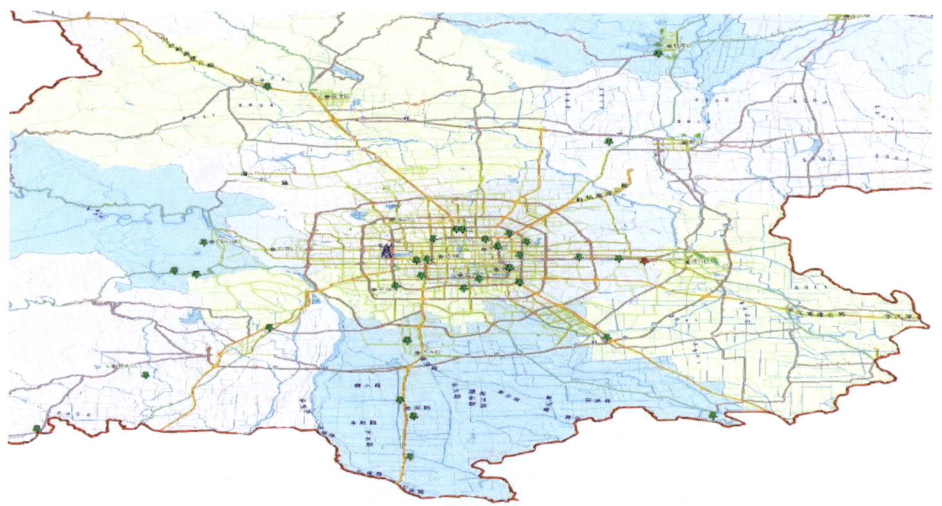

图 21　4QAM - NR 0. 8 PN = 595 单载波 成功接收概率：97. 1%

图 22　4QAM 0. 8 PN = 595 单载波 成功接收概率：85. 3%

图 23　16QAM 0. 8 PN = 595 单载波 成功接收概率：70. 6%

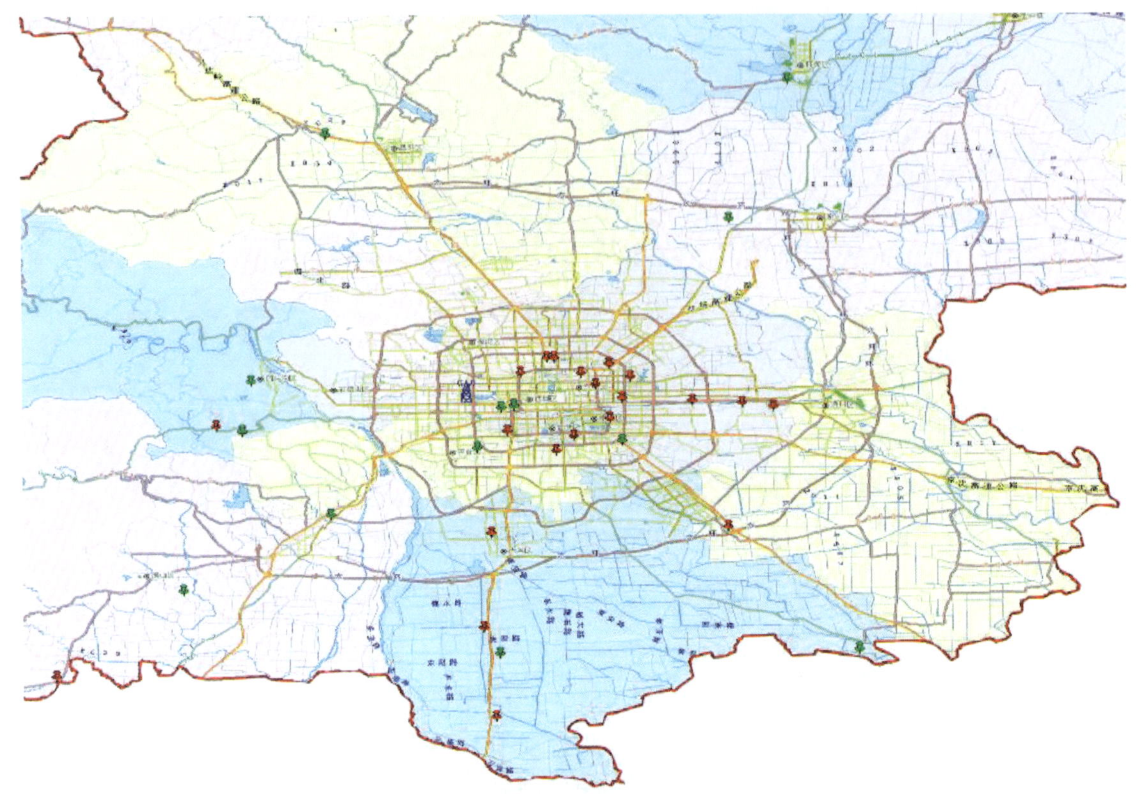

图 24　32 QAM0.8 PN = 595 单载波 成功接收概率：38.2%

根据广电总局科技司技科字［2006］271 号《广电总局科技司关于下达国家数字电视地面传输标准大功率测试工作的通知》的要求，广电标委会组织测试组于 2006 年 10 月 10 日至 2006 年 10 月 20 日在北京地区开展了地面数字电视传输标准大功率发射条件下（2kW）室外和室内固定接收性能测试，其中室外固定接收性能与本次技术试验一致，室内固定接收测试结果如表 17 所示。

表 17　大功率室内固定接收测试结果

序号	测试地点	测试项目	工作模式			
			C = 3780 420 16QAM 0.8	C = 3780 420 64QAM 0.6	C = 1 595 16QAM = 0.8	C = 1 595 32QAM 0.8
1	总局规划院	信号电平（dBm）	-72.8	-72.7	-71.8	-71.8
		接收情况	失败	失败	正常	失败
		最低接收电平（dBm）	-72.0	-70.9	-72.7	-66.1
2	总局大楼	信号电平（dBm）	-51.9	-52.0	-50.5	-50.1
		接收情况	正常	正常	正常	正常
		最低接收电平（dBm）	-79.2	-75.9	-78.7	-76.0

（续表）

序号	测试地点	测试项目	工作模式			
			C = 3780 420 16QAM 0. 8	C = 3780 420 64QAM 0. 6	C = 1 595 16QAM =0. 8	C = 1 595 32QAM 0. 8
3	北航	信号电平（dBm）	-64. 2	-64. 3	-62. 4	-62. 3
		接收情况	失败	失败	正常	失败
		最低接收电平（dBm）	-68. 0	--	-71. 4	--
4	传媒大学	信号电平（dBm）	-76. 2	-76. 1	-75. 0	-74. 6
		接收情况	失败	失败	正常	失败
		最低接收电平（dBm）	-73. 4	-71. 5	-75. 0	-67. 8
5	七星园	信号电平（dBm）	-66. 3	-66. 6	-63. 9	-64. 3
		接收情况	正常	正常	正常	正常
		最低接收电平（dBm）	-75. 8	-73. 3	-75. 8	-70. 6
6	亮马河饭店	信号电平（dBm）	-71. 6	-71. 7	-70. 1	-69. 8
		接收情况	失败	正常	正常	失败
		最低接收电平（dBm）	-58. 0	-72. 4	-76. 6	-67. 8
7	亦庄	信号电平（dBm）	-64. 3	-64. 3	-63. 5	-63. 4
		接收情况	正常	正常	正常	正常
		最低接收电平（dBm）	-77. 2	-75. 6	-78. 1	-74. 3
8	世纪金源	信号电平（dBm）	-67. 3	-67. 4	-65. 7	-66. 2
		接收情况	正常	正常	正常	正常
		最低接收电平（dBm）	-75. 1	-75. 2	-77. 7	-72. 6

4. 2. 2　移动接收测试

为综合评估地面数字电视系统移动接收性能，本次技术试验选取了北京市区内具有代表性的路线进行移动测试，接收天线选用全向天线。在移动测试过程中，移动测试系统自动记录每秒电平、每秒接收比特、误比特、误比特率、移动路线、每秒位置、速度等数据。表 18 和表 19 给出了北京市区内主要道路移动测试结果。

表 18　二环路移动测试结果

工作模式	电平分布及平均电平（dBm）	
4QAM 0.4 PN = 420 多载波	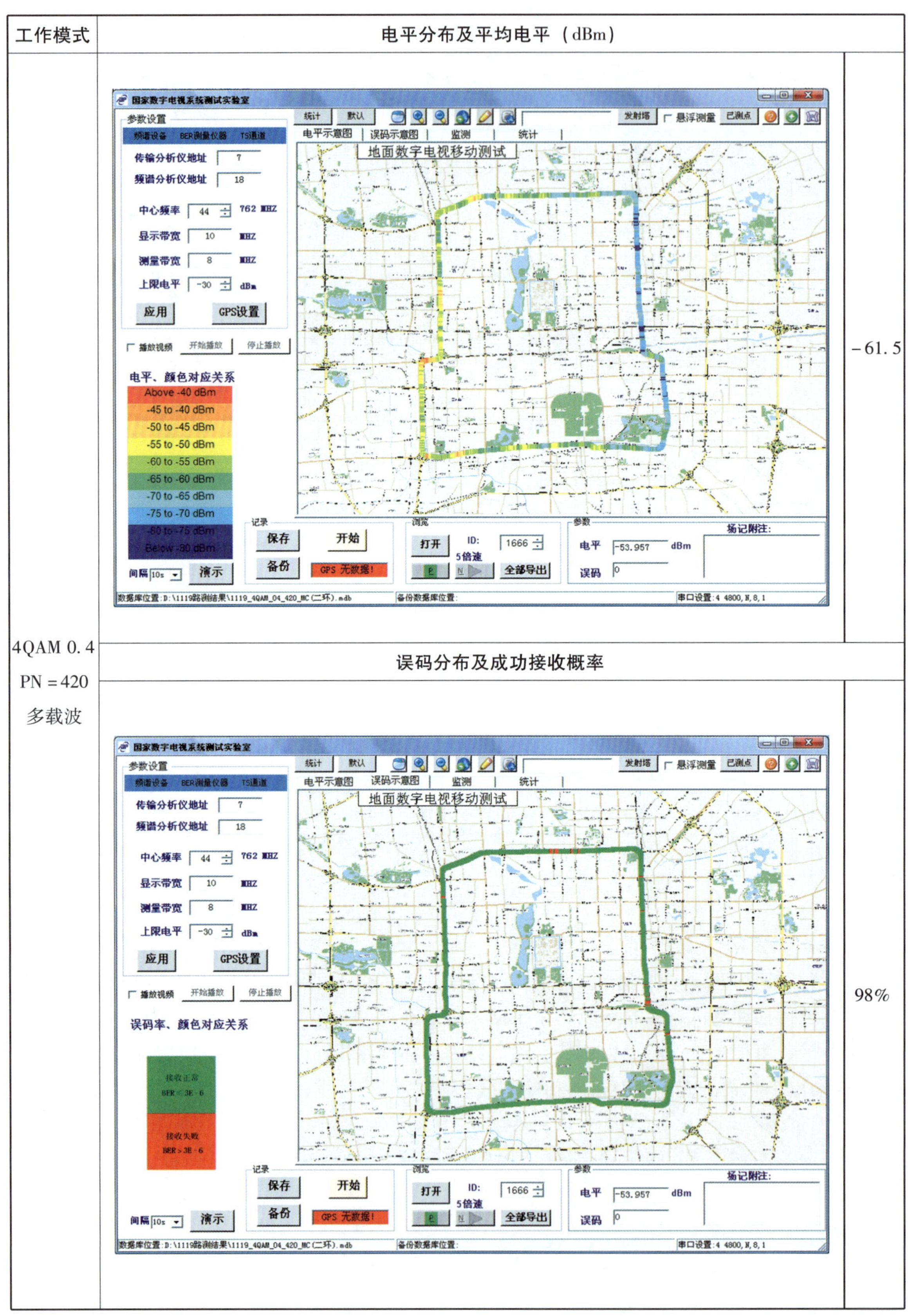	-61.5
	误码分布及成功接收概率	
		98%

（续表）

工作模式	电平分布及平均电平（dBm）	
4QAM 0.4 PN＝945 多载波	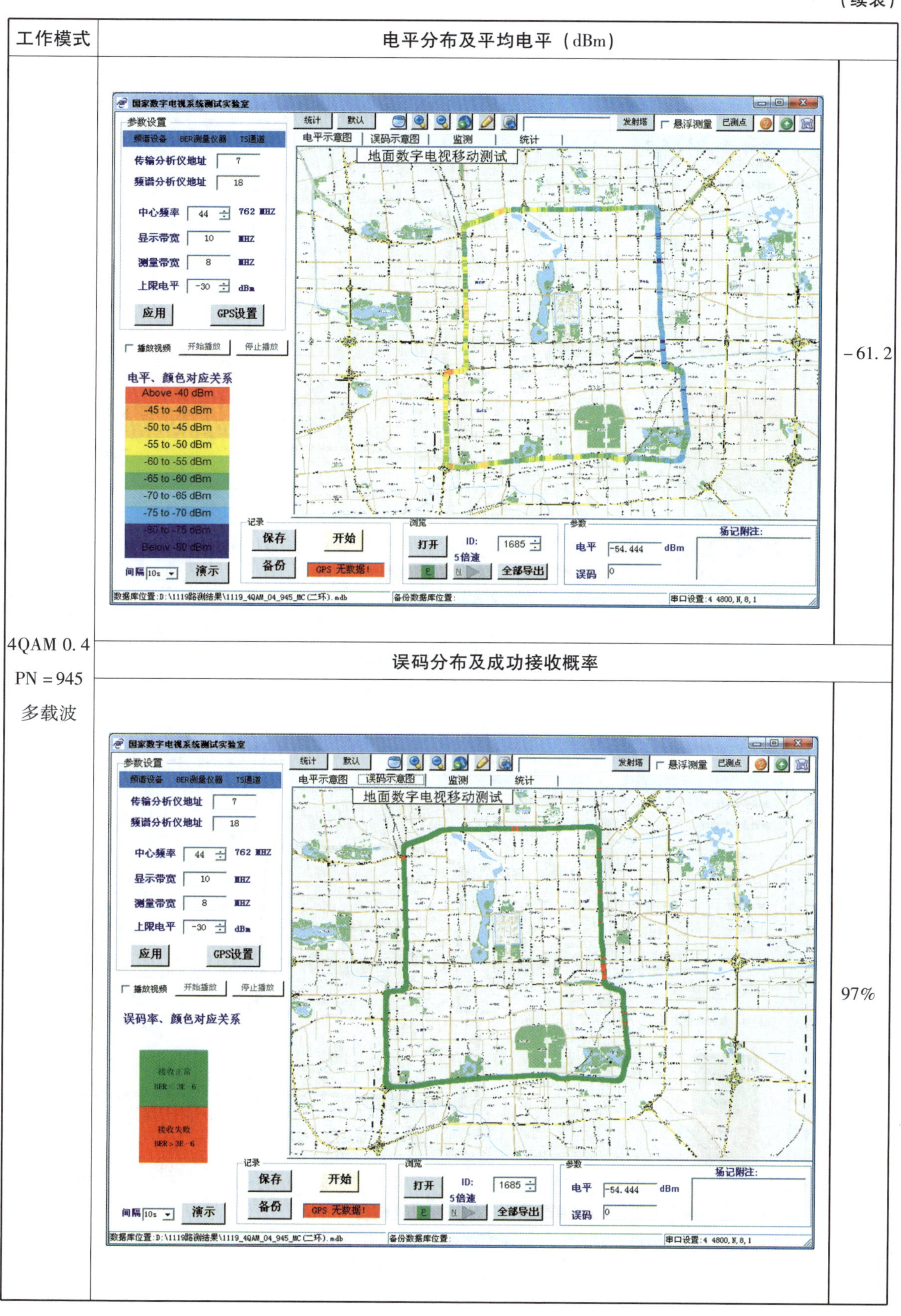	－61.2
	误码分布及成功接收概率	
		97%

（续表）

工作模式	电平分布及平均电平（dBm）	
4QAM_NR 0.8 PN=595 单载波	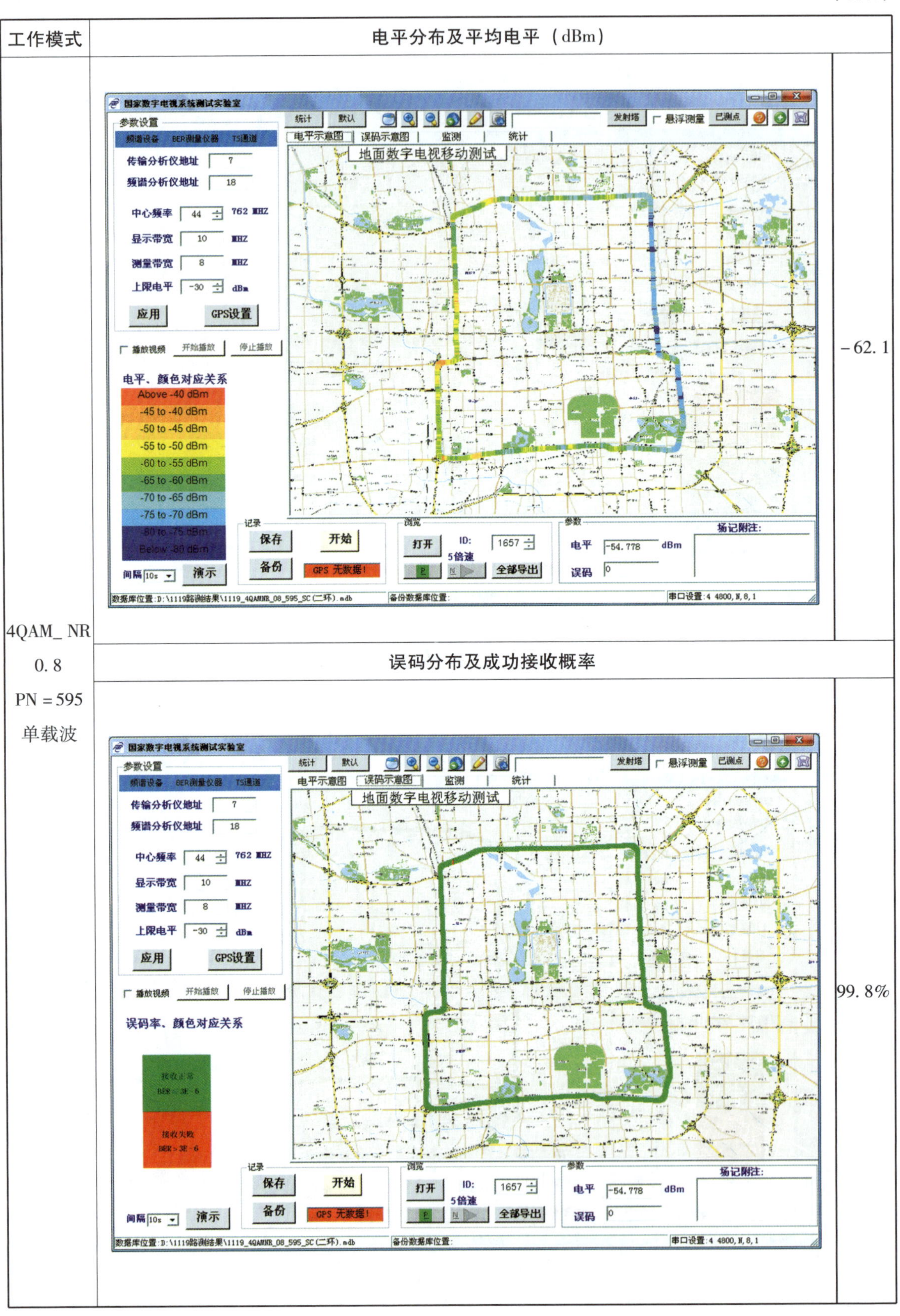	-62.1
	误码分布及成功接收概率	
		99.8%

（续表）

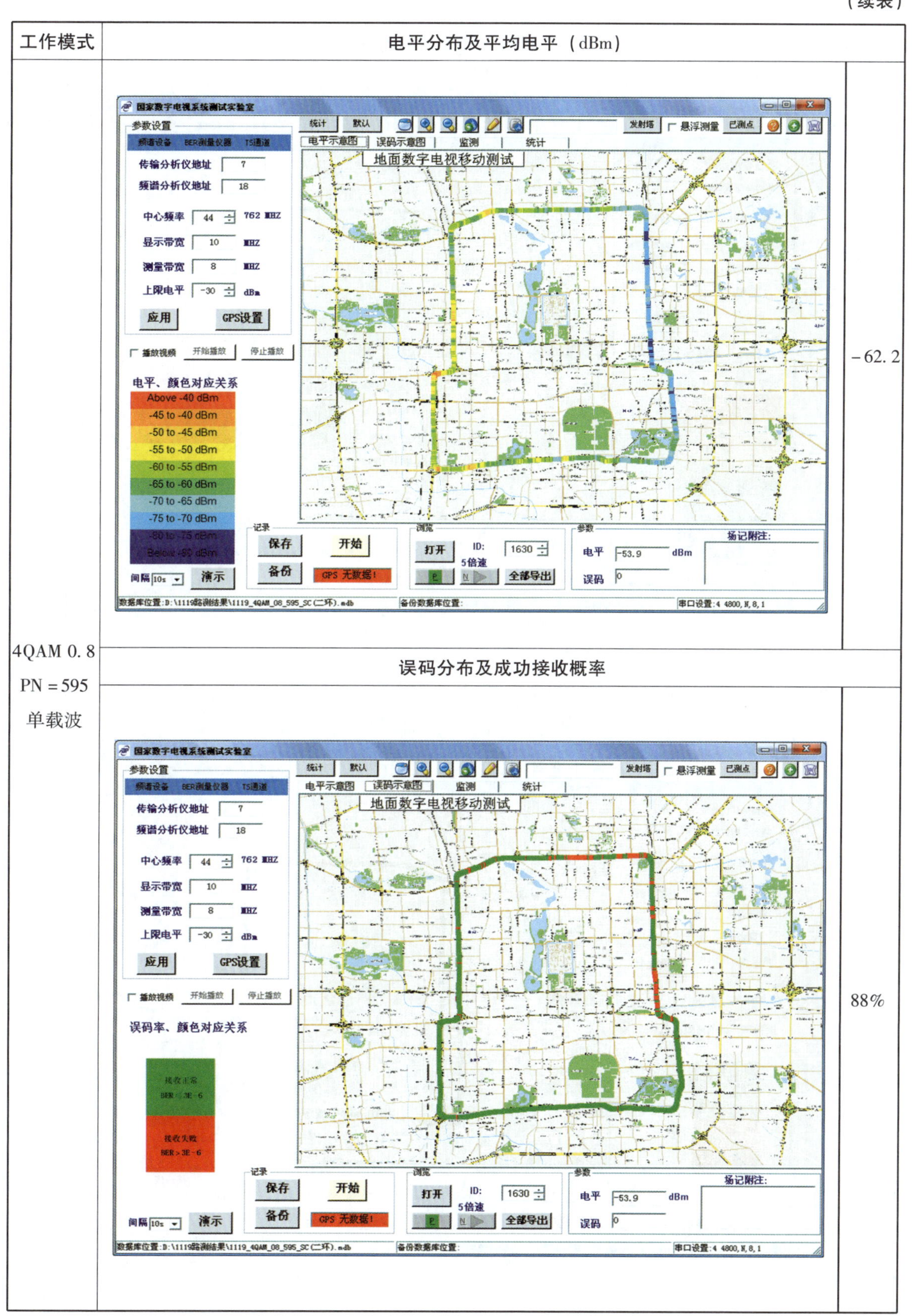

工作模式	电平分布及平均电平（dBm）	
4QAM 0.8 PN＝595 单载波	（电平分布图）	－62.2
	误码分布及成功接收概率	
	（误码分布图）	88%

（续表）

工作模式	电平分布及平均电平（dBm）	
16QAM 0.4 PN＝420 多载波	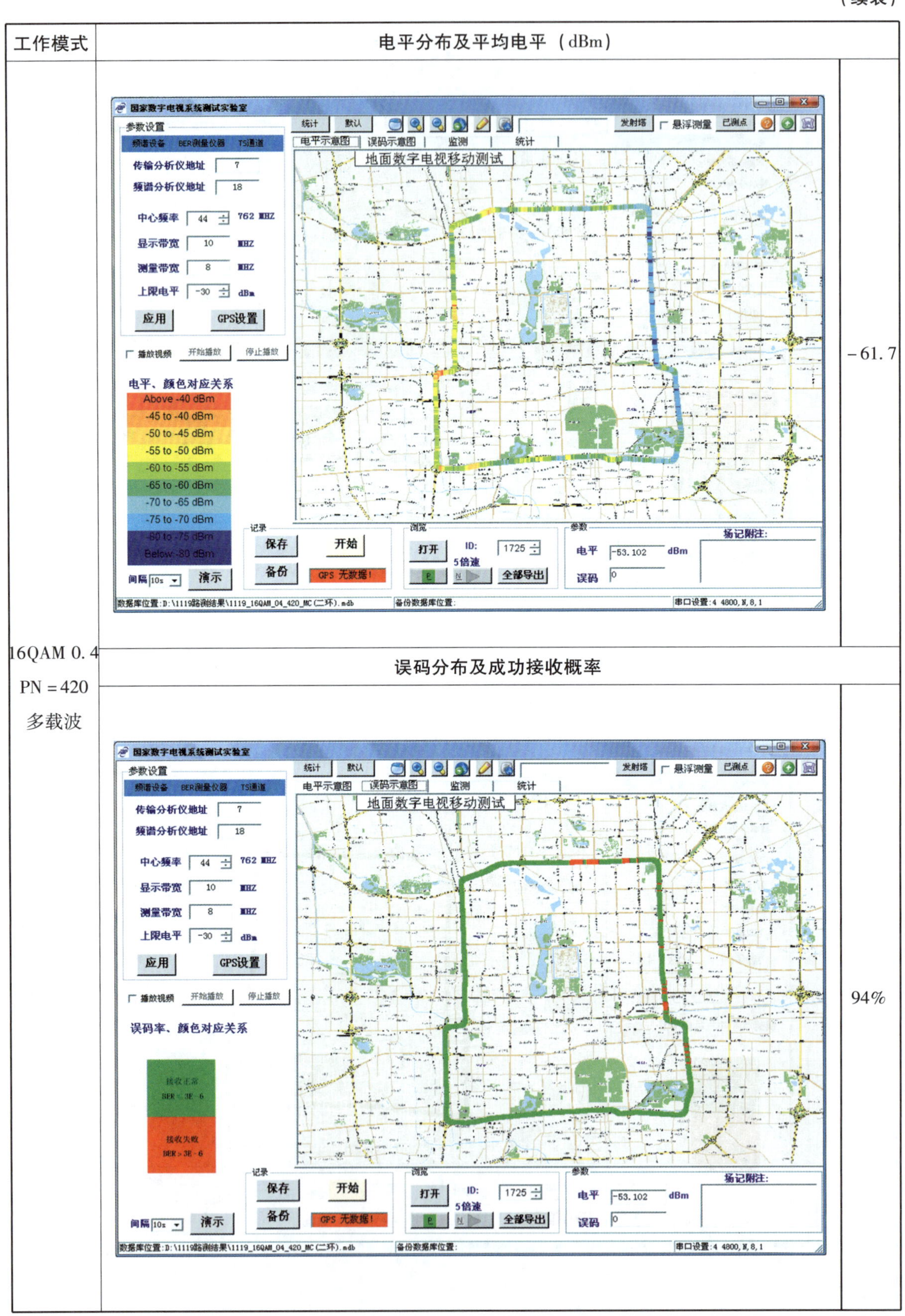	－61.7
	误码分布及成功接收概率	
		94%

（续表）

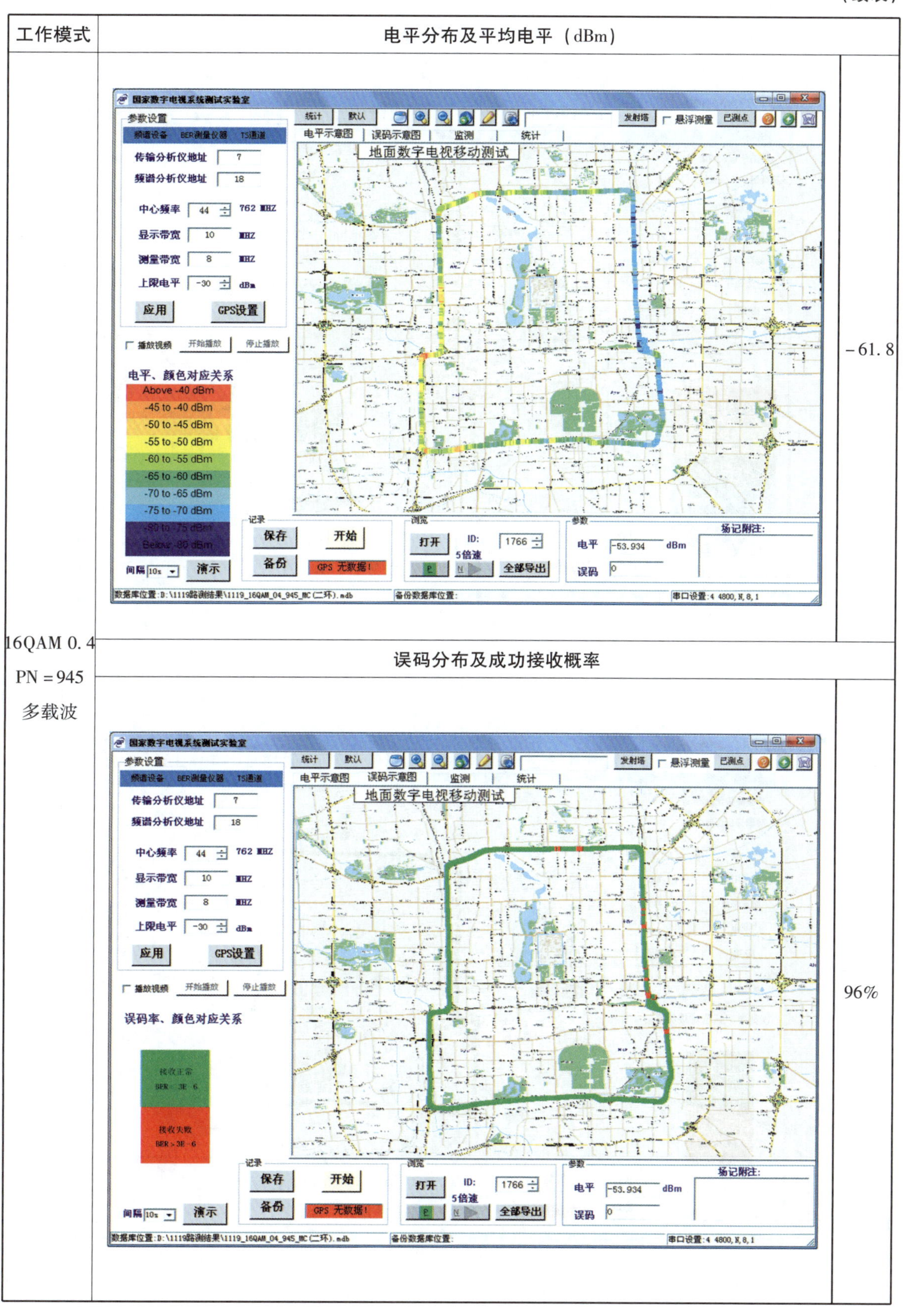

工作模式	电平分布及平均电平（dBm）	
16QAM 0.4 PN＝945 多载波		－61.8
	误码分布及成功接收概率	
		96%

（续表）

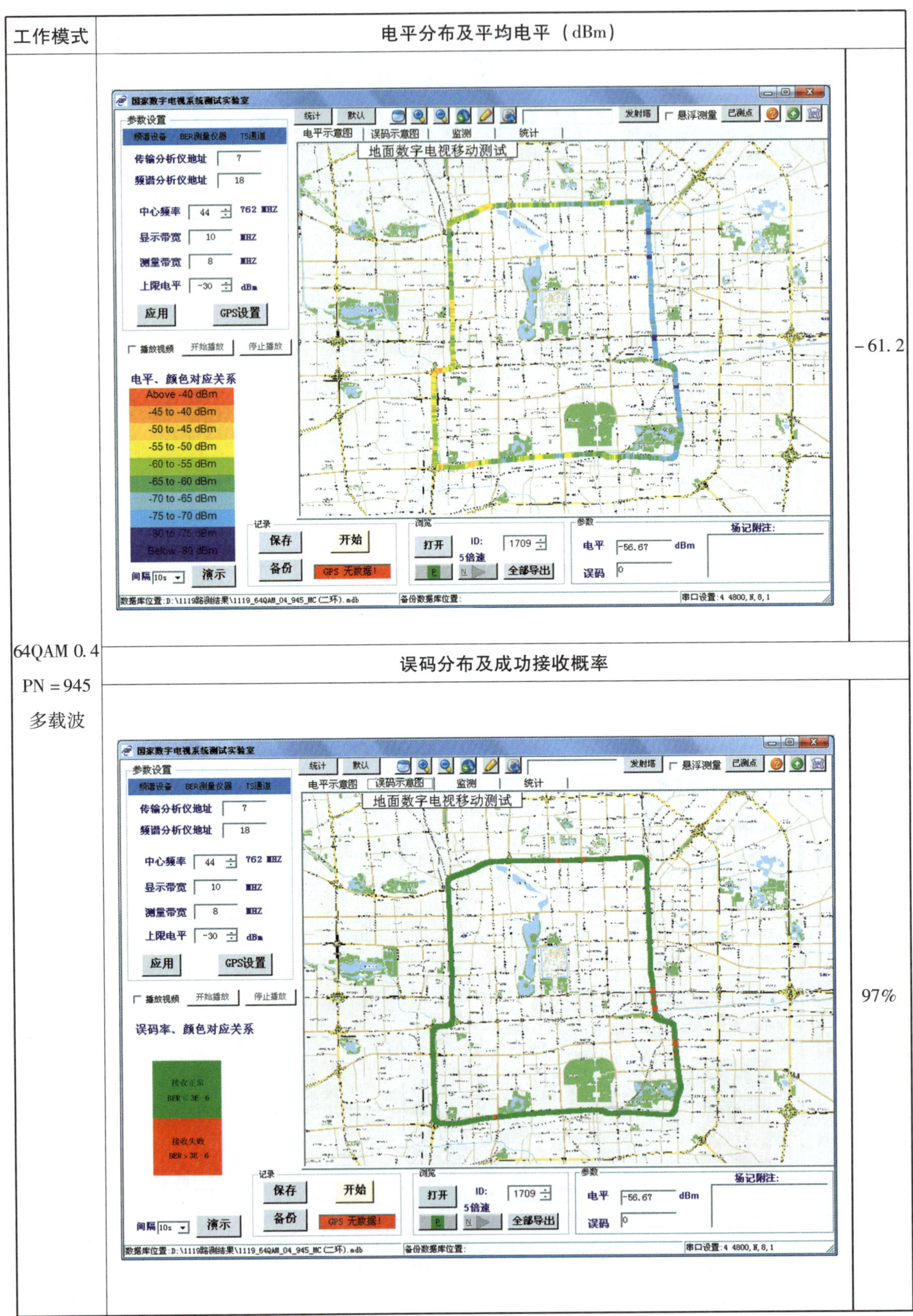

工作模式	电平分布及平均电平（dBm）	
64QAM 0.4 PN＝945 多载波		－61.2
	误码分布及成功接收概率	
		97%

表 19　三环路移动测试结果

工作模式	平均电平（dBm）	成功接收概率
4QAM 0.4 PN=420 多载波	-62.1	96.3%
16QAM 0.4 PN=420 多载波	-62.0	91.8%
16QAM 0.6 PN=420 多载波	-61.9	89.8%
4QAM_NR 0.8 PN=595 单载波	-62.5	99.4%

4.3　单频网覆盖测试

单频网是地面数字电视广播的重要组网模式和应用方式，为了验证地面数字电视系统的单频网技术特性，特别是为今后地面数字电视单频网建设和运营提供技术依据，本次技术试验在开展单点覆盖性能测试的基础上，同时开展了单频网性能测试。

为了验证地面数字电视不同帧头工作模式受单频网设台距离的影响，本次技术试验选取了中央大塔、491 台和沙河地球站作为北京地区单频网的三个发射点，三个台站分布及距离如图 25 所示。

图 25　北京地区地面数字电视单频网发射站点分布

在单频网组建过程中，根据射频信号产生方式的不同，地面数字电视单频网构建主要有两种形式：射频信号集中产生和射频信号分散产生。本次技术试验采用射频信号分散产生方式来构建北京地区试验单频网。其中，节目分配网络为直连光纤，传输网络发端和收端适配器均为ASI/SDI的光端机。图26给出了北京地区地面数字电视单频网结构示意图。

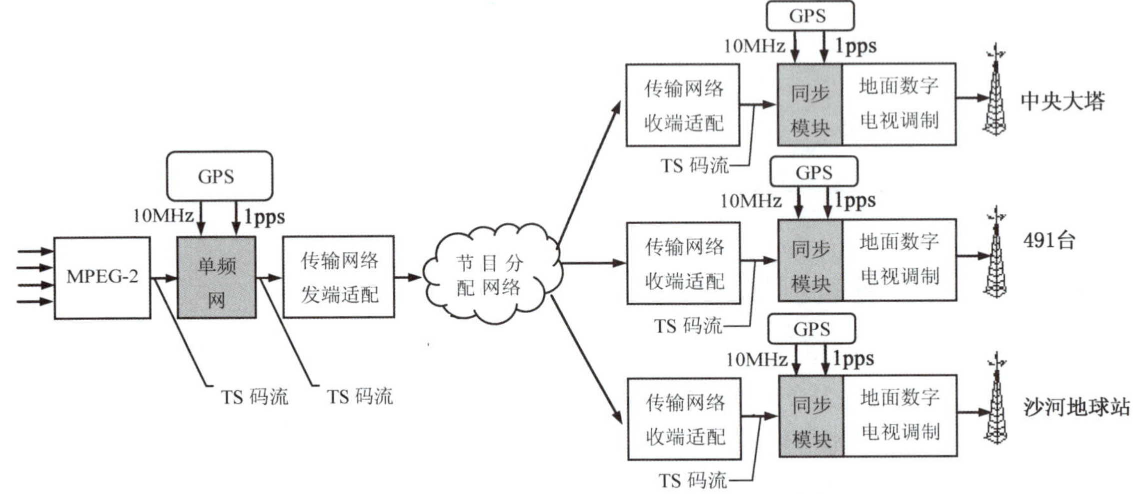

图26 北京地区地面数字电视单频网结构示意图

北京地区单频网中的中央大塔发射点的技术参数与单点发射一致，沙河地球站发射点测试发射机和发射天线具体参数见表20。

表20 沙河地球站发射点测试发射机和天线主要参数

发射机数量	1台
发射机额定功率	1000W
电压	3 Phase 400V AC
天线型式	4 dipole on the reflector
振子排列	2层4面
天线工作频率	470MHz~860MHz
天线特性阻抗	50Ω
天线高度	2 m
发射塔所在地海拔高度	90m
极化方式	垂直极化
馈线规格	$3\frac{1}{8}''$
馈线长度	150m
天馈系统增益	7.5 dB
发射塔坐标	116. 2675 E 40. 1050 N
天线方向图	全向

考虑到491台天线架设条件限制，为了满足覆盖要求，本次技术试验，充分利用地面数字电视系统单频网特性，在491台采用两台发射机构架单频网，改善天线方向图，其中一台

发射机采用东西方向天线，另一台发射机采用南北方向天线。491 台两台发射机和发射天线具体参数见表 21。

表 21　491 发射点测试发射机和天线主要参数

发射机数量	1 台	1 台
发射机额定功率	500W	500W
电压	3 Phase 400V AC	3 Phase 400V AC
天线振子排列	4 层 2 面	3 层 2 面
天线工作频率	470MHz－860MHz	470MHz－860MHz
天线特性阻抗	50Ω	50Ω
天线高度	2 m	2 m
发射塔所在地海拔高度	130 m	130 m
极化方式	垂直极化	垂直极化
馈线规格	$2\frac{1}{4}''$	$2\frac{1}{4}''$
馈线长度	220 m	220 m
天馈系统增益	8.7 dB（W），14.7 dB（E）	12.3 dB
发射塔坐标	116.5769 E 39. 8878 N	116.5769 E 39. 8878 N
天线方向图	90 180 E/EM 0 270	90 180 E/EM 0 270

4.3.1　固定接收测试

在地面数字电视单频网测试中，为了充分验证单频网的技术特性，同时考虑到已经在北京地区完成了大量的单点覆盖测试，本次技术试验地面数字电视单频网测试的重点是在单频网的重叠覆盖区选取相应测试点进行固定接收性能测试。通过比较重叠覆盖区内测试点接收来自不同台站信号或合成信号的性能，综合评估地面数字电视系统在单频网条件下性能。

图 27 给出了北京地区地面数字电视单频网重叠覆盖区及覆盖区内固定接收测试点分布示意图。

根据最初设计，中央大塔覆盖范围较大，北京地区地面数字电视单频网三个发射台站间只存在中央大塔和沙河地球站、中央大塔和 491 台两种重叠覆盖情况。表 22 至表 27 给出了地面数字电视单频网中央大塔和 491 台重叠覆盖区内各测试点的测试结果，表 28 给出了地面数字电视单频网中央大塔和沙河地球站重叠覆盖区内各测试点的测试结果。

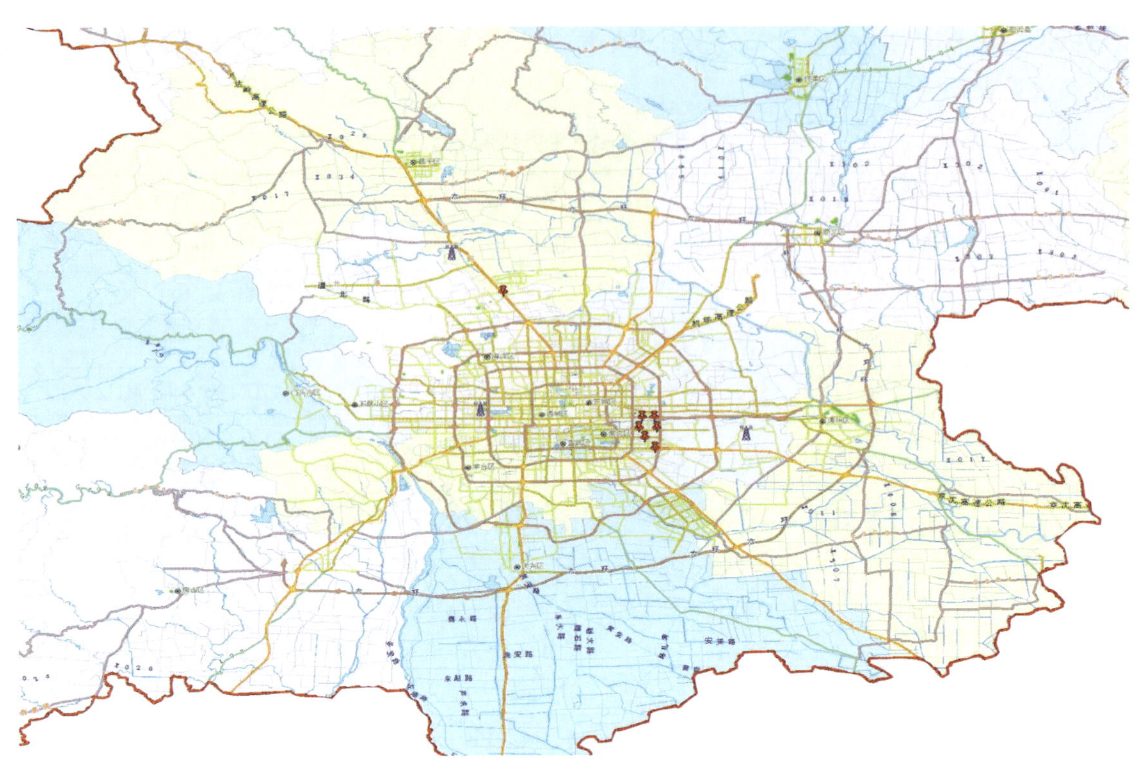

图 27　北京单频网重叠区和测试点分布示意图

表 22　491 台测试点单频网测试结果

测试地点	491 台丙机房外			
工作模式	测试参数	发射机 1	发射机 2	发射机 1 + 发射机 2
	信号频谱			
4QAM 0.4 PN = 420 多载波	接收信号电平（dBm）	-37.5	-36.8	-34.2
	C/N（dB）	2.0	1.8	3.7
	最小信号电平（dBm）	-89.1	-89.3	-87.8
	信号裕量（dB）	51.6	52.5	53.6
4QAM 0.6 PN = 420 多载波		正常工作		
4QAM 0.8 PN = 420 多载波		正常工作		
16QAM 0.4 PN = 420 多载波		正常工作		
16QAM 0.6 PN = 420 多载波		正常工作		
16QAM 0.8 PN = 420 多载波		正常工作		
64QAM 0.4 PN = 420 多载波		正常工作		

（续表）

测试地点		491 台丙机房外		
64QAM 0. 6 PN =420 多载波		正常工作		
64QAM 0. 8 PN =420 多载波		无法正常工作		
4QAM – NR 0. 8 PN =595 单载波	接收信号电平（dBm）	–34. 3	–35. 9	–33. 2
	C/N（dB）	2. 9	2. 3	4. 6
	最小信号电平（dBm）	–88. 5	–89. 7	–87. 5
	信号裕量（dB）	54. 2	53. 8	54. 3
4QAM 0. 8 PN =595 单载波		正常工作		
16QAM 0. 8 PN =595 单载波		正常工作		
32QAM 0. 8 PN =595 单载波		无法正常工作		

注：环境底噪为 –90. 9dBm。

4QAM – NR 0. 8 PN =595 单载波测试点与 4QAM 0. 4 PN =420 多载波略有不同。

表 23　珠江帝景测试点单频网测试结果

测试地点	珠江帝景			
工作模式	测量参数	中央大塔	491 台	中央大塔 +491 台
	信号频谱			
4QAM 0. 4945 多载波		正常工作		
4QAM 0. 6 945 多载波	接收信号电平（dBm）	–81. 20	–76. 0	–74. 5
	C/N（dB）	10	9. 8	10. 2
	最小信号电平（dBm）	–82. 2	–83. 5	–82. 0
	信号裕量（dB）	1	7. 5	7. 5
4QAM – NR 0. 8 595 单载波		正常工作		
4QAM 0. 8 595 单载波	接收信号电平（dBm）	–80. 6	–76. 8	–74. 5
	C/N（dB）	10. 6	10	11. 9
	最小信号电平（dBm）	–81. 6	–81. 2	–80. 0
	信号裕量（dB）	1	4. 4	5. 5

注：环境底噪为 –91. 2 dBm。

表 24　西大望路测试点单频网测试结果

测试地点	西大望路和松榆南路十字路口西北角			
工作模式	测量参数	中央大塔	491 台	中央大塔 +491 台
	信号频谱	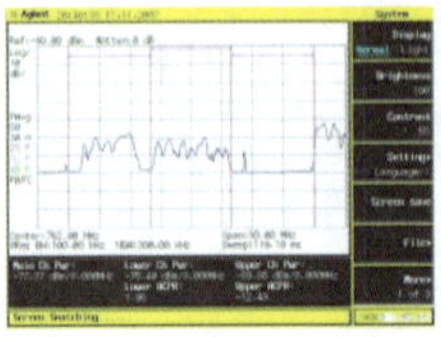	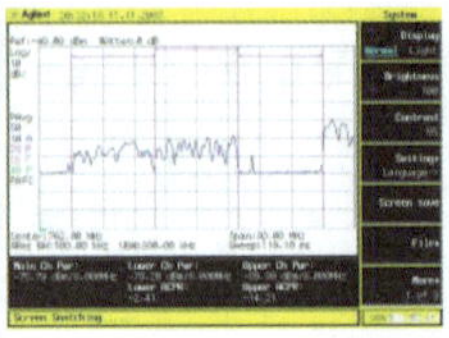	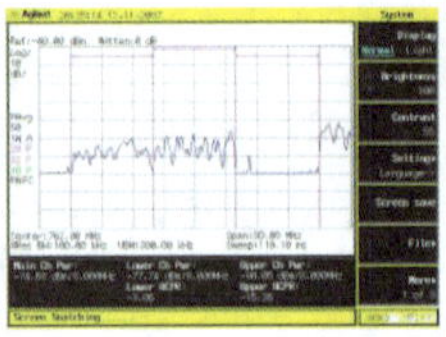
4QAM 0.6 945 多载波	接收信号电平（dBm）	-77.4	-76.0	-74.7
	C/N（dB）	9.4	9.9	12.1
	最小信号电平（dBm）	-82.1	-81.0	-79.1
	信号裕量（dB）	4.7	5	4.4
4QAM 0.8 595 单载波	接收信号电平（dBm）	-77.9	-75.0	-73.0
	C/N（dB）	9.9	偶尔有误码	13.0
	最小信号电平（dBm）	-81.8		-77.8
	信号裕量（dB）	3.9		4.8
16QAM 0.4 945 多载波	接收信号电平（dBm）	-76.6	-75.2	-73.0
	C/N（dB）	11.7	12.2	12.6
	最小信号电平（dBm）	-82.0	-77.7	-79.8
	信号裕量（dB）	5.4	2.5	6.8

注：环境底噪为 -91.2dBm。

表 25　北工大测试点单频网测试结果

测试地点	北工大西			
工作模式	测量参数	中央大塔	491 台	中央大塔 +491 台
	信号频谱	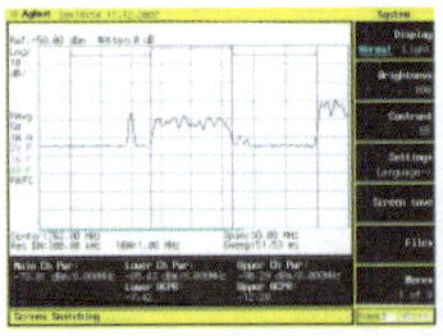	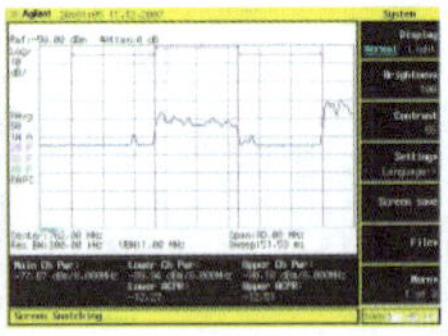	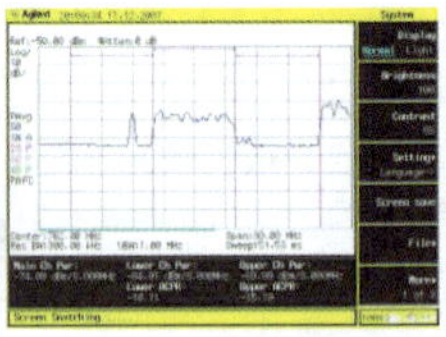
4QAM - NR 0.8 单载波	接收信号电平（dBm）	-78.0	-77.7	-74.8
	C/N（dB）	3.9	6.4	6.4
	最小信号电平（dBm）	-87.8	-86.4	-85.7
	信号裕量（dB）	9.8	8.7	10.9

（续表）

测试地点	北工大西			
4QAM 0.8 单载波	接收信号电平（dBm）	-78.1	-77.0	-75.0
	C/N（dB）	8.5	8.8	10.8
	最小信号电平（dBm）	-84.2	-83.5	-81.7
	信号裕量（dB）	6.2	6.5	6.7
4QAM 0.4 多载波	接收信号电平（dBm）	-79.0	-77.1	-75.0
	C/N（dB）	4.1	6.0	10.2
	最小信号电平（dBm）	-87.3	-86.6	-81.6
	信号裕量（dB）	8.3	9.5	6.6
4QAM 0.6 多载波	接收信号电平（dBm）	-78.5	-77.8	-75.0
	C/N（dB）	7.7	9.8	正常工作，但无法加噪声、减信号
	最小信号电平（dBm）	-85.7	-81.8	
	信号裕量（dB）	8.2	4	
16QAM 0.4 多载波	接收信号电平（dBm）	-78.7	-78.6	-75.8
	C/N（dB）	9.8	10.4	无法加噪声
	最小信号电平（dBm）	-82.7	-82.2	76.6
	信号裕量（dB）	4	3.6	0.8

注：环境底噪为 -91.1dBm。

表 26　国贸桥测试点单频网测试结果

测试地点	国贸桥东南			
工作模式	测量参数	中央大塔	491 台	中央大塔 +491 台
	信号频谱	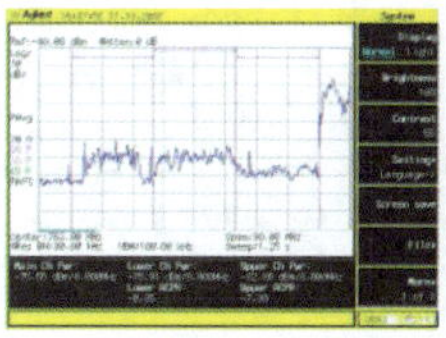	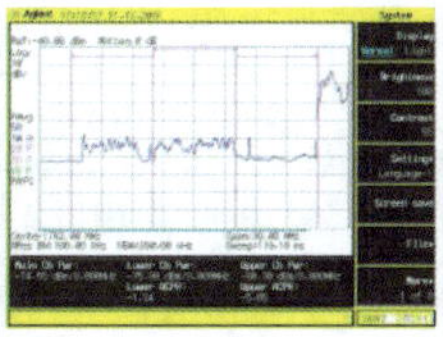	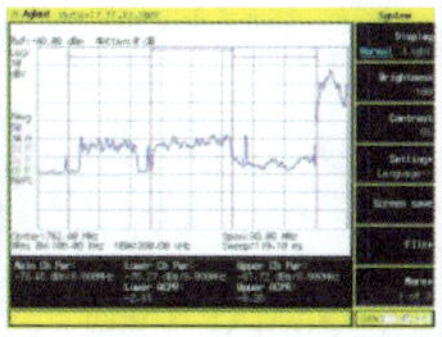
4QAM - NR 0.8 单载波	接收信号电平（dBm）	-76.3	-74.6	-73.5
	C/N（dB）	10.8	10.6	12.9
	最小信号电平（dBm）	-81.9	-84.3	-77.6
	信号裕量（dB）	5.3	9.7	4.1
4QAM 0.4 多载波	接收信号电平（dBm）	-75.2	-74.8	-73.0
	C/N（dB）	9.2	9.2	不工作
	最小信号电平（dBm）	-82.6	-83.3	
	信号裕量（dB）	7.4	8.5	

表 27　华贸中心测试点单频网测试结果

测试地点	华贸中心			
工作模式	测量参数	中央大塔	491 台	中央大塔 +491 台
	信号频谱			
4QAM - NR 0.8 595 单载波	接收信号电平（dBm）	-77.3	-72.5	-71.1
	C/N（dB）	7.8	5.6	7.0
	最小信号电平（dBm）	-83.4	-85.5	-85.3
	信号裕量（dB）	6.1	13	14.2
4QAM 0.8 595 单载波	接收信号电平（dBm）	-77.9	-72.8	-72.0
	C/N（dB）	11	10	13.9
	最小信号电平（dBm）	-81.5	-82.4	-79.1
	信号裕量（dB）	5.6	9.6	7.1
4QAM 0.4 945 多载波	接收信号电平（dBm）	-76.5	-74.7	-73.6
	C/N（dB）	5.9	5.9	7.0
	最小信号电平（dBm）	-85.9	-85.1	-85.0
	信号裕量（dB）	9.4	10.4	11.4
16QAM 0.4 945 多载波	接收信号电平（dBm）	-76.4	-73.3	-71.8
	C/N（dB）	10.7	10.9	12.2
	最小信号电平（dBm）	-80.8	-81.1	-80.4
	信号裕量（dB）	4.4	7.8	8.6
16QAM 0.6 945 多载波	接收信号电平（dBm）	-77.3	-72.8	-71.5
	C/N（dB）	不工作	15.5	15.7
	最小信号电平（dBm）		-76.7	-76.3
	信号裕量（dB）		3.9	4.8
64QAM 0.4 945 多载波	接收信号电平（dBm）	-78.0	-72.9	-71.2
	C/N（dB）	不工作	15.9	17.1
	最小信号电平（dBm）		-75.5	-74.9
	信号裕量（dB）		2.6	3.7

表 28　八达岭高速小营出口测试点单频网测试结果

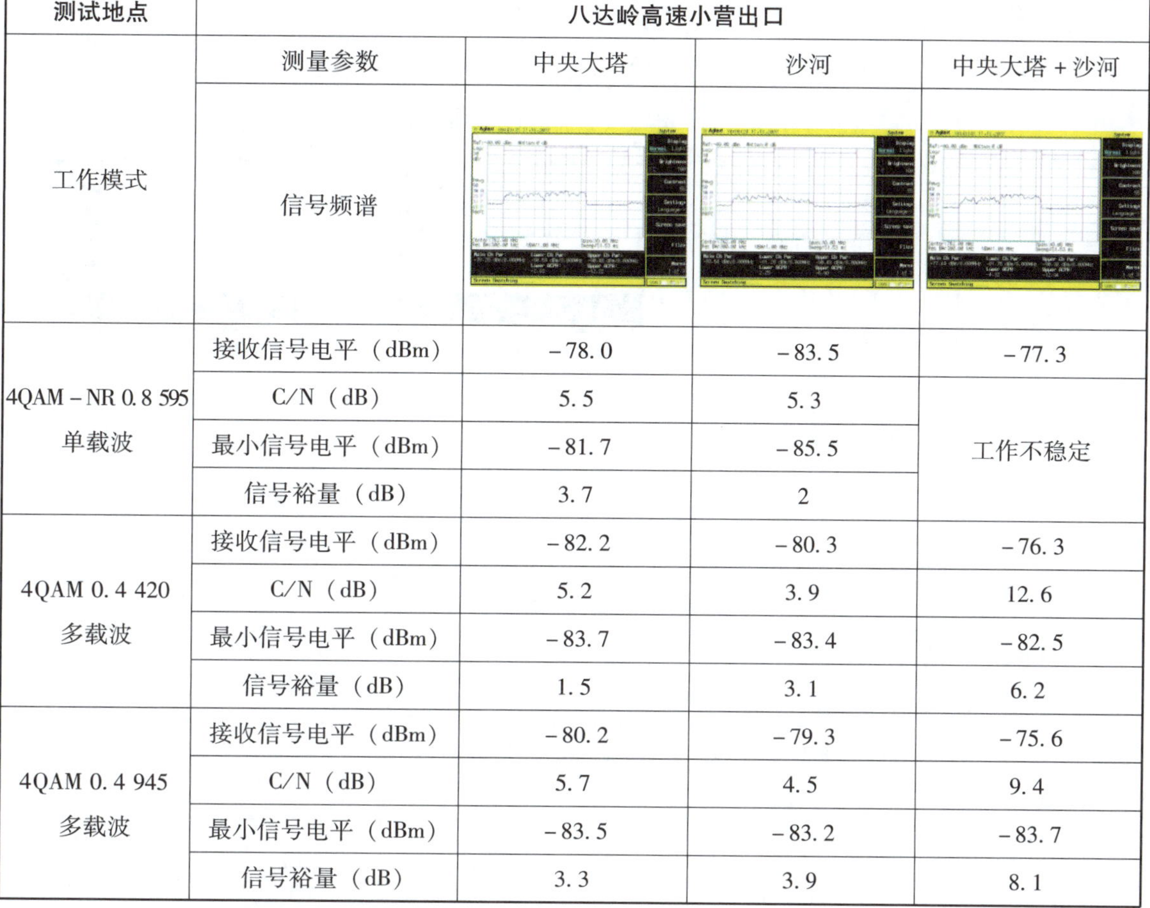

测试地点	八达岭高速小营出口			
工作模式	测量参数	中央大塔	沙河	中央大塔 + 沙河
	信号频谱			
4QAM - NR 0.8 595 单载波	接收信号电平（dBm）	-78.0	-83.5	-77.3
	C/N（dB）	5.5	5.3	工作不稳定
	最小信号电平（dBm）	-81.7	-85.5	
	信号裕量（dB）	3.7	2	
4QAM 0.4 420 多载波	接收信号电平（dBm）	-82.2	-80.3	-76.3
	C/N（dB）	5.2	3.9	12.6
	最小信号电平（dBm）	-83.7	-83.4	-82.5
	信号裕量（dB）	1.5	3.1	6.2
4QAM 0.4 945 多载波	接收信号电平（dBm）	-80.2	-79.3	-75.6
	C/N（dB）	5.7	4.5	9.4
	最小信号电平（dBm）	-83.5	-83.2	-83.7
	信号裕量（dB）	3.3	3.9	8.1

注：该测试点信号有波动。

上述测试所针对的地面数字电视单频网未进行任何调整和优化，为了进一步验证参数优化对单频网覆盖效果特性的影响，并为今后地面数字电视单频网建设、实施和优化积累经验和提供科学依据，在上述测试基础上，地面数字电视标准技术试验组对北京地区地面数字电视单频网进行了适当的调整和优化。

考虑到在单频网重叠覆盖区，来自中央大塔、491 台和沙河地球站的信号到达时间各不相同，场强测试结果表明：491 台和沙河地球站信号比大塔信号先到，为了改善重叠覆盖区接收性能，本次技术试验在上述测试的基础上，对 491 台和沙河地球站的激励器适当增加本地延时，并对优化前后的地面数字电视单频网进行了性能对比测试。

表 29 和表 30 给出了中央大塔和 491 台地面数字电视单频网重叠覆盖区内测试点在单频网优化前后的性能对比测试结果。表 31 给出了中央大塔和沙河地球站地面数字电视单频网重叠覆盖区内测试点在单频网优化前后的性能对比测试结果。

表 29　单频网调整延时北工大测试点对比测试

<table>
<tr><td>测试地点</td><td colspan="7">北工大</td></tr>
<tr><td colspan="2" rowspan="2">接收信号电平（dBm）</td><td colspan="2">中央大塔</td><td colspan="2">491</td><td colspan="2">大塔+491</td></tr>
<tr><td colspan="2">-77.0dBm</td><td colspan="2">-76.0dBm</td><td colspan="2">-73.3 dBm</td></tr>
<tr><td rowspan="3">工作模式</td><td>测量参数</td><td colspan="3">中央大塔+491（未加延时）</td><td colspan="3">大塔+491（491 加 20us 延时）</td></tr>
<tr><td>信号频谱</td><td colspan="3"> 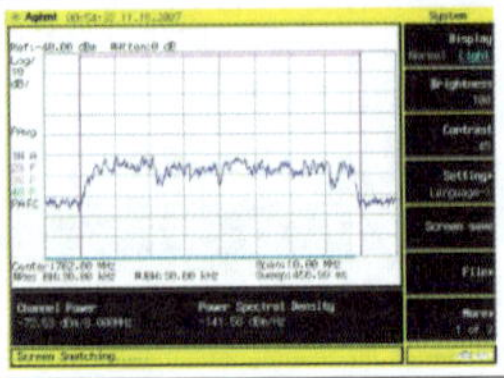</td><td colspan="3"> 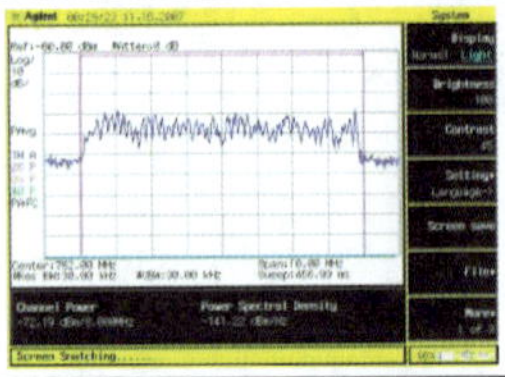</td></tr>
<tr><td>信道冲激响应</td><td colspan="3"> 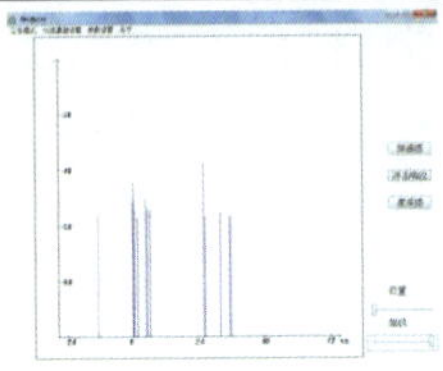</td><td colspan="3"> 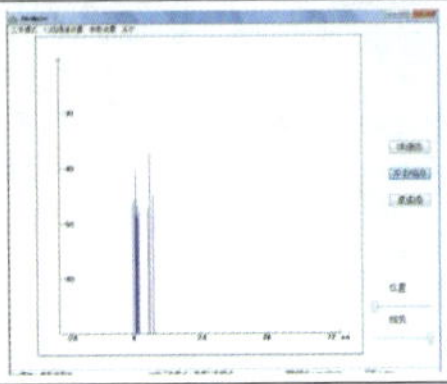</td></tr>
<tr><td rowspan="4">4QAM-NR 0.8 595
单载波</td><td>接收信号电平（dBm）</td><td colspan="3">-73.3</td><td colspan="3">-73.4</td></tr>
<tr><td>C/N（dB）</td><td colspan="3">5.7</td><td colspan="3">5.1</td></tr>
<tr><td>最小信号电平（dBm）</td><td colspan="3">-85.4</td><td colspan="3">-86.8</td></tr>
<tr><td>信号裕量（dB）</td><td colspan="3">12.1</td><td colspan="3">13.4</td></tr>
<tr><td rowspan="4">4QAM 0.8 595
单载波</td><td>接收信号电平（dBm）</td><td colspan="3">-72.5</td><td colspan="3">-72.4</td></tr>
<tr><td>C/N（dB）</td><td colspan="3">12.8</td><td colspan="3">10.6</td></tr>
<tr><td>最小信号电平（dBm）</td><td colspan="3">-78.2</td><td colspan="3">-81.2</td></tr>
<tr><td>信号裕量（dB）</td><td colspan="3">5.7</td><td colspan="3">8.8</td></tr>
<tr><td rowspan="4">4QAM 0.4 420
多载波</td><td>接收信号电平（dBm）</td><td colspan="3">-72.5</td><td colspan="3">-72.7</td></tr>
<tr><td>C/N（dB）</td><td colspan="3">11.5</td><td colspan="3">5.3</td></tr>
<tr><td>最小信号电平（dBm）</td><td colspan="3">-80.1</td><td colspan="3">-85.2</td></tr>
<tr><td>信号裕量（dB）</td><td colspan="3">7.6</td><td colspan="3">12.1</td></tr>
<tr><td rowspan="4">4QAM 0.4 945
多载波</td><td>接收信号电平（dBm）</td><td colspan="3">-72.1</td><td colspan="3">-72.1</td></tr>
<tr><td>C/N（dB）</td><td colspan="3">5.9</td><td colspan="3">5.0</td></tr>
<tr><td>最小信号电平（dBm）</td><td colspan="3">-84.9</td><td colspan="3">-85.5</td></tr>
<tr><td>信号裕量（dB）</td><td colspan="3">12.8</td><td colspan="3">13.4</td></tr>
<tr><td rowspan="4">16QAM 0.4 420
多载波</td><td>接收信号电平（dBm）</td><td colspan="3">-72.5</td><td colspan="3">-72.5</td></tr>
<tr><td>C/N（dB）</td><td colspan="3" rowspan="3">不工作</td><td colspan="3">10.9</td></tr>
<tr><td>最小信号电平（dBm）</td><td colspan="3">-80.4</td></tr>
<tr><td>信号裕量（dB）</td><td colspan="3">7.9</td></tr>
<tr><td rowspan="4">16QAM 0.4 945
多载波</td><td>接收信号电平（dBm）</td><td colspan="3">-72.2</td><td colspan="3">-71.9</td></tr>
<tr><td>C/N（dB）</td><td colspan="3">11.2</td><td colspan="3">11.4</td></tr>
<tr><td>最小信号电平（dBm）</td><td colspan="3">-80.2</td><td colspan="3">-79.8</td></tr>
<tr><td>信号裕量（dB）</td><td colspan="3">8</td><td colspan="3">7.9</td></tr>
</table>

表 30　单频网调整延时华贸大厦测试点对比测试

<table>
<tr><th>测试地点</th><th colspan="7">华贸大厦</th></tr>
<tr><td colspan="2" rowspan="2">接收信号电平（dBm）</td><td colspan="2">大塔</td><td colspan="2">491</td><td colspan="2">大塔 +491</td></tr>
<tr><td colspan="2">-73.6 dBm</td><td colspan="2">-74.4 dBm</td><td colspan="2">-71.0 dBm</td></tr>
<tr><td rowspan="3">工作模式</td><td>测量参数</td><td colspan="3">大塔 +491（未加延时）</td><td colspan="3">大塔 +491（491 加 20us 延时）</td></tr>
<tr><td>信号频谱</td><td colspan="3"> 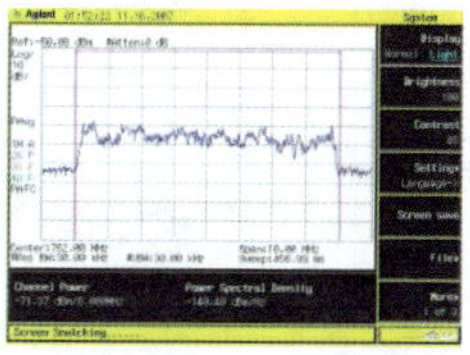</td><td colspan="3"> 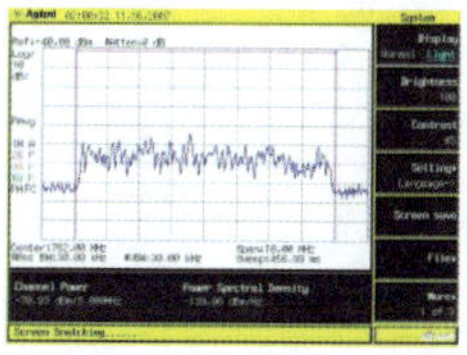</td></tr>
<tr><td>信道冲激响应</td><td colspan="3"> 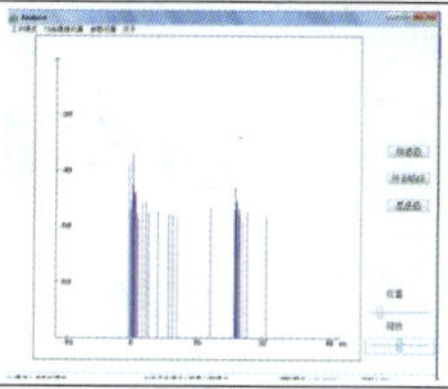</td><td colspan="3"> 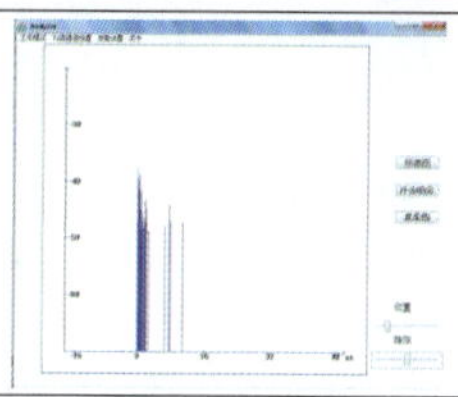</td></tr>
<tr><td rowspan="4">4QAM-NR 0.8 595
单载波</td><td>接收信号电平（dBm）</td><td colspan="3">-71.2</td><td colspan="3">-71.0</td></tr>
<tr><td>C/N（dB）</td><td colspan="3">6.1</td><td colspan="3">5.3</td></tr>
<tr><td>最小信号电平（dBm）</td><td colspan="3">-84.7</td><td colspan="3">-85.4</td></tr>
<tr><td>信号裕量（dB）</td><td colspan="3">13.5</td><td colspan="3">14.4</td></tr>
<tr><td rowspan="4">4QAM 0.8 595
单载波</td><td>接收信号电平（dBm）</td><td colspan="3">-71.2</td><td colspan="3">-71.2</td></tr>
<tr><td>C/N（dB）</td><td colspan="3">16.4</td><td colspan="3">11.6</td></tr>
<tr><td>最小信号电平（dBm）</td><td colspan="3">-76.3</td><td colspan="3">-80.2</td></tr>
<tr><td>信号裕量（dB）</td><td colspan="3">5.1</td><td colspan="3">9</td></tr>
<tr><td rowspan="4">4QAM 0.4 420
多载波</td><td>接收信号电平（dBm）</td><td colspan="3">-72.0</td><td colspan="3">-71.4</td></tr>
<tr><td>C/N（dB）</td><td colspan="3">13.8</td><td colspan="3">6.9</td></tr>
<tr><td>最小信号电平（dBm）</td><td colspan="3">-78.8</td><td colspan="3">-84.2</td></tr>
<tr><td>信号裕量（dB）</td><td colspan="3">6.8</td><td colspan="3">12.8</td></tr>
<tr><td rowspan="4">4QAM 0.4 945
多载波</td><td>接收信号电平（dBm）</td><td colspan="3">-71.5</td><td colspan="3">-70.9</td></tr>
<tr><td>C/N（dB）</td><td colspan="3">6.8</td><td colspan="3">6.5</td></tr>
<tr><td>最小信号电平（dBm）</td><td colspan="3">-84.8</td><td colspan="3">-84.6</td></tr>
<tr><td>信号裕量（dB）</td><td colspan="3">13.3</td><td colspan="3">13.7</td></tr>
<tr><td rowspan="4">16QAM 0.4 420
多载波</td><td>接收信号电平（dBm）</td><td colspan="3">-71.4</td><td colspan="3">-71.4</td></tr>
<tr><td>C/N（dB）</td><td colspan="3" rowspan="3">不工作</td><td colspan="3">12.2</td></tr>
<tr><td>最小信号电平（dBm）</td><td colspan="3">-80.0</td></tr>
<tr><td>信号裕量（dB）</td><td colspan="3">8.6</td></tr>
<tr><td rowspan="4">16QAM 0.4 945
多载波</td><td>接收信号电平（dBm）</td><td colspan="3">-71.3</td><td colspan="3">-71.2</td></tr>
<tr><td>C/N（dB）</td><td colspan="3">12.2</td><td colspan="3">11.6</td></tr>
<tr><td>最小信号电平（dBm）</td><td colspan="3">-79.8</td><td colspan="3">-80.9</td></tr>
<tr><td>信号裕量（dB）</td><td colspan="3">8.5</td><td colspan="3">9.7</td></tr>
</table>

表 31　单频网调整延时八达岭高速小营出口测试点对比测试

<table>
<tr><td>测试地点</td><td colspan="4">八达岭高速小营出口</td></tr>
<tr><td colspan="2" rowspan="2">接收信号电平（dBm）</td><td>大塔</td><td>沙河</td><td>大塔＋沙河</td></tr>
<tr><td>－81.2</td><td>－80.3</td><td>－76.5</td></tr>
<tr><td rowspan="3">工作模式</td><td>测量参数</td><td>大塔＋沙河（未加延时）</td><td colspan="2">大塔＋沙河（491 加 20us 延时）</td></tr>
<tr><td>信号频谱</td><td> 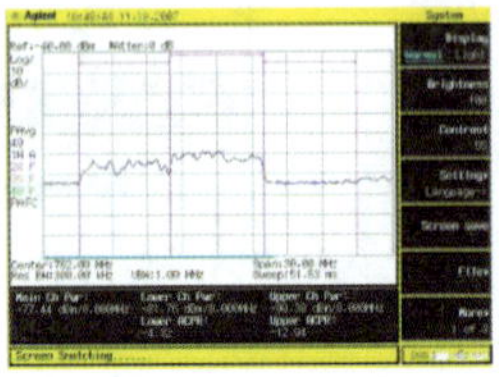</td><td colspan="2"> 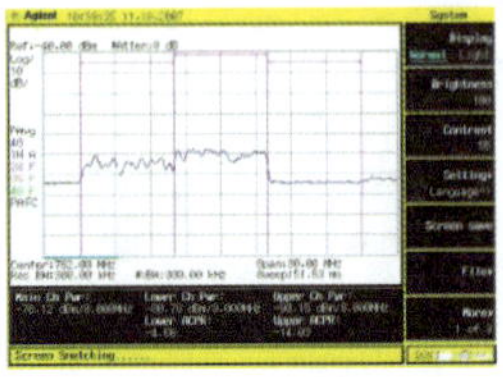</td></tr>
<tr><td>信道冲激响应</td><td> 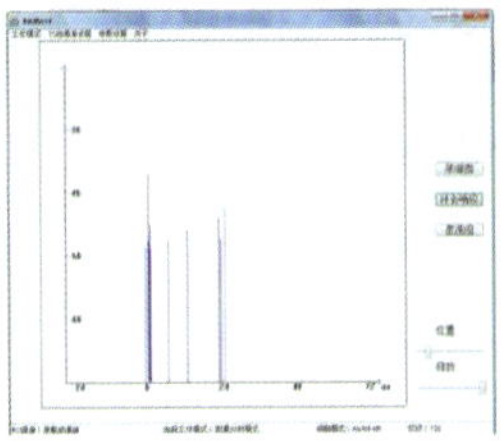</td><td colspan="2"> 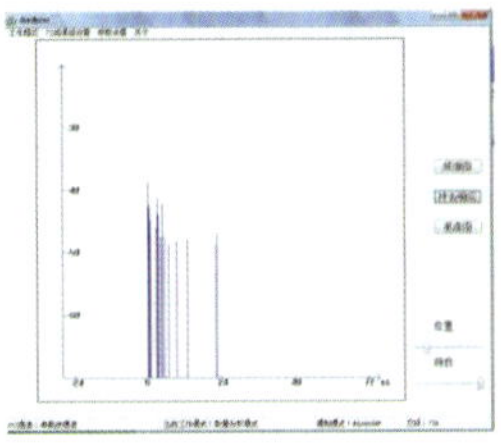</td></tr>
<tr><td rowspan="4">4QAM－NR 0.8 595
单载波</td><td>接收信号电平（dBm）</td><td>－77.4</td><td colspan="2">－76.1</td></tr>
<tr><td>C/N（dB）</td><td rowspan="3">工作不稳定</td><td colspan="2">5.7</td></tr>
<tr><td>最小信号电平（dBm）</td><td colspan="2">－85.3</td></tr>
<tr><td>信号裕量（dB）</td><td colspan="2">8.2</td></tr>
<tr><td rowspan="4">4QAM 0.4 420
多载波</td><td>接收信号电平（dBm）</td><td>－76.3</td><td colspan="2">－77.8</td></tr>
<tr><td>C/N（dB）</td><td>12.6</td><td colspan="2">4.9</td></tr>
<tr><td>最小信号电平（dBm）</td><td>－82.5</td><td colspan="2">－84.9</td></tr>
<tr><td>信号裕量（dB）</td><td>6.2</td><td colspan="2">7.1</td></tr>
<tr><td rowspan="4">4QAM 0.4 945
多载波</td><td>接收信号电平（dBm）</td><td>－75.6</td><td colspan="2">－76.4</td></tr>
<tr><td>C/N（dB）</td><td>9.4</td><td colspan="2">5.5</td></tr>
<tr><td>最小信号电平（dBm）</td><td>－83.7</td><td colspan="2">－84.5</td></tr>
<tr><td>信号裕量（dB）</td><td>8.1</td><td colspan="2">8.1</td></tr>
</table>

4.3.2　移动接收测试

考虑到移动接收测试能够更加全面、准确反映地面数字电视单频网覆盖性能和效果，本次技术试验在单频网重叠覆盖区内选取了若干路线进行移动接收测试。

图 28 和图 29 分别给出了北京地区地面数字电视单频网，中央大塔和 491 台重叠覆盖区移动测试路线；图 30 给出了北京地区地面数字电视单频网，中央大塔和沙河地球站重叠覆盖区移动测试路线。

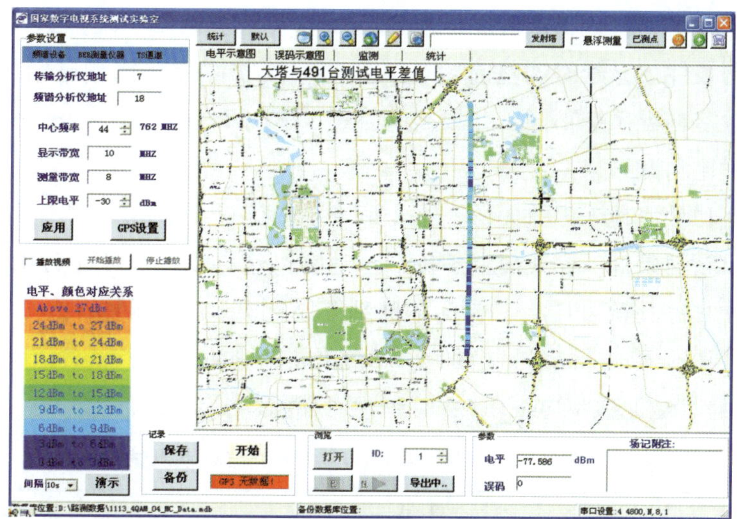

图 28　中央大塔和 491 台重叠覆盖区测试路线 1

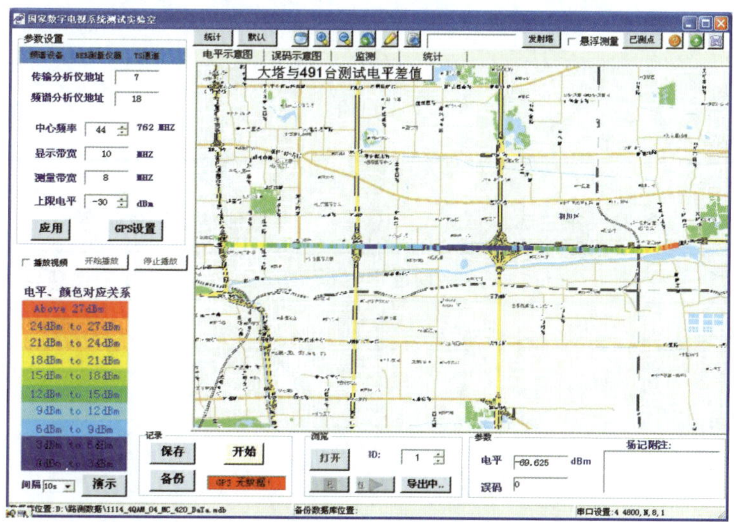

图 29　中央大塔和 491 台重叠覆盖区测试路线 2

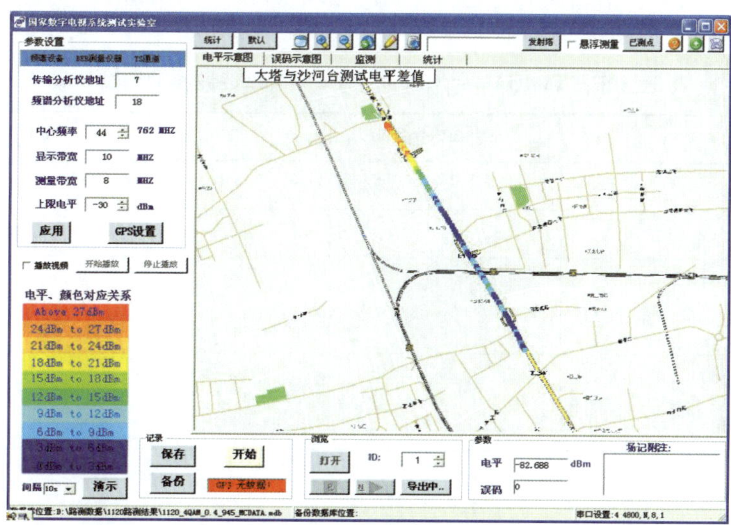

图 30　中央大塔和沙河地球站台重叠覆盖区测试路线

针对中央大塔和491台重叠覆盖区，表32至表34分别给出了地面数字电视系统不同工作模式，在单频网条件下，延时调整前后东三环移动接收性能对比测试结果。表35至表43分别给出了地面数字电视系统不同工作模式，在单频网条件下，延时调整前后建国门—高碑店移动接收性能对比测试结果。

针对中央大塔和沙河地球站重叠覆盖区，表44至表47分别给出了地面数字电视系统不同工作模式，在单频网条件下，延时调整前后八达岭高速移动接收性能对比测试结果。

表48给出了中央大塔、491台和沙河地球站三站同开，单频网条件下，五环路移动测试结果，其中491台和沙河地球站分别增加了20us单频网延时。

表49给出了北京地面数字电视单频网移动接收测试结果汇总。

表32　东三环 4QAM 0.4 PN = 945 多载波移动测试结果

	平均电平（dBm）	成功接收概率
大塔 +491 无延时	-73.3	52.0%
大塔 +491 延时20us	-73.5	67.0%

表33　东三环 4QAM 0.4 PN = 420 多载波移动测试结果

	平均电平（dBm）	成功接收概率
大塔	-73.0	86.4%
491	-80.8	22.5%
大塔 +491 无延时	-72.5	31.8%
大塔 +491 延时20us	-73.7	83.4%

表34　东三环 4QAM - NR 0.8 PN = 595 单载波移动测试结果

	平均电平（dBm）	成功接收概率
大塔	-74.0	100%
491	-81.5	44.0%
大塔 +491 无延时	-73.6	87.0%
大塔 +491 延时20us	-73.7	90.6%

表 35　建国门—高碑店 4QAM 0.4 PN = 945 多载波移动测试结果

	平均电平（dBm）	成功接收概率
大塔	-72.1	93.4%
491	-73.6	81.6%
大塔 +491 无延时	-65.1	80.5%
大塔 +491 延时 20us	-66.1	94.6%

表 36　建国门—高碑店 4QAM 0.6 PN = 945 多载波移动测试结果

	平均电平（dBm）	成功接收概率
大塔	-73.2	77.7%
491	-72.9	63.2%
大塔 +491 无延时	-65.4	74.4%
大塔 +491 延时 20us	-65.2	96.7%

表 37　建国门—高碑店 16QAM 0.4 PN = 945 多载波移动测试结果

	平均电平（dBm）	成功接收概率
大塔	-72.8	92%
491	-72.2	58.7%
大塔 +491 无延时	-65.6	68.4%
大塔 +491 延时 20us	-65.6	94.6%

表 38　建国门—高碑店 4QAM - NR 0.8 PN = 595 单载波移动测试结果

	平均电平（dBm）	成功接收概率
大塔	-72.2	100%
491	-74.4	94.7%
大塔 +491 无延时	-65.6	94.1%
大塔 +491 延时 20us	-66.2	100%

表 39　建国门—高碑店 4QAM 0.8 PN = 595 单载波移动测试结果

	平均电平（dBm）	成功接收概率
大塔	-72.8	50.5%
491	-73.0	34.4%
大塔 +491 无延时	-65.7	30.4%
大塔 +491 延时 20us	-65.7	25.5%

表 40　建国门—高碑店 4QAM 0.4 PN = 420 多载波移动测试结果

	平均电平（dBm）	成功接收概率
大塔 +491 无延时	-66.2	77.2%
大塔 +491 延时 20us	-66.1	94.3%

表 41　建国门—高碑店 4QAM 0.6 PN = 420 多载波移动测试结果

	平均电平（dBm）	成功接收概率
大塔 +491 无延时	-65.7	56.0%
大塔 +491 延时 20us	-66.2	93. 8%

表 42　建国门—高碑店 16QAM 0.4 PN = 420 多载波移动测试结果

	平均电平（dBm）	成功接收概率
大塔 +491 无延时	-65.9	49.4%
大塔 +491 延时 20us	-65.6	84.9%

表 43　建国门—高碑店 64QAM 0.6 PN = 945 多载波移动测试结果

	平均电平（dBm）	成功接收概率
大塔 +491 无延时	-65.9	21.2%
大塔 +491 延时 20us	-65.3	37.2%

表 44　八达岭高速 4QAM－NR 0. 8 PN＝595 单载波移动测试结果

	平均电平（dBm）	成功接收概率
大塔	－82. 4	100%
沙河	－55. 4	100%
大塔＋沙河 无延时	－68. 0	96. 3%
大塔＋沙河 延时 20us	－56. 9	100%

表 45　八达岭高速 4QAM 0. 8 PN＝595 单载波移动测试结果

	平均电平（dBm）	成功接收概率
大塔	－82. 2	54. 7%
沙河	－69. 3	65. 4%
大塔＋沙河 无延时	－69. 2	30. 0%
大塔＋沙河 延时 20us	－67. 9	36. 8%

表 46　八达岭高速 4QAM 0. 4 PN＝420 多载波移动测试结果

	平均电平（dBm）	成功接收概率
大塔	－82. 4	98. 6%
沙河	－71. 2	91. 7%
大塔＋沙河 无延时	－71. 7	35. 7%
大塔＋沙河 延时 20us	－66. 1	44. 1%

表 47　八达岭高速 4QAM 0. 4 PN＝945 多载波移动测试结果

	平均电平（dBm）	成功接收概率
大塔	－81. 9	96. 2%
沙河	－70. 7	94. 7%
大塔＋沙河 无延时	－68. 7	59. 7%
大塔＋沙河 延时 20us	－68. 3	90%

表 48　五环路单频网移动接收测试结果

	平均电平（dBm）	成功接收概率
4QAM 0.4 PN = 945 多载波	-60.6	92.0%
16QAM 0.4 PN = 945 多载波	-60.7	90.5%
64QAM 0.4 PN = 945 多载波	-61.0	82.6%
4QAM 0.8 PN = 595 单载波	-60.6	94.5%

表 49　单频网移动接收结果汇总

测试路线	工作模式	中央大塔		491 台(沙河地球站)		中央大塔 +491 台（沙河地球站）			
						调整延时前		调整延时后（20us）	
		平均电平(dBm)	成功接收概率	平均电平(dBm)	成功接收概率	平均电平(dBm)	成功接收概率	平均电平(dBm)	成功接收概率
东三环	C = 1 4QAM - NR 0.8 PN = 595	-74.0	100%	-81.5	44.0%	-73.6	87.0%	-73.7	90.6%
	C = 3780 4QAM 0.4 PN = 420	-73.0	86.4%	-80.8	22.5%	-72.5	31.8%	-73.7	83.4%
	C = 3780 4QAM 0.4 PN = 945	- -	- -	- -	- -	-73.3	52.0%	-73.5	67.0%
建国门—高碑店	C = 1 4QAM - NR 0.8 PN = 595	-72.2	100%	-74.4	94.7%	-65.6	94.1%	-66.2	100%
	C = 1 4QAM 0.8 PN = 595	-72.8	50.5%	-73.0	34.4%	-65.7	30.4%	-65.7	25.5%
	C = 3780 4QAM 0.4 PN = 420	- -	- -	- -	- -	-66.2	77.2%	-66.1	94.3%
	C = 3780 4QAM 0.4 PN = 945	-72.1	93.4%	-73.6	81.6%	-65.1	80.5%	-66.1	94.6%
	C = 3780 4QAM 0.6 PN = 420	- -	- -	- -	- -	-65.7	56.0%	-65.2	93.8%
	C = 3780 4QAM 0.6 PN = 945	73.2	77.7%	-72.9	63.2%	-65.4	74.4%	-65.2	96.7%
	C = 3780 16QAM 0.4 PN = 420	- -	- -	- -	- -	-65.9	49.4%	-65.6	84.9%
	C = 3780 16QAM 0.4 PN = 945	-72.8	92%	-72.2	58.7%	-65.6	68.4%	-65.6	94.6%
	C = 3780 64QAM 0.6 PN = 945	- -	- -	- -	- -	-65.9	21.2%	-65.3	37.2
八达岭高速	C = 1 4QAM - NR 0.8 PN = 595	-82.4	100%	-55.4	100%	-68.0	96.3%	-56.9	100%
	C = 1 4QAM 0.8 PN = 595	-82.2	54.7%	-69.3	65.4%	-69.2	30.0%	-67.9	36.8%
	C = 3780 4QAM 0.4 PN = 420	-82.4	98.6%	-71.2	91.7%	-71.7	35.7%	66.1	44.1%
	C = 3780 4QAM 0.4 PN = 945	-81.9	96.2%	-70.7	94.7%	-68.7	59.7%	-68.3	90%

4.4　技术试验总结

地面数字电视传输国家标准规定了数字电视地面广播传输系统信号的帧结构、信道编码和调制方式。本标准支持 4.813Mbit/s ~ 32.486Mbit/s 的系统净荷传输数据率（8MHz 带宽），支持标准清晰度电视业务和高清晰度电视业务，支持固定接收和移动接收。

地面数字电视传输国家标准提供了两种不同的载波模式（C = 1 和 C = 3780）、三种不同的编码效率（0.4、0.6 和 0.8）、五种不同的星座映射模式（64QAM、32QAM、16QAM、4QAM 和 4QAM - NR）以及三种不同的帧头模式（PN420、PN595 和 PN945）。

北京地区地面数字电视技术试验表明：

①符合 GB 20600－2006《数字电视地面广播传输系统帧结构、信道编码和调制》标准的地面数字电视广播系统基本上满足我国开展地面数字电视广播业务（标清业务和高清业务）的需求。

②符合 GB 20600－2006《数字电视地面广播传输系统帧结构、信道编码和调制》标准的地面数字电视广播系统，无论是单载波还是多载波工作模式都能够支持多频网和单频网两种组网方式。

③对于符合 GB 20600－2006《数字电视地面广播传输系统帧结构、信道编码和调制》标准的地面数字电视广播系统，中码率工作模式适用于在复杂传输环境中开展标清节目同时兼顾移动接收；高码率工作模式适用于开展高清业务或多套标清节目同播业务。在开展地面数字电视广播时，可以根据业务、环境要求来灵活选择。

5. 地面数字电视推广应用建议

地面数字电视传输国家标准规定了数字电视地面广播传输系统信号的帧结构、信道编码和调制方式。本标准支持4.813Mbit/s～32.486Mbit/s 的系统净荷传输数据率（8MHz 带宽），支持标准清晰度电视业务和高清晰度电视业务，支持固定接收和移动接收，支持多频组网和单频组网。

5.1 产业化考虑

地面数字电视传输国家标准提供了两种不同的载波模式（C＝1 和 C＝3780）、三种不同的编码效率（0.4、0.6 和 0.8）、五种不同的星座映射模式（64QAM、32QAM、16QAM、4QAM 和 4QAM－NR）以及三种不同的帧头模式（PN420、PN595 和 PN945）。在开展地面数字电视广播时，可以根据业务、环境要求来灵活选择。

我国现有 3325 多个电视发射台，在模拟电视时代，按照多频网的要求，每个地区规划了 6～10 套模拟电视节目，现有的电视频道大部分已占用，现阶段不可能提供多个电视频道来开展地面数字电视广播业务。为有序推动地面数字电视的产业化进程，我国地面数字电视广播的应用要分阶段进行。

现阶段为启动阶段，规划 1～2 个频道，将当前地面播出的模拟电视节目用地面数字电视进行标准清晰度电视同播，即“数模同播”。有条件的地方可以同时播出高清晰度数字电视节目，然后逐步减少模拟电视节目的播出，并将腾退的电视频道用于地面数字电视节目的播出，并最终实现地面电视全数字播出。用户可以通过地面数字电视收看到几十套标准清晰度的电视节目或约十套高清晰度电视节目。

5.2 数模同播标清业务（兼顾车载移动）

标准清晰度电视是地面数字电视广播的基本业务。目前我国仍采用模拟电视进行无线覆盖，随着地面数字电视传输国家标准 GB 20600－2006 的正式颁布，我国将逐步完成模拟电视向数字电视过渡。模拟电视向数字电视转化将是一个漫长而复杂的过程，在过渡阶段，要求开展标准清晰度数字电视和模拟电视同播。

车载移动接收业务是地面数字电视广播所引入的新业务，随着地面数字电视广播的发展，车载移动接收业务必将得到更加广泛的应用，因此在开展地面数字电视广播时，应兼顾车载移动接收业务。

为了满足地面数字电视标清与模拟电视同播的需求，同时兼顾到车载移动接收，一般要求系统净码率为10Mbps～15Mbps，表50给出了地面数字电视传输国家标准GB 20600－2006中满足开展数模同播（兼顾车载移动）标清电视业务广播的各种工作模式的参数和系统净码率。

表50　数模同播（兼顾车载移动）标清工作模式

序号	工作参数	系统净码率（Mbps）
1	C＝3780 4QAM 0.8 PN＝420 720	10.829
2	C＝3780 4QAM 0.8 PN＝945 720	9.626
3	C＝3780 16QAM 0.4 PN＝420 720	10.829
4	C＝3780 16QAM 0.4 PN＝945 720	9.626
5	C＝3780 16QAM 0.6 PN＝420 720	16.243
6	C＝3780 16QAM 0.6 PN＝945 720	14.438
7	C＝3780 64QAM 0.4 PN＝420 720	16.243
8	C＝3780 64QAM 0.4 PN＝945 720	14.438
9	C＝1 4QAM 0.8 PN＝595 720	10.396

根据北京地区地面数字电视技术试验结果，现阶段开展地面数字电视与模拟电视同播标清业务（兼顾车载移动接收），建议采用C＝3780、16QAM、编码效率0.6、PN＝945交织720模式。考虑因素如下：

①上述推荐模式系统净码率约为15Mbps，可满足在8MHz带宽内提供4～5套高质量地面数字标准清晰度电视广播的要求。

②北京地区地面数字电视技术试验表明：多载波工作模式在中码率（约10Mbps～15Mbps）的移动接收性能优于单载波模式，并且上述推荐工作模式在城市环境中移动接收性能优于码率近似的其他工作模式。

③开展地面数字电视“模数同播”的最佳方式是利用现有的广播电视发射台进行播出。为了更好地提高地面数字电视的覆盖效果，充分发挥地面数字电视的优势，必须在覆盖范围内的覆盖盲区进行同频补点覆盖，补点覆盖必须满足单频网特性。因此，要选用单频网特性较好的工作模式作为本业务的应用模式。

④北京地区单频网技术试验表明：在单频网条件下，开展地面数字电视与模拟电视同播标清业务（兼顾车载移动接收），帧头PN＝945模式表现出较好的性能。

5.3　高清晰度电视业务

高清晰度电视业务是地面数字电视广播的重要应用，北京奥运会的高清赛事转播将进一步推动高清晰度电视的需求。采用目前成熟的视频编码技术，开展一路高清晰度电视节目广播需要约20Mbps码流，表51给出了地面数字电视传输国家标准GB 20600－2006中满足开展高清晰度电视业务广播的各种工作模式的参数和系统净码率。

表51　高清业务电视广播工作模式

序号	工作参数	系统净码率（Mbps）
1	C＝3780 16QAM 0.8 PN＝420 720	21.658
2	C＝3780 16QAM 0.8 PN＝945 720	19.251
3	C＝3780 64QAM 0.6 PN＝420 720	24.365
4	C＝3780 64QAM 0.6 PN＝945 720	21.658
5	C＝1 16QAM 0.8 PN＝595 720	20.791
6	C＝1 32QAM 0.8 PN＝595 720	25.989

结合本次北京地区地面数字电视技术试验，表52出了给开展高清晰度电视业务各种工作模式性能的综合比较结果。现阶段，我国开展地面数字电视高清晰度电视业务，建议采用C＝1、16QAM、编码效率0.8、PN＝595、交织720模式。考虑因素如下：

①实验室测试表明：在高斯信道、莱斯信道和瑞利信道下，该工作模式的载噪比门限最优，因此正常接收所需场强最低，便于更好地满足地面数字电视广播覆盖要求。

②我国地面数字电视广播将在现有模拟电视广播基础上实施，考虑到现阶段广播电视频率资源非常紧张，因此要求地面数字电视系统具有良好的射频保护性能。实验室测试表明：该工作模式包括数字干扰数字（同频、上下邻频）、模拟干扰数字（同频、上邻频）和数字干扰模拟在内的大部分射频保护率值均优于其他工作模式，选取该模式开展地面数字电视广播业务，有利于开展广播电视频率规划和协调。

③目前，高清晰度电视业务主要针对固定接收，包括室内固定接收和室外固定接收。北京地区地面数字电视现场试验表明：室外固定接收和室内固定接收，该工作模式性能（包括成功接收概率、载噪比门限、最小信号电平和信号裕量）总体优于其他工作模式。

④目前要开展的地面高清晰度电视属于公益性业务，将不会向用户收缴收视费，在城市收看有线数字电视的用户也同样有收看的需求。为推动地面数字电视的普及，我们要充分发挥地面数字电视的技术优势，在城市内构建地面数字电视单频网，尽可能地满足室内接收的要求，因此要选用单频网特性较好的模式作为地面高清晰度电视的应用模式。

此外，这种工作模式同样能很好地满足农村地区开展高清晰度电视广播的需求，并有利于在农村地区的覆盖网络优化。

⑤北京地区单频网测试结果表明：该工作模式采用PN＝595，可抵抗较长延时回波，并且在单频网条件下，接收性能良好。同时，采用该种工作模式构建地面数字电视单频网，便于网络的调整和优化。

现阶段高清晰度电视业务首先在城市地区开展，考虑到城市接收环境复杂，北京地区技术试验表明：为了确保地面数字电视有效覆盖，应考虑在城市地区通过构建单频网来开展地面数字电视高清晰度电视广播业务。农村接收环境相对简单，上述工作模式更能够满足在农村地区开展高清晰度电视广播的需求。

表 52　高清业务工作模式比较

工作参数				C=1 16QAM 0.8 PN= 595 720	C=1 32QAM 0.8 PN= 595 720	C=3780 16QAM 0.8 PN= 420 720	C=3780 16QAM 0.8 PN= 945 720	C=3780 64QAM 0.6 PN= 420 720	C=3780 64QAM 0.6 PN= 945 720
系统净码率（Mbps）				20.791	25.989	21.658	19.251	24.365	21.658
载噪比门限（dB）			高斯信道	12.1	15.2	12.8	13.3	15.3	16.1
			莱斯信道	12.8	15.9	13.9	14.0	16.3	16.7
			瑞利信道	16.1	20.3	17.3	17.5	18.2	19.2
射频保护率（dB）	数字干扰数字	同频	高斯信道	12.7	15.1	–	13.6	–	16.1
			莱斯信道	12.9	15.9	–	14.3	–	15.6
			瑞利信道	17.5	20.6	–	18.5	–	18.9
		下邻频	高斯信道	–27.5	–24.8	–	–24.8	–	–23.2
			莱斯信道	–26.7	–23.9	–	–24.7	–	–23.3
			瑞利信道	–24.9	–20.6	–	–22.4	–	–19.7
		上邻频	高斯信道	–28.5	–24.8	–	–24.4	–	–22.9
			莱斯信道	–26.8	–24.2	–	–23.8	–	–22.8
			瑞利信道	–23.9	–20.5	–	–21.0	–	–19.9
	模拟干扰数字	同频	高斯信道	–6.4	3.9	–	5.8	–	1.1
			莱斯信道	–6.5	3.4	–	5.5	–	4.5
			瑞利信道	–0.8	3.3	–	10.6	–	9.6
		下邻频	高斯信道	–44.1	–39.9	–	–45.9	–	–42.9
			莱斯信道	–43.6	–39.6	–	–45.5	–	–42.2
			瑞利信道	–38.1	–33.3	–	–40.3	–	–39.4
		上邻频	高斯信道	–46.2	–43.0	–	–45.6	–	–43.8
			莱斯信道	–45.3	–42.4	–	–44.9	–	–43.1
			瑞利信道	–41.2	–37.8	–	–40.4	–	–40.1
	数字干扰模拟图像	同频	对流层干扰	29.4	–	–	31.4	–	–
			连续干扰	34.4	–	–	34.3	–	–
		下邻频	对流层干扰	–12.6	–	–	–10.8	–	–
			连续干扰	–10.6	–	–	–9.7	–	–
		上邻频	对流层干扰	–14.7	–	–	–13.9	–	–
			连续干扰	–12.6	–	–	–12.5	–	–
		镜频	对流层干扰	–24.2	–	–	–23.3	–	–
			连续干扰	–20.2	–	–	–19.4	–	–
	数字干扰模拟声音（3 分）	同频		11.6	–	–	11.6	–	–
		下邻频		–23.5	–	–	–24.5	–	–
		上邻频		–14.5	–	–	–14.6	–	–
		镜频		–50.8	–	–	–50.0	–	–
室外固定接收成功概率（34 个测试点）				97.1%	38.2%	70.6%	–	61.8%	–
室内固定接收成功概率（8 个测试点）				100%	50%	50%	–	62.5%	–

注：阴影部分为该项参数中性能最优。

5.4 未来应用

除上述建议工作模式外，随着电视广播技术的发展，特别是接收技术的改进，地面数字电视传输标准中各种工作模式的系统性能（包括固定接收性能和移动接收性能）都会有所改善，并且地面数字电视业务新需求也会对地面数字电视传输系统提出新的要求。因此，我们在今后地面无线电视模拟向数字转化的规划中，必须在兼顾性能和效率的前提下，选择最优的工作模式来开展相应的地面数字电视广播业务。

北京地区地面数字电视单频网技术试验表明：符合 GB 20600 - 2006 规定的地面数字电视传输系统，无论单载波工作模式还是多载波工作模式，均可通过构建单频网开展地面数字电视广播业务。

根据今年北京地区地面数字电视试验测试结果，考虑今后可能的地面数字电视业务的需要，为减少产业界的开发成本和生产成本，加速单/多载波模式的真正融合，建议今后采用以下 7 种工作模式（见表 53）开展地面数字电视业务广播。

表 53　地面数字电视系统建议工作模式

序号	工作参数	系统净码率（Mbps）
1	C = 1 4QAM 0.8 PN = 595 720	10.396
2	C = 1 16QAM 0.8 PN = 595 720	20.791
3	C = 1 32QAM 0.8 PN = 595 720	25.989
4	C = 3780 16QAM 0.4 PN = 945 720	9.626
5	C = 3780 16QAM 0.6 PN = 945 720	14.438
6	C = 3780 16QAM 0.8 PN = 420 720	21.658
7	C = 3780 64QAM 0.6 PN = 420 720	24.365

附录

地面数字电视传输国家标准实验室测试信道模型

表一　瑞利信道模型

路径	幅度	延时
回波 1	-7. 8dB	0. 518650us
回波 2	-24. 8dB	1. 003019us
回波 3	-15. 0dB	5. 422091us
回波 4	-10. 4dB	2. 751772us
回波 5	-11. 7dB	0. 602895us
回波 6	-24. 2dB	1. 016585us
回波 7	-16. 5dB	0. 143556us
回波 8	-25. 8dB	0. 153832us
回波 9	-14. 7dB	3. 324886us
回波 10	-7. 9dB	1. 935570us
回波 11	-10. 6dB	0. 429948us
回波 12	-9. 1dB	3. 228872us
回波 13	-11. 6dB	0. 848831us
回波 14	-12. 9dB	0. 073883us
回波 15	-15. 3dB	0. 203952us
回波 16	-16. 5dB	0. 194207us
回波 17	-12. 4dB	0. 924450us
回波 18	-18. 7dB	1. 381320us
回波 19	-13. 1dB	0. 640512us
回波 20	-11. 7dB	1. 368671us

表二　莱斯信道模型

路径	幅度	延时
主径	0dB	0
回波 1	-19. 2dB	0. 518650us
回波 2	-36. 2dB	1. 003019us
回波 3	-26. 4dB	5. 422091us
回波 4	-21. 8dB	2. 751772us
回波 5	-23. 1dB	0. 602895us

（续表）

路径	幅度	延时
回波 6	-35.6dB	1.016585us
回波 7	-27.9dB	0.143556us
回波 8	-26.1dB	3.324886us
回波 9	-19.3dB	1.935570us
回波 10	-22.0dB	0.429948us
回波 11	-20.5dB	3.228872us
回波 12	-23.0dB	0.848831us
回波 13	-24.3dB	0.073883us
回波 14	-26.7dB	0.203952us
回波 15	-27.9dB	0.194207us
回波 16	-23.8dB	0.924450us
回波 17	-30.1dB	1.381320us
回波 18	-24.5dB	0.640512us
回波 19	-23.1dB	1.368671us

表三　动态多径模型

路径	幅度	延时	多普勒类别
回波 1	-3dB	0us	莱斯
回波 2	0dB	0.2us	莱斯
回波 3	-2dB	0.5us	莱斯
回波 4	-6dB	1.6us	莱斯
回波 5	-8dB	2.3us	莱斯
回波 6	-10dB	5us	莱斯

地面数字电视单频网技术研究

摘要

本研究报告根据我国自主知识产权的地面数字电视传输标准，针对地面数字电视单频网的网络规划、组网系统模式、重叠覆盖区接收性能和节目分配网络等关键技术问题进行了深入研究：

其一，网络规划。对比分析研究了单点发射与单频网的规划特点，根据理论分析与实验室测试数据提出了单频网的规划参数。分析研究了国际相关地面数字电视广播标准的参考规划配置与参考网络，初步提出了我国地面数字电视广播传输标准的参考规划配置和参考网络。

其二，组网系统模式。分析我国地面数字电视广播标准在帧头模式、纠错编码码率、符号映射方式等系统参数设计特点，通过仿真计算研究不同系统参数组合形成的单频网组网系统模式所适用的业务以及应用环境，为单频网实际应用中系统传输参数的选择提供依据。

其三，重叠覆盖区接收性能分析。分析单频网重叠覆盖区的信号特点，根据理论分析及现场测试数据提出改善单频网重叠覆盖区覆盖效果的基本原则和方法，对改善单频网的实际覆盖效果提供依据，阐述影响单频网增益的各种因素。

其四，节目分配网络。分析射频信号集中产生和分散产生两种地面数字电视广播单频网节目分配网络的基本形式，通过实际工程调研分析研究不同节目分配网络的特点及要求，研究并解决目前单频网建设过程中设备不兼容导致的不同步问题，为相关技术规范的制定提供技术参考。

本研究报告通过理论联系实际形成了对单频网实际建设具有指导意义的研究结论，为地面数字电视广播单频网相关技术规范的制定提供技术依据。

目录
Contents

1. 项目背景

1.1 国外单频网应用概况

地面数字电视广播（DTTB）目前在国际上主要有三个标准，即欧洲的 DVB－T 标准、美国的 ATSC 标准以及日本的 ISDB－T 标准。其中欧洲的 DVB－T 标准、日本的 ISDB－T 标准都采用了基于 OFDM 的多载波技术，而美国的 ATSC 标准则使用了单载波方式。

单频网的提出最初是与 OFDM 的多载波调制方式紧密相联的，OFDM 调制方式的一个特点是符号带有保护间隔（Guard Interval），落在保护间隔内的多径信号，在经过均衡以后，非但不会产生前后符号间的干扰（ISI），甚至加强了有效信号的功率。在一个多径情况严重的无线环境，除了反射、散射等造成的自然多径以外，其他发射机在同一频率上所发射的信号也产生大量人工多径，而且可能是强多径。依靠 OFDM 调制，可以较容易地处理这些复杂的多径，使单频网的应用成为可能。因而，采用多载波方式的欧洲 DVB－T 标准、日本 ISDB－T 标准都支持单频网。

根据 DVB 项目 2008 年 6 月的统计，全世界已有 60 多个国家和地区采用或计划采用 DVB－T 系统。这其中包括几乎所有的欧洲国家、澳洲和部分亚洲国家。在单频网应用方面，澳大利亚于 2001 年 1 月开始在悉尼等 5 个主要城市进行数字电视地面广播，并逐渐向全国扩展。目前已有 10 个单频网运营商，其中一个已建立了由 8 个发射台组成的单频网。

德国于 2002 年 11 月 1 日开始在柏林进行了 DVB－T 的广播，发射站分别建在 Berlin－Alexanderplatz 和 Scholzplatz，使用了单频网技术，在经过三个阶段的过渡以后，于 2003 年 8 月 4 日在该地区完全停止了模拟信号的播放，实现全数字广播。

新加坡于 2001 年开播地面数字电视广播，采用 1 个主发射站和若干低功率辅站的单频网方式。从 1998 年开始实验，2001 年开始建立商业单频网，至今已完成一个由 10 台发射机组成的单频网，采用 QPSK 模式，FEC1/2，保护间隔 1/4，覆盖新加坡 99% 的地区，成为世界上第一个建立全国性单频网的国家。

瑞典于 1999 年 4 月 1 日正式开播数字地面电视，采用了多频网和区域单频网混合的组网方式。

西班牙全国性的 5 个广播频道在各个自治区内部分别建立了大尺度的单频网，各个自治区内区域性的广播公司也采用了单频网的方案，本地性的广播服务商则使用多频网。

意大利各大电视台目前正在积极进行数字地面电视广播的准备和试播工作，计划采用多个单频网的方式覆盖全国。

日本的 ISDB－T 标准采用了具有日本特色的带内分段频分复用传输模式（BST－OFDM），它相比于欧洲 DVB－T 标准采用的 OFDM 方式，做了如下改进：首先，将信道工作带宽划分为13个分段，每个分段可以独立调制，各段可灵活组合，以此实现带内频谱按需分配，多种业务HDTV/SDTV/DAB/DATA灵活组合分层传输。其次，利用各段独立的特点，采取相应调制方式（QPSK、16QAM、64QAM）并配以各自独立可调的时间交织以获得强健的信号传输性能。

日本ISDB－T标准的第一个单频网建立在东京东北部的茨城地区。该单频网网络由Mito、Hitachi和Yamagate三个站构成地区性单频网网络。

日本的全国性单频网尚未建成，已有的单频网多属于地区性单频网，系统由一个主发射站配合若干个小功率的发射站组成，小功率发射站主要解决由于建筑物、山脉等引起的覆盖阴影和盲区。日本已开始进行全国范围的单频网建设规划。

美国ATSC的标准采用的是单载波残余边带（VSB）调制技术，处理多径的能力主要来自于自适应均衡器。ATSC标准采用了单载波传输调制和纠错编码等技术，具有较高的频谱效率和抗高斯白噪声能力，主要设计用于MFN和固定接收，它的抗宽带多径衰落、多普勒衰落以及支持移动接收、单频网组网的能力尚待进一步改进提高。

1.2 国内单频网应用概况

2008年1月1日，国家广电总局批准在北京地区采用地面数字电视传输国家标准正式试验播出地面数字电视广播业务，拉开了我国地面模拟电视广播向地面数字电视广播过渡的序幕，标志着我国地面数字电视广播进入到一个崭新的时代。

我国地面数字电视广播传输标准提高系统性能的关键技术有：实现快速同步和高效信道估计与均衡的PN序列帧头设计和符号保护间隔填充方法、低密度校验纠错码（LDPC）、与自然时间同步的可寻址的多层信道帧结构、系统信息的扩频传输方法等。我国的标准支持多载波和单载波两种载波模式，多载波采用时域同步正交频分复用（TDS－OFDM）调制，与DVB－T、ISDB－T一样支持单频网；单载波模式凭借先进的信道估计和均衡算法同样可以有效克服多径衰落，支持单频网。

我国目前在北京、上海、湖南株洲、河南安阳、安徽凤阳、浙江杭州以及香港等地都开展了地面数字电视广播标准下的单频网的试验播出。然而目前单频网技术在国内的应用尚未成熟，单频网的网络建设和覆盖效果有待进一步改善，单频网技术仍然存在一些关键问题有待深入研究，如单频网网络的规划、单频网组网模式、单频网覆盖重叠区接收性能以及节目分配网络等。这些问题在很大程度上影响了单频网的实际性能，成为单频网乃至整个地面数字电视应用顺利发展的障碍。因此，考虑到单频网在地面数字电视广播中的关键地位，有必要对单频网技术中的关键问题及时展开系统、深入的研究，以确保地面数字电视广播的顺利实施，促进我国数字电视事业的发展。

1.3 项目研究目的和意义

2006年8月18日，我国自主知识产权的地面数字电视广播传输标准GB 20600－2006《数字电视地面广播传输系统帧结构、信道编码和调制》正式发布，2007年8月1日正式实施。2008 年 1 月 1 日，北京等 6 个奥运城市与广州、深圳共 8 城市开始地面数字电视广播试播。我国的数字电视研究开发及产业化受到了中央和各级政府的高度重视，并被列入国家“十五”计划中十二大高技术工程之一。

广电总局在“十一五”规划中明确指出，“十一五”期间要全面推进广播影视从模拟向数字的过渡，推进地面无线广播电视数字化，巩固和扩大无线广播电视的有效覆盖。开展全国地面数字电视广播是促进广播电视数字化建设、适应技术发展、满足人民日益增长的精神需求的必然要求，是加快我国广播电视数字化、实现广播影视“十一五规划”和“2020 年远景目标”的技术保障。

广播技术的数字化为地面电视广播提供了新的组网方式——单频网（SFN）。单频网是指若干个网状分布的发射台同时在同一个频率上同步发射同样的节目信号，利用均衡技术实现对一定服务区域的可靠覆盖。相对于传统的多频网（MFN），单频网具备诸多优势。单频网的最主要的优点：一是较高的频谱利用率，这是单频网较多频网的主要优势，随着频谱资源越来越紧张，尤其是在模拟电视向数字电视过渡的时期，模拟电视与数字电视共存，频谱利用率的提高显然尤为重要；二是更大的节目覆盖范围，在单频网中可以简单地采用同频转发来进行覆盖盲区的补点，从而获得更好的节目覆盖率；此外，通过对发射网络的调整和优化还可以降低总的功率，减轻对附近其他网络的干扰，甚至根据需要方便灵活地改变覆盖区域的分布。

正是考虑到单频网在地面数字电视广播中的重要性，国际上对单频网的相关技术一直在不断的研究当中。其中的关键问题主要包括单频网的网络规划、单频网的组网系统模式、覆盖重叠区的接收性能以及单频网中的节目分配网络等。这些问题对于单频的实际应用性能极为关键。

随着我国地面数字电视广播标准的逐步推广，全国范围的地面数字电视广播应用将迅速开展起来，为了解决模数过渡期间频谱资源紧张的问题，单频网将作为提高频谱利用率的最重要的组网方案。因此，开展单频网技术关键问题的研究对推动我国地面数字电视广播的迅速发展有着非常重要的现实意义。

2. 单频网的基本原理及特点

2.1　单频网的基本原理

在 SFN 中，所有的发射点都发射相同内容的射频调制信号，并在相同的时刻以相同的频率进行发射。这就是所谓的比特同步、时间同步和频率同步。

（1）频率同步

为确保接收机能将欲收信号之外的来自其他发射机的接收信号视为回波，单频网中各发射机输出信号的频率应相同，这要求各发射机有高的频率精度和稳定度。实践证明，规定允许偏差为1Hz是可行的。

为了达到这个要求，每个发射机中的所有振荡器（基带取样、中频级直到RF级）的频率都必须满足一个适当的频率偏差，以保证发射信号频率达到需要的精度。方法之一是每个发射点的振荡器都由同一个参考振荡器来驱动，最好是SFN中所有的发射机具有同一个参考振荡源，通常用GPS提供的10MHz信号作为此参考振荡。

（2）时间同步

为使来自其他发射机的信号与欲收信号之间的时延在接收机能够抵抗的多径时延范围内，要求各个发射信号之间保持时间同步，即尽管节目分配网和发射机引入了时延，同一个信号帧也应在相同的时刻被各个发射机发送。这里对时间同步精度的要求并不是非常高，但是不同发射机的发送信号之间的时延应该比系统能够抵抗的时延最大值小很多，这样系统能够抵抗更长的，由接收点位置引起的信号时延。±1μs的时间同步精度是一个比较适当的要求。

实际应用中，有时在单频网的某个特定发射机上精确选择发射时间偏移量，在某种程度上可以对覆盖区域进行细微调整，或者使覆盖区中正常接收所需载噪比的起伏减小。

（3）比特同步

单频网中各发射机在相同的时刻发送相同的信号帧要求所有信号帧在各个发射机中被完全一样地调制，或者说，要求各个发射机中调制一个信号帧的数据逐比特对应相同，这就是所谓的比特同步要求。不同发射机同一时刻发送的信号帧应完全一致，不存在差异。

在射频信号分散产生的单频网中，为保证比特同步，除了首先要保证输入到SFN中各个调制器的码流逐比特对应相同，同时还要求各个调制器对输入码流的分组相同，使得对一个信号帧调制的数据逐比特对应相同。此外，各调制器中的随机化过程必须同步进行，以保证经随机化后的数据仍然逐比特对应相同。GB 20600－2006规定在调制每个信号帧的数据的第一个比特处扰码器复位，这保证了各调制器中随机化过程的同步。

2.2 单频网的特点

（1）可对覆盖盲区进行填补发射

由于无线电信号本身的特性，在高楼林立的城市中，无论单个数字电视发射站点的发射功率多大，都会有很多信号覆盖不到的区域，这些覆盖不到的区域被称作覆盖盲区或盲点，单频网则可通过同频直放站补点发射的办法来解决覆盖盲区问题，获得较好的覆盖率。

（2）节省频谱资源

数字技术的引入使得地面数字电视广播系统能够有效抵无线信道的多径干扰，从而可以通过组建单频网来实现地面数字电视广播，相对传统模拟电视，大大节省了频率资源。此外，地面数字电视系统具有较强的抗干扰能力，可实现邻频道电视广播，从而可以进一步节省大量宝贵而不可再生的频率资源，从而进一步增加城乡地面电视的节目数量。

（3）功率效率较高

单频网技术不仅使网络频率效率提高，而且使网络的功率效率提高。例如在某一个接收点，它的功率变化幅度较大，采用传统的方法，我们唯一的方法是提高发射机至该接收点的功率预算，预留较大的功率空间，这样不得不提高发射机的功率。此时距离发射点较近的接收点的信号功率将远大于有效覆盖的信号功率要求，导致信号功率的浪费。在单频网中，接收点可以接收来自不同发射机的信号，同时也可以接收多路折射及反射信号，这些多路径信号的平均效应可以降低某一接收点的场强的变化范围，同时对每个发射机的功率要求也降低。

（4）更平滑的覆盖

在单频网中，采用全向接收天线，它可以接收来自不同发射点的信号，同时也可以接收多路折射及反射信号，这些多路径信号的集合，可以弥补某一个发射点信号的衰减，多路径信号的平均效应可以降低某一接收点的场强的变化范围，这种信号场强变化幅度的减弱特别会反应在发射点的覆盖“边缘”区域，使得覆盖区内的信号场强更为稳定，信号覆盖更为平滑。

（5）可灵活调整或增加覆盖区

在地面数字电视广播系统中，通过采用单频网技术，可以在初步规划和覆盖的基础上对覆盖网进行科学优化，有效扩大地面数字电视广播网络的覆盖面积。与此同时，可以根据实际覆盖需求，通过针对性地增加单频网发射站点或者同频直放站灵活调整或增加覆盖区。

3. 单频网技术关键问题研究

本项目主要针对地面数字电视广播单频网推广应用中面临的网络规划、组网系统模式、重叠覆盖区接收性能和节目分配网络四大关键技术开展研究。

（1）网络规划

构建单频网的关键一点是要求所有发射机采用同一频率发射，也就是说要做到三个精确同步：频率同步、时间同步、比特同步。在满足单频网基本要求的前提下，如何根据最低接收场强和保护率等规划参数以及覆盖区环境和覆盖要求，优化单频网各台站位置、功率、发射天线方向图等网络参数，以获得最佳的网络覆盖效果和功率利用效率。此类规划问题直接牵涉到单频网的实际应用性能，只有科学、合理的设计和规划才能降低单频网的建设成本，避免干扰，提高单频网的覆盖效果和工作效率。

（2）组网系统模式

根据地面数字电视传输系统保护间隔大小等因素，可以确定单频网系统的最大台站间距。在满足最大台站间距的前提下，在不同的应用环境中可以组建结构不同的单频网，如台站密度低、间距大、功率大的单频网以及台站密度高、间距小、功率小的单频网。此外，通过对保护间隔长度、纠错编码码率、符号映射方式等关键系统参数的多元化组合，可以形成多种单频网传输模式，各种模式所适用的业务（移动接收/固定接收，高码率/低码率）、覆盖需求（城市楼群环境/开阔环境）都不尽相同。对单频网组网模式及适用状况的研究将有利于各地区根据实际情况和业务需求选择最佳的网络模式，促进地面数字电视广播相关业务的顺利开展。

(3) 重叠覆盖区接收性能

数字电视系统的抗多径性能允许电视信号覆盖区的重叠，这也是单频网的关键优势之一。在单频网各发射机的重叠覆盖区域，理论上接收信号是一种多径衰落，因此，覆盖区的重叠不会产生同频干扰。也就是说在单频网的覆盖重叠区域，理论上应当可以实现较为理想的接收效果。然而目前国内外单频网现场实验的结果表明：单频网覆盖重叠区的接收虽然可以避免同频干扰，但仍然存在接收效果不理想的区域，而且接收效果与各发射机的位置、功率大小、各台站信号延时以及接收机性能等因素密切相关。因此，如何有效获取单频网增益、改善单频网的实际覆盖效果，对提高单频网的实际应用效果非常关键。

(4) 节目分配网络

在单频网中，为了保证单频网的同步发射要求，节目信号需要从源端通过节目分配网络分配到单频网的各发射站点。目前，节目信号传输主要有两种方式：一是直接传送 TS 流，各单频网发射站点用同样的 TS 分散调制产生射频信号；另一种是将已调制的射频信号传送至单频网各发射站点。如果通过数字格式（TS 流）分配节目信号，需要在 TS 码流中通过单频网适配器插入单频网控制包——秒帧初始化包（SIP 包）来实现时间同步。由于 SIP 包的特殊性，在节目码流的复用、传输过程中必须严格保证 SIP 包与时间的绝对关系，码流中的 PCR、空包等内容和结构都不能随意更改，这些都对节目分配网络提出了严格的要求。如果通过已调射频信号分配节目信号，除了同样需要保证严格的时间同步以外，还需要保证信号质量。目前，节目分配网络存在光纤、数字微波等多种实现手段，如果节目分配网络达不到单频网的要求，将无法建立起单频网同步系统。因此，针对单频网的需求对节目分配网络的设计或改进也是单频网组网技术的关键问题之一。

3.1 网络规划

地面数字电视广播覆盖网络规划是在无线电频率划分或者分配的基础上，在主管部门相应规划原则的指导下，对网络的结构、配置以及频率资源等作出科学合理的统筹规划，以保证地面数字电视广播覆盖网络的覆盖质量和频率资源的有效利用。

对地面电视广播覆盖网络的频率规划，即频率资源的配置，有指配和分配两种方式。地面数字电视广播覆盖网络的频率规划既可以采用分配规划，也可以采用指配规划，还可以联合使用分配规划和指配规划。制定规划所采取的规划程序对于分配和指配都应当适用。在模数过渡时期，既要开展数字电视业务，也要保护现有模拟电视业务，频率资源异常紧张，因此，通过频率指配的方式可以有效地保证频率资源的充分利用。到模拟停播的全数字时期，可以考虑在区域之间采用分配的方法对频率资源进行灵活的配置。无论是指配规划还是分配规划，都需要根据最小场强和保护率等规划参数对台站或网络进行覆盖和干扰兼容分析。

除此之外，在分配规划中需要采用参考规划配置（RPC，Reference Planning Configuration）和参考网络（RN，Reference Network）来代表真实的网络参数和结构，用于地面数字电视广播频率分配规划的覆盖和干扰兼容分析。单频网是地面数字电视广播最重要的覆盖组网方式，因此，单频网频率分配规划方法是地面数字电视频率分配规划的主要内容之一。

3.1.1 规划参数

地面数字电视广播频率规划的参数分两部分：一部分参数与电视制式无关，例如，接收机噪声系数、接收天线特性以及需满足的时间概率和地点概率等；一部分参数与电视制式直接有关，如最小场强、保护率等，需经计算和测量得出。以下主要研究用于我国地面数字电视广播制式的最小场强和保护率参数。

（1）最小场强

最小场强反映地面电视系统最基本的特性，直接影响到地面电视系统的覆盖与接收效果。对于模拟电视系统而言，国际电联于1963年制定了ITU－R BT.417建议书，对模拟电视系统规划电视业务的欲收信号最低场强进行了规定。

不同于模拟电视系统，对于数字电视而言，直接影响系统最小场强的因素是高斯信道下载噪比门限和接收机的最小接收信号电平。针对不同的业务模式和接收方式，为了满足不同的覆盖要求，各种地面数字电视制式均提供了大量的、可供选择的参数。在不同参数条件下，各种数字电视系统的传输码率和高斯信道载噪比门限各不相同。在已知系统高斯信道载噪比门限的前提下，通过采用不同的计算方法进行推导，可以得到地面数字电视系统的最小场强。

目前，国际上通用的计算方法主要有两类：品质因数法和电压法。美国ATSC和日本ISDB－T系统在进行最小场强推导时采用了品质因数法；欧洲DVB－T采用电压法来推导最小场强，所得到的最小场强都是针对偶极子天线而言。其中电压法在进行推导过程中，充分考虑了影响接收的各种因素：接收方式（屋顶顶层固定接收、便携室外和移动接收以及便携室内和移动手持接收）、业务模式（高清和标清）和地点概率。同时，针对不同的环境进行了相应高度补偿和房屋穿透损耗。我国地面数字电视广播在制订相关规划标准时采用电压法来推导最小场强。

（2）保护率

在进行地面电视广播网络或者单个发射台站规划时，必须考虑传输系统之间的相互干扰，这些系统可以是相同的，也可以是不同的。一般采用保护率来描述系统抗其他系统信号干扰的能力。保护率为在给定的欲收信号的客观或主观损伤门限点，接收机输入端欲收信号功率与干扰信号功率之比。

所有工作模式的保护率都应该通过测量确定。测量通常在规定的实验室环境下进行。保护率的大小不仅与系统相应工作模式的性能有关，而且还依赖于系统设备的实现水平。同频道保护率主要取决于系统性能，邻频道保护率取决于干扰信号在欲收信号频道中的带外成分大小和接收机的频道滤波器。在地面数字电视广播实施过程中，接收机的保护率性能可能会有改善，所以保护率规定将会随技术进步而作相应调整。

3.1.1.1 最小场强

（1）单点发射及MFN

我国地面数字电视广播系统的基本性能载噪比门限见表1。

表 1　地面数字电视广播系统基本性能

映射方式	前向纠错编码效率	载噪比门限 dB			系统净码率 Mbps		
		高斯信道	莱斯信道	瑞利信道	PN420	PN595	PN945
4QAM	0.4	2.5	3.5	4.5	5.414	5.198	4.813
16QAM	0.4	8.0	9.0	10.0	10.829	10.396	9.626
64QAM	0.4	14.0	15.0	16.0	16.243	15.593	14.438
4QAM	0.6	4.5	5.0	7.0	8.122	7.797	7.219
16QAM	0.6	11.0	12.0	14.0	16.243	15.593	14.438
64QAM	0.6	17.0	18.0	20.0	24.365	23.390	21.658
4QAM – NR	0.8	2.5	3.5	4.5	5.414	5.198	4.813
4QAM	0.8	7.0	8.0	12.0	10.829	10.396	9.626
16QAM	0.8	14.0	15.0	18.0	21.658	20.791	19.251
32QAM	0.8	16.0	17.0	21.0	27.072	25.989	24.064
64QAM	0.8	22.0	23.0	28.0	32.486	31.187	28.877

根据各系统模式载噪比门限基本性能参数可以计算得到接收机最小输入信号电平，接收机最小输入信号电平用于计算相应的各波段下最小功率通量密度和最小中值等效场强。接收机最小输入信号电平计算公式见式（1）。

$$P_n = F + 10\log\ (k \times T_0 \times B)$$

$$P_{smin} = P_n + C/N \qquad \cdots\cdots (1)$$

$$U_{smin} = P_{smin} + 120 + 10log\ (Z_i)$$

式中：

P_n：接收机输入端等效噪声功率（dBW）

F：接收机噪声系数（dB）

k：玻耳兹曼常数（k = 1.38 ×10 – 23（J/K））

T_0：绝对温度（T_0 = 290（K））

B：接收机噪声带宽（7.56 ×106Hz）

P_{smin}：接收机最小输入信号功率（dBW）

C/N：系统正常接收所需的接收机输入端最小射频载噪比（dB）

Z_i：接收机输入阻抗（75Ω）

U_{smin}：对应输入阻抗 Z_i 的接收机最小输入信号电压（dBμV）

在得出各系统模式接收机最小输入信号电平基础上，为计算最小中值功率通量密度或者最小中值等效场强，需要考虑覆盖地点概率校正因子、接收天线增益、接收天线高度损耗、馈线损耗、建筑物穿透损耗等诸多因素。考虑以上因素通过国际电联推荐的“电压法”可以计算最小中值功率通量密度或者最小中值等效场强，计算公式见式（2）。

$\phi_{min} = P_{smin} - -A_a + L_f$

$E_{min} = \phi_{min} + 120 + 10\log(120p) = \phi_{min} + 145.8$

$\phi_{med} = \phi_{med} + 120 + 10\log(120p) = \phi_{med} + 145.8$ …………………………………………（2）

式中：

P_{smin}：接收机最小输入信号功率（dBW）

A_a：有效天线孔径（dBm2）

ϕ_{min}：最小功率通量密度（dBW/m2）

E_{min}：最小等效场强（dB μV/m）

L_f：馈线损耗（dB）

L_h：高度损耗（10 m a. g. l. to 1. 5 m. a. g. l. ）（dB）

L_b：建筑物穿透损耗（dB）

P_{min}：人为噪声容差（dB）

C_1：地点概率校正因子（dB）

ϕ_{med}：最小中值功率通量密度（dBW/m2）

E_{med}：最小中值等效场强（dB μV/m）

计算地点概率校正因子 C_1 时，假定接收信号场强服从对数正态分布。地点概率校正因子计算公式见式（3）。

$C_1 = \mu \times \sigma_t$

$\sigma_t = \sqrt{\sigma_m^2 + \sigma_b^2}$ ………………………………………………………………………………（3）

式中：

μ：分布因子，对70%地点概率而言是0. 52，对90%地点概率而言是1. 28，对95%地点概率而言是1. 64，对99%地点概率而言是2. 33。

σ_t：总均方差，$\sigma_m = 5.5$dB 是对室外接收的大尺度均方差，σ_b（dB）是建筑物穿透损耗均方差。

在实际接收时，需要考虑业务模式、系统模式和信号传播对接收的影响。下面给出实际接收时的各种不同情况。

三种不同的接收条件：

①室外固定接收；

②移动接收；

③室内固定接收。

代表波段 I/II、波段 III、波段 IV 和波段 V 的四种参考频率：

①65 MHz；

②200 MHz；

③500 MHz；

④700 MHz。

五种典型的载噪比门限值，范围从 2 dB 到 26 dB，步长为 6 dB。

以室外固定接收为例，表2给出了在三种给定的载噪比门限值情况下65MHz、200MHz、500MHz和700MHz频段（分别对应波段I/II、波段III、波段IV和波段V），室外固定接收的最小等效场强值。

表2　地面数字电视室外固定接收最小等效场强的计算

频率（MHz）	65			200			500			700		
接收机噪声系数F（dB）	5	5	5	5	5	5	7	7	7	7	7	7
接收所需载噪比（C/N）（dB）	8	14	20	8	14	20	8	14	20	8	14	20
馈线损耗L_f(dB)	1	1	1	3	3	3	3	3	3	5	5	5
天线增益G（dBd）	3	3	3	5	5	5	10	10	10	12	12	12
固定接收的最小等效场强E_{min}（dBμV/m）	17	23	29	27	33	39	32	38	44	35	41	47

在移动接收时，计算中应达到99%的地点概率。下面给出移动接收测量所需C/N门限。

对于给定的地面数字电视系统模式，一定接收质量水平所需的平均C/N是多普勒频率的函数，可以画出图1中所示的一种大致的曲线。

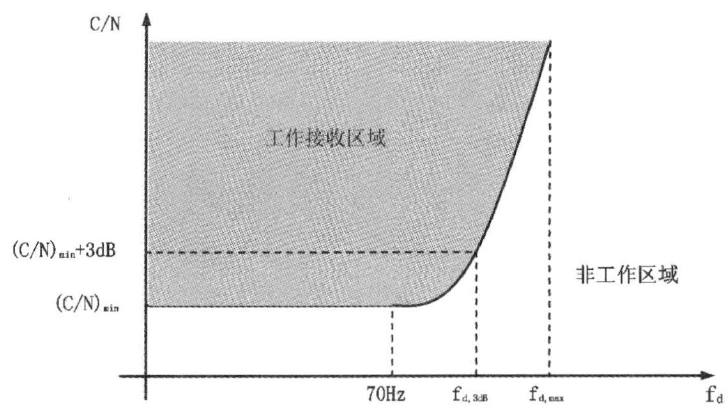

图1　移动传输信道所需的平均C/N

移动接收中，所需平均C/N的最小值（C/N）$_{min}$及平均C/N等于（C/N）$_{min}$ +3 dB的多普勒频率和最大多普勒（速度）限值见表56。（C/N）$_{min}$ +3 dB时的速度限值在四个频率点(65MHz、200 MHz、500 MHz和700 MHz）给出。平均C/N值（C/N）$_{min}$ +3 dB，适合于计算欲收场强。表3给出非分集接收场合所需平均C/N和速度限制的值。各数值均基于附录二中的“典型市区”内移动接收的典型信道模型。测试中失败判据为5分钟内的误码秒所占百分比超过5%。

表 3　非分集接收场合移动接收的所需平均 C/N 和速度限值

映射方式	前向纠错编码效率	系统净荷数据率 Mbps	f_d =70Hz (C/N)$_{min}$ dB	(C/N)$_{min}$ +3 dB 的 f_d Hz	(C/N)$_{min}$ +3 dB 的 f_d 对应的速度 km/h			
					65 MHz	200 MHz	500 MHz	700 MHz
4QAM	0. 4	5. 414	6	162	2692	875	350	250
16QAM	0. 4	10. 829	12	134	2226	724	290	207
4QAM	0. 6	8. 122	10	148	2459	799	320	228
16QAM	0. 6	16. 243	17	116	1927	626	251	179
4QAM - NR	0. 8	5. 414	6	162	2692	875	350	250
4QAM	0. 8	10. 829	14	123	2044	664	266	190

根据以上移动接收情况下的载噪比门限，可以通过上述电压法计算公式计算相应系统模式针对移动接收的最小中值功率通量密度和最小中值等效场强。除了计算中所使用的典型载噪比门限值，任何系统工作模式的其他载噪比门限值情况下的最小中值功率通量密度和最小中值等效场强可以通过相关典型值的内插得到。

（2）SFN

地面数字电视单频网规划所用最小场强计算公式和单点发射相同，其中根据不同信号状况的载噪比门限以及具体应用场景采用下面公式计算：

①固定接收

对于地面数字电视单频网的固定接收，在某一台站发射信号相对较强的接收区域，即存在一主径信号的接收区域，信号状况服从莱斯（Ricean）分布；在各台站发射信号强度相当的接收区域，信号状况服从瑞利（Rayleigh）分布。各系统模式在不同信号状况下的载噪比门限见表 54，其中莱斯信道和瑞利信道的信道模型参数见附录二。

定义系数 K 为接收信号中主径信号功率对其他路径信号功率之和的比值（dB），若 K < 0，则设 K =0。在单频网中不同的区域或者位置，根据不同的多径信号状况，其载噪比门限为莱斯信道模型下的载噪比门限、瑞利信道模型下的载噪比门限和系数 K 的函数，可以用式（4）描述：

$$(C/N)_T = (C/N)_L + [(C/N)_R - (C/N)_L] \left[\frac{0.5}{(C/N)_R - (C/N)_L}\right]^{\frac{K}{10}} \quad \cdots\cdots\cdots\cdots\cdots (4)$$

其中（C/N）$_T$为单频网某一区域或者位置的载噪比门限，用于计算该区域或者位置的最小中值等效场强。（C/N）$_L$为莱斯信道模型下的载噪比门限，（C/N）$_R$为瑞利信道模型下的载噪比门限。

②移动接收

对于地面数字电视单频网的移动接收，其载噪比门限与单点发射一致，采用 GY/T 237 - 2008《VHF/UHF 频段地面数字电视广播频率规划准则》7. 2. 1 条中的移动接收所需平均 C/N 的最小值（C/N）$_{min}$，各系统模式所需载噪比门限见表 3。各数值通过基于附录二中给出的

“典型市区”的典型信道特性测试得到。测试中失败判据为5分钟内的误码秒所占百分比超过5%。移动接收的计算中应达到99%的地点概率。

3.1.1.2 保护率

(1) 单点发射及MFN

GY/T 237－2008《VHF/UHF频段地面数字电视广播频率规划准则》中给出了地面数字电视广播系统抗地面数字电视广播信号和模拟电视广播信号干扰的保护率，见附录一。

对高斯（Gaussian）、莱斯（Ricean）、瑞利（Rayleigh）三种类型的传输信道，地面数字电视信号的保护率要求各不相同，应根据应用环境考虑选用莱斯信道或瑞利信道的保护率值。

(2) SFN

在单频网中实现覆盖的欲收信号功率需满足式（5）所示条件。其中C_i为第i路欲收信号功，$(C/N)_T$为载噪比门限，N为噪声功率，I_j为第j路非欲收信号功率，P_j为对应第j路非欲收信号的保护率。式（5）中的数值均为算术值。

$$\sum_i C_i \geq (C/N)_T \times N + \sum_j P_j \times T_j \quad (5)$$

式（5）中的保护率见附录一。地面数字电视系统不同的帧头模式具备不同的多径信号时延限制，来自不同单频网台站的信号会因为超出多径信号时延限制而由欲收信号变成非欲收信号，从而产生同频干扰。

对不同帧头模式，某路径信号中欲收信号功率百分比与该路径信号相对主径信号时延的关系各不相同。本项目在国家地面数字电视系统实验室对不同接收终端各帧头模式的抗多径时延性能进行了测试，测试结果见附录三。测试结果表明目前不同厂家的地面数字电视广播接收终端在抗两径最大回波时延性能上差异较大，根据测试结果，考虑到单频网规划对终端接收性能的基本要求，建议对不同帧头模式，某路径信号中欲收信号功率百分比与该路径信号相对主径信号时延的关系参考各帧头长度，分别如图2到图4所示，图中纵轴表示该路径信号功率中欲收信号功率所占的百分比，其余为非欲收信号功率；横轴表示该路径信号的时延，时延为负值表示该路径信号在主径信号之前到达接收终端。

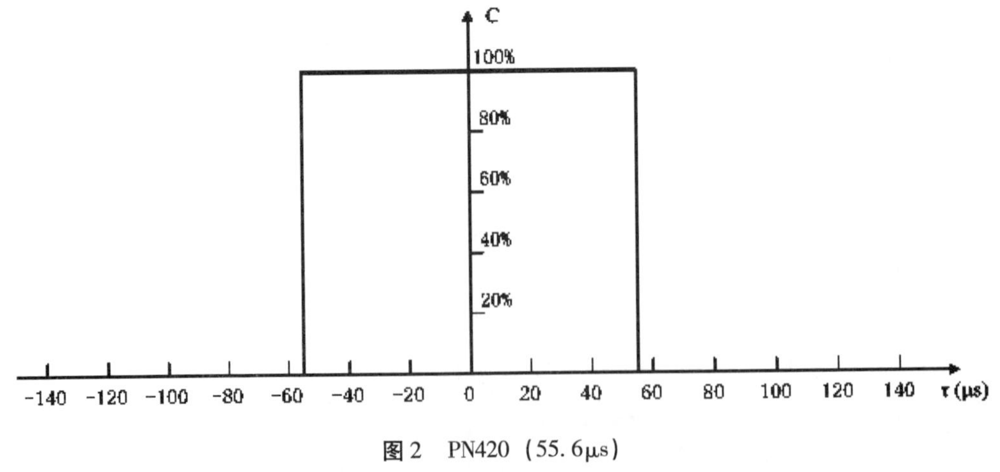

图2 PN420（55.6μs）

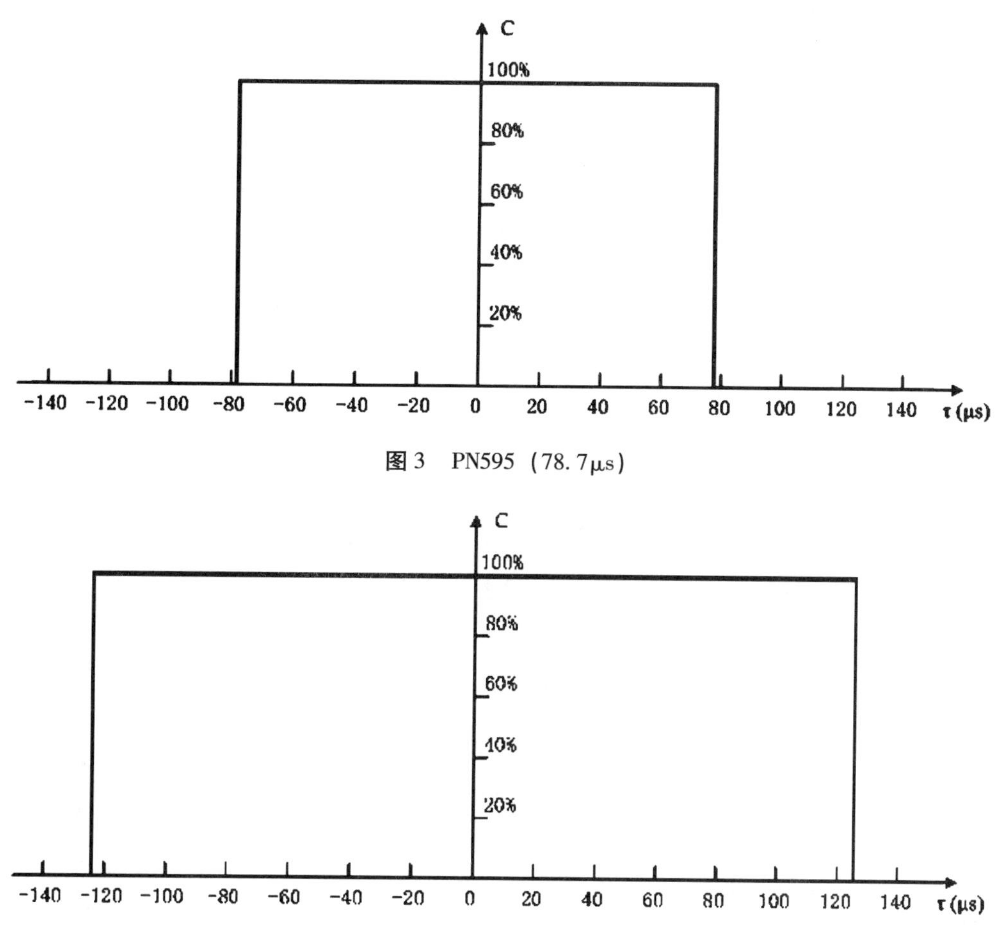

图 3 PN595（78.7μs）

图 4 PN945（125μs）

3.1.2 参考规划配置

地面数字电视广播传输标准中，根据符号映射方案、纠错编码效率、载波模式、帧头模式等参数的不同组合，理论上存在 330 中系统模式。但理论上可行的大量组合，通常在经济、技术或频率管理方面没有太大实际意义。在规划过程中通常采用一些典型的系统模式作为参考规划配置（RPC）来代表实际应用的基本场景。频率规划要求尽量将参考规划配置方案减到最少，因此在概念上进行了抽象。以 DVB－T 为例，规划配置的参数见表 4。

表 4 DVB－T 规划配置的参数

参数项	选项
接收方式	固定屋顶接收 室外便携接收 室内便携接收 移动接收
覆盖质量 （以地点概率定义）	70% 95% 99%

（续表）

参数项	选项
网络结构	MFN SFN 密集 SFN
DVB－T 系统变量	从 QPSK－1/2 到 64QAM－7/8
频段	频段 III （200 MHz） 频段 IV （500 MHz） 频段 V （800 MHz）

DVB－T 定义的 RPC1、RPC2 和 RPC3 三种参考规划配置方式，用接收方式、调制方式和编码率以及地点概率来表示，具体参数见表 5。

表 5　DVB－T 参考规划配置方式与参数

规划配置方式	参数项	参数		接收方式
RPC1	调制方式	64QAM	64QAM	屋顶固定接收
	编码率	2/3	3/4	
	地点概率	95%	95%	
RPC2	调制方式	QPSK	16QAM	移动接收
	编码率	2/3	1/2	
	地点概率	99%	99%	
	调制方式	16QAM	64QAM	室外便携接收
	编码率	2/3	2/3	
	地点概率	95%	95%	
	调制方式	16QAM		室内便携接收（覆盖质量较低）
	编码率	2/3		
	地点概率	70%		
RPC3	调制方式	16QAM		室内便携接收（覆盖质量较高）
	编码率	2/3		
	地点概率	95%		

固定接收的传输信道情况比便携或移动接收好，因此固定接收采用的调制度和编码率较高，以获得高数据容量；而便携或移动接收采用抗干扰能力较强的参数，降低了调制度和编码率，以克服便携或移动接收传输信道的不利影响。移动接收要求在行进过程中，服务区内基本上处处都能正常接收，因此地点概率为 99%，高于其他接收方式的地点概率。通常

RPC1 的数据量约为 20 Mbit/s ~ 27 Mbit/s，RPC2 约为 8 Mbit/s ~ 24 Mbit/s，RPC3 约为 13 Mbit/s ~ 16 Mbit/s。需强调的是，覆盖质量与数据量之间是可以互相转换的。

通过 2007 年的北京地面数字电视实验，为了促进我国地面数字电视广播的推广应用，国家广电总局推荐了 7 种地面数字电视系统模式，如表 6 所示。

表 6　地面数字电视广播推荐系统模式

序号	工作参数	系统净码率（Mbps）
1	C = 3780 16QAM 0.4 PN = 945 720	9.626
2	C = 1 4QAM 0.8 PN = 595 720	10.396
3	C = 3780 16QAM 0.6 PN = 945 720	14.438
4	C = 1 16QAM 0.8 PN = 595 720	20.791
5	C = 3780 16QAM 0.8 PN = 420 720	21.658
6	C = 3780 64QAM 0.6 PN = 420 720	24.365
7	C = 1 32QAM 0.8 PN = 595 720	25.989

我国地面数字电视广播主要针对室外固定接收、室内固定接收和移动接收三种应用场景。根据以上推荐的系统模式和我国地面数字电视广播传输标准的特点，参考 DVB – T 的 RPC 设置，建议我国地面数字电视广播规划用的参考规划配置采用表 7 所示参数。

表 7　我国参考规划配置参数建议

规划配置方式	参数项	参数	接收方式
RPC1	调制方式	16QAM	固定接收（室外/室内）
	编码率	0.8	
	地点概率	95%	
RPC2	调制方式	16QAM	移动接收
	编码率	0.4	
	地点概率	99%	

在频率规划工作中各参考规划配置对应的最小中值等效场强和保护率参数可以根据 3.1.2 节相关内容计算确定。通常，固定接收对应莱斯信道，便携和移动接收对应瑞利信道。

3.1.3　参考网络

建立规划要对覆盖网内的发射机进行兼容分析。对指配规划的分析，可根据给出的发射机相关特性进行。对于规划阶段，发射机特性未知的情况，例如：定义了 SFN 业务区，但 SFN 发射机的精确数目、地点和功率是未知的情况，在建立 SFN 规划兼容分析中，定义了通用网络结构来表示未知的真实网络，这样的通用网络称为参考网络（RN）。建立参考网络的目的是确定典型的业务区之间的潜在干扰，以便进行频率规划的兼容分析。国际电联区域无线电会议 RRC – 04/06 规划设计了不同的 DVBT 参考网络，这些参考网络特性与 DVB – T RPC 特性相对应。

参考网络是理想化的、接近真正实施的网络。参考网络几何对称和发射机特性相同，用发射机数、发射机之间的距离、发射机网络几何关系、发射机功率、天线高度、天线方向性和业务区（覆盖区）表示。必须强调，真正实施的网络绝对不需要与参考网络特性相同，如：发射机数、发射机位置、发射功率或参考网络的其他特性，只要求真实网络符合对应的参考网络的潜在干扰限制。为涵盖 DVB－T 网络的不同实施需求，RRC－04/06 设计了 4 个参考网络。

（1）DVBT 大面积 SFN 参考网络（RN1）

该网络由 7 部发射机组成，一部居中，其他六部在六边形的顶点，是开放型网络，发射机是无方向性天线，业务区超出由发射机组成的六边形面积的 15%，网络的几何结构如图 5 所示。参考网络 1（RN1）适用于固定（RPC1）、室外/移动（RPC2）和室内（RPC3）接收，频段 III 和频段 IV/V 都适用。

RN1 用于大面积 SFN 覆盖，该网络假设中心发射机地点具有合理、有效的天线高度。组网主要受限于组网发射机的内部干扰，对于便携和移动接收，RN1 类型的 SFN 业务区的直径通常在 150 km～200 km 之间，不包括采用非常强健的 DVBT 系统变量或使用密集网络的情况。

8k FFT 模式保护间隔长度的最大值为 1/4 Ts（Ts 为 1 个 OFDM 符号持续的时间），保护间隔持续时间为 224 μs，对应距离为 67 km。由于 SFN 发射机之间的距离不应超出保护间隔持续时间所对应的距离，因此，这种情况下，RPC1 发射机间距离应为 70 km。对于 RPC2 和 RPC3，如果发射机之间为 70 km，从功率预算观点出发，则距离太大，因此选取的距离近些，即 RPC2 为 50 km，RPC3 为 40km。

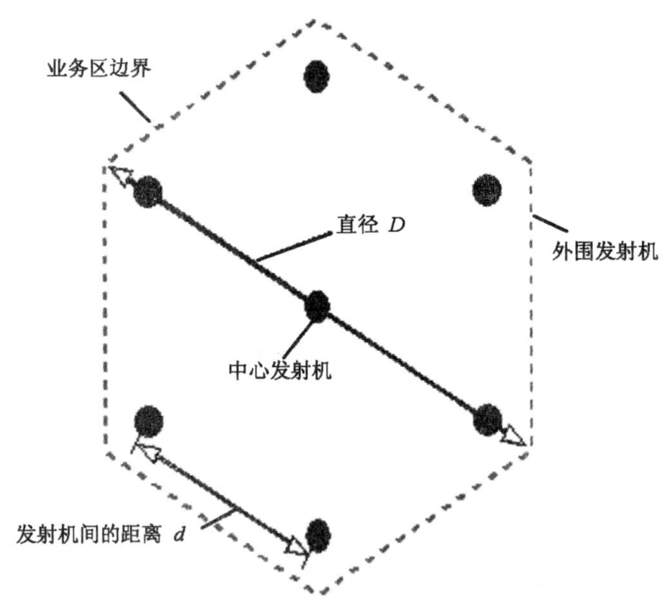

图 5　大面积 SFN 的参考网络（RN1）

表 8 给出了 RN1 的参数和功率预算。

表 8　DVB－T 大面积 SFN 参考网络 RN1 参数

RPC 和接收类型		RPC 1 固定天线	RPC 2 室外便携和移动	RPC 3 室内便携
网络类型		开放	开放	开放
业务区几何结构		六边形	六边形	六边形
发射机数		7	7	7
发射机格网几何形状		六边形	六边形	六边形
发射机间的距离 d（km）		70	50	40
业务区直径 D（km）		161	115	92
Tx 天线高度（m）		150	150	150
Tx 天线特性		无方向性	无方向性	无方向性
e. r. p.（dBW）	频段 III	31.1＋Δ	33.2＋Δ	37.0＋Δ
	频段 IV/V	39.8＋Δ	46.7＋Δ	49.4＋Δ

注：功率裕量 Δ 为 3 dB。

图 6 表示计算 RN1 潜在干扰的几何形状示意图。

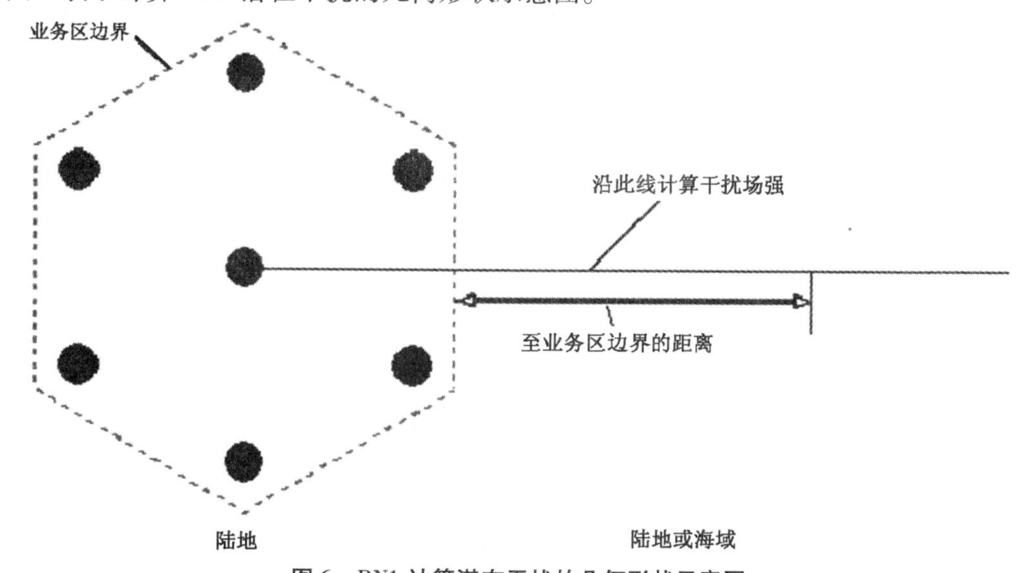

图 6　RN1 计算潜在干扰的几何形状示意图

（2）DVB－T 小业务区 SFN 或密集 SFN 的参考网络（RN2）

该网络由三部发射机组成，发射机位于等边三角形的顶点，为开放的网络类型，发射机采用无方向性天线，业务区为六边形，如图 7 所示。

参考网络 RN2 适用于固定（RPC1）、室外/移动（RPC2）和室内（RPC3）接收，频段 III 和频段 IV/V 均可。

RN2 用于小业务区 SFN 覆盖，发射机地址能提供合理有效的天线高度，满足这种网络类型的需要以及发射机内部之间干扰的限制。通常业务区直径在 30km 到 50km。

这类密集 SFN 也能覆盖大业务区，但需要发射机数目较大，因此，对于大业务区选用

RN1 更为合理。

RN2 在 RPC2 和 RPC3 情况下，发射机之间的距离为 25 km。为了增加可用数据率，保护间隔可用1/8 Ts（8kFFT）。这个保护间隔值也可用于 RPC1 情况，由于固定屋顶接收天线有方向性，发射机间的内部干扰的感知程度会低一些，因此，发射机之间的距离可加大到 40km。

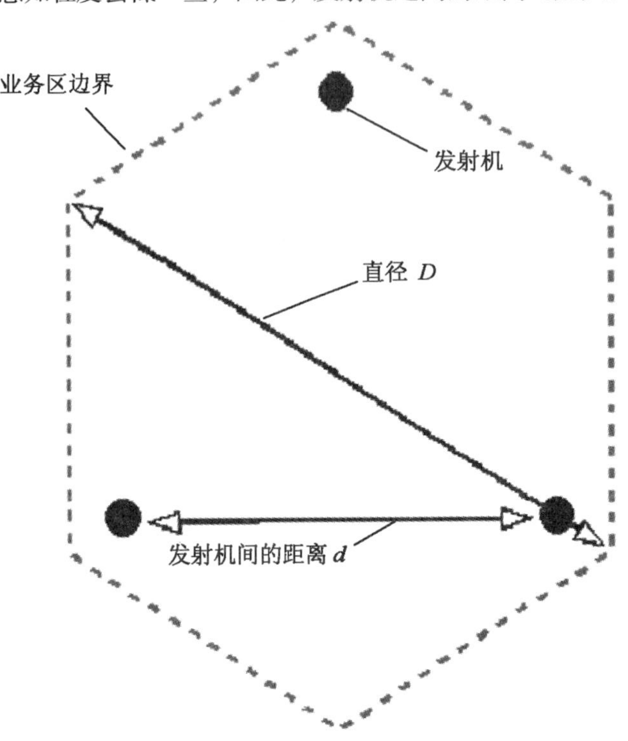

图 7　小面积 SFN 的参考网络（RN2）

表 9 给出了 RN2 的参数与功率预算。

表 9　DVB－T 小业务区 SFNRN2 参数

参考规划配置与接收类型		RPC 1 固定天线	RPC 2 室外便携和移动	RPC 3 室内便携
网络类型		开放	开放	开放
业务区几何布局		六边形	六边形	六边形
发射机数		3	3	3
发射机格网几何布局		三角形	三角形	三角形
发射机间的距离d（km）		40	25	25
业务区直径D（km）		53	33	33
Tx 天线高度（m）		150	150	150
Tx 天线特性		无方向性	无方向性	无方向性
e. r. p.（dBW）	频段 III	21. 1 + Δ	23. 6 + Δ	31. 1 + Δ
	频段 IV/V	28. 8 + Δ	36. 0 + Δ	43. 3 + Δ

注：功率裕量 Δ 为 3 dB。

图 8 表示计算潜在干扰的几何形状。

业务区边界

沿此线计算干扰场强

至业务区边界的距离

陆地

陆地或海域

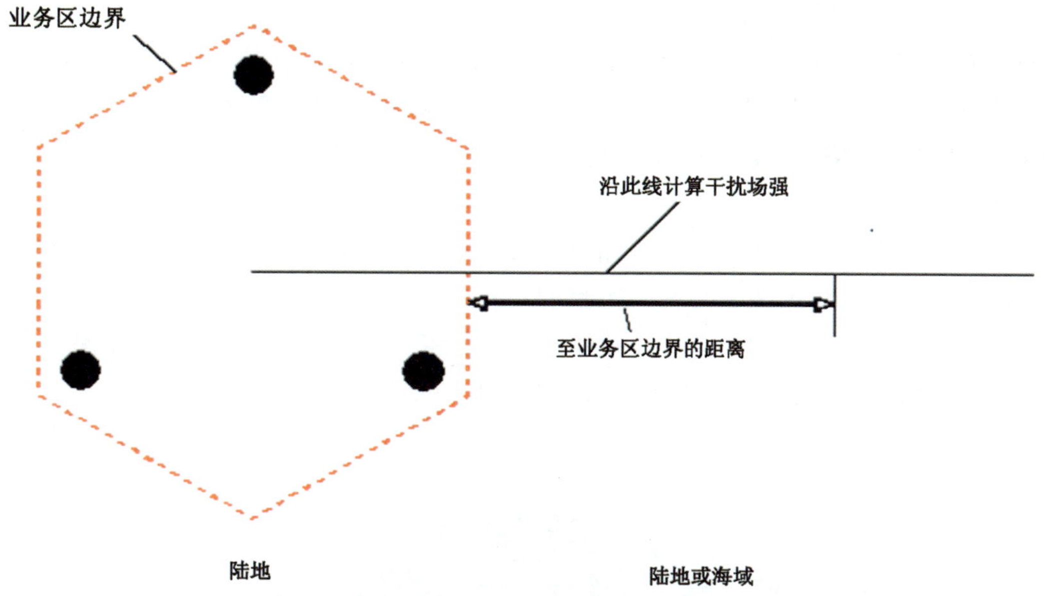

图 8　RN 2 计算潜在干扰的几何形状

（3）DVB－T 城市环境小业务区 SFN 参考网络（RN3）

RN3 发射机的格网布局与业务区形状同 RN2。参考网络 RN2 适用于固定（RPC 1），室外/移动（RPC 2）和室内（RPC 3）接收方式，在频段 III 和频段 IV/V 均使用。

RN3 用于城市环境下小业务区 SFN，对于移动和便携接收的 RPC2 和 RPC3 情况，除了考虑到城市高层建筑和树木等产生的损耗，导致 SFN 发射机功率增加约 5dBW～6dBW 外，其他参数与 RN2 相同。RN3 参数见表 10。

表 10　DVB－TRN 3 参数（城市环境下的小业务区 SFN）

参考规划配置与接收类型		RPC 1 固定天线	RPC 2 室外便携和移动	RPC 3 室内便携
网络类型		开放	开放	开放
业务区几何结构		六边形	六边形	六边形
发射机数		3	3	3
发射机格网几何形状		三角形	三角形	三角形
发射机间的距离 d（km）		40	25	25
业务区直径 D（km）		53	33	33
Tx 天线高度（m）		150	150	150
Tx 天线特性		无方向性	无方向性	无方向性
e. r. p.（dBW）	频段 III	21. 1 + Δ	29. 5 + Δ	37. 1 + Δ
	频段 IV/V	28. 8 + Δ	41. 9 + Δ	49. 2 + Δ

注：功率裕量 Δ 为 3 dB。

对 DVB－T 城市环境小业务区 SFN 参考网络的 RPC1 和 RPC2 的仿真验证：

①规划配置方式 RPC1

假设选择在频段 IV/V 测试，频道为 DS－30，此时中心频率 f＝650 MHz。查看表 5，可知室外固定接收规划配置方式 RPC1，调制方式为 64 QAM，编码码率为 2/3，保护间隔为 112 μs。根据 ETSIEN300744 可知载噪比门限 C/N＝17.1 dB，可计算得最小场强 Emed＝54.5 dB μV/m。

几何结构如图 7 所示，以典型正三角形的 3 站 SFN 为模型安排发射机，台站有效高度均为 150 m，台站 ERP 均为 28.8 dBW，台站间距为 40 km，地点概率为 95%。

按照以上参数设置 CHIRplus_ BC 软件，并选择一定覆盖区域测试进行仿真测试，得到结果如图 9 至图 11 所示，测试所得业务区域直径为 53 km。

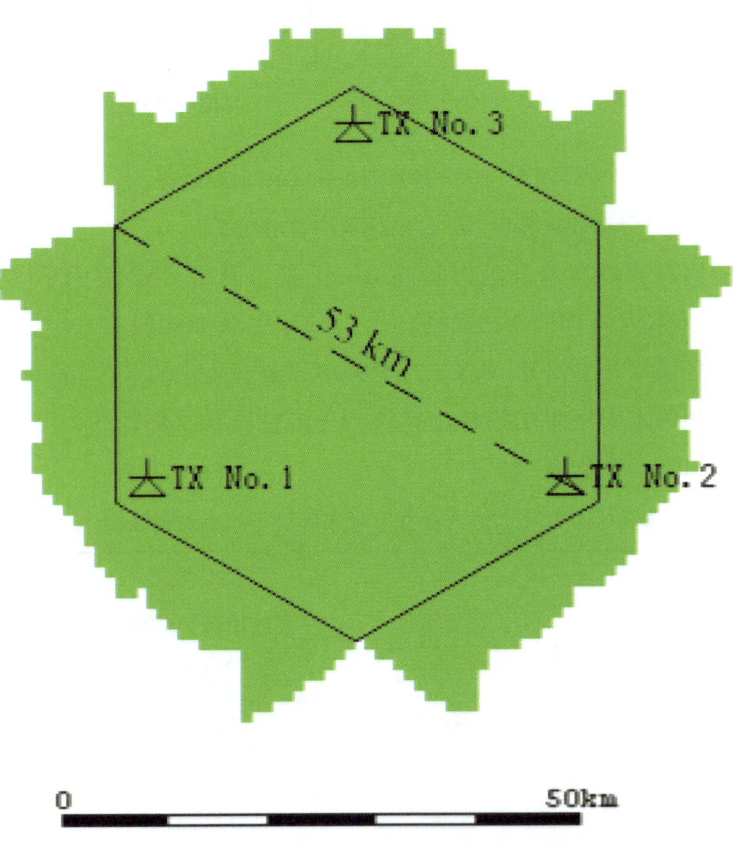

图 9　RN3 下室外固定接收 SFN 覆盖示意图

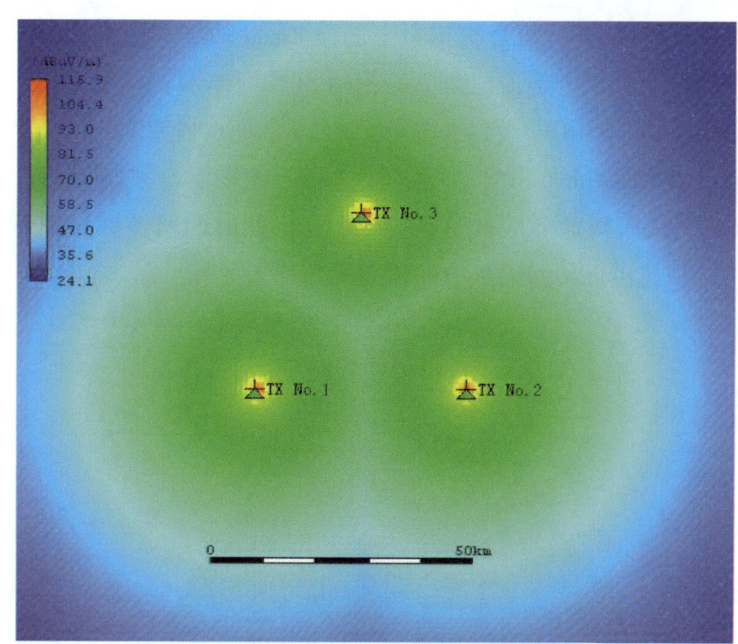

图 10　RN3 下室外固定接收场强分布图

在图 11 所示的覆盖示意图中，中间黑色区域为 SFN 的有效覆盖区，周边的彩色区域为因信号时延超出保护间隔产生同频干扰而损失的覆盖区，不同的颜色代表来自不同台站的干扰区域。

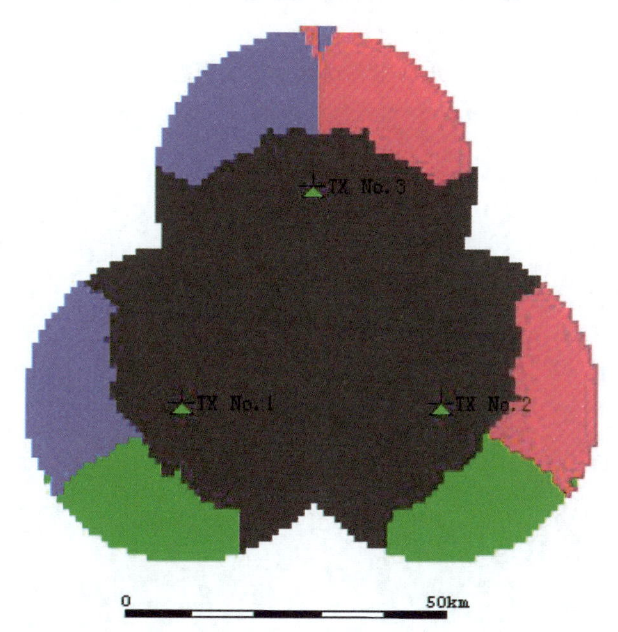

图 11　RN3 下固定接收 SFN 覆盖示意图（标识同频干扰部分）

②规划配置方式 RPC2

假设选择在频段 IV/V 测试，频道为 DS－30，此时中心频率 f＝650 MHz。查看表 5，可知移动接收规划配置方式 RPC2，调制方式为 16 QAM，编码码率为 1/2，保护间隔为112 μs。

可知载噪比门限 C/N =18.5 dB，可计算得最小场强 Emed =62 dB μV/m（不含高度损耗）。

几何结构如图 7 所示，以典型正三角形的 3 站 SFN 为模型安排发射机，台站有效高度均为 150 m，台站 ERP 均为 36 dBW，台站间距为 25 km，地点概率为 99%。

按照以上参数设置 CHIRplus_ BC 软件，并选择一定覆盖区域测试进行仿真测试，得到结果如图 12 所示，测试所得业务区域直径为 33 km。此时的覆盖区域内均没有超出保护间隔，所以没有列出标识超出保护间隔部分的覆盖示意图。

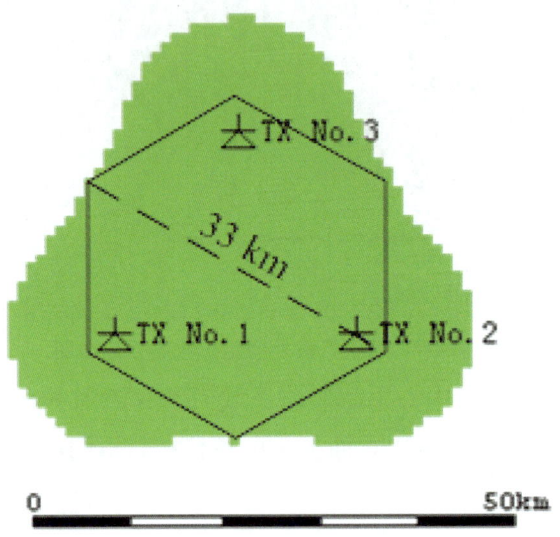

图 12　RN3 下移动接收 SFN 覆盖示意图

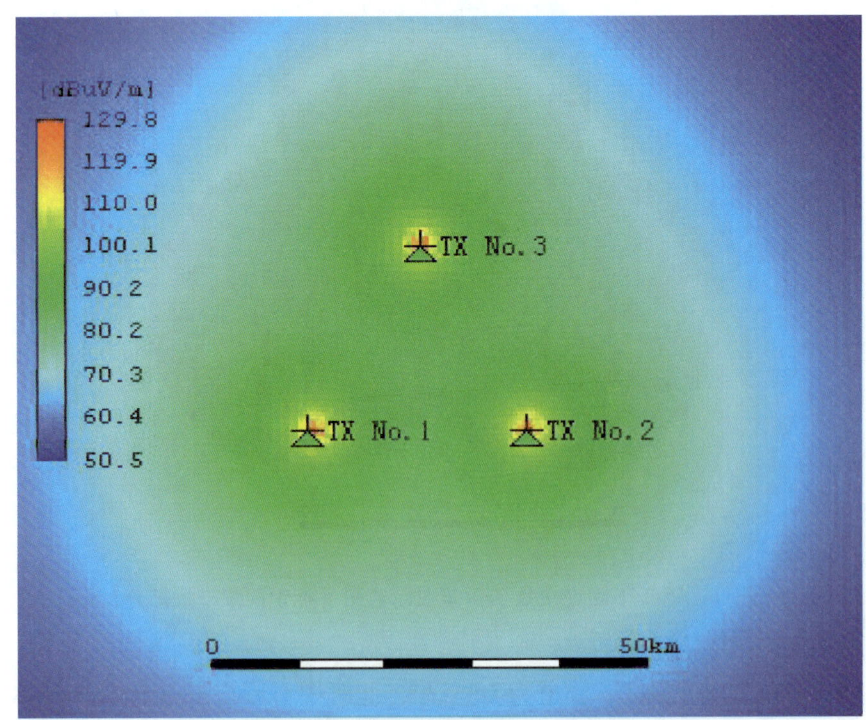

图 13　RN3 下移动接收场强分布图

（4）DVB－T 半封闭小业务区 SFN 参考网络（RN4）

该参考网络对发射机位置和天线特性采取了措施，以提高实施效果，减少网络的溢出干扰。

RN4 的几何布局与 RN2 基本相同，只是发射机天线在溢出方向上的 240°范围内，溢出场强减少了 6 dB（也就是半闭合的 RN）。RN4 的业务区见图 14。

参考网络 RN4 适用于固定（RPC 1）、室外/移动（RPC 2）和室内（RPC 3）接收方式，在频段 III 和频段 IV/V 均适用。

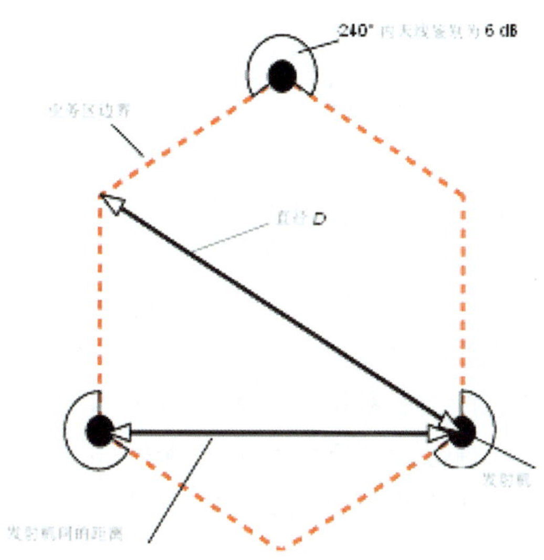

图 14　半封闭业务区 SFN 参考网络（RN4）

RN4 与 RN2 之间的区别为溢出干扰（潜在干扰）。与其他 RN 比较，RN4 有较低的潜在干扰，因此，当两个分配规划都用 RN4 时，同频发射机的距离可以近些。与 RN2 相比，业务区直径也有所减少。

规划中选择 RN 时必须牢记，要在较低的潜在干扰和采用方向性天线所增加的实施成本之间进行权衡。

表 11 给出了 RN4 的参数和功率预算。

表 11　DVB－T 半封闭小业务区 SFN RN4 参数

RPC	RPC 1	RPC 2	RPC 3
网络类型和接收方式	半封闭 固定天线接收	半封闭 室外便携和移动接收	半封闭 室内便携接收
业务区几何结构	六边形	六边形	六边形
发射机数	3	3	3
发射机格网几何形状	三角形	三角形	三角形

（续表）

RPC		RPC 1	RPC 2	RPC 3
发射机间的距离 d（km）		40	25	25
业务区直径 D（km）		46	29	29
Tx 天线高度（m）		150	150	150
Tx 天线特性		240°内 减少 6 dB	240°内 减少 6 dB	240°内 减少 6 dB
e. r. p.（dBW）	频段 III	19.0 + Δ	21.0 + Δ	29.5 + Δ
	频段 IV/V	26.4 + Δ	34.2 + Δ	41.8 + Δ

注：功率裕量 Δ 为 3 dB。

RN3 和 RN4 潜在干扰计算的几何布局同 RN2（略）。

我国地面数字电视广播传输标准 PN945 帧头长度为 125 μs，与 DVB－T 系统的 1/8 Ts（8k FFT）（112 μs）模式近似。此外，考虑到我国目前地面数字电视广播的应用推广主要从城镇开始，我国目前的发射塔平均高度在 100～150 m 左右，因此，我国地面数字电视广播单频网规划所用的参考网络可以参考 DVB－T 系统的 RN3。由于帧头长度更长，125 μs 抗回波能力对应理想台站间距为 37.5 km。由于室外固定接收天线有方向性，可以在一定程度上削弱发射机间的多径信号强度，因此，发射机之间的距离可适当加大，参考 DVB－T 的 RN3 在 33.6 km 基础上扩大至 40 km，国标系统参考网络固定接收的发射台站间距离可以在 37.5 km 基础上同样扩大约 20%，设为 45 km。对于移动接收，由于规划用典型接收高度为 1.5 m，而且接收天线无方向性，城镇接收环境中建筑物及其他障碍物的反射将使得到达接收天线的信号回波更为复杂，此时发射台站间距设置应小于帧头长度对应的距离。同样参考 DVB－T 的 RN3 移动接收的发射台站间距离，在 33.6 km 基础上缩减至 25 km，国标系统参考网络移动接收的发射台站间距离可以在 37.5 km 基础上同样缩减约 25%，设为 28 km。

各发射台站的 ERP 值在载噪比相同的情况下取决于最小场强，对于室外固定接收，GY/T 236－2008《地面数字电视广播传输系统实施指南》第 9.2.2.2.2 节中所列各频段在相同载噪比的最小中值等效场强差值可得如下结论：假设频段 I/II 下的 ERP 为 Δ，则频段 III 下的 ERP 为 Δ＋5，频段 IV 下的 ERP 为 Δ＋9，频段 V 下的 ERP 为 Δ＋12。

而根据 GY/T 237－2008《VHF/UHF 频段地面数字电视广播频率规划准则》，我国 RPC1（16QAM，0.8）的载噪比门限相对 DVB－T 的 RPC1（64QAM，2/3）低约 2dB，则参考 DVB－T 的 RN3 的 ERP 设置，国标选取的 ERP 值可略低 2dB。以频段 III 为参考基准，由表 10 可得 DVB－T 的频段 III 下的 ERP 为 21.1 dBW，国标频段 III 下的 ERP 为 19 dBW，并由以上得到的 ERP 各频段间的差值结论，得出国标各频段下的 ERP 值分别如下：频段 I/II 下的 ERP 为 14 dBW，频段 III 下的 ERP 为 19 dBW，频段 IV 下的 ERP 为 23 dBW，频段 V 下的 ERP 为 26 dBW。

移动接收的情况下，参考网络 ERP 设置与固定接收类似，分别计算各频段在某一相同载噪比下的最小场强，得到最小场强间的差值，得到以下结果：假设频段 I/II 下的 ERP 为 Δ，则频段 III 下的 ERP 为 Δ+11，频段 IV 下的 ERP 为 Δ+20，频段 V 下的 ERP 为 Δ+25。此时建议的我国 RPC2（16QAM，0.4）的移动接收载噪比门限相对 DVB-T 的 RPC2（16QAM，1/2）低约 6.5dB，以频段 III 为参考基准，由表 10 可得 DVB-T 的频段 III 下的 ERP 为 29.5dBW，则国标频段 III 下的 ERP 可设为 23dBW，并由以上得到的 ERP 各频段间的差值结论，得出国标各频段下的 ERP 值分别如下：频段 I/II 下的 ERP 为 12dBW，频段 III 下的 ERP 为 23dBW，频段 IV 下的 ERP 为 32dBW，频段 V 下的 ERP 为 37dBW。

以上分析得到国标单频网的参考网络所需发射参数，下面利用 CHIRplus_ BC 软件仿真单频网覆盖，得到覆盖业务区域直径。

①规划配置方式 RPC1

假设选择在频段 IV 仿真计算，频道为 DS-16，此时中心频率 f=498MHz。查看表 7，可知固定接收规划配置方式 RPC1 时，调制方式为 16QAM，编码码率为 0.8，帧头模式为 PN945，保护间隔为 125 μs。可知载噪比门限 C/N = 15dB，可计算得最小场强 Emed =48dB μV/m。

几何结构如图 7 所示，以典型正三角形的 3 站 SFN 为模型安排发射机，台站有效高度均为 150 m，台站 ERP 均为 24 dBW，台站间距为 45 km，地点概率为 95%。

按照以上参数设置 CHIRplus_ BC 软件，并选择一定覆盖区域测试进行仿真测试，得到结果如图 15 所示，测试所得业务区域直径为 65 km。

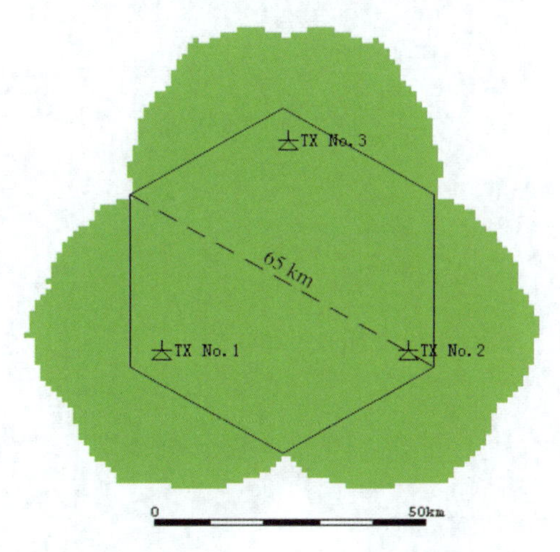

图 15　国标室外固定接收下单频网覆盖示意图

图 17 中间黑色区域为 SFN 的有效覆盖区，周边的彩色区域为因信号时延超出保护间隔产生同频干扰而损失的覆盖区，不同的颜色标示不同台站的干扰区。

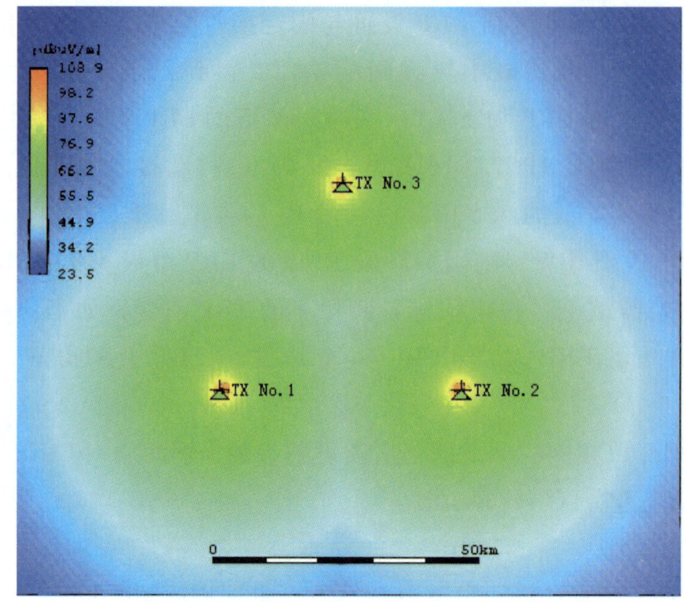

图 16　国标室外固定接收下 SFN 场强分布示图

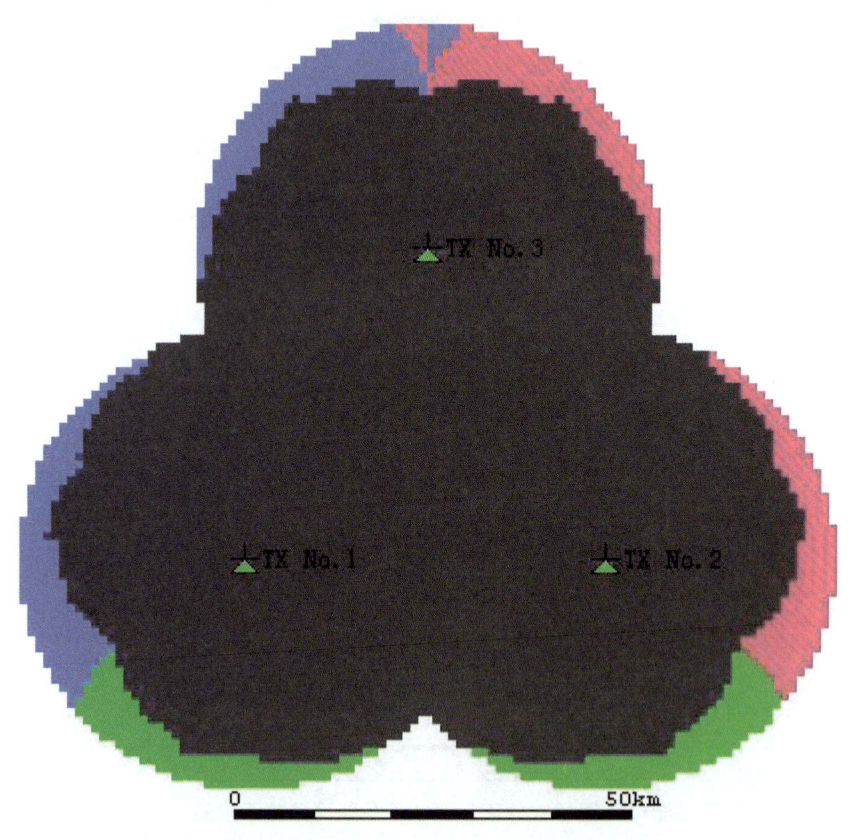

图 17　国标室外固定接收 SFN 覆盖示意图（标识同频干扰部分）

②规划配置方式 RPC2

假设选择在频段 IV 测试，频道为 DS－16，此时中心频率 f＝498 MHz。查看表 7，可知移动接收规划配置方式 RPC2，调制方式为 16 QAM，编码码率为 0.4，帧头模式为 PN945，保护间隔为 125 μs。可知载噪比门限 C/N = 12 dB，可计算得最小场强 Emed = 56dB μV/m（不含高度损耗）。

几何结构如图 7 所示，以典型正三角形的 3 站 SFN 为模型安排发射机，台站有效高度均为 150 m，台站 ERP 均为 32 dBW，台站间距为 28 km，地点概率为 99%。

按照以上参数设置 CHIRplus_ BC 软件，并选择一定覆盖区域测试进行仿真测试，得到结果如图 18 所示，测试所得业务区域直径为 40 km。此时的覆盖区域内均没有超出保护率，所以没有列出标识超出保护率部分的覆盖示意图。

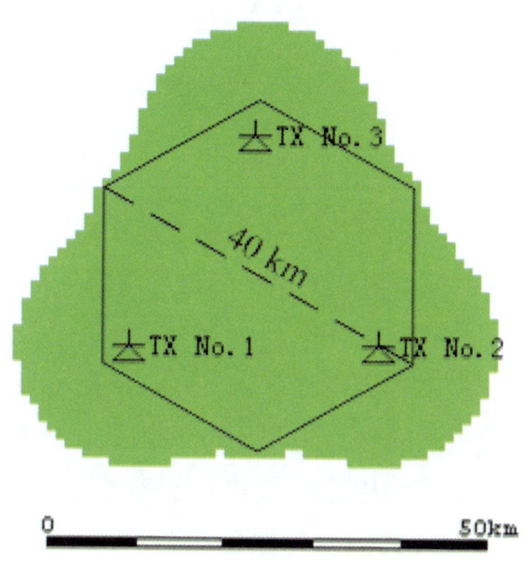

图 18　国标移动接收 SFN 覆盖示意图

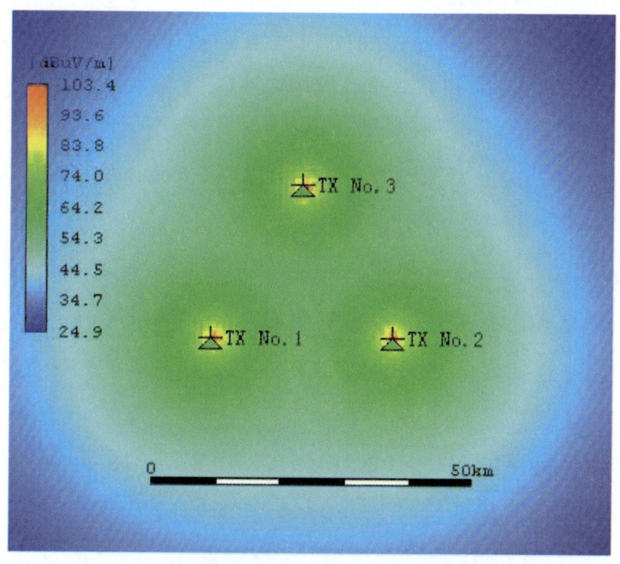

图 19　国标移动接收 SFN 场强分布图

因此，本项目建议的我国地面数字电视广播单频网规划参考网络参数见表 12。

表 12　我国 RN 参数（城市环境 SFN）（PN945）

参考规划配置与接收类型		RPC 1 固定天线	RPC 2 移动
网络类型		开放	开放
业务区几何结构		六边形	六边形
发射机数		3	3
发射机格网几何形状		三角形	三角形
发射机间的距离 d（km）		45	28
业务区直径 D（km）		65	40
Tx 天线高度（m）		150	150
Tx 天线特性		无方向性	无方向性
e. r. p.（dBW）	频段 I/II	14 + Δ	12 + Δ
	频段 III	19 + Δ	23 + Δ
	频段 IV	23 + Δ	32 + Δ
	频段 V	26 + Δ	37 + Δ

注：功率裕量 Δ 为 3 dB。

关于 RN 的具体参数以及其他帧头模式的 RN 参数还需要进一步的研究和验证。

3.2　组网系统模式

地面数字电视广播传输系统模式的选择主要与帧头模式、映射方式和纠错编码效率等参数有关，这三大参数基本决定了系统的传输速率和基本性能。在地面数字电视单频网组网过程中，要综合考虑帧头模式、映射方式以及纠错编码效率三个因素，三者有各自的侧重点，不同的组合对系统的性能有着不同的影响，所以在组网过程中，要综合考虑三者的不同组合对系统性能的影响。

从系统的传输速率上来看，国标中不同的组合可以实现从 4.813Mbps 到 32.468Mbps 的传输速率。影响系统净荷数据率的参数有：前向纠错编码效率；星座映射方式；帧头模式。

系统的净荷数据率与星座映射模式、前向纠错编码效率、帧头模式有关，计算公式如式（6）所示。

$$R_U = R_s \times b \times R_{FEC} \times (L_{data}/L_{Frame}) \quad \cdots\cdots (6)$$

式中：

R_U——系统净荷数据率；

R_s——星座符号率（7.56 MSps）；

b——每个比特符号的比特数（64QAM：b = 6；32QAM：b = 5；16QAM：b = 4；4QAM：b = 2；4QAM – NR：b = 1）；

R_{FEC}——前向纠错编码效率（3008/7488、4512/7488、6016/7488）；

L_{data}——每个信号帧中有效数据符号数（3744 个符号）；

L_{Frame}——信号帧长度，即每个信号帧的符号数（4200、4375、4725 个符号）。

系统净荷数据率与星座映射模式、前向纠错编码效率的关系见图 20。

从上面的分析及数据可以看出，系统的传输速率是由帧头模式、映射方式和纠错编码效率共

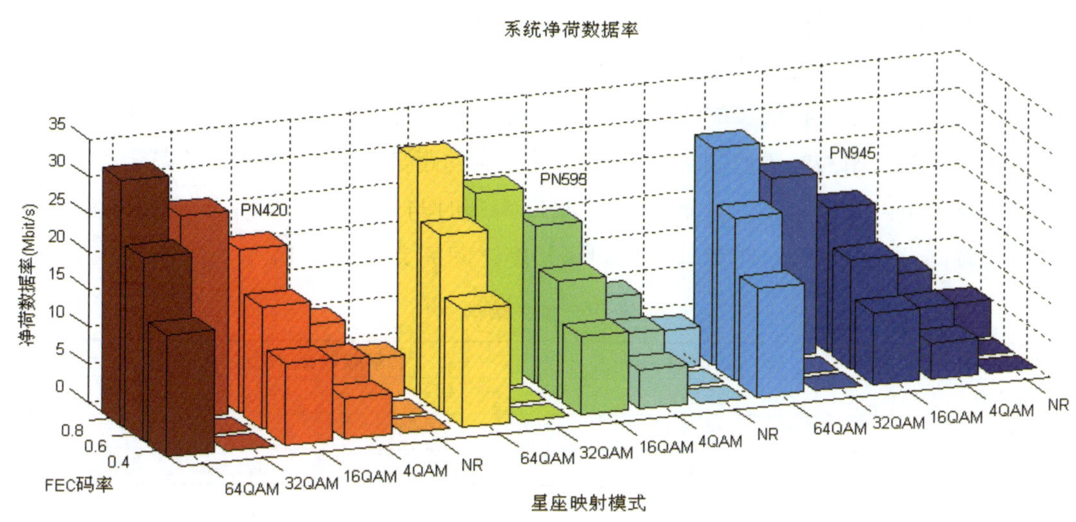

图 20　系统净荷数据率

同决定的。与此同时，相同或者相近的传输速率可以通过选择不同的帧头模式、映射方式和纠错编码效率的组合来实现，因此，在根据业务需要确定所需系统传输速率时，还需要根据帧头模式、映射方式和纠错编码效率等系统参数的特点来选择组建单频网的具体系统模式。

3. 2. 1　帧头模式

数字电视传输系统通常工作在复杂的多径信道条件下，如来自不同建筑物和不同地形地物的反射信号，以及在单频网环境下，一台接收机会同时接收到来自相邻发射机的发送信号，并将其作为回波信号处理。多径信号的存在会对接收机的接收性能产生很大的影响，造成系统的载噪比门限变大，以至于不能正常接收。

国家地面数字电视标准的基本传输单元为信号帧，信号帧由帧头和帧体两部分组成，帧头是能提供快速同步和高效信道估计与均衡的 PN 伪随机序列。为了对抗不同时延长度的多径干扰，标准提供了三种不同长度的帧头模式，如表 13 所示。

表 13　帧头模式

帧头模式	帧头符号数	帧头长度	信号帧长度
模式 1（PN420）	420	55. 6μs	4200 个符号
模式 2（PN595）	595	78. 7μs	4375 个符号
模式 3（PN945）	945	125μs	4725 个符号

从国标给出的三种帧头模式可以看出，国标采用 PN 序列作为帧头用来进行同步和信道估计，其优点包括：由于 PN 序列具有良好的自相关性，相关运算在时域内进行，同步时间较短，可以使得系统在同步方面显得更鲁棒；同时由于 PN 序列具有良好的随机性，可以对时域均衡器进行准确的训练，使均衡器能最优的补偿信道传输中产生的信号失真。采用保护间隔 PN 填充技术，无需像欧洲 DVB – T 那样插入过多的导频信号，使得系统的频谱利用率比 DVB – T 提高 10%，从而能够传输更多的有效载荷。

单频网组网中，由于地面数字电视接收机具有多径信号处理能力，因此接收天线上接收到的多个发射机的信号都可能对接收有贡献。然而当从远距离发射机来的信号延时大于接收设备的多径延时处理范围时，这个信号对于有用信号来说将变为干扰信号。因此，对于给定发射机距离的情况下，选择较长的帧头长度可以有效地降低 SFN 的自干扰，一种保守的组网方式是把两个发射台站的间距控制在帧头长度所对应的距离内，这样便可以完全消除网路自干扰，当然这种组网效率较低。在假设抗回波最大延时与帧头模式中各个帧头长度相同时，换算出的单频网台站之间设台距离与保护间隔长度之间的关系如表 14。

表 14 帧头结构

帧头结构	帧头长度（μs）	单频网最大设台距离（km）
PN240	55.6	16.7
PN595	78.7	23.6
PN945	125	37.5

本报告以 QPSK、0.4 编码效率系统模式，典型正三角形的 3 站 SFN 为模型进行软件仿真，分析保护间隔（抗最大回波延时）长短对单频网覆盖的影响以及与台站间距、发射功率和台站高度的关系。长保护间隔（LCP）设为 125μs，短保护间隔（SCP）设为 56μs。

仿真分析以各台站有效高度均为 100m，各台站 ERP 均为 5000W，台站间距为 35km 情况下，3 站 LCPSFN 的覆盖范围为基数计算覆盖率，以便于对不同 SFN 网络状况的覆盖率进行对比分析。即设定 QPSK、0.4 编码效率系统模式，台站有效高度均为 100m，台站 ERP 均为 5000W，台站间距为 35km 时，SFN 覆盖率为 100%，此时的 SFN 覆盖示意图如图 21 所示。

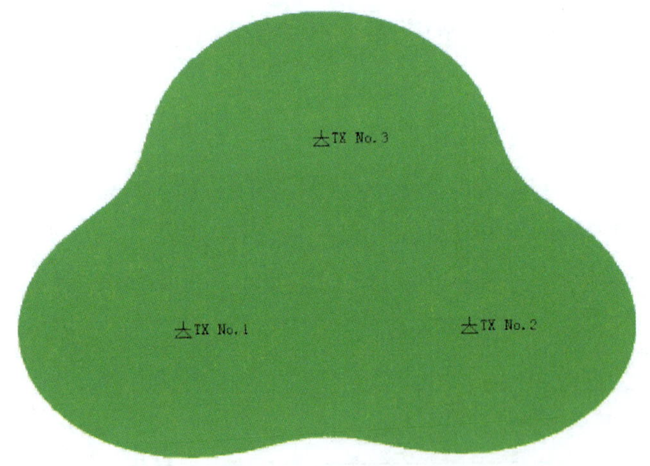

图 21 SFN 覆盖示意图

下面将从不同台站间距、不同发射功率（ERP）、不同台站有效高度等三个方面，针对 LCP/SCP 对 SFN 覆盖率的影响分别进行具体的仿真分析。在以下覆盖示意图中，绿色区域为 SCP SFN 的有效覆盖区，红色区域为因信号时延超出保护间隔产生同频干扰而损失的覆盖区，红色加上绿色的区域为 LCP SFN 的有效覆盖区。没有红色区域的覆盖示意图表明 SCP 与 LCP SFN 有效覆盖区相同。

3.2.1.1 台站间距

在各台站有效高度均为 100m、各台站 ERP 均为 5000W 的情况下，对不同台站间距的

SFN 覆盖率进行比较分析，SFN 覆盖示意图如图 22 所示。

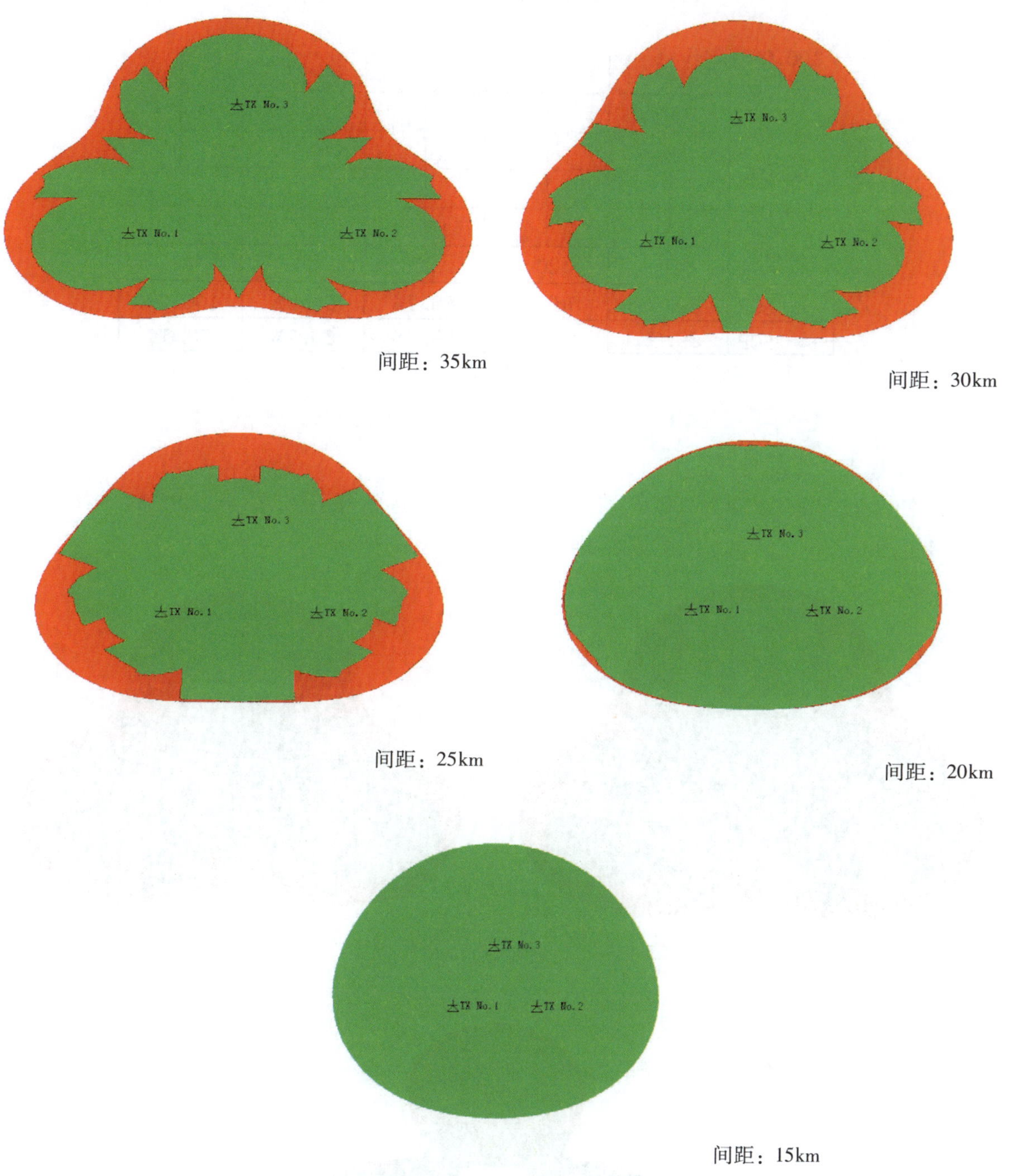

图 22　不同间距 LCP/SCP SFN 覆盖示意图

仿真计算统计结果如图 23 所示。

根据计算结果，在台站间距为 15km 的情况下，由于 SCP 和 LCP 的台站间距限制都得到满足，因此，两者覆盖率相当。但随着台站间距的扩大，超出了 SCP 的台站间距限制，部分区域将由于台站间距超出保护间隔产生的同频干扰而无法得到有效覆盖，因此，在台站间距大于 15 km 的情况下，LCP 的覆盖率优于 SCP 的覆盖率，并且总体上随着台站间距的扩大，LCP 的覆盖率优势更为明显。

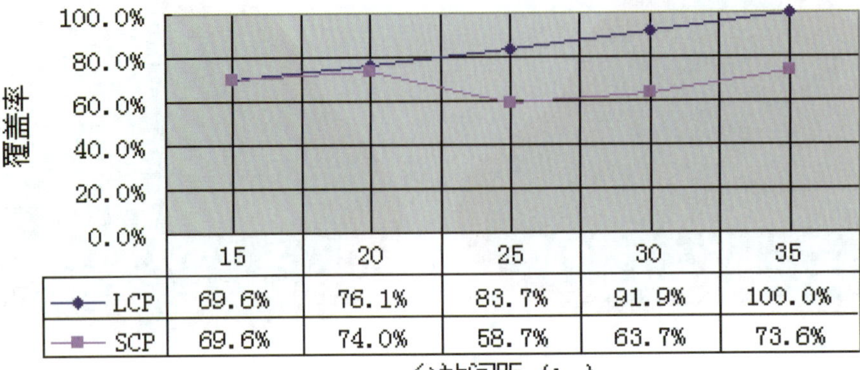

	15	20	25	30	35
LCP	69.6%	76.1%	83.7%	91.9%	100.0%
SCP	69.6%	74.0%	58.7%	63.7%	73.6%

图 23　不同间距 LCP/SCP SFN 覆盖统计

3.2.1.2　发射功率

在各台站有效高度均为 100 m、各台站间距为 35 km 情况下，对不同 ERP 的 SFN 覆盖率进行比较分析，SFN 覆盖示意图如图 24 所示。

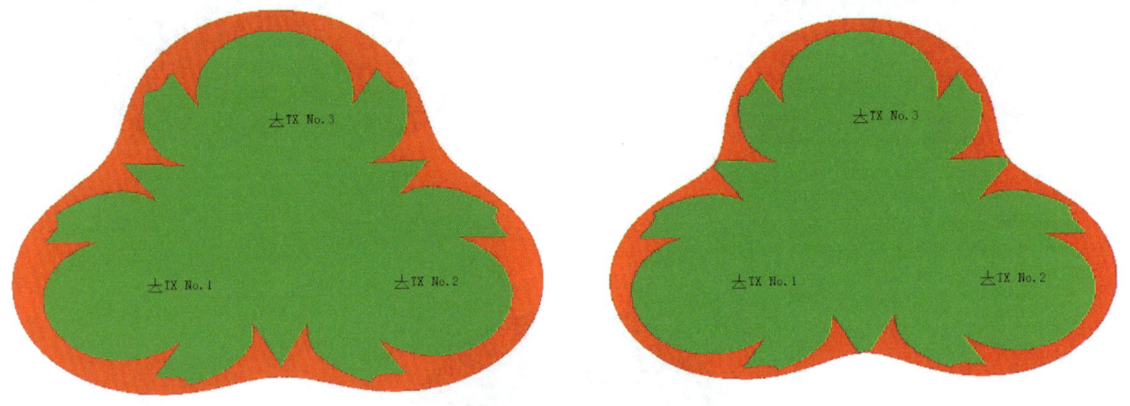

ERP：5000 W　　　　ERP：3000 W

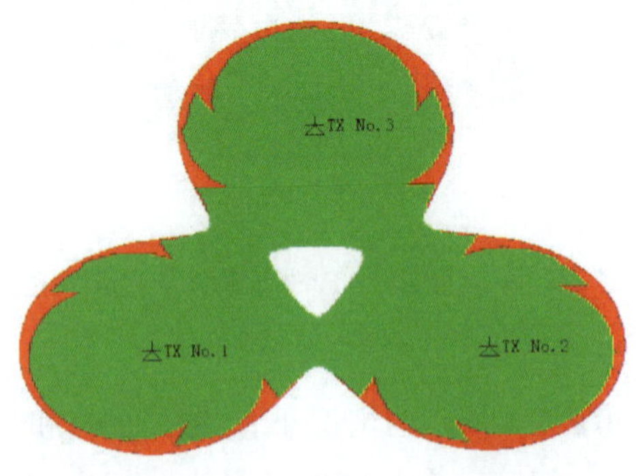

ERP：1000 W

图 24　不同 ERP LCP/SCP SFN 覆盖示意图

仿真计算统计结果如图 25 所示：

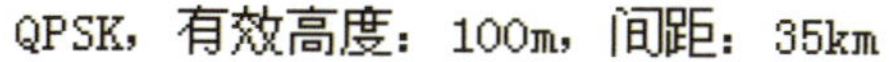

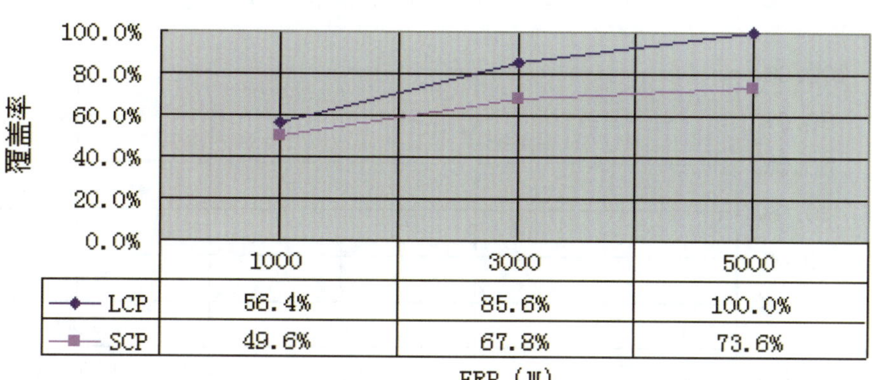

	1000	3000	5000
LCP	56.4%	85.6%	100.0%
SCP	49.6%	67.8%	73.6%

图 25　不同 ERP LCP/SCP SFN 覆盖统计

根据计算结果，在台站间距为 35km 的情况下，由于台站间距超出 SCP 的台站间距限制，但在 LCP 台站间距限制范围内，因此 LCP 覆盖率优于 SCP 覆盖率。对于 1000W、3000W 和 5000W 台站 ERP，LCP 的覆盖率优势分别为 6.8%、17.8% 和 26.4%，可见 LCP 相对 SCP 的覆盖率优势随 ERP 的增加而增大。

3.2.1.3　台站高度

在各台站 ERP 均为 5000 W、各台站间距为 35km 的情况下，对不同台站有效高度的覆盖率进行比较分析，相应的 SFN 覆盖示意图如图 26 所示。

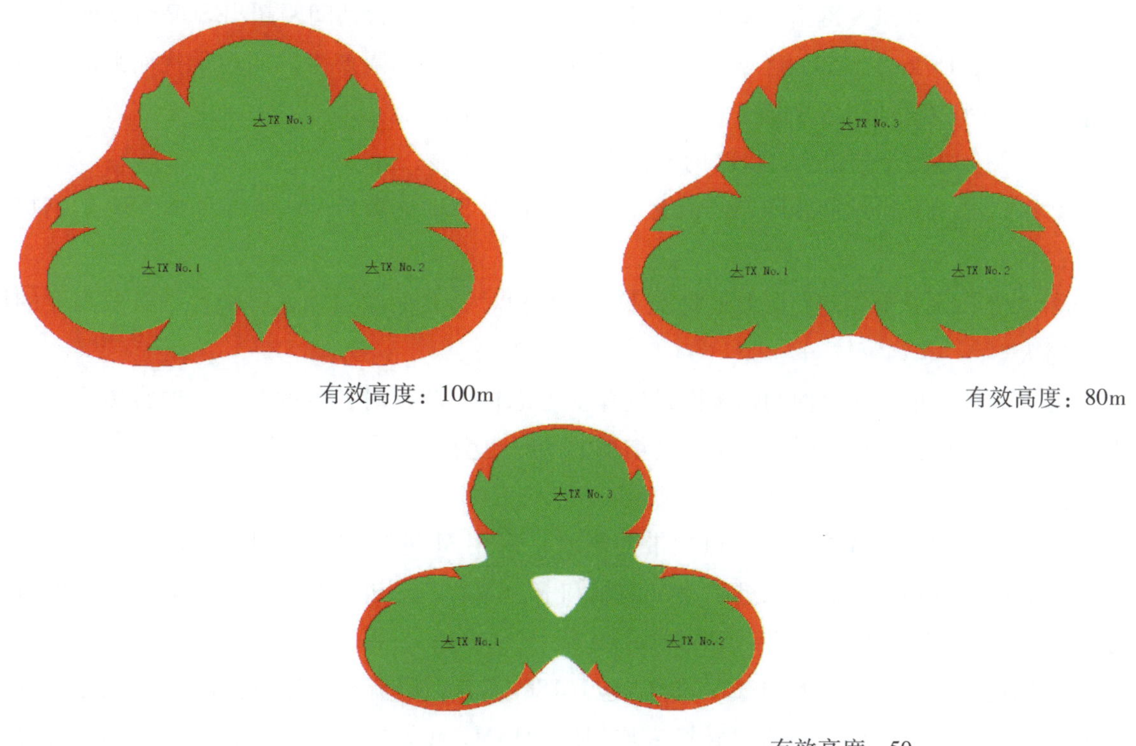

图 26　不同有效高度 LCP/SCP SFN 覆盖示意图

仿真计算统计结果如图 27 所示：

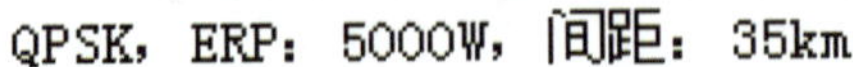

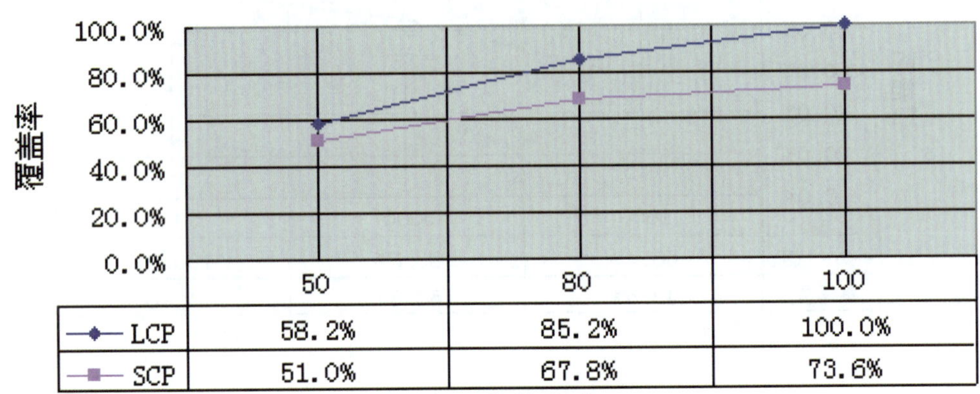

图 27 不同有效高度 LCP/SCP SFN 覆盖统计

根据计算结果，在台站间距为 35km 的情况下，由于台站间距超出 SCP 的台站间距限制，但在 LCP 台站间距限制范围内，因此 LCP 覆盖率优于 SCP 覆盖率。对于 50m、80m 和 100m 台站有效高度，LCP 的覆盖率优势分别为 7.2%、17.4% 和 26.4%，可见 LCP 相对 SCP 的覆盖率优势随台站有效高度的增加而增大。

3.2.1.4 小结

通过以上典型 SFN 网络结构的覆盖率仿真分析可知，在台站间距超出 SCP 台站间距限制的情况下（>15 km），部分区域将由于台站间距超出保护间隔产生的同频干扰而无法得到有效覆盖，此时 LCP 的覆盖率优于 SCP 的覆盖率，与此同时：

①随着台站间距的扩大，LCP 的覆盖率优势更为明显；

②在超出 SCP 台站间距限制的情况下，LCP 相对 SCP 的覆盖率优势随台站 ERP 的增加而增大；

③在超出 SCP 台站间距限制的情况下，LCP 相对 SCP 的覆盖率优势随台站有效高度的增加而增大。

综上分析，单频网组网的帧头模式选择要考虑抗回波延时长度的需求。通常帧头长度越长，越有利于抵抗多径延时，但是长度增加的同时也会降低系统的净荷数据率。

3.2.2 映射方式与纠错编码效率

对于多进制数字调制，当信道频带受限时，采用 M 进制数字调制可以增大信息传输速率，提高频带利用率：对于二进制数字调制和 M（$M=2^n$）进制数字调制来说，后者的带宽是前者的 $1/\log_2 M$，频带利用率提高到 $\log_2 M$ 倍。

国标规定，外部输入的 MPEG－2 TS 包（188 字节）码流经过进行扰码（随机化）和前向纠错编码（FEC 后的比特流要转换成均匀的 nQAM，n 为星座点数）符号流。国家标准共采用 5 种映射方式：64QAM、32QAM、16QAM、4QAM 和 4QAM－NR。各种符号映射加入相应的功率归一化因子，使各种符号映射的平均功率趋同。

①对于64QAM，每6比特对应于1个星座符号。FEC编码输出的比特数据被拆分成6比特为一组的符号（b5b4b3b2b1b0），该符号的星座映射是同相分量I = b2b1b0；正交分量Q = b5b4b3，星座点坐标对应的I和Q的取值为 -7，-5，-3，-1，1，3，5和7。其星座图见图28。

②对于32QAM，每5比特对应于1个星座符号。FEC编码输出的比特数据被拆分成5比特为一组的符号（b4b3b2b1b0）。星座点坐标对应的同相分量I和正交分量Q的取值为 -7.5，-4.5，-1.5，1.5，4.5，7.5。其星座映射见图29。

③对于16QAM，每4比特对应于1个星座符号。FEC编码输出的比特数据被拆分成4比特为一组的符号（b3b2b1b0），该符号的星座映射是同相分量I = b1b0；正交分量Q = b3b2，星座点坐标对应的I和Q的取值为 -6，-2，2，6。其星座映射见图30。

④对于4QAM，每2比特对应于1个星座符号。FEC编码输出的比特数据被拆分成2比特为一组的符号（b1b0），该符号的星座映射是同相分量I = b0；正交分量Q = b1，星座点坐标对应的I和Q的取值为 -4.5，4.5。其星座映射见图31。

⑤4QAM - NR映射方式是在4QAM符号映射之前增加NR准正交编码映射。按照国标《数字电视地面广播传输系统帧结构、信道编码和调制》中4.4.4节描述的交织方法对FEC编码后的数据信号进行基于比特的卷积交织，然后进行一个8比特到16比特的NR准正交预映射，再把预映射后每2个比特按照1.2.6节4QAM调制方式映射到星座符号，直接与系统信息复接。

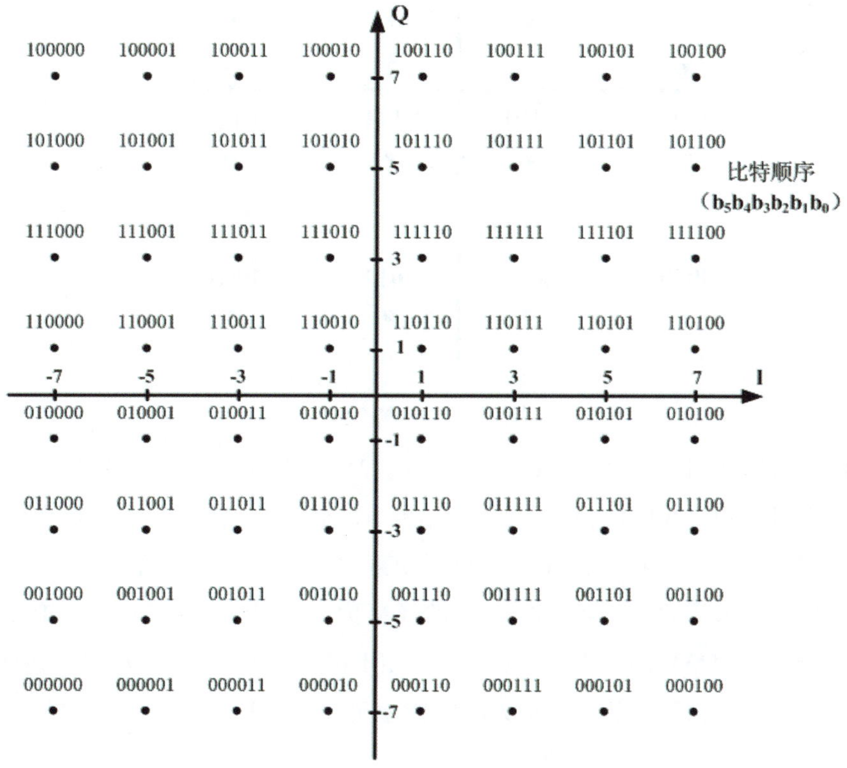

图28　64QAM映射

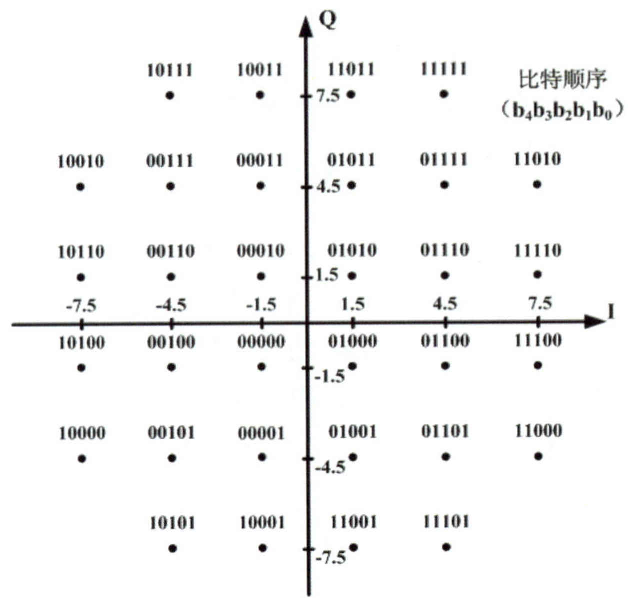

图 29　32QAM 映射

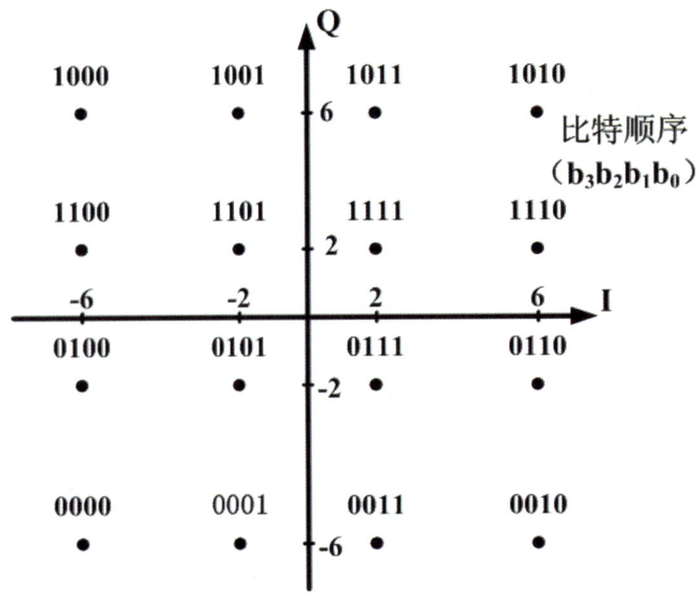

图 30　16QAM 映射

五种不同的星座映射方式（64QAM、32QAM、16QAM、4QAM 和 4QAM－NR）与星座点相对应的比特符号分别为 6 比特、5 比特、4 比特、2 比特、1 比特。其中 4QAM－NR 的星座映射方式和 4QAM 相同，不同点是在做 4QAM 映射之前先进行 NR 编码。对于相同的帧头模式和相同的前向纠错编码效率，4QAM－NR 的净荷数据率是 4QAM 的 1/2，16QAM、64QAM 的净荷数据率分别是 4QAM 的 2 倍和 3 倍。对于相同的前向纠错编码效率，在相同的信道条件下，由于低阶的星座映射能够提供更大的欧氏距离，故 4QAM 抗干扰能力最强，64QAM 相对最差。

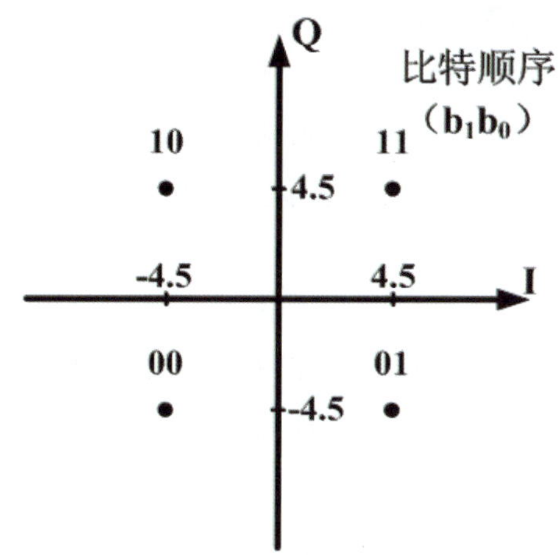

图 31　4QAM 映射

为了确保地面数字电视信号传输的可靠性，采用了前向纠错编码和时域符号交织等方法。扰码后的比特流接着进行前向纠错编码。前向纠错编码由外码（BCH 码）和内码（LDPC）级联实现。FEC 码的具体参数见表 15。

表 15 纠错编码效率

编号	块长（比特）	信息比特	对应的近似编码效率
码率 1	7488	3008	0. 4
码率 2	7488	4512	0. 6
码率 3	7488	6016	0. 8

BCH（762，752）码由 BCH（1023，1013）系统码缩短而成。在 752 比特数据扰乱码前添加 261 比特 0 成为 1013 比特，编码成 1023 比特（信息位在前）。然后去除前 261 比特 0，形成 762 比特 BCH 码字。该 BCH 码的生成多项式为：

$$G_{BCH}(x) = 1 + x^3 + x^{10} \quad \cdots\cdots (7)$$

三种码率的前向纠错码使用同样的 BCH 码。

LDPC 码的生成矩阵 Gqc 的结构如下所示：

$$G_{qc} = \begin{matrix} G_{0,0} & G_{0,1} & \cdots & G_{0,c-1} & I & O & \cdots & O \\ G_{1,0} & G_{1,1} & \cdots & G_{1,c-1} & O & I & \cdots & O \\ \vdots & \vdots & G_{i,j} & \vdots & \vdots & \vdots & \ddots & \vdots \\ G_{k-1,0} & G_{k-1,1} & \cdots & G_{k-1,c-1} & O & O & \cdots & I \end{matrix} \quad \cdots\cdots (8)$$

其中，I 是 b×b 阶单位矩阵，O 是 b×b 阶零阵，而 $G_{i,j}$ 是 b×b 循环矩阵，取 $0 \leqslant i \leqslant k-1$，$0 \leqslant j \leqslant c-1$。

BCH 码字按顺序输入 LDPC 编码器时，最前面的比特是信息序列矢量的第一个元素。LDPC 编码器输出的码字信息位在后，校验位在前。LDPC 码由循环矩阵 $G_{i,j}$ 生成。$G_{i,j}$ 的定义详见国标 GB 20600－2006 附录 A。LDPC 码的校验矩阵定义详见国标 GB 20600－2006 附录 B。

三种不同内码码率的 FEC 码的结构分别为：

①码率为 0.4 的 FEC（7488，3008）码：先由 4 个 BCH（762，752）码和 LDPC（7493，3048）码级联构成，然后将 LDPC（7493，3048）码前面的 5 个校验位删除。LDPC（7493，3048）码的生成矩阵 Gqc 具有（4－7）式所示的矩阵形式，其中参数 k＝24，c＝35 和 b＝127。

②码率为 0.6 的 FEC（7488，4512）码：先由 6 个 BCH（762，752）码和 LDPC（7493，4572）码级联构成，然后将 LDPC（7493，4572）码前面的 5 个校验位删除。LDPC（7493，4572）码的生成矩阵 Gqc 具有（4－7）式所示的矩阵形式，其中参数 k＝36，c＝23 和 b＝127。

③码率为 0.8 的 FEC（7488，6016）码：先由 8 个 BCH（762，752）码和 LDPC（7493，6096）码级联构成，然后将 LDPC（7493，6096）码前面的 5 个校验位删除。LDPC（7493，6096）码的生成矩阵 Gqc 具有（4－7）式所示的矩阵形式，其中参数 k＝48，c＝11 和 b＝127。

其中，0.4 前向纠错编码效率具有最高的纠错能力，同时具有最大的冗余度，这种模式适用于强干扰信道。相反，0.8 前向纠错编码效率具有最低的冗余度，同时纠错能力也最低。

3.2.2.1 同频保护率对 SFN 覆盖的影响

映射方式与编码效率的组合决定了系统的基本性能，包括与单频网关系最密切的同频保护率性能。同样，通过典型 SFN 网络的仿真来分析保护率差异对 SFN 覆盖的影响。

在各台站有效高度均为 100m、ERP 均为 5000W、各台站间距为 35km 的情况下，对采用不同系统模式的相对覆盖率（SCP 覆盖面积与 LCP 覆盖面积之比）进行比较分析，相应的 SFN 覆盖示意图如图 32 所示。

系统模式：QPSK　　系统模式：16QAM

图 32　不同系统模式 LCP/SCP SFN 覆盖示意图

仿真计算统计结果如图 33 所示：

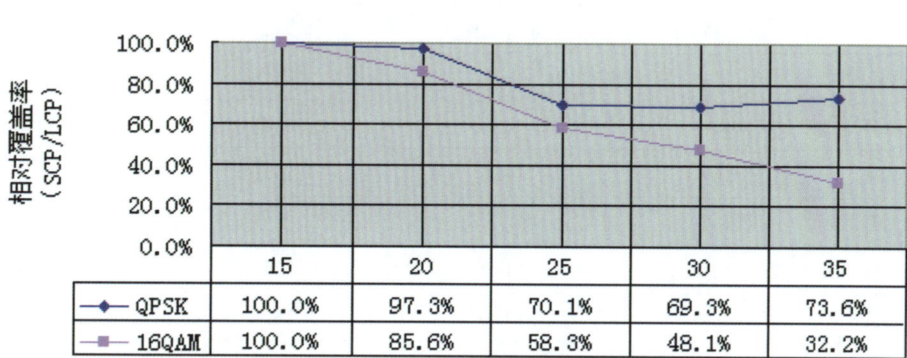

图 33　不同系统模式 LCP/SCP SFN 覆盖统计

根据以上计算结果，在台站间距为 15km 的情况下，对于（QPSK，0.4）模式，由于台站间距在 PN420 帧头模式的理想台站间距限制（16.7km）之内，PN420 帧头模式覆盖面积与 PN945 帧头模式覆盖面积相同，因此，两种帧头模式得相对覆盖率为 100%。在台站间距为 25km 的情况下，对于（QPSK，0.4）模式，由于台站间距超出了 PN420 帧头模式的理想台站间距限制（16.7km），PN420 帧头模式下部分区域将由于台站间距超出保护间隔产生的同频干扰而无法得到有效覆盖，此时 PN420 帧头模式的覆盖面积小于的 PN945 帧头模式覆盖面积，两种帧头模式的相对覆盖率为 70.1%。而且由于（16QAM，0.4）模式的同频保护率大于（QPSK，0.4）模式的同频保护率，因此，（16QAM，0.4）模式下因台站间距超出保护间隔产生的同频干扰对覆盖的影响更大，（16QAM，0.4）模式对应的相对覆盖率为 58.3%。从图 33 所示的仿真计算结果可以看出，在超出 PN420 帧头模式理想台站间距限制的情况下，同频干扰导致的覆盖率损失随所用系统模式同频保护率的增加而增大。

在单频网的实际推广应用中，受实际组网条件的限制，难免会出现台站间距超出帧头模式理想台站间距限制的情况。此时在满足业务开展所需系统净荷数据率的条件下，应当尽可能选择同频保护率较低的系统模式组建单频网，以减少同频干扰导致的覆盖率损失。

3.2.2.2　系统模式与接收方式

地面数字电视的接收方式包括固定接收和移动接收两种方式。在单频网组网的过程中，纠错编码效率结合映射方式的多种组合对不同的接收方式效果也不同。从性能上不能把信号星座映射方式的选择和前向纠错编码效率的选择孤立开来。表 16 是 GY/T 237－2008 中给出的各种星座映射方式和前向纠错编码效率的组合在高斯信道、莱斯信道和瑞利信道（信道模型见附录二）下的载噪比门限值。在莱斯信道和瑞利信道下，载噪比门限值可能随接收机实现水平的提高而有所改善。

表 16　载噪比门限

映射方式	前向纠错编码效率	载噪比门限 dB		
		高斯信道	莱斯信道	瑞利信道
4QAM	0.4	2.5	3.5	4.5
16QAM	0.4	8.0	9.0	10.0
64QAM	0.4	14.0	15.0	16.0
4QAM	0.6	4.5	5.0	7.0
16QAM	0.6	11.0	12.0	14.0
64QAM	0.6	17.0	18.0	20.0
4QAM－NR	0.8	2.5	3.5	4.5
4QAM	0.8	7.0	8.0	12.0
16QAM	0.8	14.0	15.0	18.0
32QAM	0.8	16.0	17.0	21.0
64QAM	0.8	22.0	23.0	28.0

如表 16 所示，在莱斯信道环境中，在 4QAM 映射方式下 0.8 前向纠错编码效率的载噪比门限值比 0.4 前向纠错编码效率的高 4.5dB；在 16QAM 映射方式下 0.8 前向纠错编码效率的载噪比门限值比 0.4 前向纠错编码效率的高 6dB；在 64QAM 映射方式下 0.8 前向纠错编码效率的载噪比门限值比 0.4 前向纠错编码效率的高 8dB。即对于莱斯信道，上述同一符号映射方式下，不同前向纠错编码效率（0.4/0.8）的载噪比门限值的差值分别为 4.5dB、6dB 和 8dB。而对于瑞利信道，上述同一符号映射方式下，不同前向纠错编码效率（0.4/0.8）的载噪比门限值的差值更大，分别为 7.5dB、8dB 和 12dB。可见在信道环境较为恶劣的瑞利信道下，降低前向纠错编码效率带来的性能改善相对莱斯信道更明显。

另一方面，可以进一步比较具有相同净荷数据率的符号映射方式与前向纠错编码效率组合的载噪比门限值，例如（16QAM，0.4）与（4QAM，0.8）。根据表 16 可以看出，在信道环境较为恶劣的瑞利信道下，（4QAM，0.8）模式的载噪比门限要比（16QAM，0.4）模式高 2dB，因此，在具备相同净荷数据率的不同系统模式中，前向纠错编码效率较低的模式适合应对更恶劣的接收环境，因而更适用于移动接收环境，而在信道环境较好的高斯信道与莱斯信道下，（4QAM，0.8）模式的载噪比门限值比（16QAM，0.4）模式低 1dB，因而（4QAM，0.8）更适合于固定接收环境。而对于码率为 0.6 的情况，由于其对应的载噪比门限相对于（16QAM，0.4）的载噪比有所提高，而载噪比门限的提高意味着在相同发送功率时覆盖半径将会缩小，因此，其业务立足点是小范围的移动接收和大范围的固定接收，可以在一定程度上兼顾移动接收和固定接收。

对不同的映射方式及编码效率的组合，下面给出几种典型的应用供参考：

①16QAM 调制，LDPC 码率 0.4，PN945，载荷速率为 9.626Mbps，可在此总码率下安排标清数字电视节目三至五套，这种模式接收灵敏度高，C/N 门限低，适合面对恶劣的接收环

境，例如城市公交移动；

②16QAM 调制，LDPC 码率 0.6，PN945，载荷速率 14.438 Mbps，采用统计复用技术可复用八套 1.8 Mbps 标清数字电视节目，但因 C/N 门限相对前者提高，因而在相同发送功率时覆盖半径将会缩小，其业务立足点是小范围的移动和较大范围的固定接收；

③16QAM 调制，LDPC 码率 0.8，PN420，载荷速率 21.658 Mbps 或者 64QAM 调制，LDPC 码率 0.6，PN420，载荷速率 24.365 Mbps，以上模式可在一个信道内复用近十套标清数字电视信号或者一套高清数字电视信号，但其 C/N 门限更高，其业务应用是一定范围的固定接收。

3.3 重叠覆盖区接收性能分析

3.3.1 重叠覆盖区基本特性

单频网重叠覆盖区，从广义上讲是指地面数字电视单频网各台站有效覆盖区的重叠区域，在该区域中接收机可以同时接收到网络中多个发射台站的发射信号，相当于图 34 中蓝色部分所示。当台站 1 与台站 2 处于同步状态时，重叠覆盖区内的多径信号处于抗多径延时范围之内，不会造成同频干扰。相反，当台站 1 与台站 2 失步时，在重叠覆盖区内就会产生同频干扰，此时当有用信号与干扰信号的功率比大于射频保护率时，接收机仍然能够正常接收。但是失步时当有用信号与干扰信号的功率比小于射频保护率时，接收机就不能正常接收。我们通常将在单频网失步时有用信号与干扰信号的功率比小于射频保护率的区域定义为狭义上的重叠覆盖区。本项目主要以狭义的重叠覆盖区作为研究对象。

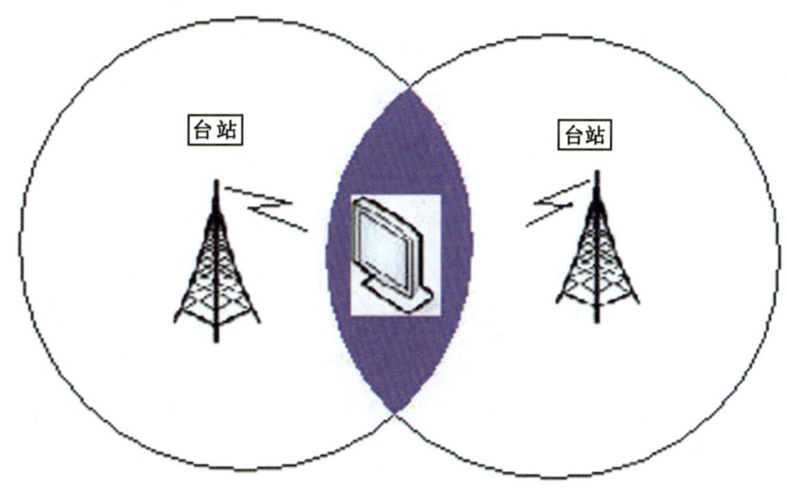

图 34 重叠覆盖区

3.3.2 重叠覆盖区接收性能优化分析

地面数字电视单频网重叠覆盖区接收性能本质上为地面数字电视系统抗无线信道多径干扰的能力。值得注意的是，虽然数字电视系统能够对付长延时、强多径的无线信道，但在这样的信道下，接收系统的载噪比门限通常会有恶化，这在一定的底噪情况下将要求更高的信号功率输入，为有效覆盖增加不确定因素。通过实验分析，地面数字电视单频网重叠覆盖区接收性能调整改善的一个重要原则是：减轻单频网各发射点在重叠覆盖区形成的多径干扰。具体而言，是要尽力减小长延时、强多径信道存在的区域。单频网一般可以做到的是在重叠覆盖区多径较强时，可以将延时控制得较小（例如小于 10 μs）；在多径延时较长时，可以将多径的强度控制得较小（例如相对主径衰减大于 10 dB）。

根据上述原则，在地面数字电视单频网建设过程中，可以通过合理选择单频网发射点的位置、设置发射天线的高度、设计发射天线的方向图、改变发射天线的倾角、调整各发射点发射功率以及各发射点信号的相对延时等措施来优化和提高网络重叠区的性能。

2007 年北京地区地面数字电视技术试验对以上结论进行了验证。在技术试验过程中，选取了中央大塔、491 台和沙河地球站作为北京地区单频网的三个发射点，三个台站分布及距离如图 35 所示。

图 35　台站分布图

根据设计，中央大塔覆盖范围较大，北京地区地面数字电视单频网三个发射台站间只存在中央大塔和沙河地球站、中央大塔和 491 台两种重叠覆盖情况。对地面数字电视单频网覆盖重叠区的优化首先要确定重叠覆盖区的范围，这可以通过分别测试覆盖区内各个不同台站单独发射时的信号接收场强，通过计算信号场强差来确定重叠覆盖区。技术试验组选取了北工大、华贸大厦、八达岭高速小营出口为测试点，其中北工大、华贸大厦属于大塔和 491 台的重叠覆盖区，八达岭高速小营出口属于大塔和沙河地球站的重叠覆盖区，通过改变单频网各发射点发射信号相对延时的方式来调整和优化性能。表 17、表 18、表 19 分别给出了北京地区地面数字电视单频网北工大、华贸大厦、八达岭高速出口测试点接收性能调整过程及调整前后性能对比情况。

表 17　单频网北工大测试点调整前后重叠覆盖区接收性能对比

<table>
<tr><td>测试地点</td><td colspan="5">北工大</td></tr>
<tr><td colspan="2" rowspan="2">接收信号电平（dBm）</td><td>中央大塔</td><td colspan="2">491</td><td>大塔 +491</td></tr>
<tr><td>-77.0 dBm</td><td colspan="2">-76.0 dBm</td><td>-73.3 dBm</td></tr>
<tr><td rowspan="3">工作模式</td><td>测量参数</td><td colspan="2">中央大塔 +491（调整前）</td><td colspan="2">大塔 +491（调整后）</td></tr>
<tr><td>信号频谱</td><td colspan="2"> 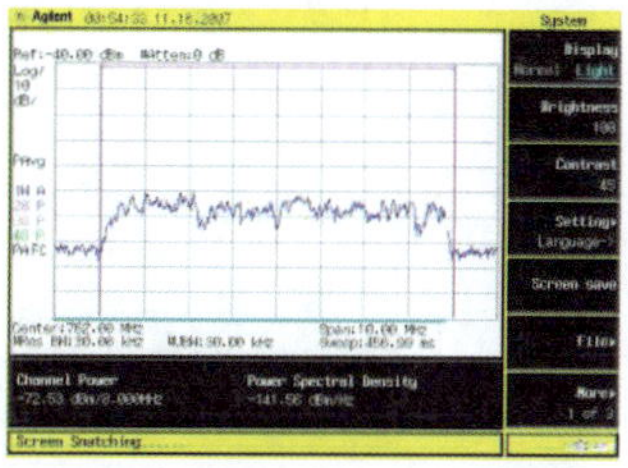</td><td colspan="2"> 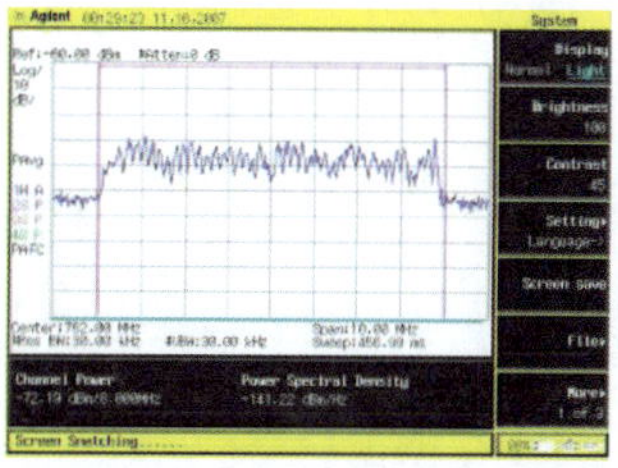</td></tr>
<tr><td>信道冲激响应</td><td colspan="2"> 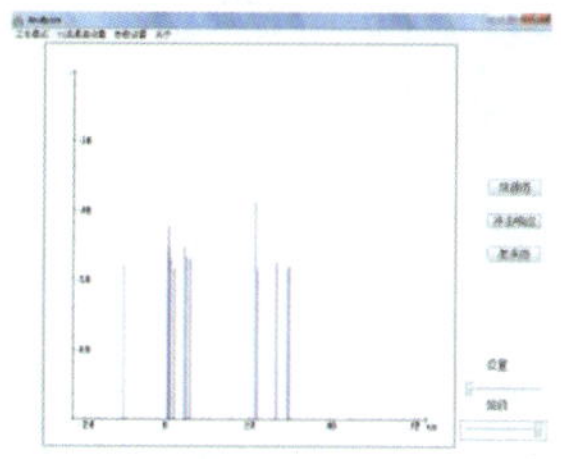</td><td colspan="2"> 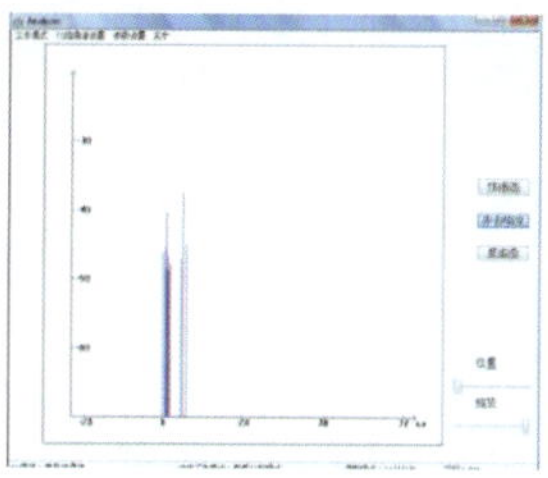</td></tr>
<tr><td rowspan="4">4QAM-NR 0.8 595
单载波</td><td>接收信号电平（dBm）</td><td colspan="2">-73.3</td><td colspan="2">-73.4</td></tr>
<tr><td>C/N（dB）</td><td colspan="2">5.7</td><td colspan="2">5.1</td></tr>
<tr><td>最小信号电平（dBm）</td><td colspan="2">-85.4</td><td colspan="2">-86.8</td></tr>
<tr><td>信号裕量（dB）</td><td colspan="2">12.1</td><td colspan="2">13.4</td></tr>
<tr><td rowspan="4">4QAM 0.8 595
单载波</td><td>接收信号电平（dBm）</td><td colspan="2">-72.5</td><td colspan="2">-72.4</td></tr>
<tr><td>C/N（dB）</td><td colspan="2">12.8</td><td colspan="2">10.6</td></tr>
<tr><td>最小信号电平（dBm）</td><td colspan="2">-78.2</td><td colspan="2">-81.2</td></tr>
<tr><td>信号裕量（dB）</td><td colspan="2">5.7</td><td colspan="2">8.8</td></tr>
<tr><td rowspan="4">4QAM 0.4 420
多载波</td><td>接收信号电平（dBm）</td><td colspan="2">-72.5</td><td colspan="2">-72.7</td></tr>
<tr><td>C/N（dB）</td><td colspan="2">11.5</td><td colspan="2">5.3</td></tr>
<tr><td>最小信号电平（dBm）</td><td colspan="2">-80.1</td><td colspan="2">-85.2</td></tr>
<tr><td>信号裕量（dB）</td><td colspan="2">7.6</td><td colspan="2">12.1</td></tr>
<tr><td rowspan="4">4QAM 0.4 945
多载波</td><td>接收信号电平（dBm）</td><td colspan="2">-72.1</td><td colspan="2">-72.1</td></tr>
<tr><td>C/N（dB）</td><td colspan="2">5.9</td><td colspan="2">5.0</td></tr>
<tr><td>最小信号电平（dBm）</td><td colspan="2">-84.9</td><td colspan="2">-85.5</td></tr>
<tr><td>信号裕量（dB）</td><td colspan="2">12.8</td><td colspan="2">13.4</td></tr>
<tr><td rowspan="4">16QAM 0.4 420
多载波</td><td>接收信号电平（dBm）</td><td colspan="2">-72.5</td><td colspan="2">-72.5</td></tr>
<tr><td>C/N（dB）</td><td colspan="2" rowspan="3">不工作</td><td colspan="2">10.9</td></tr>
<tr><td>最小信号电平（dBm）</td><td colspan="2">-80.4</td></tr>
<tr><td>信号裕量（dB）</td><td colspan="2">7.9</td></tr>
<tr><td rowspan="4">16QAM 0.4 945
多载波</td><td>接收信号电平（dBm）</td><td colspan="2">-72.2</td><td colspan="2">-71.9</td></tr>
<tr><td>C/N（dB）</td><td colspan="2">11.2</td><td colspan="2">11.4</td></tr>
<tr><td>最小信号电平（dBm）</td><td colspan="2">-80.2</td><td colspan="2">-79.8</td></tr>
<tr><td>信号裕量（dB）</td><td colspan="2">8</td><td colspan="2">7.9</td></tr>
</table>

表 18　单频网调整延时华贸大厦测试点对比测试

测试地点	华贸大厦		
接收信号电平（dBm）	大塔	491	大塔 +491
	-73.6 dBm	-74.4 dBm	-71.0 dBm

测试地点	测量参数	大塔 +491（调整前）	大塔 +491（调整后）
工作模式	信号频谱	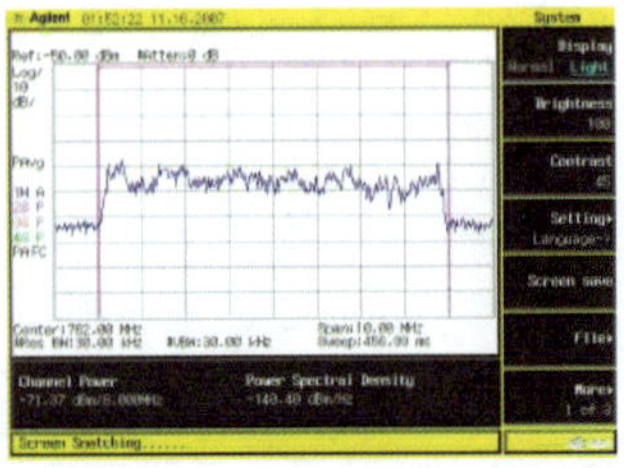	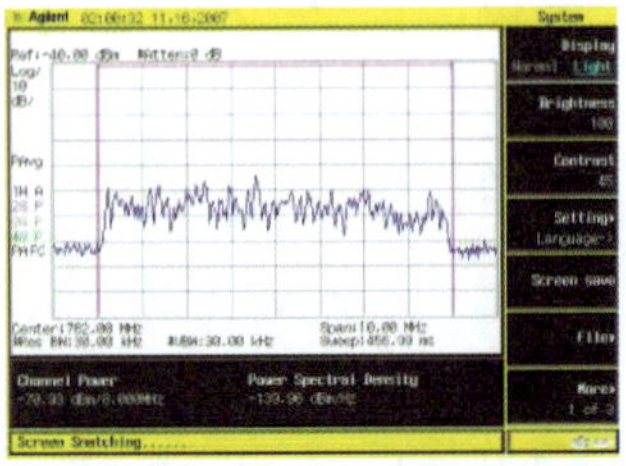
	信道冲激响应	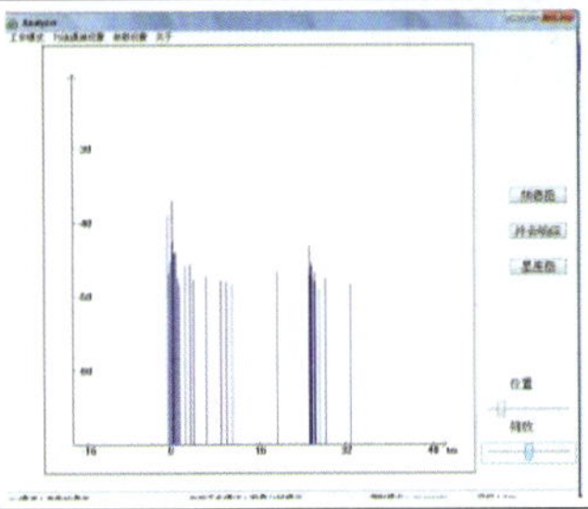	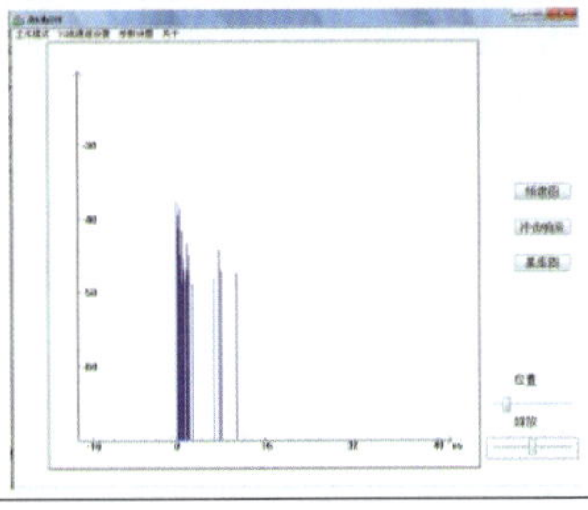
4QAM - NR 0.8 595 单载波	接收信号电平（dBm）	-71.2	-71.0
	C/N（dB）	6.1	5.3
	最小信号电平（dBm）	-84.7	-85.4
	信号裕量（dB）	13.5	14.4
4QAM 0.8 595 单载波	接收信号电平（dBm）	-71.2	-71.2
	C/N（dB）	16.4	11.6
	最小信号电平（dBm）	-76.3	-80.2
	信号裕量（dB）	5.1	9
4QAM 0.4 420 多载波	接收信号电平（dBm）	-72.0	-71.4
	C/N（dB）	13.8	6.9
	最小信号电平（dBm）	-78.8	-84.2
	信号裕量（dB）	6.8	12.8
4QAM 0.4 945 多载波	接收信号电平（dBm）	-71.5	-70.9
	C/N（dB）	6.8	6.5
	最小信号电平（dBm）	-84.8	-84.6
	信号裕量（dB）	13.3	13.7
16QAM 0.4 420 多载波	接收信号电平（dBm）	-71.4	-71.4
	C/N（dB）	不工作	12.2
	最小信号电平（dBm）		-80.0
	信号裕量（dB）		8.6
16QAM 0.4 945 多载波	接收信号电平（dBm）	-71.3	-71.2
	C/N（dB）	12.2	11.6
	最小信号电平（dBm）	-79.8	-80.9
	信号裕量（dB）	8.5	9.7

表 19　单频网调整延时八达岭高速小营出口测试点对比测试

<table>
<tr><td>测试地点</td><td colspan="5">八达岭高速小营出口</td></tr>
<tr><td colspan="2" rowspan="2">接收信号电平（dBm）</td><td>大塔</td><td colspan="2">沙河</td><td>大塔 + 沙河</td></tr>
<tr><td>-81.2</td><td colspan="2">-80.3</td><td>-76.5</td></tr>
<tr><td rowspan="3">工作模式</td><td>测量参数</td><td colspan="2">大塔 + 沙河（调整前）</td><td colspan="2">大塔 + 沙河（调整后）</td></tr>
<tr><td>信号频谱</td><td colspan="2"> 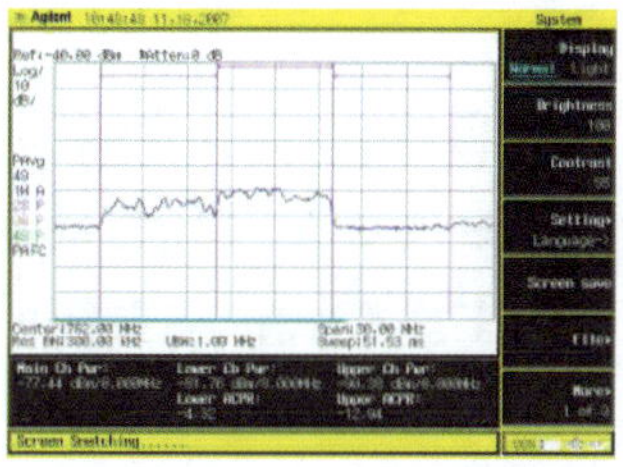</td><td colspan="2"> 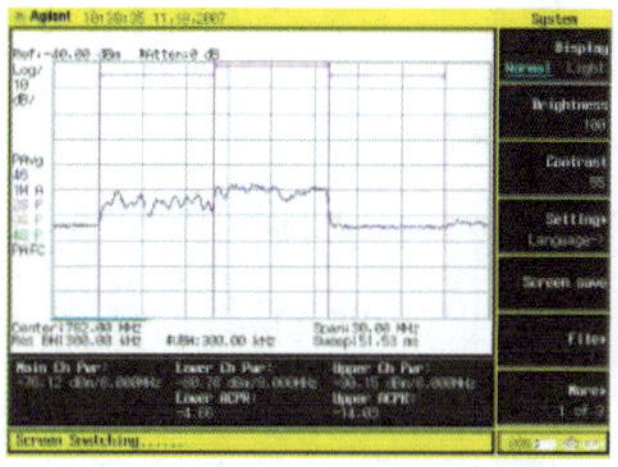</td></tr>
<tr><td>信道冲激响应</td><td colspan="2"> 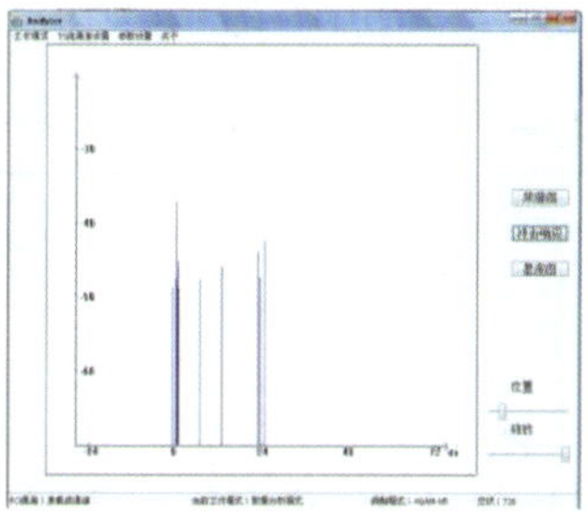</td><td colspan="2"> 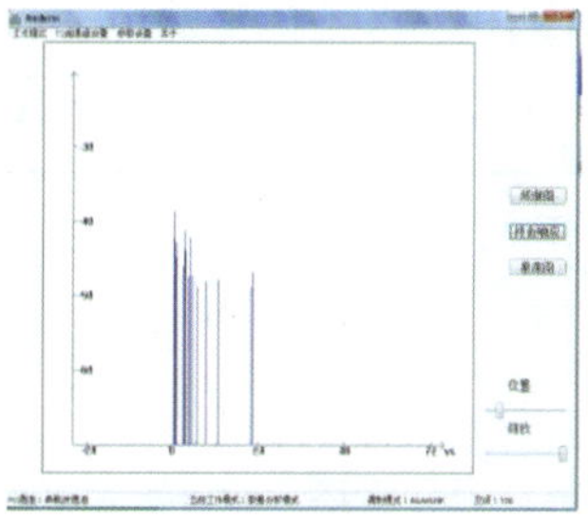</td></tr>
<tr><td rowspan="4">4QAM - NR 0.8 595
单载波</td><td>接收信号电平（dBm）</td><td colspan="2">-77.4</td><td colspan="2">-76.1</td></tr>
<tr><td>C/N（dB）</td><td colspan="2" rowspan="3">工作不稳定</td><td colspan="2">5.7</td></tr>
<tr><td>最小信号电平（dBm）</td><td colspan="2">-85.3</td></tr>
<tr><td>信号裕量（dB）</td><td colspan="2">8.2</td></tr>
<tr><td rowspan="4">4QAM 0.4 420
多载波</td><td>接收信号电平（dBm）</td><td colspan="2">-76.3</td><td colspan="2">-77.8</td></tr>
<tr><td>C/N（dB）</td><td colspan="2">12.6</td><td colspan="2">4.9</td></tr>
<tr><td>最小信号电平（dBm）</td><td colspan="2">-82.5</td><td colspan="2">-84.9</td></tr>
<tr><td>信号裕量（dB）</td><td colspan="2">6.2</td><td colspan="2">7.1</td></tr>
<tr><td rowspan="4">4QAM 0.4 945
多载波</td><td>接收信号电平（dBm）</td><td colspan="2">-75.6</td><td colspan="2">-76.4</td></tr>
<tr><td>C/N（dB）</td><td colspan="2">9.4</td><td colspan="2">5.5</td></tr>
<tr><td>最小信号电平（dBm）</td><td colspan="2">-83.7</td><td colspan="2">-84.5</td></tr>
<tr><td>信号裕量（dB）</td><td colspan="2">8.1</td><td colspan="2">8.1</td></tr>
</table>

从表17、表18、表19中可以看出：调整前由于信号合成，接收信号的多径干扰比较严重（见表17、表18、表19中调整前信道冲激响应）。调整后单频网重叠覆盖区内的强度相当的多径信号之间的相对时延明显减小（见表17、表18、表19中调整后信道冲激响应），相对调整前，载噪比门限和信号裕量都有了改善，而且信号裕量的改善主要来源于载噪比门限的降低。

考虑到移动接收测试能够更加全面、准确地反映地面数字电视单频网重叠覆盖区覆盖性能和效果，本次技术试验在单频网重叠覆盖区内选取了若干路线进行移动接收测试。

针对中央大塔和491台重叠覆盖区，表20至表22分别给出了地面数字电视系统不同工作模式，在单频网条件下，延时调整前后东三环移动接收性能对比测试结果。表23至表25分别给出了地面数字电视系统不同工作模式，在单频网条件下，延时调整前后建国门—高碑店移动接收性能对比测试结果。

针对中央大塔和沙河地球站重叠覆盖区，表26至表28分别给出了地面数字电视系统不同工作模式，在单频网条件下，延时调整前后八达岭高速移动接收性能对比测试结果。

表20　东三环 4QAM 0.4 PN＝945 多载波移动测试结果

	平均电平（dBm）	成功接收概率
大塔＋491台 （无延时）	－73.3	52.0%
大塔＋491台 （延时20us）	－73.5	67.0%

表21　东三环 4QAM 0.4 PN＝420 多载波移动测试结果

	平均电平（dBm）	成功接收概率
大塔＋491台 （无延时）	－72.5	31.8%
大塔＋491台 （延时20us）	－73.7	83.4%

表22　东三环 4QAM－NR 0.8 PN＝595 单载波移动测试结果

	平均电平（dBm）	成功接收概率
大塔＋491台 （无延时）	－73.6	87.0%
大塔＋491台 （延时20 us）	－73.7	90.6%

表 23　建国门—高碑店 4QAM 0.4 PN＝945 多载波移动测试结果

	平均电平（dBm）	成功接收概率
大塔＋491 台（无延时）	－65.1	80.5%
大塔＋491 台（延时 20 us）	－66.1	94.6%

表 24　建国门—高碑店 4QAM 0.6 PN＝945 多载波移动测试结果

	平均电平（dBm）	成功接收概率
大塔＋491 台（无延时）	－65.4	74.4%
大塔＋491 台（延时 20us）	－65.2	96.7%

表 25　建国门—高碑店 16QAM 0.4 PN＝945 多载波移动测试结果

	平均电平（dBm）	成功接收概率
大塔＋491 台（无延时）	－65.6	68.4%
大塔＋491 台（延时 20 us）	－65.6	94.6%

表 26　八达岭高速 4QAM 0.4 PN＝420 多载波移动测试结果

	平均电平（dBm）	成功接收概率
大塔＋沙河（无延时）	－71.7	35.7%
大塔＋沙河（延时 20 us）	－66.1	44.1%

表 27　八达岭高速 4QAM 0.4 PN＝945 多载波移动测试结果

	平均电平（dBm）	成功接收概率
大塔＋沙河（无延时）	－68.7	59.7%
大塔＋沙河（延时 20us）	－68.3	90.0%

表 28　八达岭高速 4QAM－NR 0.8 PN＝595 单载波移动测试结果

	电平分布及平均电平（dBm）	误码分布及成功接收概率
大塔＋沙河（无延时）	－68.0	96.3%
大塔＋沙河（延时 20 us）	－56.9	100.0%

从表 20 至表 28 可以看出：将强度相当的多径信号相对时延调小之后，单频网重叠覆盖区移动测试成功接收概率明显优于单频网调整前。当然，在传播环境复杂的城区，地面数字电视单频网的重叠区接收性能的调整可能会引起单频网内个别接收良好的覆盖区域性能劣化，因此，网络的调整和优化可以根据网络的实际情况和覆盖需求，结合网络的性能测试进行反复调整和优化，使地面数字电视单频网的总体性能达到最佳。

3.3.3　重叠覆盖区接收性能优化应用

在祖国六十周年华诞时刻，为了保证国庆六十周年庆典活动盛况的转播画面能够顺利地展示在天安门城楼以及周边区域，总局科技司委托广播电视规划院承担了《地面数字电视广播天安门覆盖研究与实施》项目，目的是要在国庆六十周年之前在天安门城楼以及周边区域保证地面数字电视高标清信号的可靠、稳定覆盖。

本项目通过建立符合 GB/T 20600 系列标准的地面数字电视广播高、标清单频网系统，研究地面数字电视单频网系统覆盖方案和网络优化方法，为地面数字电视单频网系统的建设、调整、优化积累更加丰富的技术经验，为祖国六十周年华诞庆典活动电视转播提供强有力的技术保障。

本项目主要实施进程：

①2009 年 9 月 10 日至 12 日，组织完成了地面数字电视广播北京地区 DS－33 单频网站点选址、覆盖规划、信源传输方案设计与实施、天馈线设计等地面数字电视 DS－33 高清电视单频网的各项准备工作。

②2009 年 9 月 13 日，组织完成了地面数字电视 DS－33 高清电视单频网系统广电总局主楼楼顶发射点的天线安装与调试、发射机安装与调试工作。

③2009 年 9 月 14 日，组织完成了地面数字电视 DS－33 高清电视单频网系统的网络调整工作，并在天安门地区开展了实地收测。

④2009 年 9 月 16 日，组织完成了地面数字电视 DS－33 高清电视单频网系统在天安门城楼以及城楼周边地区的实地固定点接收测试。

⑤2009 年 9 月 17 日，组织完成了天安门城楼上第一批地面数字电视高清一体机的实地安装，并进行了接收测试。

⑥2009 年 9 月 21 日，针对天安门城楼固定接收实际情况，组织完成了对广电总局主楼楼顶天线仰角进行调整。

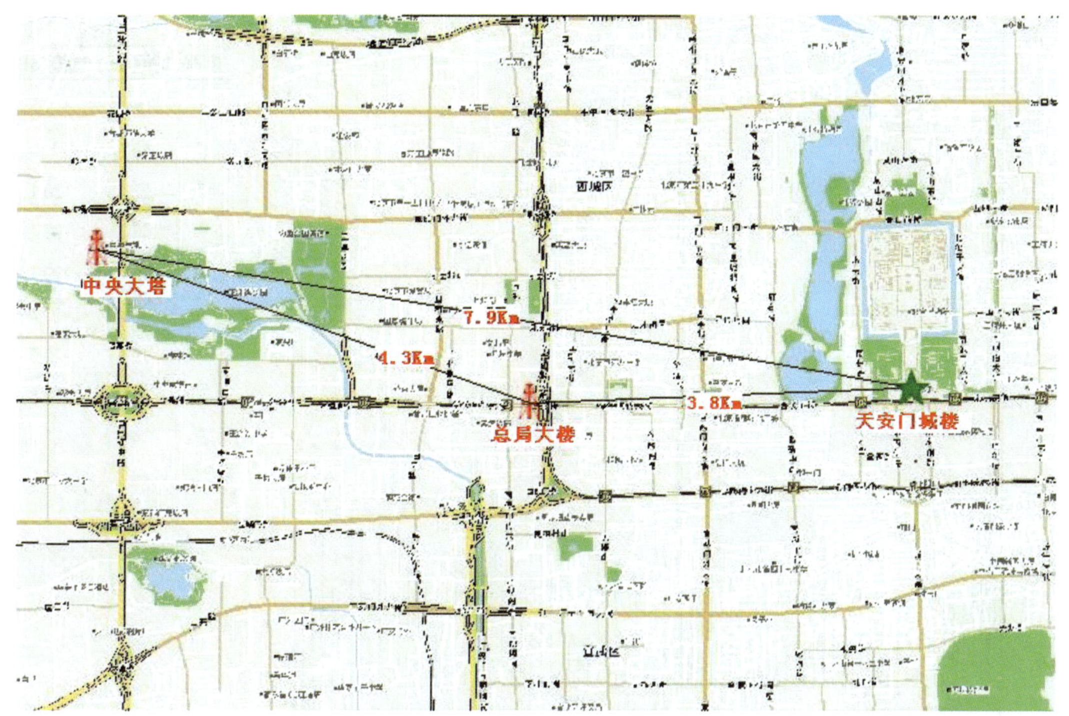

图 36　地面数字电视广播天安门覆盖台站分布图

⑦2009 年 9 月 26 日，组织完成了地面数字电视 DS－32 标清单频网系统广电总局主楼楼顶发射点的发射机安装与调试工作，天馈线多工器的安装与调试工作。

⑧2009 年 9 月 27 日，组织完成了地面数字电视 DS－32 标清单频网系统在天安门城楼以及城楼周边地区的固定节接收测试。

⑨2009 年 9 月 29 日，组织完成了天安门城楼上第二批地面数字电视高清一体机的实地安装调试以及天安门城楼下周边临时停车场地区地面数字电视高清一体机的实地安装调试工作。

针对本次地面数字电视广播单频网系统主要应用于室内固定接收和室外固定接收，因此，在本次地面数字电视单频网系统中，项目组在考虑接收效果的同时，对单频网系统进行了覆盖优化，主要通过对单频网系统中两台发射机到达接收地点的时间延时进行测量，并通过对发射机的调整，将两台发射机到达接收地点的时间延时人为地控制在了适当的范围内，降低了由于单频网的架设所增加信道复杂度。从图 37、图 38、图 39、图 40 中可以看出优化前后信道响应多径分布图和误码率分布图，优化后天安门周边误码率较优化前有明显降低。

本项目的地面数字电视高标清单频网架设方案，采用了地面数字电视高标清邻频道共用天线发射系统，在实施过程中有效地克服了数字电视邻频道发射的技术问题，节约成本的同时有效地保证了高标清单频网的开播效果。在完成了单频网网络建设及优化后，项目组对天安门地区选定的室内室外固定点进行接收测试，并安装地面数字电视一体机，调整接收天线高度和角度，保证每台地面数字电视一体机能够在国庆六十周年庆典过程中正常稳定地播出。

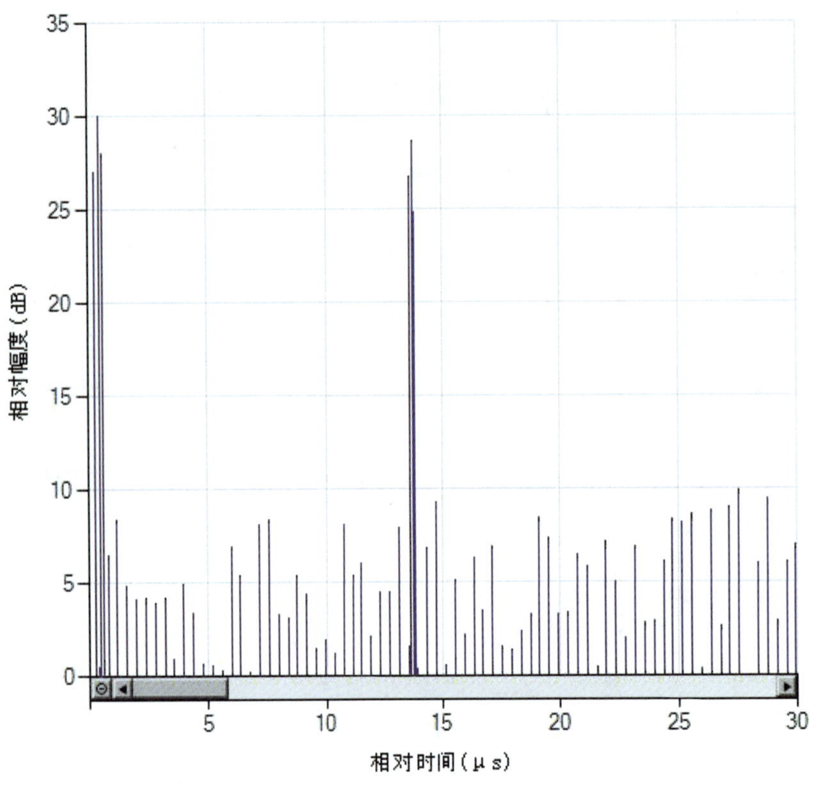

多径信息

序号	时间(μs)	幅度(dB)
1	0.5	0
2	13.8	-1.4
3	27.6	-20.1
4	43.2	-20.4
5	40.4	-20.4
6	30.4	-20.4
7	32.8	-20.5
8	28.8	-20.5
9	14.8	-20.7
10	44.8	-20.8

图 37　性能优化前天安门城楼多径分布图

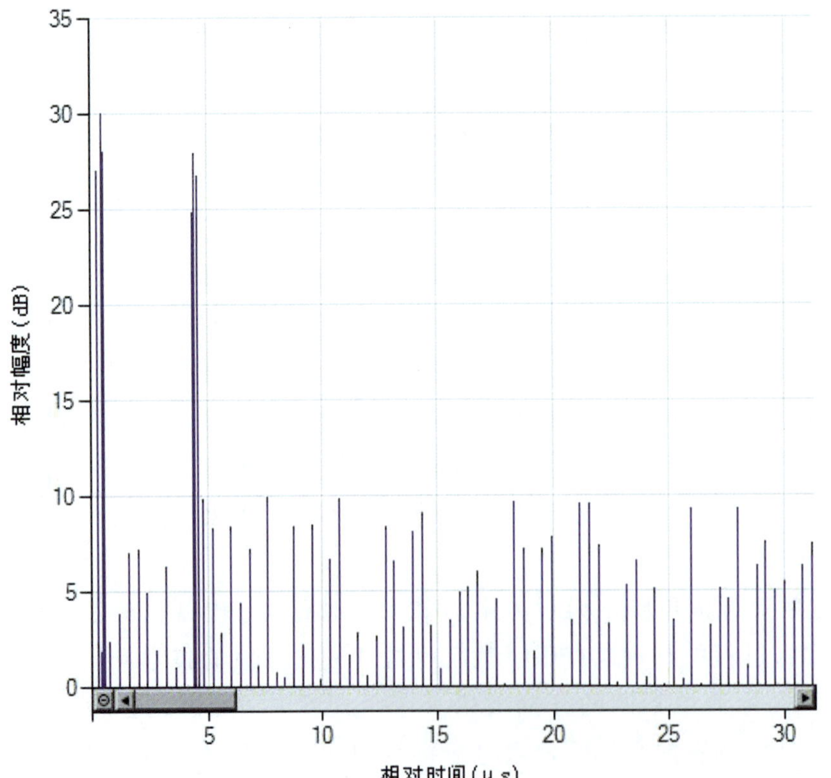

多径信息

序号	时间(μs)	幅度(dB)
1	0.5	0
2	4.5	-2.1
3	49.6	-20.1
4	47.6	-20.1
5	40	-20.1
6	7.6	-20.1
7	10.8	-20.2
8	38	-20.3
9	18.4	-20.3
10	21.6	-20.4

图 38　性能优化后天安门城楼多径分布图

图 39　性能优化前天安门周边接收效果图

图 40　性能优化后天安门周边接收效果图

3.3.4　单频网增益

在3.3.1节中提到单频网重叠区域是指可以同时接收到多个发射塔发射信号的区域。在单频网重叠覆盖区域中，尽管多径信号处于抗多径时延范围内，不会产生同频干扰，在信号相位随机情况下，接收信号通常表现为“功率相加性”，即单频网中同时到达接收机的信号进行功率相加，体现了功率上的增益，但是同时也会因为接收环境变得更加复杂而提高接收机的载噪比门限。当单频网重叠覆盖区信号功率增量小于载噪比门限增量时，单频网重叠覆盖将导致信号接收裕量的下降。表29给出了香港西祥街单点覆盖与单频网覆盖接收性能对比情况。在该测试点通过调整方向性接收天线的指向，人为产生两个单频网台站信号等强度重叠覆盖状况。从表中可以看出，单频网（TH + GH）覆盖模式下的信号裕量比TH单点覆盖的信号裕量要低。表30给出了另一个类似的测试案例。

表29　香港西祥街单点覆盖与单频网覆盖固定接收性能对比情况

<table>
<tr><th>C - Std</th><th></th><th>TH + GH</th><th>TH</th><th>GH</th></tr>
<tr><td>测量带宽</td><td>MHZ</td><td>8</td><td>8</td><td>8</td></tr>
<tr><td>C</td><td>dBm</td><td>-53.9</td><td>-55.8</td><td>-59.9</td></tr>
<tr><td>N</td><td>dBm</td><td>-94.3</td><td>-94.2</td><td>-94.2</td></tr>
<tr><td>C/N</td><td>dB</td><td>40.4</td><td>38.4</td><td>34.3</td></tr>
<tr><td>PRBS 测试码流接收状态</td><td></td><td>正常</td><td>正常</td><td>正常</td></tr>
<tr><td>C_{min}</td><td>dBm</td><td>-74.5</td><td>-77.8</td><td>-78.7</td></tr>
<tr><td>信号裕量</td><td>dB</td><td>20.6</td><td>22.0</td><td>18.8</td></tr>
<tr><td>N_{max}</td><td>dBm</td><td>-73.6</td><td>-73.3</td><td>-77.0</td></tr>
<tr><td>C/N_{max}</td><td>dB</td><td>19.7</td><td>17.5</td><td>17.1</td></tr>
<tr><td colspan="2">TH + GH</td><td colspan="2">TH</td><td>GH</td></tr>
<tr><td colspan="2">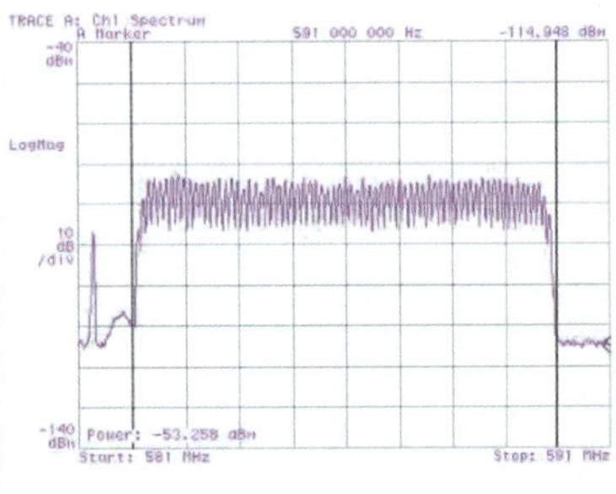</td><td colspan="2">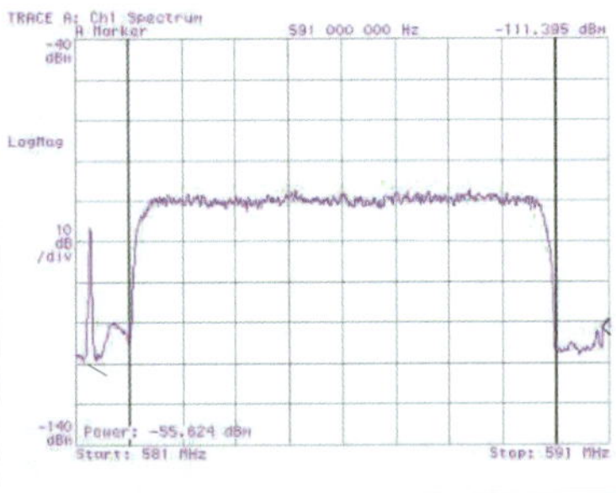</td><td>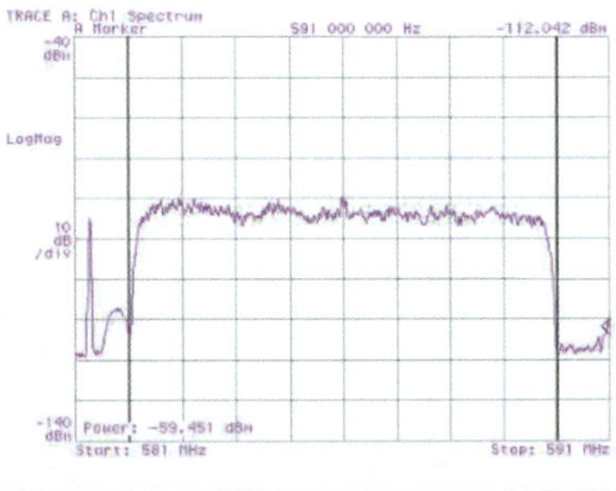</td></tr>
<tr><td colspan="2">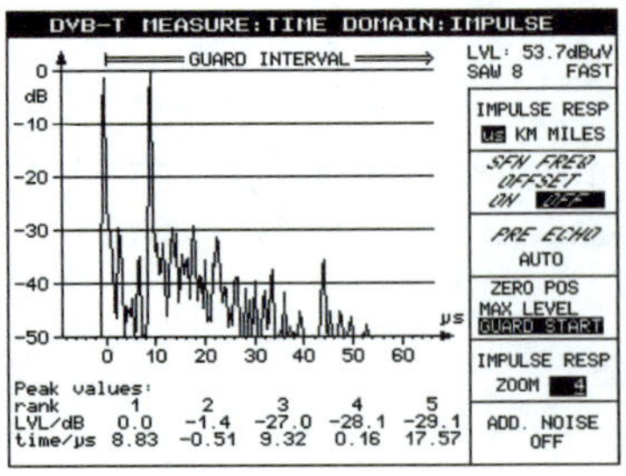
</td><td colspan="2">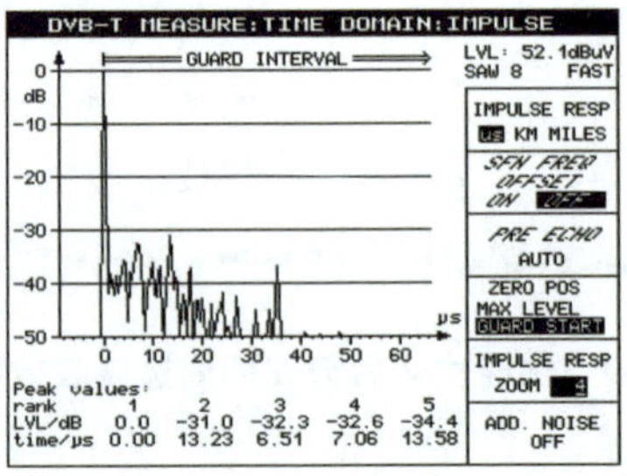
</td><td>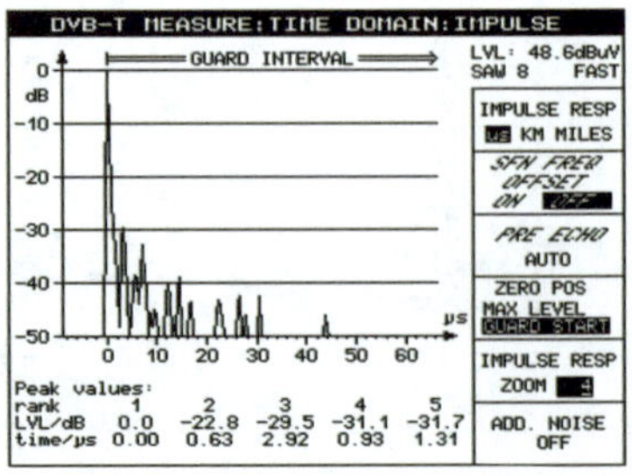
</td></tr>
</table>

表 30　北京北湖渠单点覆盖与单频网覆盖固定接收性能对比情况

测试日期：2009 年 8 月 27 日下午			
天气情况	晴		
测试点名称	北湖渠（利泽西街，公交北湖渠站）		
测试点经纬度	40°00′24″N　116° 26′25″E　H：45m		
测试天线高度	4m		
测试天线指向（参考正北）	TN220′		
测试点环境状况	小路南，四周开阔，公交车站南侧		
链路损耗（dB）		1dB	
频道	接收信号电平	接收状况	信号裕量
DS－32（666MHz）	－50. 9dBm	正常	29dB
DS－32（关名人）	－54. 8dBm	正常	30dB
频谱图 DS－32 （SPAN 设为 24MHz）	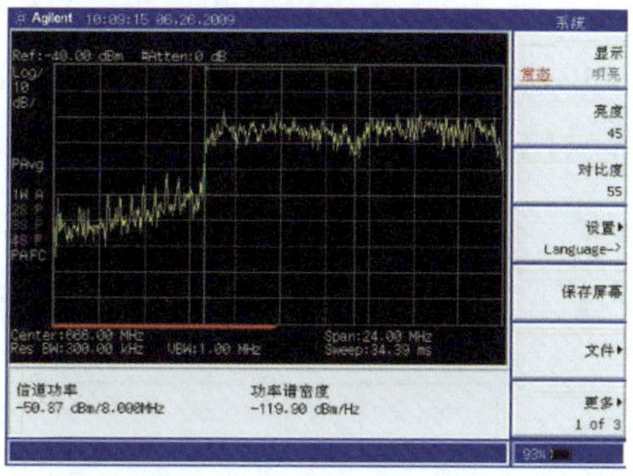		
回波延时图 DS－32	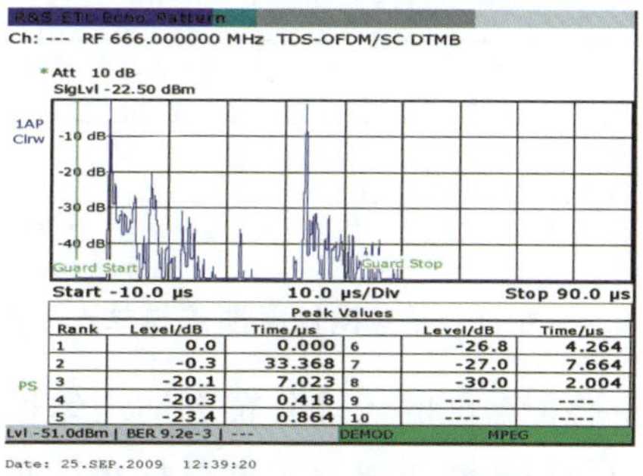		
频谱图 DS－32 关名人	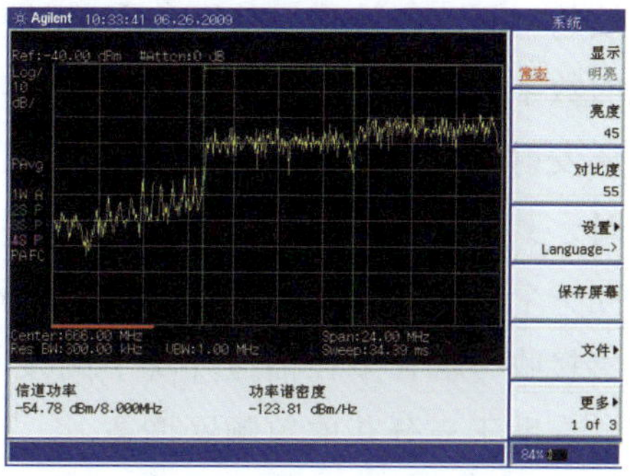		

在组建单频网的台站数量增加时，覆盖重叠区可能不仅仅是两个台站发射信号的重叠，覆盖重叠区信号功率的增量将随着信号发射台站数量而增加。然而多径环境下系统的载噪比门限不会随着信号发射台站数量而无限制地增加，因此，在重叠覆盖的发射台站数量较多的情况下，单频网重叠覆盖区信号功率增量可能大于载噪比门限增量，此时覆盖重叠区的信号裕量也将增大，覆盖效果将得到改善。

除此之外，在固定接收情况下由于采用方向性接收天线，接收天线的方向鉴别率将削弱天线指向之外的单频网台站信号，天线指向方向的单频网台站信号将占接收信号的主要成分，从而显著减小了重叠覆盖区接收信号的功率相加性。因此，单频网的增益主要体现在采用低增益无方向性接收天线的移动接收上。

此外，在单频网系统中，通过发射点的合理设置，重叠覆盖区信号分布更加均匀，这样可以提升整体的载噪比水平，保证信号接收质量在整个覆盖区内同样可靠。图41给出了单频网重叠覆盖与单点覆盖的载噪比分布对比。图中紫色和深蓝色曲线分别代表两个发射点各自单独发射时测试路线的载噪比统计分布，浅蓝色曲线为两个发射点组建单频网后同一测试路线（覆盖重叠区）的载噪比统计分布。可见单点覆盖时，由于在覆盖边缘地区，载噪比从3.5 dB至14.5 dB分布比较分散起伏较大，两个发射点组建单频网后覆盖重叠区的载噪比整体水平有所提高，载噪比主要分布在6.5 dB至14.5 dB，而且载噪比起伏降低。

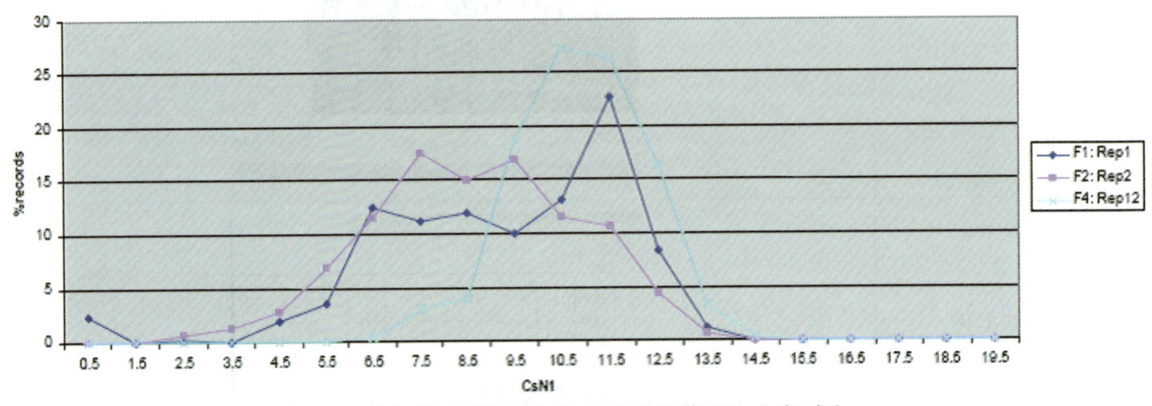

图41　单频网重叠覆盖与单点覆盖的载噪比分布对比

因此，单频网重叠覆盖区的信号分布更加均匀稳定，尤其对于城市环境，由于高楼的阻挡，通常单点大功率比无法解决覆盖，仍会存在一些信号盲区。这种情况下采用单频网方式覆盖，可以形成有效的空间分集效果，从而获取单频网增益。

与此同时，地面数字电视终端的接收性能也是影响单频网增益不可忽视的因素。因为地面数字电视单频网从发射端覆盖网络的角度来看，其优化空间是有限的。当单频网网络优化到比较理想的状态时，其覆盖效果将主要受限于接收终端在多径信道环境下的接收性能。最直观的体现就是在同一个单频网的同一个覆盖区内，不同性能的接收终端所反映的覆盖效果也不同。因此，改善接收终端在多径信道环境下的接收性能，即降低接收终端在多径信道环境下的载噪比门限，有助于充分获取单频网增益。

3.4 节目分配网络

3.4.1 节目分配网络的形式

地面数字电视单频网需要通过节目分配网络将节目信号传送到每一个单频网发射站点。地面数字电视单频网节目分配网络涉及两种发射站点射频信号产生方式：射频信号集中产生和射频信号分散产生。

3.4.1.1 射频信号集中产生

在地面数字电视广播单频网构建过程中，为了保证各个发射点信号完全同步，可以使用同一调制器来产生地面数字电视射频信号作为主站信号，并通过无线方式传送到其他各发射站点。图42给出了基于射频信号集中产生方式的地面数字电视单频网示意图。

从图中可以看出，基于射频信号集中产生方式的地面数字电视单频网结构相对简单，无需同步信号。然而此种结构的网络只有主站发射的射频信号质量能够得到充分保证，而其他站点发射的信号质量依赖于从前一级站点接收到的信号。为了保证从站接收信号的质量，一般都会对射频转发设备的性能提出较高的要求。为此，目前国际上一般较少采用此种类型的网络结构来构建地面数字电视广播单频网。

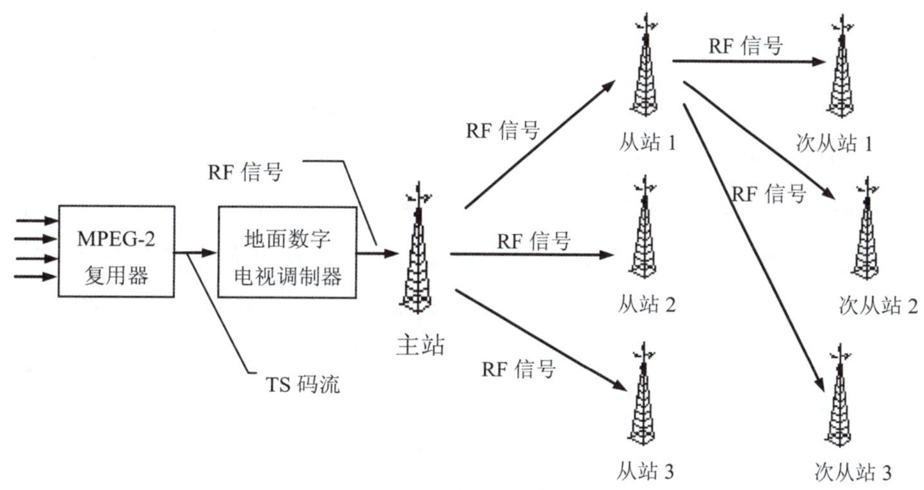

图42 基于RF信号集中产生的地面数字电视广播单频网结构

河南省广播电影电视局的数字电视射频同步覆盖技术（RFST）采用射频信号集中产生的方式，建立了地面数字电视广播单频网实验网。

电视广播射频同步技术（RFST），采用对电视广播已调波射频信号以频谱拷贝传输的方式，经光纤、微波、卫星等传输载体分发到各个发射基站，各基站对射频信号进行数字同步存储处理、射频预失真线性处理等过程，在相邻发射台的相交区内较好地实现了频谱和时延的一致性。

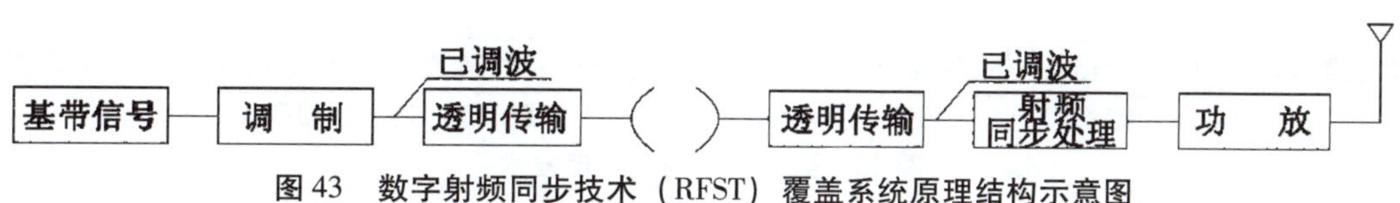

图43 数字射频同步技术（RFST）覆盖系统原理结构示意图

由于调制器产生的信号存在着离散性，各个发射机发出的已调波信号频谱存在着差异。而射频同步技术（RFST）是对高频已调波信号进行同步处理，各个发射基站发出的已调波来自于同一个调制器，其已调波频谱是完全相同的。因此，当各发射机的发射时延相等时，在信号相交区内，射频同步技术（RFST）不会使信号在相交区内产生同频干扰。

数字电视射频同步技术（RFST）覆盖实现方法由三大核心部分组成：

①射频拷贝传输技术；

②射频同步处理理技术；

③射频预失真线性处理技术。

（1）射频拷贝传输技术

射频拷贝传输技术原理图如图 44 所示：

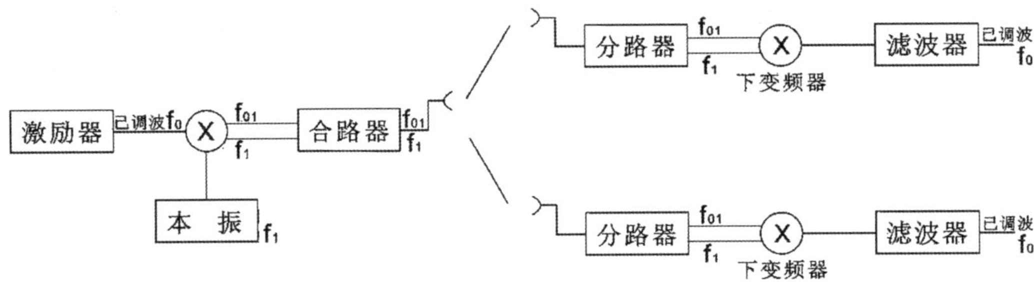

图 44　射频拷贝传输技术原理图

从激励器产生的已调波信号 f_0，进入上变频器，与本地振荡信号 f_1 进行混频，生成新的传输载频 f_{01}，该信号和本振信号 f_1 一起送入合路放大单元发射出去，在各基站接收机中选出 f_{01} 和 f_1 信号，送入下变频器进行混频，还原载频 f_0 信号。在这里需要注意的是，各基站在进行混频（差频）的本振信号取自同一个信号源，因此各基站发射出的已调波频谱也是完全相同的。各基站发射的已调波频谱特性与本振信号的频率稳定度无关，且各发射基站发射的已调波频谱完全相同，从而实现了已调波透明复制传输的效果。

（2）射频同步处理技术

射频同步处理分为两类技术实现方法：

①光波射频同步技术（RFST）如图 45 所示：

已调波输入—电光转换—光纤延迟线—光电转换—已调波输出

图 45　光波射频同步技术（RFST）

将已调波信号调制到光波频段，通过由光纤组成的延迟线进行光信号延时，然后将延迟后的光信号转换为已调波射频信号，从而实现对已调波射频信号的同步时延处理。

②数字射频同步处理技术如图 46 所示：

图 46　数字射频同步处理技术

为了保证已调波信号时延均衡后较高的动态信噪比和波形不失真，须首先将已调波射频信号进行下变频到合适数字处理的频率上，将该信号进行高速模数变换成数字信号，然后通过高速数字信号存储延时处理，处理后的数字信号通过高速数模变换器转换成已调波模拟信号，经上变频器还原已调波射频信号。

（3）射频预失真线性处理技术

对系统中容易产生失真的放大器环节，采用射频预失真线性处理技术抵消产生的非线性失真，下面通过对双音信号经放大器后产生的IM3（三阶互调产物）和IM5（五阶互调产物）采用预失真技术进行抵消的过程进行描述。

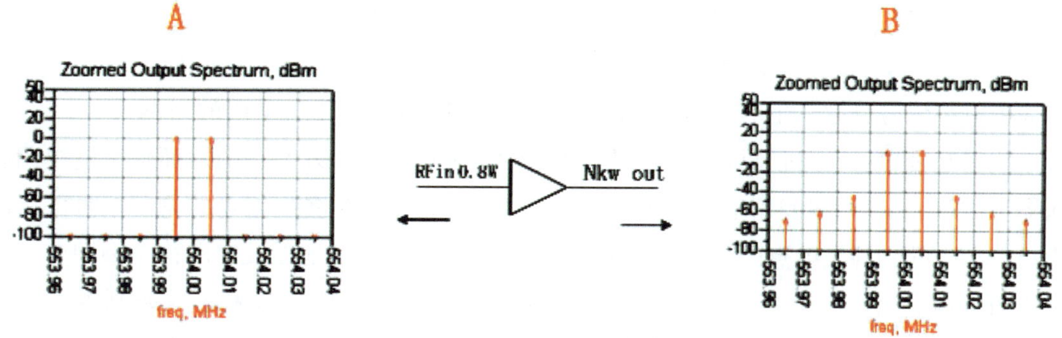

图47 未经线性化处理的放大器

从图47可以看出，信号在经过放大器时若不经过任何线性化处理，最终的输出信号会含有较高的IM3（三阶互调产物）和IM5（五阶互调产物）。图48是在放大器前面增加预失真线性处理单元，实现抵消放大器非线性失真的显示目原理及过程：

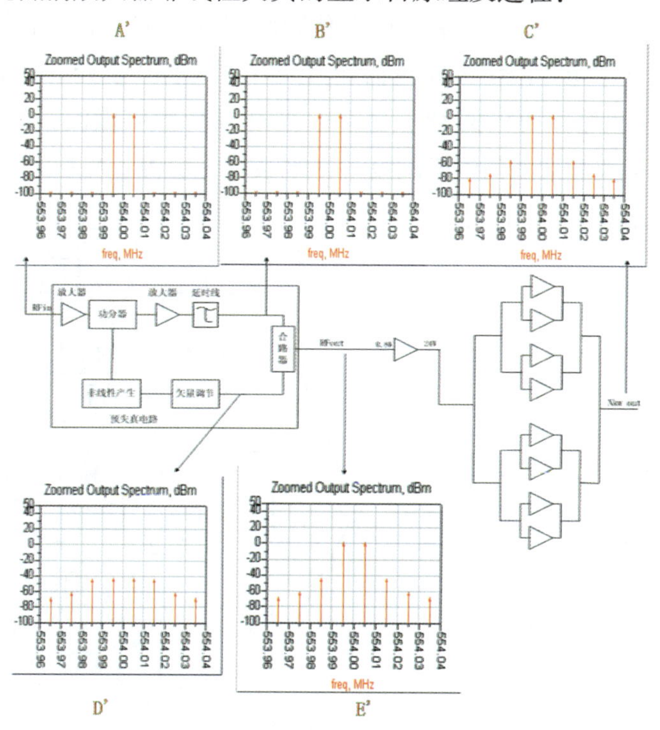

图48 预失真线性化处理的放大器

RF射频信号经功分器后一路经非线性产生器（产生IM3和IM5）和矢量调节器，一路进行延时补偿（主要补偿非线性产生器和矢量调节器的时延），而后再进行合路。

由图48可知，非线性产生器可产生失真产物：三阶、五阶。然后通过矢量调制器改变失真信号的幅度和相位。此时输出的信号中，主信号与失真信号的相位相差180°，幅度差值与要改善放大器的失真波形相同。如此预先将被反相的失真信号掺杂在主信号中以抵消各级放大单元产生的非线性失真，最终达到改善放大器线性指标的目的。

可以看出，经预失真线性处理单元产生交调失真频谱，正是通过调节预失真器里失真信号的幅度和相位，使之与图中放大器产生的IM3（三阶互调产物）和IM5（五阶互调产物）幅度相同且相位相反，从而达到抵消放大器中非线性失真的目的。

3.4.1.2 射频信号分散产生

基于射频信号分散产生的地面数字电视广播单频网是目前普遍采用的组网方式，如图49所示。数字基带TS流通过节目传输分配网传送到各发射点，各发射点的地面数字电视调制器分别将TS流调制到相同的频率进行同步发射。为了保证单频网各发射点的调制信号保持内容上的同步，分配到各发射点的TS码流必须完全相同，必须要求地面数字电视单频网节目分配网络透明传输。此外，在TS流存在净荷（净传输码率）富余时，各发射点调制器将在接收到的TS流中自动插入空包，各调制器插入空包的位置是随机的，这将导致调制后的信号无法满足单频网要求的比特同步（内容同步）。为了避免各发射点调制器在接收到的TS流中自动插入空包，TS流必须占满相应组网模式（系统模式）的净传输码率，在此基础上同样要求地面数字电视单频网节目分配网络透明传输。

根据节目传输媒介的不同，地面数字电视单频网节目传输分配网络包括光纤传送网络和数字微波传送网络，其中光纤网络主要包括独占光纤方式和共享光纤方式（如SDH），如图50和图51所示；微波网络主要包括DS3数字微波和SDH数字微波，如图52和图53所示。任何节目分配网络都需要相应的网络适配设备（如数字光端机、ASI/DS3适配器、SDH－DS3适配器、SDH收发设备等）进行支持。

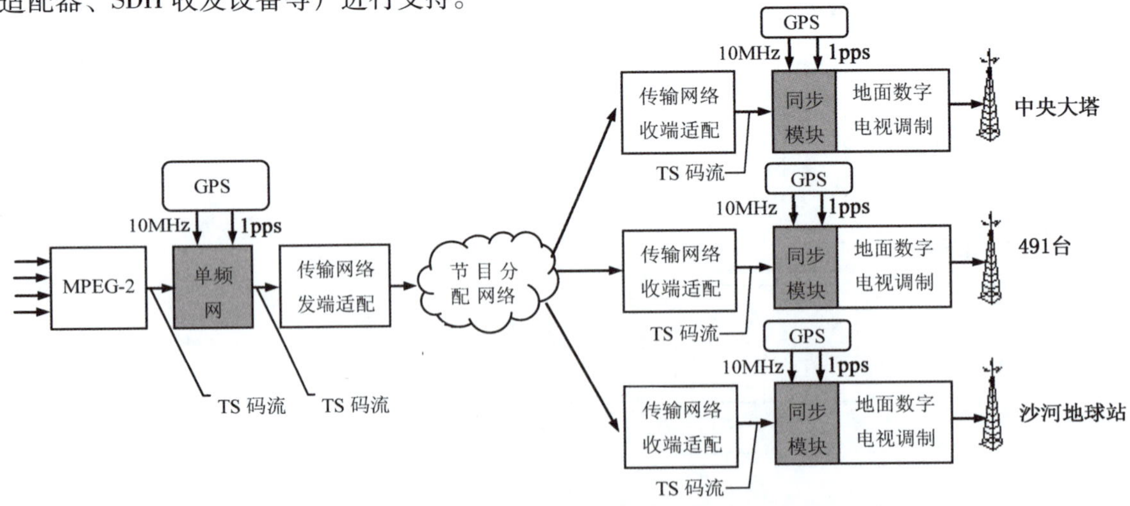

图49 基于RF信号分散产生的地面数字电视广播单频网结构

在地面数字电视单频网的建设过程中，应该在充分考虑建设成本、运营维护成本等因素的基础上，根据实际条件，选择适合本地区的单频网节目分配网络。2007 年北京地区地面数字电视技术试验采用了图 50 所示的网络结构来构建地面数字电视的单频网节目分配网络。

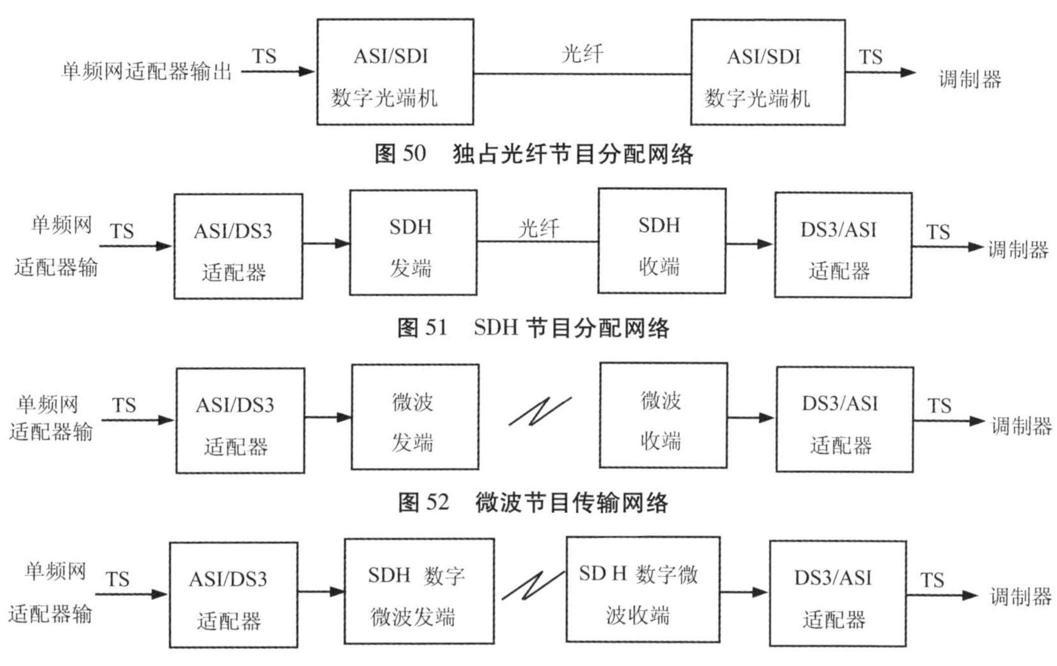

图 50　独占光纤节目分配网络

图 51　SDH 节目分配网络

图 52　微波节目传输网络

图 53　SDH 数字微波节目传输网络

基于射频信号分散产生的地面数字电视广播单频网是目前普遍采用的组网方式，我们重点研究这种组网方式的单频网对节目分配网络的要求。总的来说，需要在 TS 码流中通过单频网适配器插入单频网控制包——秒帧初始化包（SIP 包）来实现时间同步。由于 SIP 包的特殊性，在节目码流的复用、传输过程中必须严格保证 SIP 包与时间的绝对关系，码流中的 PCR、空包等内容和结构都不能随意更改，这些都对节目分配网络提出了严格的要求。如果节目分配网络达不到单频网的要求，将无法建立起单频网系统。下面具体介绍实现同步的地面数字电视单频网适配器的框架结构、输入和输出接口、秒帧初始化包（SIP）定义以及相关模块的具体功能和处理流程。

地面数字电视单频网适配器是构建地面数字电视单频网的重要设备，地面数字电视单频网适配器包括秒帧初始化包（SIP）插入和码率适配功能模块，完成从输入 TS 码流到单频网适配 TS 码流的转换。地面数字电视单频网适配器框图见图 54。

（1）同步参考信号

地面数字电视单频网一般都采用全球定位系统（GPS）信号用于单频网网络的同步，其中包括 TS 码流同步和发射频率的同步。GPS 信号主要包括 10MHz 时钟和秒脉冲（1pps）信号，如图 55 所示。因此，在 GY 229.1－2008 标准的地面数字电视单频网适配器框架结构定义中，除给出了 TS 码流输入和输出接口外，同时还给出了 10MHz 时钟和 1pps 信号输入接口。对于地面数字电视单频网适配器，10MHz 时钟主要用于 TS 码流的速率调整；1pps 信号主要作为时间基准，用于在输入的 TS 码流中插入秒帧初始化包（SIP）。

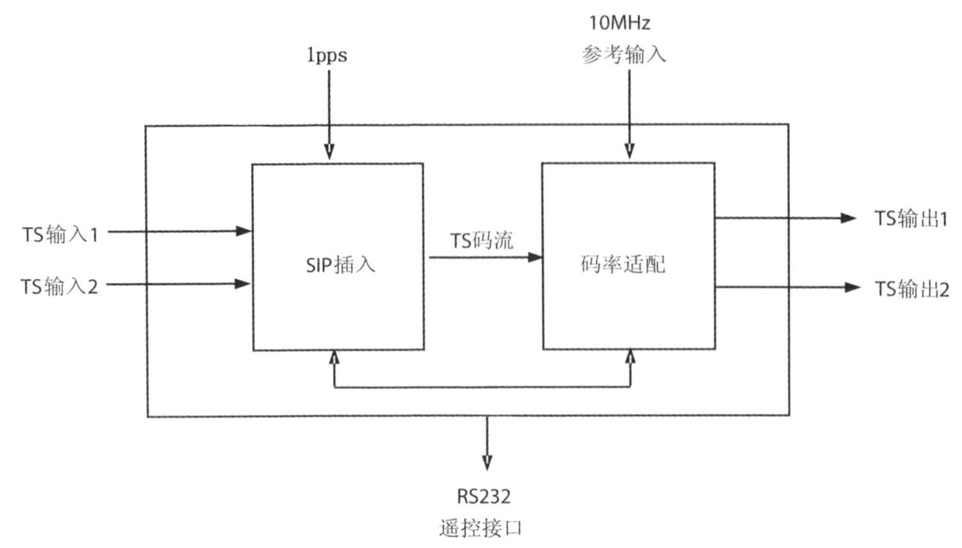

图 54　地面数字电视单频网适配器框图

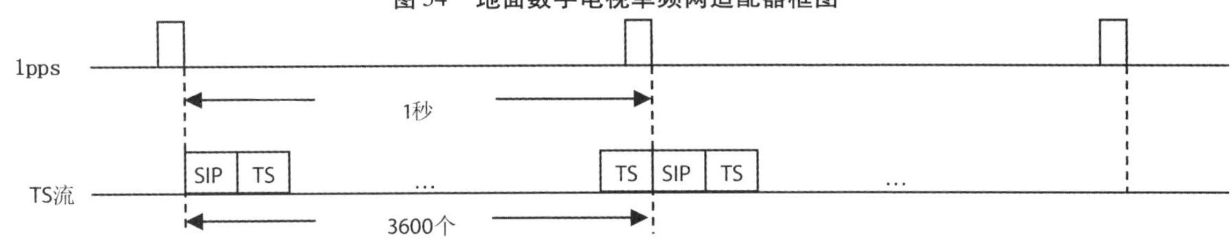

图 55　GPS 同步信号

（2）秒帧初始化包（SIP）及插入

考虑到地面数字电视单频网采用1pps 作为同步信号，首先给出地面数字电视单频网秒帧（SF）的定义，即满负荷情况下，1 秒钟包含 TS 包的信息。地面数字电视国标单频网中 SF 的概念类似于 DVB－T 单频网标准的兆帧（MF）。正是由于 GB 20600－2006 标准自身的技术特点，在满负荷的情况下，地面数字电视各种工作模式每秒钟包含 TS 包数量为整数。因此，对于符合 GB 20600－2006 的地面数字电视单频网系统，各种工作模式下的 SF 均包含整数个 TS 包。

为了保证地面数字电视单频网各发射点激励器能够从接收到的 TS 码流中提取时间同步信息，地面数字电视单频网适配器必须在 TS 码流中插入相应的时间同步标识，即 SIP。地面数字电视国标单频网中的 SIP 与 DVB－T 单频网的 MIP 概念类似。正是由于国标地面数字电视系统 SF 包含整数个 TS 包的特点，使得单频网 SIP 包的插入相对简单。本文将以 GB 20600－2006 标准中 4QAM－NR、LDPC（0.8）、PN420 或 4QAM、LDPC（0.4）、PN420 工作模式来详细介绍单频网适配器插入 SIP 的过程及激励器处理 SIP 的流程。由 GY/T 229.1－2008 标准可知：上述两种工作模式下，SF 包含 3600 个 TS 包。图 56 给出了地面数字电视单频网适配器插入 SIP 的流程。从图中可以看出，为了确保地面数字电视单频网适配器和激励器具有共同的时间参照，在国标地面数字电视单频网系统中一般采用 GPS 的 1pps 作为时间基准来插入 SIP，即每秒周期性插入 1 个 SIP。当然，根据地面数字电视单频网适配器的实现方法不同， SIP 的插入可选择在 1pps 的上升沿时

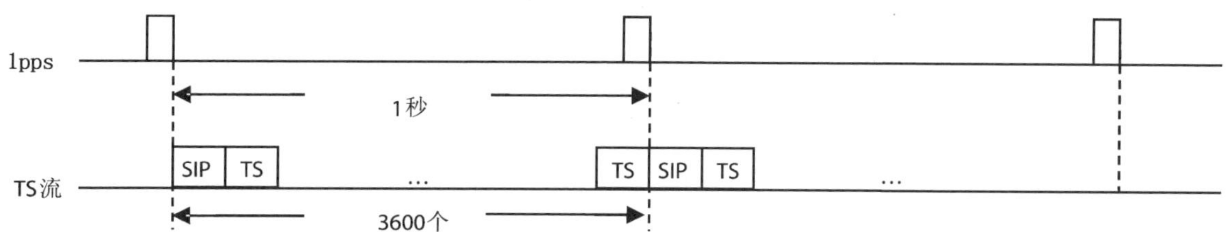

图 56　单频网 SIP 插入过程

刻或者下降沿时刻。

在地面数字电视单频网中，除了完成时间同步标识功能外，通过具体的参数定义，SIP 可帮助地面数字电视单频网控制中心实现对单频网中各个发射点的工作参数的调整。地面数字电视单频网适配器插入的 SIP 结构上为标准的 TS 包，关于 SIP 的具体结构和定义如图 57 所示。

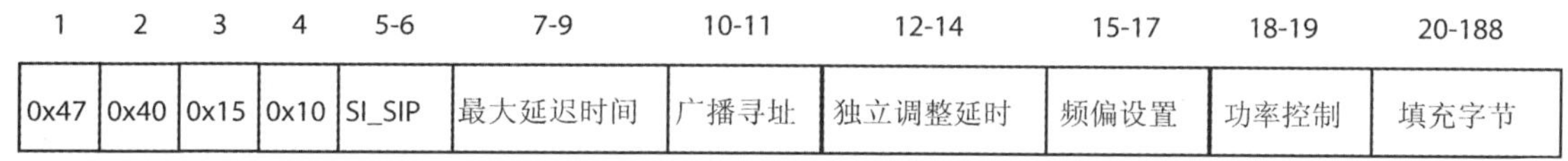

图 57　SIP 结构及定义

从图中可以看出，SIP 长度为 188 字节，与 TS 包完全相同，其中：

①SIP 的包头为 4 个字节，符合 GB/T 17975. 1－2000 的有关规定，PID 号为 0x0015。

②SI_ SIP 是地面数字电视单频网的系统信息，由 2 个字节组成，主要规定了地面数字电视单频网的工作模式，包括：帧头模式、载波数、映射方式、编码效率、交织模式、双导频以及 PN 相位等信息。地面数字电视单频网中各个发射点激励器通过接收、解析该字段信息，自动设置本激励器的工作参数。

③最大延迟时间规定了地面数字电视单频网各发射点激励器调制和发射同一 SIP 时刻与该 SIP 插入时刻的差值，由 24 比特组成。考虑到地面数字电视单频网适配器输出 TS 码流经过节目分配网络到达各个发射点的传输延时各不相同，因此，为了保证地面数字电视单频网各个发射点激励器能够在相同时刻发射相同信号，最大延迟时间的设置必须大于单频网节目分配网络中最大的传输延时。

由于在地面数字电视单频网中采用 GPS 信号作为同步信号，考虑到 1pps 信号只能给出相对的时间标志，且时间间隔为 1 秒，因此，基于 TS 码流同步方式的地面数字电视单频网激励器所能处理最大延迟时间不能超过 1 秒，从而进一步要求单频网节目分配网络的最大传输时延不能超过 1 秒，否则将无法采用此种方式来构建地面数字电视单频网。

④考虑到地面数字电视单频网参数调整和优化的需要，特别是为了方便地面数字电视发射中心通过单频网适配器对单频网各个发射点的参数进行设置，GY/T 229. 1－2008 标准中规定了在 SIP 中采用 2 字节用于广播寻址单频网中的各个发射机，除 0x0000 表示寻址地面数字电视单频网网络内的所有发射机外，最大可寻址的地面数字电视发射机的数量为 65535。

⑤独立调整延时由 3 字节组成，当地面数字电视单频网激励器解析到该字段信息时，信

号的发射时间将在最大延迟时间基础上再增加独立调整延时，从而保证单频网中各发射机发射信号满足一定延时关系，具体处理流程将在后面详细介绍。独立调整延时通过广播寻址方式通知特定的单频网激励器。

此外，SIP 中分别定义了 3 字节的频偏设置和 2 字节的功率控制，仍然是通过寻址的方式对地面数字电视单频网的特定发射机进行发射频率偏移的设置和输出功率的设置。

（3）码率适配

对于地面数字电视激励器而言，若输入的 TS 码流码率未达到其设定工作模式下满负荷的最大净码率，地面数字电视激励器将会在输入的 TS 码流中自动插入 TS 码流空包。考虑到不同的地面数字电视激励器插入 TS 码流空包的位置和时间可能不同，为了保证地面数字电视单频网各个发射点的 TS 码流同步，要求激励器编码和调制前的 TS 码流完全相同，因此，必须对 TS 码流实现相同的码率适配处理，而该功能一般由地面数字电视单频网适配器来统一完成。

下面详细描述 TS 码流码率适配过程：根据系统输出码率时钟，在 GPS 的每个 1pps 的位置，地面数字电视单频网适配器向 TS 码流中插入 1 个 SIP；在其他位置，地面数字电视单频网适配器从前端缓冲区内读取数据码流，根据地面数字电视单频网工作参数，如果数据不足一个 SF，则自动插入单频网适配空包完成 TS 码流的码率适配，单频网适配空包格式见图 58。地面数字电视单频网适配器输出的 TS 码流码率和由单频网适配器规定的发射机工作模式要求的净载荷速率完全相同，并且锁定在来自 GPS 的 10MHz 参考时钟上。

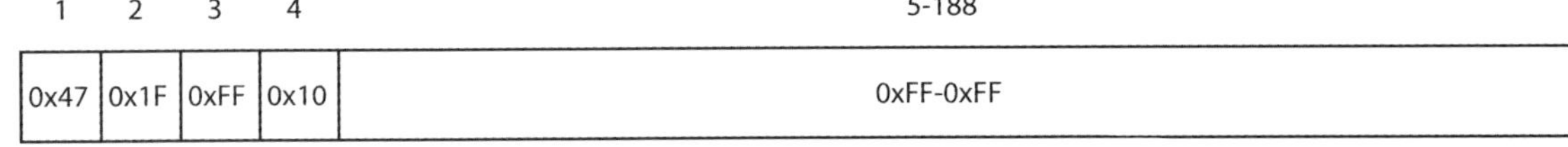

图 58 单频网适配空包格式

通过地面数字电视单频网适配器的处理，TS 码流在单频网节目分配网络进行传输之前已经达到了特定工作模式下满负荷的最大净码率，因此，地面数字电视单频网各个发射点的激励器在接收到 TS 码流后不再插入任何 TS 码流空包，而直接进行编码、调制和发射。需要特别说明的是，由于单频网适配器每秒必须在 TS 码流中插入一个 TS 包结构的 SIP，SIP 将固定占用 1504bps 的净载荷速率。

（4）激励器处理

包含 SIP 的 TS 码流通过地面数字电视单频网节目分配网络透明传输到单频网的各个发射点，各个发射点的单频网激励器在接收到 TS 码流后，根据 PID＝0x0015 找到 SIP，首先对 SIP 进行解析，通过解析获得的系统信息来设置激励器的工作模式和发射参数。

地面数字电视单频网激励器的一个重要功能是完成 TS 码流的同步。激励器根据解析 SIP 得到的延时调整参数，结合本地 GPS 的 1pps 信号，完成对 TS 码流的延时调整操作。考虑到 SIP 是唯一可参考的 TS 包，因此，延时调整过程本质是以 SIP 为参考对 TS 码流延时进行调整，具体调整过程如图 59 所示。

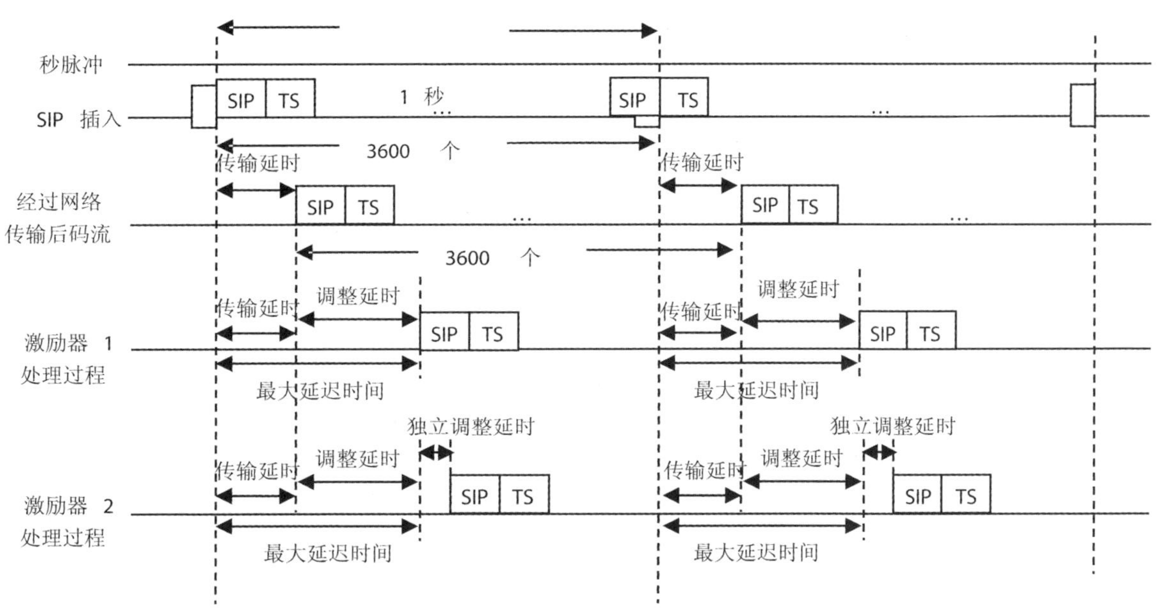

图 59 地面数字电视单频网激励器同步处理流程

从图中可以看出：对于地面数字电视单频网，最大延迟时间相同，由于 TS 码流经过单频网节目分配网络传输到单频网各个发射点的传输延时可能存在差别，而各个发射点激励器调整延时为最大延迟时间 - 传输延时，因此，单频网的调整延时可能存在不同。

假设网络传输延时相同，则若不存在独立调整时延，地面数字电视单频网激励器调整过程如图 59 中激励器 1 的处理过程所示；若存在独立调整延时，激励器需要在调整延时的基础上，将 SIP 再延后独立调整延时长度，如图 59 中激励器 2 处理过程所示。

考虑到单频网 SIP 是一种特殊定义的 TS 包，在解析完 SIP 之后，地面数字电视单频网激励器一般会将 SIP 修改为标准的 TS 码流空包格式。

（5）激励器设备兼容性问题

在工程实践中发现不同厂家的激励器虽然都具备根据外部同步参考信号实现时延调整功能，但组建单频网之后信号之间产生同频干扰现象。通过实验室的测试研究分析，并与激励器厂家研发人员沟通发现，导致信号相互干扰的原因在于不同厂家激励器对系统信息的映射方法虽然都为 I、Q 相同的 QPSK 映射，但信号功率各自定义不同。此外，激励器开始调制的起始超帧也各不相同，从而导致同一 TS 流经不同厂家的激励器调制出来的射频信号存在差异，无法满足单频网内容同步的要求。为解决此问题，在国家标准草案《地面数字电视广播激励器技术要求和测量方法》中明确要求："在各种工作模式下，系统信息的映射方法明确为 I、Q 相同的 QPSK 映射，其功率保持与数据的平均功率相同。同时明确激励器开始调制的第一个超帧为 0 号，即偶数超帧。"

除此之外，在实验研究中发现不同厂家激励器以及同一厂家不同激励器的信号处理时延都存在一定差异。例如测试结果表明，在单频网适配器不设置附加时延情况下，中央电视塔 THOMSON 激励器 A 发射时刻比 RS SX800 激励器晚 11. 3μs；THOMSON 激励器 B 发射时刻比 RS SX800 激励器晚 9. 9μs；四川凯腾 2 台激励器之间的时延差为 4. 3μs。激励器之间的时延差虽然较小，不会直接导致单频网信号失步，但不同激励器的时延差各不相同，不利于单频网的测试和网络优化。为了规范激励器信号处理时延，保证单频网组建的稳定性，在国家标准草案《地面数字电视广播激励器技术要求和测量方法》中明确要求："在单频网模式下，Tdelay_ max包含了激励器基带处理所需要的延时，Tdelay_ max的设置范围为（Tdelay_ transmitted +30.000ms）到999.999ms，此处的30.000ms是约定的激励器基带处理最大延时。为保证各种不同激励器调制数据输出时刻保持一致，必须保证当前SIP包更换后的空包所在信号帧的第一个符号经过成形滤波处理后在Tdelay_ max时刻输出，该符号的输出时刻与Tdelay_ max时刻的误差在±1μs之内。"

上述处理过程确保了地面数字电视单频网各个发射点激励器在同一时刻发射相同的数据，而为了保证地面数字电视单频网各发射机（激励器）发射频率的同步，要求地面数字电视单频网各个发射点激励器输出信号频率与GPS信号的10MHz时钟严格锁定。至此，借助外部同步参考信号，地面数字电视单频网适配器和激励器完成了所有同步操作。

3.4.2 单频网对节目分配网络的要求

3.4.2.1 单频建网要求

在回波相对于主径的时延在一定范围内的情况下，单频网利用地面数字电视广播系统的抗回波能力保证正常工作。此时为使接收机能将欲收信号之外的，来自其他发射机的接收信号视为回波，单频网中所有广播信号必须满足频率和比特同步的要求；同时为保证来自其他发射机的接收信号与欲收信号之间的时延在一定的范围内，单频网中所有广播信号还必须满足时间同步的要求。

（1）频率同步

为确保接收机能将欲收信号之外的来自其他发射机的接收信号视为回波，单频网中各发射机输出信号的频率应相同，这要求各发射机有高的频率精度和稳定度。实践证明，规定允许偏差为1Hz是可行的。

为了达到这个要求，每个发射机中的所有振荡器（基带取样、中频级直到RF级）的频率都必须满足一个适当的允差，以保证发射信号频率达到需要的精度。方法之一是每个振荡器都由同一个参考振荡器来驱动，最好是SFN中所有的发射机具有同一个参考振荡源，通常用GPS提供的10MHz信号作为此参考振荡。

（2）时间同步

为使来自其他发射机的接收信号与欲收信号之间的时延在接收机能够抵抗的时延范围内，要求各个发射信号之间时间同步，即尽管一次分配网和发射机引入了时延，同一个信号帧也应在相同的时刻被各个发射机发送。这里对时间同步精度的要求并不是非常高，但是不同发射机的发送信号之间的时延应该比系统能够抵抗的时延最大值小很多，这样系统能够抵抗更长的、由接收点位置引起的信号时延。通过约定激励器基带处理最大延时，保证激励器输出信号保持±1μs的时间同步精度是一个比较适当的要求。

实际应用中，有时在单频网的某个特定发射机上精确选择发射时间偏移量，在某种程度上可以对覆盖区域进行细微调整，或者使覆盖区中正常接收所需载噪比的起伏减小。

(3) 比特同步

单频网中各发射机在相同的时刻发送相同的信号帧要求所有信号帧在各个发射机中被完全一样地调制，或者说，要求各个发射机中调制一个信号帧的数据逐比特对应相同，这就是所谓的比特同步要求。不同发射机同一时刻发送的信号帧应完全一致，不存在允差。

为保证比特同步，除了首先要保证输入到 SFN 中各个调制器的码流逐比特对应相同，同时还要求各个调制器对输入码流的分组相同，使得对一个信号帧调制的数据逐比特对应相同。此外，各调制器中的随机化过程必须同步进行，以保证经随机化后的数据仍然逐比特对应相同。GB 20600－2006 规定在调制每个信号帧的数据的第一个比特处扰码器复位，这保证了各调制器中随机化过程的同步。

3.4.2.2 对节目分配网络的要求

(1) 网络的最大时间扩展

分配网络引入了时间扩展，最大时间扩展定义为信号从单频网适配器通过网络到最近的发射站点所需的时间与信号从相同单频网适配器通过其他网络支路到最远的发射站点所需的时间之间的时间差。它主要取决于这个网络所采用的技术。在混合分配网中，至某些发射台站的传输采用一种技术（比如光纤），而至其他发射台站的传输采用其他的技术（比如卫星链路），在这种网络中可能存在较大的最大时间扩展。然而，分配网络中传送时间之差通常不超过 1 秒。

(2) 传送时间的稳定性

在特定的网络支路中信号的传送时间不一定是常数，例如一颗同步静止卫星不可能是绝对静止的，它在一个大约 75 km3 的立方体中摆动，周期为一个多月。因此，卫星链路的传送时间在 ±250 μs 内波动，这比允差高得多。

因此，要求网络的时间同步机制能应对传送时间的波动。

(3) 绝对时间参考的可能候选方案

为实现各发射机输出信号的时间同步，单频网中所有发射机应具有一个绝对时间参考。它为各发射机指示一个时间点，各发射机只要保证某一特定信号帧在此时间点之后达到规定的时间差时被发送，从而实现时间同步。

在 SFN 中，一个单频网适配器通过分配网把信号馈送给每个调制器，这在不同发射站点之间引入了不同的时间延迟，因而发射机不能从单频网适配器得到绝对时间参考。因此，有必要寻找一个外部的绝对时间参考源，给每个发射站点提供一个精度优于 1 μs 的绝对时间参考。为此，GPS 是一个合适的候选方案。GPS 接收机可以同时提供频率参考（10MHz）和绝对时间参考（秒脉冲，1pps）。

3.4.2.3 单频网在射频分散产生及射频集中产生情况下对节目分配网络的要求

(1) 单频网在射频分散产生情况下对节目分配网络的要求

基于射频信号分散产生的地面数字电视广播单频网是目前普遍采用的组网方式，我们重点研究这种组网方式的单频网对节目分配网络的要求。总起来说，需要在 TS 码流中通过单频网适配器插入单频网控制包——秒帧初始化包（SIP 包）来实现时间同步。由于 SIP 包的特殊性，在节目码流的复用、传输过程中必须严格保证SIP包与时间的绝对关系，码流中的PCR、空包等内容和结构都不能随意更改，这些都对节目分配网络提出了严格的要求。如果节目分配网络达不到单频网的要求，将无法建立起单频网系统。

在地面数字电视调制器中，同步系统在输入的码流中识别出SIP，根据SIP指示的应发送包含SIP的信号帧时间点相对于绝对时间参考（1pps）信号的延迟时间、调制器收到SIP的时刻和调制器自身的工作时延计算出调制器中所需的附加延时，实现对分配网络传输时间的补偿，即网中所有调制器在绝对时间参考点（1pps）后SIP所规定的延迟时间点上发送包含SIP的信号帧。同步系统可以处理的最大时间扩展（由各网络支路的不同时延引起的）为1秒。激励器依据识别出的SIP按规定将输入码流分成调制各信号帧的有效数据组，例如SIP的起始比特为有效数据组的起始比特，从而实现了各调制器的比特同步。调制器依据SIP所包含的系统信息（SI-SIP）设置其工作模式，以保证网中各调制器工作模式相同。调制器应有稳定的工作时延。

单频网适配器和各调制器都采用GPS接收机提供的10 MHz信号作为频率参考和1pps（每秒一个脉冲）作为绝对时间参考。网络适配器，特别是收端网适配器也应采用GPS接收机提供的10 MHz信号作为频率参考，从而保证了调器输入码流与各调制器时钟的同步和各调制器的比特同步、时间同步及频率同步。

（2）单频网在射频集中产生情况下对节目分配网络的要求

单频网在射频集中产生情况下分配节目信号，除了同样需要保证严格的时间同步以外，还需要保证信号质量。在射频分散产生情况下，地面数字电视单频网一般都采用全球定位系统（GPS）信号用于单频网网络的同步。但在射频集中产生情况下，可实行如3.4.1.1节中所述的数字电视射频同步技术（RFST）。该技术采用全网自同步技术，可以在不依赖GPS外置时钟的情况下，实现任何调制方式的数字电视单频网的精确同步。

4. 总结

本项目跟踪国际地面数字电视广播单频网技术相关研究进展，根据理论分析与实验测试结果，针对单频网网络规划、组网系统模式、重叠覆盖区接收性能和节目分配网络等单频网关键问题进行了深入研究，形成了对单频网实际建设具有指导意义的研究结论。本项目从实际应用和实验中发现问题，通过理论分析、试验检验解决问题，相关研究结论有助于完善我国地面数字电视广播的标准体系，对我国地面数字电视广播的应用推广产生了积极的促进作用，同时为后续相关研究打下了坚实的基础。

在本项目的研究基础上，我国地面数字电视广播单频网规划的参考规划配置和参考网络还有待进一步的研究细化。对单频网重叠覆盖区接收性能的优化措施也存在进一步的研究空间，进一步丰富优化手段。除此之外，对地面数字电视广播推广应用过程中可能出现的新问题同样需要建立相关课题予以深入研究，以促进我国地面数字电视广播的发展。

附录

附录一：地面数字电视信号保护率

表一　地面数字电视信号受地面数字电视信号干扰的同频保护率

映射方式	前向纠错编码效率	高斯信道 dB	莱斯信道 dB	瑞利信道 dB
4QAM	0.4	3	4	5
16QAM	0.4	9	10	11
64QAM	0.4	15	16	17
4QAM	0.6	5	6	8
16QAM	0.6	12	13	15
64QAM	0.6	17	18	20
4QAM - NR	0.8	3	4	5
4QAM	0.8	7	8	13
16QAM	0.8	14	15	19
32QAM	0.8	16	17	21
64QAM	0.8	22	23	29

表二　地面数字电视信号受上、下邻频地面数字电视信号干扰的保护率

映射方式	前向纠错编码效率	高斯信道 dB	莱斯信道 dB	瑞利信道 dB
4QAM	0.4	-36	-35	-33
16QAM	0.4	-31	-30	-29
64QAM	0.4	-27	-26	-24
4QAM	0.6	-33	-33	-31
16QAM	0.6	-30	-28	-27
64QAM	0.6	-23	-23	-22
4QAM - NR	0.8	-36	-35	-33
4QAM	0.8	-30	-30	-27
16QAM	0.8	-28	-27	-24
32QAM	0.8	-25	-24	-22
64QAM	0.8	-20	-20	-17

表三　地面数字电视信号受地面模拟电视信号干扰的同频保护率

映射方式	前向纠错编码效率	高斯信道 dB	莱斯信道 dB	瑞利信道 dB
4QAM	0. 4	-8	-7	-6
16QAM	0. 4	-6	-5	-3
64QAM	0. 4	-4	0	2
4QAM	0. 6	-5	-4	-3
16QAM	0. 6	-4	-2	3
64QAM	0. 6	2	5	10
4QAM - NR	0. 8	-8	-7	-6
4QAM	0. 8	-1	0	1
16QAM	0. 8	2	3	5
32QAM	0. 8	4	5	7
64QAM	0. 8	13	14	20

表四　地面数字电视信号受下邻频地面模拟电视信号干扰的保护率

映射方式	前向纠错编码效率	高斯信道 dB	莱斯信道 dB	瑞利信道 dB
4QAM	0. 4	-46	-45	-41
16QAM	0. 4	-46	-45	-41
64QAM	0. 4	-46	-45	-41
4QAM	0. 6	-46	-45	-41
16QAM	0. 6	-46	-45	-41
64QAM	0. 6	-42	-42	-40
4QAM - NR	0. 8	-46	-45	-41
4QAM	0. 8	-46	-45	-41
16QAM	0. 8	-44	-43	-38
32QAM	0. 8	-39	-39	-33
64QAM	0. 8	-39	-37	-30

表五　地面数字电视信号受上邻频地面模拟电视信号干扰的保护率

映射方式	前向纠错编码效率	高斯信道 dB	莱斯信道 dB	瑞利信道 dB
4QAM	0. 4	-53	-52	-51
16QAM	0. 4	-51	-50	-49
64QAM	0. 4	-47	-46	-45
4QAM	0. 6	-53	-52	-51
16QAM	0. 6	-49	-48	-46

（续表）

映射方式	前向纠错编码效率	高斯信道 dB	莱斯信道 dB	瑞利信道 dB
64QAM	0.6	-43	-43	-40
4QAM - NR	0.8	-53	-52	-51
4QAM	0.8	-50	-49	-43
16QAM	0.8	-45	-44	-40
32QAM	0.8	-43	-42	-37
64QAM	0.8	-38	-36	-30

附录二：信道模型

表六　莱斯信道模型

路径	相对幅度 dB	延时μs	相位度
主径	0	0	0
回波 1	-19.2	0.518650	336.0
回波 2	-36.2	1.003019	278.2
回波 3	-26.4	5.422091	195.9
回波 4	-21.8	2.751772	127.0
回波 5	-23.1	0.602895	215.3
回波 6	-35.6	1.016585	311.1
回波 7	-27.9	0.143556	226.4
回波 8	-26.1	3.324886	330.9
回波 9	-19.3	1.935570	8.8
回波 10	-22.0	0.429948	339.7
回波 11	-20.5	3.228872	174.9
回波 12	-23.0	0.848831	36.0
回波 13	-24.3	0.073883	122.0
回波 14	-26.7	0.203952	63.0
回波 15	-27.9	0.194207	198.4
回波 16	-23.8	0.924450	210.0
回波 17	-30.1	1.381320	162.4
回波 18	-24.5	0.640512	191.0
回波 19	-23.1	1.368671	22.6

表七　瑞利信道模型

路径	相对幅度 dB	延时μs	相位度
回波 1	-7.8	0.518650	336.0
回波 2	-24.8	1.003019	278.2
回波 3	-15.0	5.422091	195.9
回波 4	-10.4	2.751772	127.0
回波 5	-11.7	0.602895	215.3
回波 6	-24.2	1.016585	311.1
回波 7	-16.5	0.143556	226.4
回波 8	-25.8	0.153832	62.7
回波 9	-14.7	3.324886	330.9
回波 10	-7.9	1.935570	8.8
回波 11	-10.6	0.429948	339.7
回波 12	-9.1	3.228872	174.9
回波 13	-11.6	0.848831	36.0
回波 14	-12.9	0.073883	122.0
回波 15	-15.3	0.203952	63.0
回波 16	-16.5	0.194207	198.4
回波 17	-12.4	0.924450	210.0
回波 18	-18.7	1.381320	162.4
回波 19	-13.1	0.640512	191.0
回波 20	-11.7	1.368671	22.6

表八　地面数字电视接收的“典型市区”内对移动接收测量所需平均 C/N 时的信道模型

路径	延时 μs	相对幅度 dB	多普勒类别
路径 1	0	-3	莱斯
路径 2	0.2	0	莱斯
路径 3	0.5	-2	莱斯
路径 4	1.6	-6	莱斯
路径 5	2.3	-8	莱斯
路径 6	5	-10	莱斯

附录三：单频网回波时延测试结果

实验室测试单频网回波时延，得到回波时延和相应的衰减数值 D（dB），根据下列公式计算出信号中欲收信号功率百分比 y，P 为相应模式的保护率。

$$y=\begin{cases}100\% & D=0\\ \left(1-\dfrac{10^{D/10}+1}{10^{P/10}+1}\right)\times 100\% & 0<D\leqslant 13\\ 0 & D>13\end{cases}$$

其中 D、P 为 dB 值，P 取 13dB。

对于不同的芯片，不同的帧头模式，根据实验数据，得出某路径信号中欲收信号功率百分比与该路径信号相对主径信号时延的关系分别下图所示。

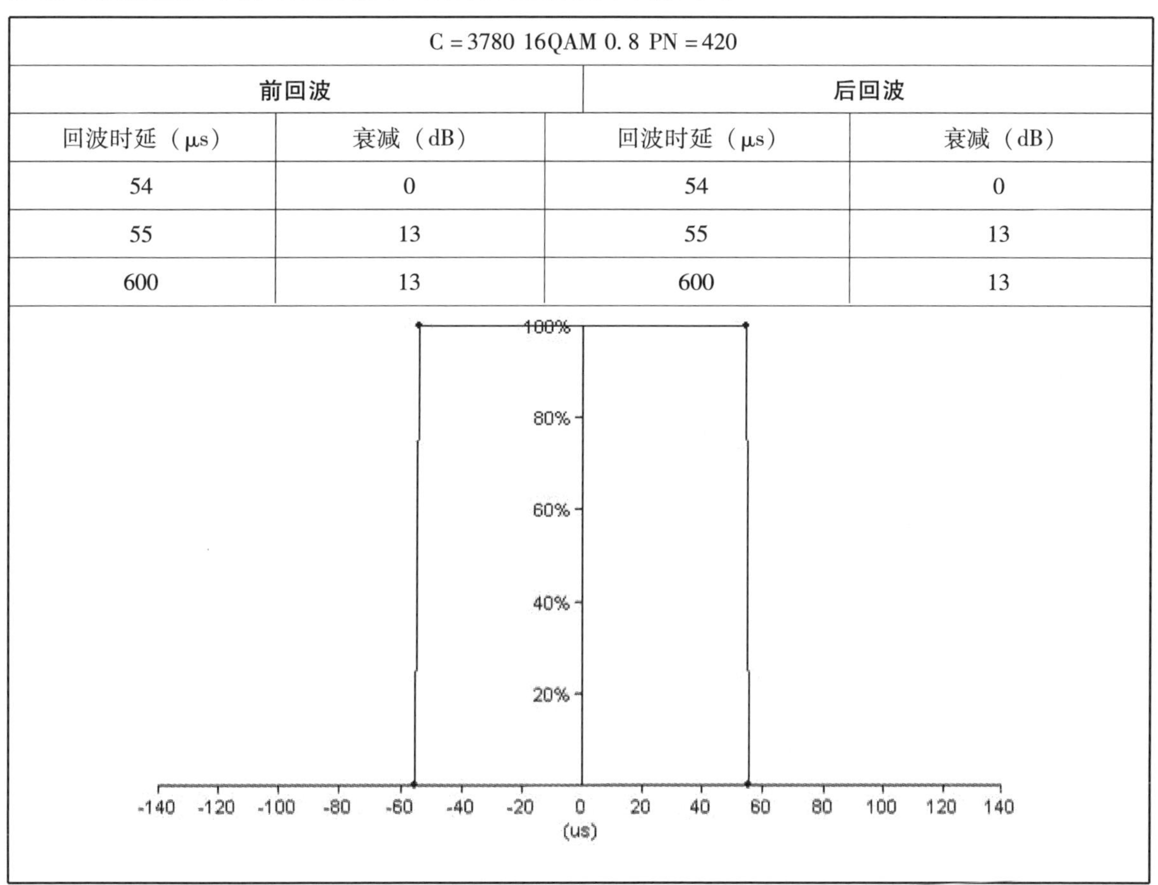

C = 3780 16QAM 0. 8 PN = 420			
前回波		后回波	
回波时延（μs）	衰减（dB）	回波时延（μs）	衰减（dB）
54	0	54	0
55	13	55	13
600	13	600	13

图一　PN420

C＝1 16QAM 0.8 PN＝595			
前回波		后回波	
回波时延（μs）	衰减（dB）	回波时延（μs）	衰减（dB）
43	0	43	0
46	1	44	13
47	13	600	13
600	13		

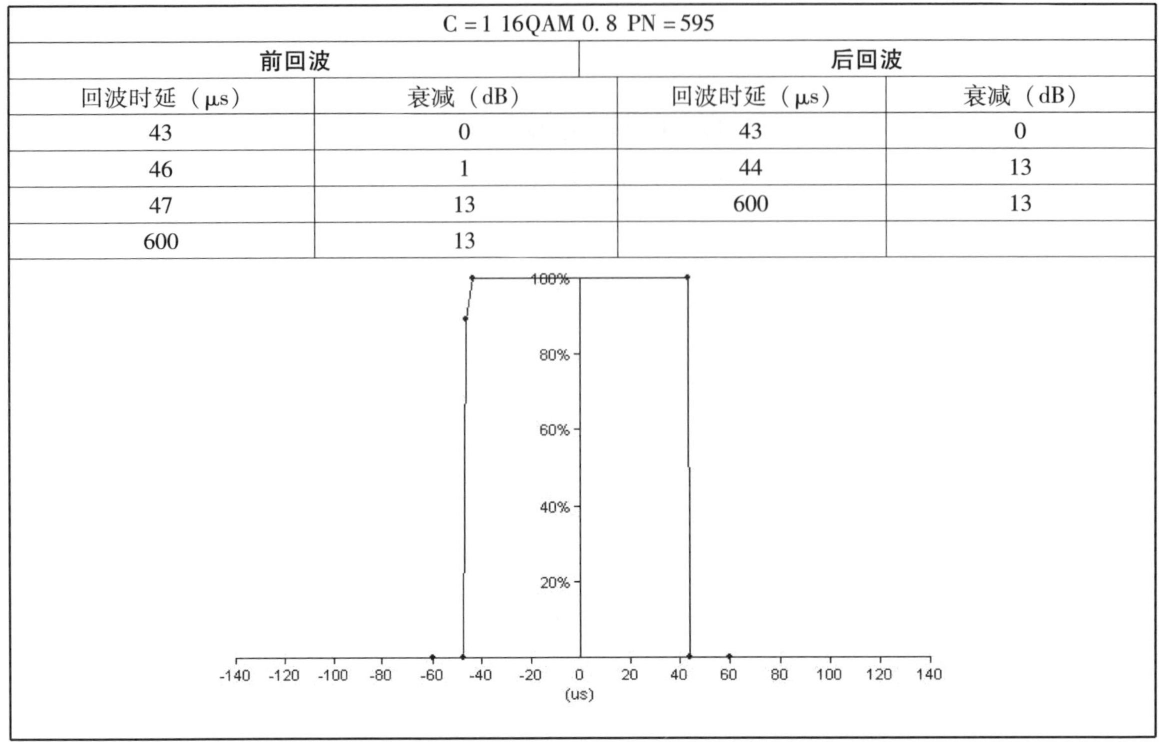

图二　PN595

C＝3780 16QAM 0.8 PN＝945			
前回波		后回波	
回波时延（μs）	衰减（dB）	回波时延（μs）	衰减（dB）
118	0	118	0
119	13	119	13
150	13	150	13
300	13	300	13
600	13	600	13

图三　PN945

C＝3780 16QAM 0.8 PN＝420			
前回波		后回波	
回波时延（μs）	衰减（dB）	回波时延（μs）	衰减（dB）
49	12.1	49	0
50	12.6	50	0
51	12.2	51	6.2
52	12.4	52	5
60	12.3	53	12.3
		54	12.5
		55	12.4
		60	12.4

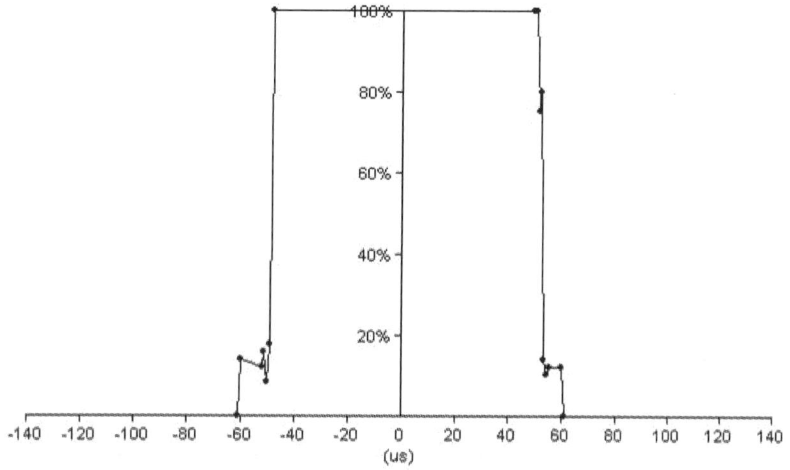

图四 PN420（1）

C = 3780 16QAM 0. 8 PN = 420			
前回波		**后回波**	
回波时延（μs）	衰减（dB）	回波时延（μs）	衰减（dB）
51	12	51	12
52	12	52	12. 1
53	12	55	12. 1
55	12	60	12. 1
60	12. 1	80	12. 1
80	12. 1		

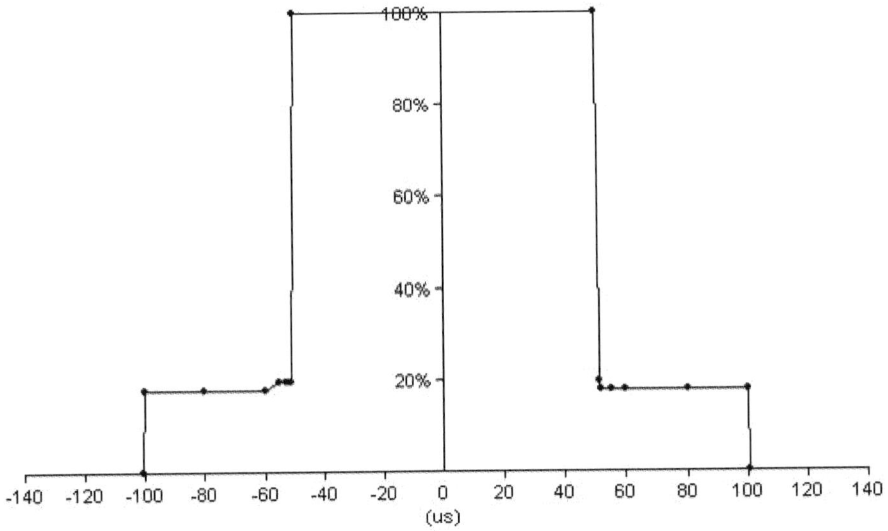

图五 PN420（2）

C = 3780 16QAM 0.8 PN = 420			
前回波		**后回波**	
回波时延（μs）	衰减（dB）	回波时延（μs）	衰减（dB）
48	1	48	0.6
49	1.1	49	0.6
50	1	50	0.8
51	1.8	51	1.3
52	2.9	52	12.2
53	3.9	60	12.2
54	12.1	80	12.3
55	12.1	100	12.4
60	12.1		
80	12.3		
100	12.3		

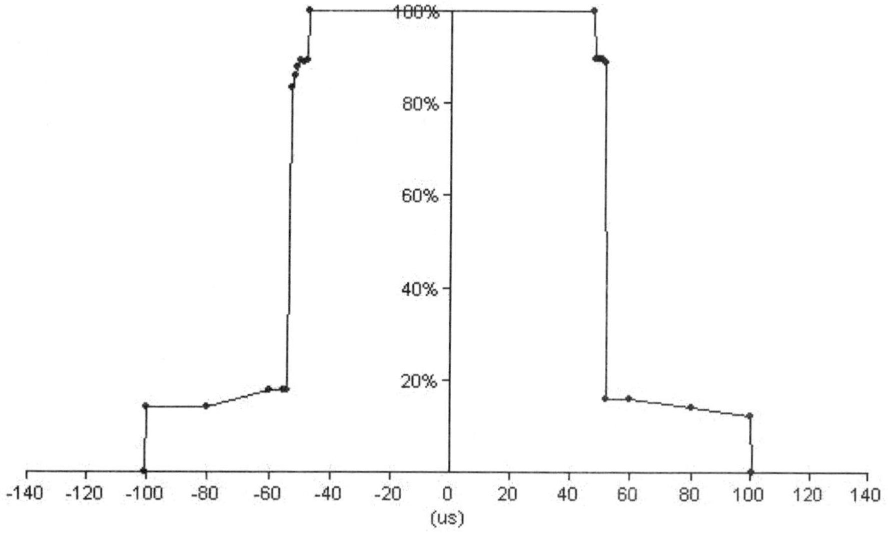

图六 PN420（3）

C = 3780 16QAM 0.8 PN = 420			
前回波		后回波	
回波时延（μs）	衰减（dB）	回波时延（μs）	衰减（dB）
23	2.9	23	2.4
35	2.9	25	2.7
39	3.2	27	2.4
58	3.6	28	2.6
60	4.2	29	2.8
62	5	32	2.9
64	5.2	36	2.5
67	6.8	39	3
69	8.4	57	3.2
71	9	59	3.8
72	9.9	61	4.4
73	10.3	62	4.6
74	12.1	63	4.9
75	13.5	64	5
80	13.5	65	5.8
		66	6.2
		69	7.6
		70	8.2
		71	8.4
		72	10.7
		73	9.5
		75	11.6
		76	12.8
		80	13.5

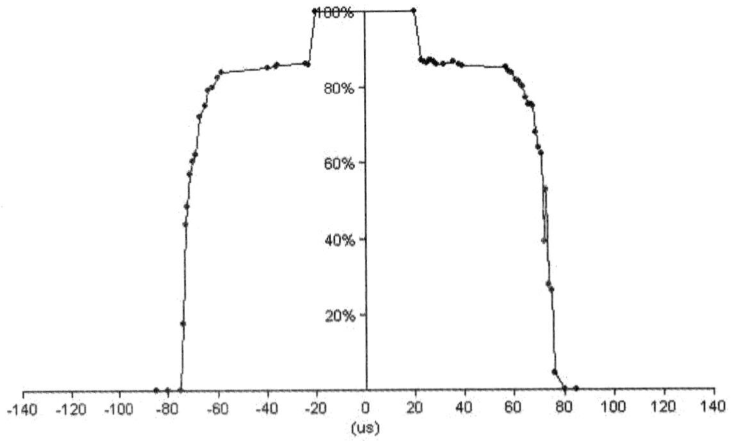

100%
80%
60%
40%
20%
-140 -120 -100 -80 -60 -40 -20 0 20 40 60 80 100 120 140
(us)

图七　PN420（4）

C = 1 16QAM 0.8 PN = 595			
前回波		**后回波**	
回波时延（μs）	衰减（dB）	回波时延（μs）	衰减（dB）
73	0.5	73	0.3
74	0.5	74	0.2
75	0.8	75	1
76	11.6	76	3.3
77	11.6	77	11.3
100	11.5	78	11.6
		79	11.6
		80	11.4
		81	11.6
		82	11.4
		83	11.7
		84	11.3
		85	11.7
		92	11.8

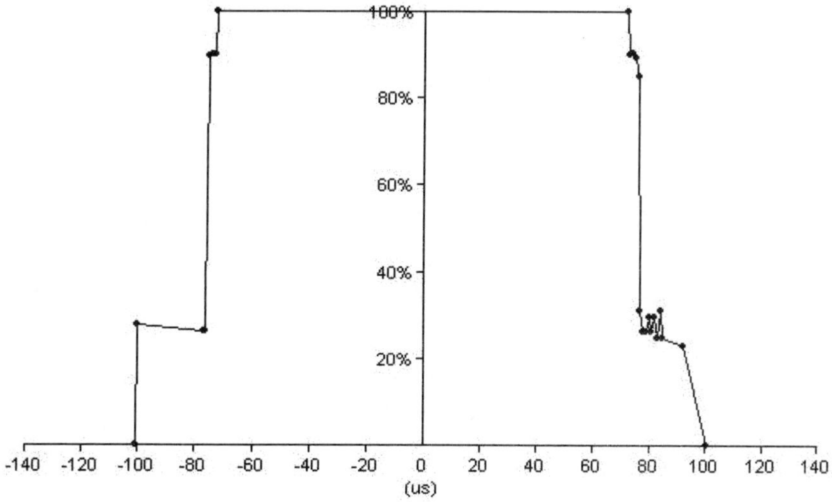

图八　PN595（1）

C = 1 16QAM 0. 8 PN = 595			
前回波		后回波	
回波时延（μs）	衰减（dB）	回波时延（μs）	衰减（dB）
23	13. 1	23	0. 6
24	0	24	0
25	13. 6	25	0. 2
26	12. 1	26	0
27	12. 4	33	0
28	14	34	12. 4
30	12. 9	40	12. 4
40	12. 3	60	12. 4
60	12. 2	100	12. 4
100	12. 3		

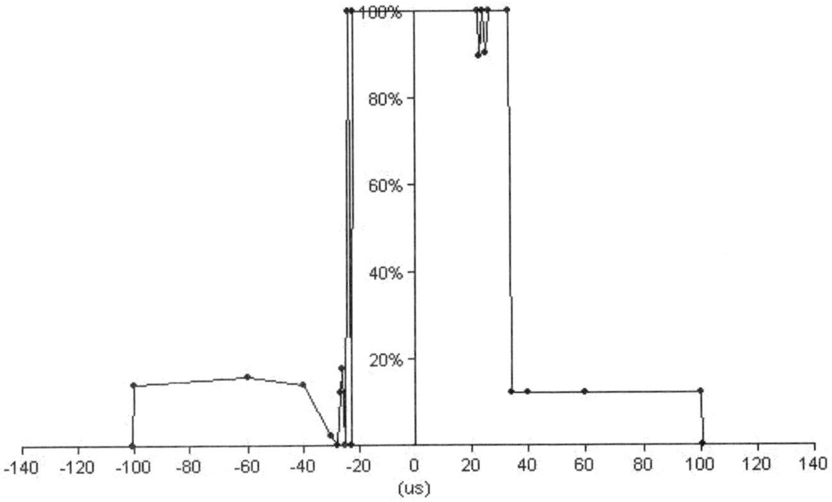

图九　PN595（2）

C = 1 16QAM 0. 8 PN = 595			
前回波		后回波	
回波时延（μs）	衰减（dB）	回波时延（μs）	衰减（dB）
290	12. 4	290	3. 3
300	12. 4	327	3. 3
400	12. 4	328	3. 5
		532	3. 5
		533	12. 4
		534	12. 6
		549	12. 6
		550	12. 8
		600	12. 8

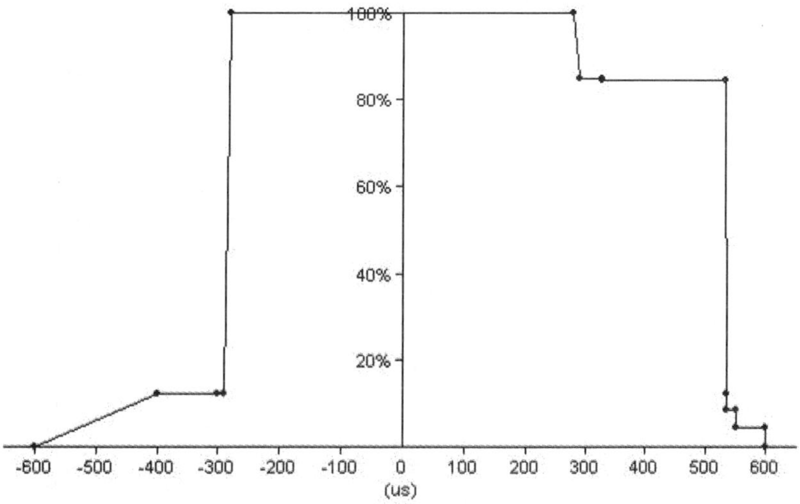

图十　PN595（3）

C = 3780 16QAM 0.8 PN = 945			
前回波		后回波	
回波时延（μs）	衰减（dB）	回波时延（μs）	衰减（dB）
111	13	111	1
112	13	113	0.8
115	13	114	1
120	13	115	2.3
130	13.1	117	0.5
		120	2
		121	13.3
		122	13.2
		130	13.3

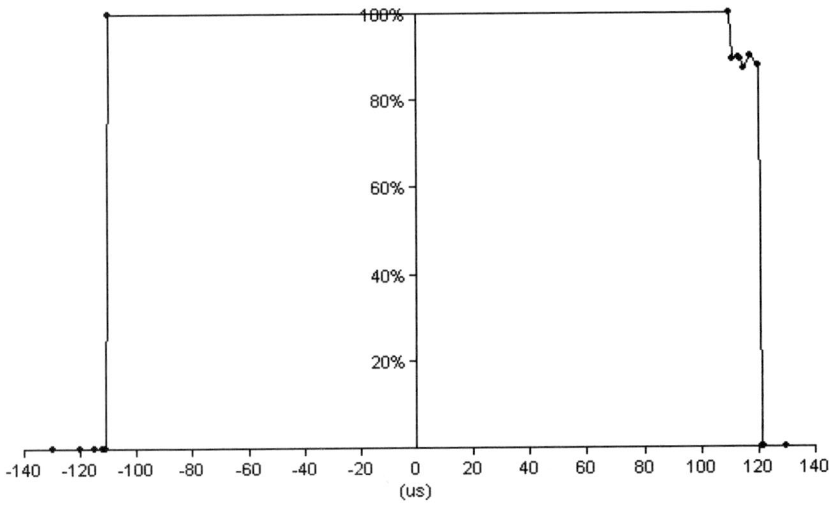

图十一　PN945（1）

C = 3780 16QAM 0.8 PN = 945			
前回波		后回波	
回波时延（μs）	衰减（dB）	回波时延（μs）	衰减（dB）
119	12.6	119	1.1
120	12.7	120	13.1
121	12.7	121	13.1
125	12.7	125	13.2
130	12.7	140	12.6
140	12.7	150	12.7
150	12.8	200	12.8
200	12.8		

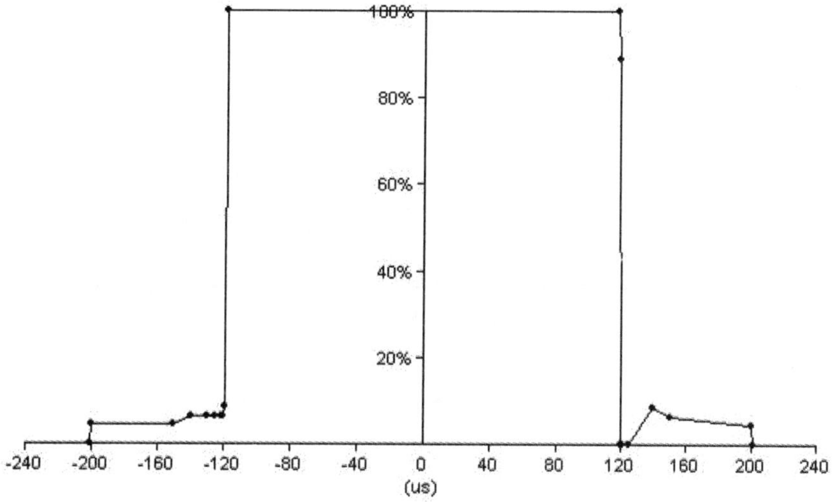

图十二　PN945（2）

C = 3780 16QAM 0. 8 PN = 945			
前回波		后回波	
回波时延（μs）	衰减（dB）	回波时延（μs）	衰减（dB）
119	12. 8	119	1. 4
120	13	120	13. 1
130	13	130	13. 1
150	13	150	13. 1

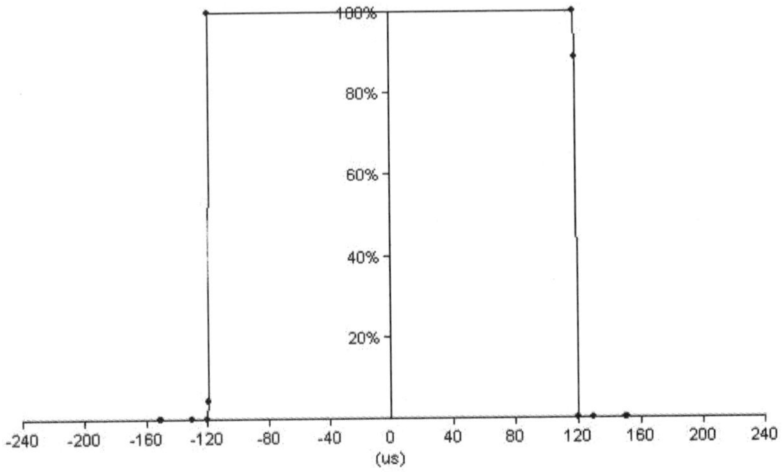

图十三 PN945（3）

参考文献

[1] GB 20600－2006《数字电视地面广播传输系统帧结构、信道编码和调制》。

[2] GY/T 236－2008《地面数字电视广播传输系统实施指南》。

[3] GY/T 237－2008《VHF/UHF 频段地面数字电视广播频率规划准则》。

[4]《地面数字电视国家标准推广应用技术试验报告（北京地区）》。

[5] ITU "FINAL ACTS of the Regional Radiocommunication Conference for planning of the digital terrestrial broadcasting service in parts of Regions 1 and 3, in the frequency bands 174－230 MHz and 470－862 MHz (RRC－06)".

[6] "ERC－EBU Report on Planning and Introduction of Terrestrial Digital Television (DVB－T) in Europe".

[7] ETSI TR 101 190 V1.2.1 (2004－11) "Digital Video Broadcasting (DVB); Implementation guidelines for DVB terrestrial services; Transmission aspects".

[8]《数字电视射频同步覆盖技术（RFST）报告》，河南省广播电影电视局。

移动多媒体广播电视（CMMB）频率及覆盖规划

摘要

本报告基于规划院承担的总局科研项目《CMMB 应用系统技术研究与实现》中的 4 个子课题；本报告的研究目标是初步确定我国 UHF 频段移动多媒体广播电视（CMMB）覆盖网规划准则（规划参数）和规划方法，据此开展我国移动多媒体广播电视（CMMB）地面覆盖网络规划研究。

本报告主要介绍了移动多媒体广播电视（CMMB）业务的规划，主要内容如下：

首先，介绍了移动多媒体广播电视（CMMB）业务规划的背景以及移动多媒体广播电视（CMMB）业务规划的研究方法和研究平台，研究平台主要包括实验室测试平台和规划平台；根据以上研究，给出了移动多媒体广播电视（CMMB）业务的规划参数和规划方法。

其次，根据移动多媒体广播电视（CMMB）的规划需求，对规划平台进行了深入研究，主要包括规划平台的改建和规划平台的应用。规划平台主要进行了以下两方面的改建：规划软件平台的自适应修改和地理信息数据的完善。

最后，根据以上研究结果，给出了全国 37 城市 CMMB 频率规划方案及覆盖网络计算中的三个城市的示例；每个城市的 CMMB 网络覆盖分析包含以下几种接收模式：室外便携、底层浅室内便携、高层浅室内便携、室外移动、移动车内和室外固定。

本报告的主要意义如下：（1）初步确定了我国 UHF 频段移动多媒体广播电视（CMMB）覆盖网规划准则（规划参数）和规划方法；（2）针对移动多媒体广播电视（CMMB）业务，完善了规划软件平台；（3）确定了 37 城市 CMMB 的规划参数和规划方法，给出了覆盖分析；（4）为 37 城市 CMMB 的网络建设打下了基础。

目录
Contents

1. CMMB 业务的规划背景

2006 年 10 月 24 日，国家广播电影电视总局正式颁布中国移动多媒体广播电视（CMMB）系统广播信道行业标准《GY/T 220.1－2006 移动多媒体广播第 1 部分：广播信道帧结构、信道编码和调制》。移动多媒体广播电视（CMMB）是广播电视传播渠道的重要补充和延伸，可以填补目前广播电视的服务空白，对于创新传播手段，构建传输快捷、覆盖广泛的现代文化传播体系，推动我国文化和民族工业发展都具有十分重要的意义。

按照中央要求，从 2007 年 10 月开始，国家广播电影电视总局在北京等六个奥运城市以及深圳、广州采用自主创新的 CMMB 技术开展技术试验，并逐步优化了覆盖网络。2008 年 4 月份开始，陆续开通了其他试点城市的试验网络，在 2008 年 7 月初完成了奥运城市、直辖市以及省会城市共 37 个城市的 CMMB 试验网络第一期工程建设。

目前在 UHF 频段建设 CMMB 地面覆盖网络是 CMMB 推广应用的主要手段。UHF 频段 CMMB 覆盖网的规划可以有效评估和指导 CMMB 覆盖网络的建设，因此，明确和完善 UHF 频段 CMMB 覆盖网规划参数和规划方法，可以有效加快 CMMB 的推广和应用，保证 CMMB 覆盖网建设的顺利进行。

2. CMMB 网络规划参数与规划方法研究

2.1 CMMB 规划的研究方法和平台

2.1.1 研究方法

本报告的研究目标是初步确定我国 UHF 频段移动多媒体广播电视覆盖网规划准则（规划参数）和规划方法，据此可以开展我国移动多媒体广播电视地面覆盖网络规划研究。为此主要通过以下方法对我国 UHF 频段移动多媒体广播电视覆盖网规划准则（规划参数）和规划方法开展相关研究：

①研究不同组网方式和接收条件下的最低规划场强、保护率等规划参数和干扰计算方法，结合相关的实验室和现场测试工作，初步确定规划参数；

②研究我国移动多媒体广播电视系统技术特点及其在分米波频段的传播特点，针对系统户外、户内的移动或便携接收的应用目标，分析可能采用的传播模型；

③根据我国移动多媒体广播电视系统技术和应用情况，以传播模型和规划参数的研究为基础，在保证覆盖效果的前提下，尽可能提高功率效率、减少交叉干扰，充分利用各种技术手段和补点覆盖方式，研究提出地面组网规划方法。

2.1.2 研究平台

2.1.2.1 实验室测试平台

为了研究分析 CMMB 相关规划参数，需要对 CMMB 系统的载噪比门限等关键性能指标进行实验室测试。CMMB 相关实验室测试依托广播电视规划院国家数字电视系统测试实验室，通过在接收信号中加入各种噪声或干扰，模拟各种实际接收环境，实现对 CMMB 测试系统关键性能指标的测试。

此外，利用广播电视规划院电磁兼容与安全检测实验室的测试环境，可以实现 CMMB 终端的整机测试，获取最低接收场强等 CMMB 系统性能参数。广播电视规划院电磁兼容与安全检测实验室始建于2006年1月，2007年9月整体竣工，依托于国家广播电影电视总局，是集电磁兼容与安全特性检测、标准研究与制定、工程技术研究与开发等于一体的综合性实验室。

实验室使用面积549平方米，包括一个5米法（涵盖3米法）半电波暗室（如图1所示）、两个屏蔽室及一个敞开办公区。测试仪器仪表如表1所示，测试设备如图2所示。

通过对 CMMB 终端的整机测试（测试框图如图3所示），可以测量得到不同信道环境下的 C/N 门限和最低接收场强等系统性能指标。CMMB 终端整机 C/N 门限测试框图如图4所示，CMMB 终端整机最低接收场强测试框图如图5所示。

图1 5米法（涵盖3米法）半电波暗室

表1 实验室测试仪表清单

序号	仪器设备名称	数量
1	低噪声频谱分析仪	1台
2	14英寸彩色监视器（PAL）	1台
3	高斯噪声发生器	1台
4	信道模拟器（多径发生器）	1台

（续表）

序号	仪器设备名称	数量
5	数字传输分析仪	1 台
6	频谱分析仪	1 台
7	矢量分析仪	1 台
8	射频信号分配器	2 台
9	CMMB 激励器	1 台

图 2　实验室测试设备

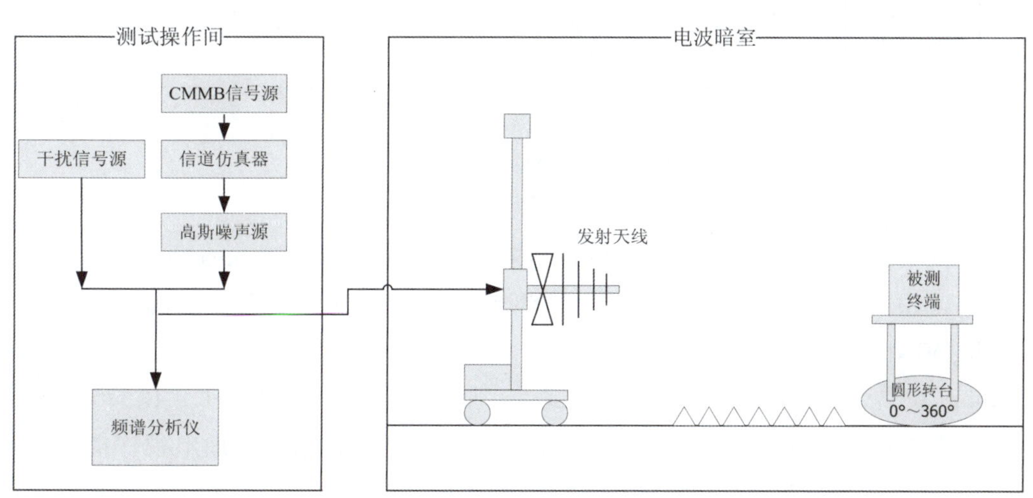

图 3　CMMB 终端整机性能测试

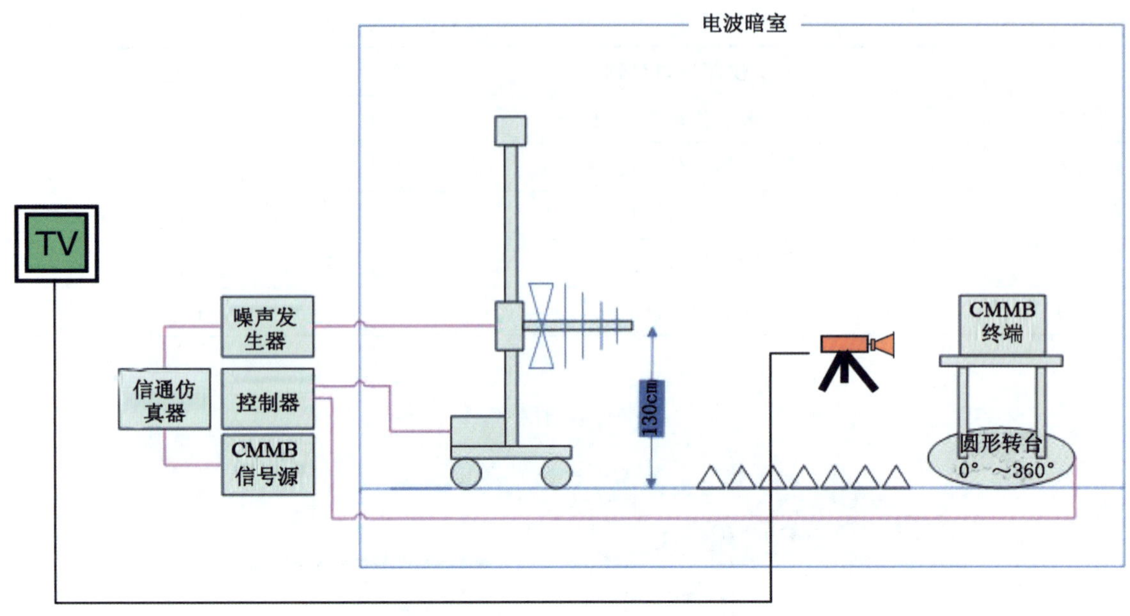

图 4　CMMB 终端整机 C/N 门限测试

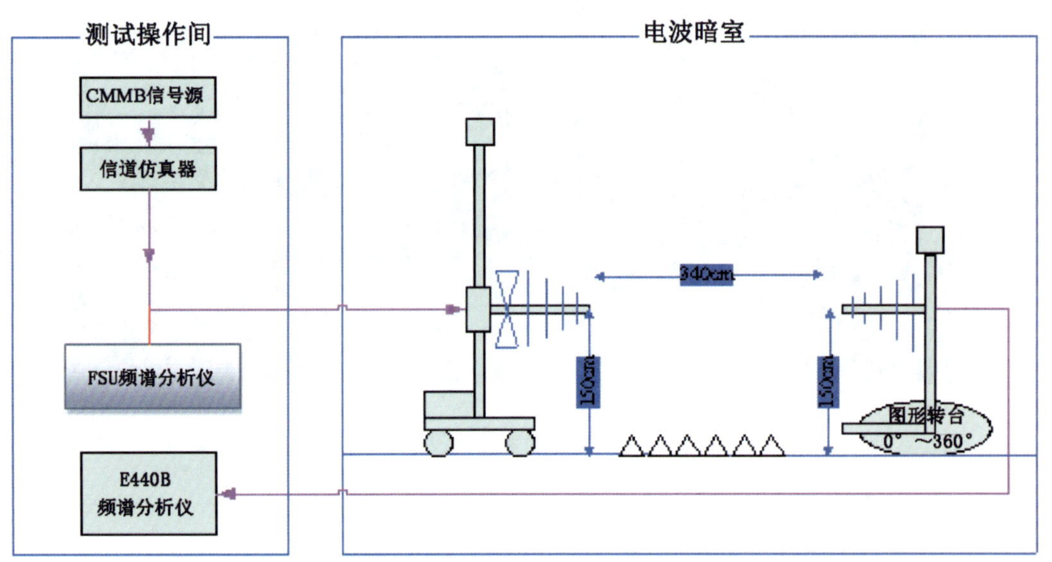

图 5　CMMB 终端整机最低接收场强测试

2.1.2.2　规划平台

本研究的规划平台建立在德国 L&S 公司的 CHIRplus_BC（FM/TV broadcast）专业规划软件的基础上。德国 L&S 公司是一家为无线通信网络和频谱管理系统开发应用工具的软件公司，其总部在德国。

CHIRplus_BC 软件可有效管理台站、测试点、地图等数据，提供 ITU－R 370、ITU－R 1546、ITU－R 526、HATA 等多种电波传播模型，能够对调频广播和地面电视广播进行频谱扫描、场强预测、覆盖分析、干扰分析等进行分析计算。该软件已经在调频广播和地面电视广播频率规划中得到广泛的应用。

2.2 CMMB 规划参数研究

2.2.1 最低场强

根据国际电联 ITU－R BT. 1368 建议书，规划用的最低场强可以通过系统 C/N 门限和相关天线参数采用“电压法”进行计算。对于 C/N 门限，实验室测试结果如表 5 所示。

此外根据一系列的相关测试结果，在 CMMB 系列标准的《移动多媒体广播第 7 部分接收解码终端技术要求》中制定了 UHF 频段在不同信道环境中的性能指标的参考值。如加性高斯白噪声信道下的 UHF 频段波段 CMMB 载噪比门限的性能指标的参考值见表 2。静态多径信道在瑞利模型下的载噪比门限的性能指标参考值见表 3。动态多径信道在 TU－6 模型下的载噪比门限的性能指标参考值见表 4。

表 2　终端载噪比门限性能指标参考（加性高斯白噪声信道，BER≤3×10^{-6}）

信道配置		C/N（dB）
星座映射	LDPC 编码	
BPSK	1/2	－
	3/4	－
QPSK	1/2	2.7
	3/4	5.1
16QAM	1/2	8.6
	3/4	12

表 3　终端载噪比门限性能指标参考（瑞利模型信道，LDPC 编码为 1/2，BER≤3×10^{-6}）

星座映射	C/N（dB）
BPSK	－
QPSK	4.9
16QAM	11.3

表 4　终端载噪比门限性能指标参考（TU－6 模型信道，LDPC 编码为 1/2，BER≤3×10^{-6}）

信道配置		C/N（dB）
星座映射	多普勒（Hz）	
QPSK	20	7.7
	100	7.0
	300	7.8
16QAM	20	14.3
	100	13.7
	250	13.8

表 5　C/N 门限(QPSK)实验室整机测试结果

序号 No.	检测项目 Test Parameters	单位 Unit	终端 1			终端 2			终端 3			终端 4			终端 5			终端 6			终端 7			终端 8		
			1#	2#	3#	1#	2#	3#	1#	2#	3#	1#	2#	3#	1#	2#	3#	1#	2#	3#	1#	2#	3#	1#	2#	3#
1	载噪比门限（加性高斯白噪声信道）	dB	2.0	2.0	2.0	2.0	2.0	2.0	2.0	2.0	2.0	1.5	1.5	1.5	1.9	1.9	1.9	1.8	1.8	1.8	2.1	2.1	2.1	2.6	2.5	2.7
2	载噪比门限（静态莱斯多径信道）	dB	3.8	3.8	3.5	4.1	3.6	4.1	4.2	4.2	4.2	3.6	4.1	3.6	3.8	3.8	3.8	4.1	4.1	4.1	4.0	4.0	4.0	3.3	3.1	4.3
3	载噪比门限（静态等场强两径信道）	dB	6.4	6.4	6.1	5.1	6.1	5.1	7.0	6.2	6.7	5.6	6.2	5.6	5.7	5.7	5.7	6.0	6.0	6.0	6.3	6.3	6.3	6.7	6.5	6.8
4	载噪比门限（动态多径信道）	dB	5.4	5.4	7.1	3.8	4.8	3.8	6.2	5.2	5.2	4.8	5.8	4.8	6.6	6.6	6.6	4.8	4.8	4.8	4.8	3.8	4.8	6.5	5.8	6.1

综合考虑以上测试数据和性能参考指标，CMMB 规划所采用的 C/N 门限值见表 6。

表 6　CMMB 规划所采用的 C/N 门限值

系统参数	应用场景	C/N（dB）
QPSK LDPC：1/2	室外固定（直放站接收）	4.5
	室外便携/移动（终端接收）	8
16QAM LDPC：1/2	室外固定（直放站接收）	11
	室外便携/移动（终端接收）	14.5

其他相关参数：

①噪声系数 F = 5 dB；

②终端天线增益 G = －7 dBi（－9.15 dBd）；

③移动接收天线增益 G = －2 dBd；

④便携/移动接收典型接收高度为距地面 1.5 m；

⑤直放站等补点器的定向接收天、馈线增益 G = 7 dBd

⑥直放站等补点器的室外典型接收高度为距地面 10 m；

⑦室内接收的穿透损耗参考国际电联 ITU－R BT.1368 建议书：

电波进入建筑物的传播损耗主要取决于建筑材料、电波入射角和频率，还要区分接收点是在楼内深处的房间或是靠近大楼外墙处的房间。建筑物的穿透损耗定义为建筑物内给定高度的平均场强与该建筑物外同等高度处的平均场强之差（dB）。根据大量测试得到有用的统计信息，表 7 列出了建筑物的平均穿透损耗和标准差。在市区的规划通常选用“中成功率”参数。

表 7　UHF 频带 IV/V 波段建筑物穿透损耗

室内接收成功率	建筑物平均穿透损耗（dB）	标准差（dB）
高	7	5
中	11	6
低	15	7

不同建筑物中室内接收的成功率分三种情况：

高成功率：郊区无金属化玻璃窗的住宅；市区公寓楼内靠外墙有窗的房间。

中成功率：市区靠外墙有金属化玻璃窗的房间；市区公寓不靠外墙的房间。

低成功率：办公大楼里不靠外墙的房间。

⑧直放站等补点器的定向接收天线的方向隔离度与极化隔离度参考国际电联 ITU－R BT.419 建议书：

在欲收信号与非欲收信号极化方式（水平或者垂直）相同的情况下，图 6 给出了定向接收天线在波段 I～V 的方向隔离度。在欲收信号与非欲收信号极化方式相互正交的情况下，欲收信号和非欲收信号的隔离度不是天线方向隔离度与极化隔离度的简单相加，此时对任意天线指向欲收信号和非欲收信号的隔离度均取 16dB。

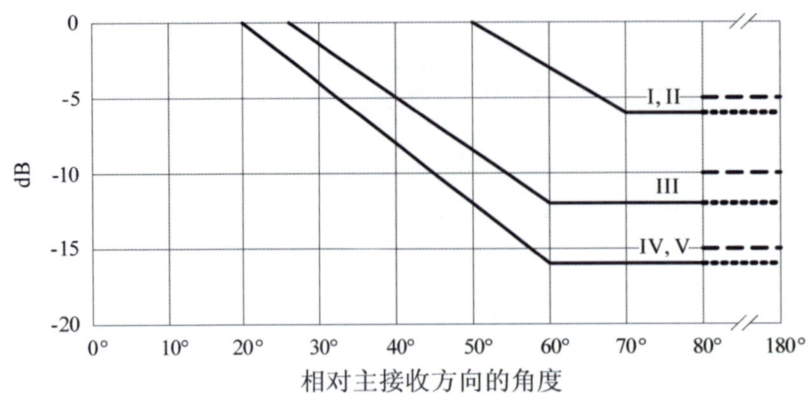

图6 欲收信号和非欲收信号隔离度与定向接收天线方向性的关系

⑨地点概率：

便携接收（室内/室外）：70% 为可接受，95% 为良好；

移动接收（室外/车内）：90% 为可接受，99% 为良好。

⑩车体穿透损耗：L_v =7 dB；

⑪高度损耗参考 ITU－R P. 1546 建议书：

便携/移动接收的天线典型高度为地平面之上 1. 5 m，因此需要引入接收天线的高度修正因子，即“高度损耗”。高度损耗的计算方法参考 ITU－R P. 1546 建议书。对于 1. 5 m 天线高度的便携/移动接收规划，各参考频率、典型环境下的高度损耗典型值按农村/郊区和城市两类给出在表 8 中。

表 8 各参考频率、典型环境下 1. 5 m 天线高度的高度损耗

频率 MHz	高度损耗 dB	
	农村/郊区	城市
500	16	23
700	17	25

注：高度损耗只适用于预测 10 m 接收高度的电波传播模型，对于能够直接预测 1. 5 m 接收高度信号场强的传播模型则不需要考虑高度损耗。

通过 C/N 门限采用国际电联相关建议书的计算方法进行计算。根据国际电联推荐的“电压法”，推导最低中值场强的具体公式如下：

$P_n = F + 10\log_{10}(kT_0B)$

$P_{smin} = C/N + P_n$

$A_a = G + 10\log_{10}(1.64 \cdot \lambda^2/4\pi)$

$\varphi_{min} = P_{smin} - A_a + L_f$ 补点器室外固定接收

$\varphi_{min} = P_{smin} - A_a$ 便携接收/移动接收

$E_{min} = \varphi_{min} + 120 + 10\log_{10}(120\pi) = \varphi_{min} + 145.8$

$\varphi_{med} = \varphi_{min} + P_{mmn} + C_l$ 补点器室外固定接收

$\varphi_{med} = \varphi_{min} + P_{mmn} + C_l + L_h$　　室外便携/移动接收

$\varphi_{med} = \varphi_{min} + P_{mmn} + C_l + L_h + L_b$　　室内便携接收

$\varphi_{med} = \varphi_{min} + P_{mmn} + C_l + L_h + L_v$　　移动车内接收

$E_{med} = \varphi_{med} + 120 + 10\log_{10}(120\pi) = \varphi_{med} + 145.8$

其中：

A_a：有效天线孔径（dBm^2）

C/N：系统射频信噪比（dB）

C_l：地点校正因子（dB）

E_{med}：最低中值场强，规划值（dB μV/m）

E_{min}：接收地点最低场强（dB μV/m）

G：相对半波振子的天线增益（dBd）

L_b：建筑物穿透损耗（dB）

L_v：车体穿透损耗（dB）

L_f：馈线损耗（dB）

L_h：高度损耗（dB）

P_{mmn}：人为噪声（dB）

φ_{min}：接收地点最低功率流密度（dB（W/m^2））

φ_{med}：最低中值功率流密度，规划值（dB（W/m^2））

λ：波长（m）

P_n：接收机噪声输入功率（dBW）

$_F$：接收机噪声指数（dB）

k：Boltzmann 常数（$k = 1.38 \times 10^{-23}$）J/K

T_0：绝对温度（$T_0 = 290K$）

B：接收机噪声带宽

P_{smin}：最低接收机输入信号功率（dBW）

地点概率校正因子可用下式计算：

$C_l = \mu\sigma_t$

$\sigma_t = \sqrt{\sigma_b^2 + \sigma_m^2}$

其中：

μ：分布因子，70%为0.52，90%时为1.28，95%时为1.64，99%时为2.32

σ_t：总体标准偏差（dB）

σ_m：标准偏差宏比例（$\sigma_m = 5.5$（dB））σ_b：大楼穿透损耗标准偏差（参考“中成功率”$\sigma_b = 6dB$）

以 DS－20 频道（530MHz）为例，通过电压法计算 CMMB QPSK，LDPC1/2 系统模式在城市区域各应用场景实现良好覆盖效果的最低中值场强，见表9。

表 9　最低中值场强示例

系统参数	DS－20 频道、QPSK、LDPC 1/2				
应用场景	室外便携	室内便携	室外移动	移动车内	室外固定
接收高度 m	1.5	1.5	1.5	1.5	10
最低中值场强 dB μV/m 无高度损耗	55.5	70.8	52.1	59.1	39.4
最低中值场强 dB μV/m	78.5	93.8	75.1	82.1	39.4

注：对于能够直接分别预测 1.5 m 和 10 m 接收高度信号场强的传播模型不需要考虑高度损耗。

2.2.2　保护率

在覆盖网规划中，对 CMMB 覆盖效果的规划分析需要考虑同频段其他地面无线业务的干扰。在 UHF 频段，我国除了 CMMB 业务的应用之外还存在地面模拟电视广播业务和地面数字电视广播业务。表 12 给出了多种 CMMB 终端在屏蔽暗室整机测试的保护率性能参数。

此外，根据一系列的相关测试结果，在 CMMB 系列标准的《移动多媒体广播第 7 部分接收解码终端技术要求》中制定了 UHF 频段 CMMB 保护率的性能要求，包括同频数字干扰、邻频数字干扰、同频模拟干扰和邻频模拟干扰的性能指标。参考值见表 10。

表 10　终端抗干扰能力性能指标参考（LDPC 编码为 1/2）

干扰类型	星座映射	C/I（dB）
同频数字干扰	QPSK	－
上邻频数字干扰	QPSK	－37
下邻频数字干扰	QPSK	－37
同频模拟干扰	QPSK	－9.2
	16QAM	－4
上邻频模拟干扰	QPSK	－42
下邻频模拟干扰	QPSK	－43

综合考虑以上测试数据和性能参考指标，CMMB 覆盖网规划所采用的保护率值如表 11 所示。

表 11　CMMB 覆盖网规划所采用的保护率值

干扰类型	星座映射	LDPC 编码效率	C/I（dB）
同频数字干扰	QPSK	1/2	3
上邻频数字干扰	QPSK	1/2	－37
下邻频数字干扰	QPSK	1/2	－37
同频模拟干扰	QPSK	1/2	－9.2
	16QAM	1/2	－4
上邻频模拟干扰	QPSK	1/2	－42
下邻频模拟干扰	QPSK	1/2	－43

表 12　保护率(QPSK)实验室整机测试结果

序号 No.	检测项目 Test Parameters		单位 Unit	终端 1			终端 2			终端 3			终端 4			终端 5			终端 6			终端 7			终端 8		
				1#	2#	3#	1#	2#	3#	1#	2#	3#	1#	2#	3#	1#	2#	3#	1#	2#	3#	1#	2#	3#	1#	2#	3#
1	抗同频 CMMB 数字干扰		dB	2.7	2.7	5.7	1.8	2.8	1.8	3.7	4.6	3.7	2.2	2.2	2.2	2.2	2.2	2.2	3.8	3.8	3.8	4.5	4.5	4.5	4.2	4.2	4.2
2	抗邻频 CMMB 数字干扰	上	dB	-37.1	-41.1	-41.2	-43.1	-44.0	-44.0	-43.1	-41.6	-42.1	-37.8	-40.3	-39.3	-37.3	-37.3	-37.3	-38.2	-44.4	-41.2	-39.9	-39.0	-37.9	-39.6	-39.4	-40.4
		下	dB	-41.4	-41.4	-42.0	-42.3	-43.3	-43.3	-42.9	-41.9	-42.4	-37.4	-37.4	-39.4	-39.3	-37.4	-41.3	-37.0	-38.0	-38.0	-43.4	-39.5	-37.5	-39.4	-39.4	-40.5
3	抗同频地面数字电视干扰		dB	1.8	1.8	4.6	3.9	3.9	3.8	3.7	3.7	3.7	2.1	2.1	1.6	1.2	1.0	1.2	2.0	2.0	2.0	2.6	2.6	2.6	2.5	2.4	2.5
4	抗邻频地面数字电视干扰	上	dB	-30.1	-30.1	-33.5	-37.7	-37.7	-38.7	-33.4	-32.5	-32.5	-31.4	-31.4	-31.4	-32.8	-32.8	-33.7	-33.2	-34.1	-34.1	-33.8	-33.8	-32.9	-31.4	-31.7	-30.9
		下	dB	-30.1	-30.1	-31.2	-37.9	-37.0	-37.9	-33.1	-32.6	-32.2	-32.0	-30.9	-32.5	-32.6	-32.6	-33.7	-31.9	-34.9	-34.0	-35.4	-33.4	-31.4	-31.3	-31.4	-31.4
5	抗同频模拟干扰		dB	-11.1	-11.1	-10.6	-10.6	-11.6	-10.6	-8.9	-8.9	-9.3	-10.8	-10.8	-10.8	-13.3	-13.3	-13.3	-10.8	-10.8	-10.8	-9.4	-11.5	-11.5	-12.9	-12.5	-13.3
6	抗邻频模拟干扰	上	dB	-47.9	-48.7	-46.0	-44.3	-43.3	-44.3	-48.9	-48.0	-48.5	-53.0	-54.8	-53.9	-50.9	-51.8	-51.8	-50.0	-50.9	-50.9	-50.5	-51.4	-51.4	-49.0	-50.4	-49.5
		下	dB	-48.2	-49.3	-46.0	-42.1	-42.1	-42.1	-43.7	-43.7	-42.7	-46.3	-47.3	-48.2	-47.2	-47.2	-48.2	-46.9	-47.8	-48.9	-47.6	-47.6	-46.5	-46.4	-46.5	-46.5

2.3 CMMB 规划方法研究

CMMB 覆盖网规划首先需要明确前文研究的最低场强和保护率等关键规划参数，然后利用相应的地理数据和电波传播模型，根据欲收台站和干扰台站等信息对 CMMB 覆盖网进行规划分析。

2.3.1 电波传播模型

针对无线电波的传播特性，建立正确的电波传播模型对地面数字电视广播规划非常关键。在实际应用过程中需要根据具体应用环境和背景选择相应的电波传播模型，根据实际需求和条件还可以考虑对现有的电波传播模型进行必要的修正。

在 UHF 频段，ITU－R（国际电信联盟无线电通信部门）等国际组织和相关研究机构对相应频段的电波传播特性进行了深入的研究。根据研究得到的传播曲线和相关算法可以综合得出相应的电波传播模型，便于用计算机替代繁杂的人工计算进行场强预测和覆盖干扰分析。以 ITU－R 建议书为依据而计算机化的电波传播模型主要包括 370 模型、1546 模型和 526 模型等等。

370 模型基于 ITU－R P.370 建议书。370 建议书是在模拟地面电视广播时代得到了世界相关国家和地区的广泛应用，我国 1993 年颁布的“彩色电视广播覆盖网技术规定”（GB/T14433－93）也采用 370 建议书的传播曲线和方法进行场强预测。但 370 建议书已经于 2001 年 10 月撤销，在此基础上提出了 1546 模型（基于 ITU－R P.1546 建议书）。

1546 建议书把以前米波和分米波段上用于广播和通讯的诸多电波传播建议书作了较大程度的融合，建议书的适用范围得到了拓展。相对 370 建议书来说，1546 建议书选取的传播曲线图更为典型，相关修正算法更为科学合理，因此，目前世界上许多国家和地区都采用基于该建议书的 1546 模型进行规划分析和双边协调。但是 1546 模型主要适用于以平原和丘陵为主的大范围区域。

CMMB 目前主要用于人口密集的城市地区，城市地区存在大量建筑等不规则的地形、地物，因此，对于不规则的地表和存在大量障碍物的情况，370 和 1546 模型并不是最佳的电波传播模型。526 模型基于 ITU－R P.526 建议书，提供了绕射（衍射）路径上场强的计算方法。526 建议书处理电波传播绕射问题的方法主要适用于 30MHz 以上频率，它把障碍物分成两类：地球的球面和具有各种不同障碍物的不规则地形。526 建议书还提供了地球球面或障碍物表明是否平滑的判定准则。526 模型在运用过程中将首先判断电波传播路径上的平滑程度和障碍物状况，然后在路径损耗、地球球面绕射损耗等损耗的基础上，计算特定的障碍物绕射损耗，从而对电波在不规则地表的传播进行有效的场强预测。

对于 CMMB，除了以上三种基于 ITU－R 建议书的电波传播模型以外，常用的还有 Okumura－Hata、Longley－Rice 等模型。Okumura－Hata 模型是考虑地貌形态以及阴影区绕射等因素，根据大量实测数据拟合的传播曲线建立的电波传播模型，该模型以准平滑地形的市区作基准，其余各区的影响均以校正因子的形式出现。Okumura－Hata 模型考虑了不同地貌对电波传播特性的影响，该模型广泛应用于无线移动通信等领域，同样适用于针对手持终端的

CMMB系统。此外对于更为精确的规划预测需求，射线追踪（IRT）模型可以模拟电磁波的反射等传播特性，提供更高的场强预测精度。但IRT模型要求规划平台具备高精度的地理信息数据，同时也带来了庞大的计算量。

2.3.2 地理数据

在CMMB应用的分米波（UHF）频段，电波以视距传播为主。传播损耗与地形、植被、电波传播的路径以及所处的地理位置和天气状况等因素密切相关。在繁华都市中，高大建筑物、桥梁等也会影响电波传播。此外，为能够直观分析覆盖情况，地理数据中还可包括行政区划、人口分布、民族分布等信息，从而可以计算出相应的人口覆盖率等数据。

对于CMMB覆盖网规划，采用526模型时，通常要求地形数据的分辨率在100m或者更高。在进行城市区域的精细计算时，要求采用精度更高的地形数据（如20米精度等）和地貌数据，这样可以采用Okumura－Hata模型更为准确地对CMMB覆盖网的覆盖效果进行规划预测。如果具备地物、地貌等高分辨率（如5米及更高精度等）地理信息数据，对所关心的局部区域可以通过射线追踪模型来进行规划分析，获得更为理想的规划预测结果。

2.3.3 站点设计及网络优化

我国自上世纪70年代末开始研究制定模拟电视广播覆盖规划，分别于1983年和1986年正式出台了米波和分米波电视广播覆盖网规划。1993年正式发布实施“彩色电视广播覆盖网技术规定”，进一步推动和促进我国模拟电视的有序发展。目前我国中央及各地广播机构均严格按照广电总局下达的模拟电视广播覆盖网规划表开展模拟电视广播业务，已启用的台站被称为现状台，但仍有部分模拟规划表中的台站尚未启用（称为规划台）。规划表中的模拟台站的规划数据一般包括发射机参数（位置、功率、频率等）和天线参数（海拔高度、天线方向图、挂高、倾角、天线增益、天馈线损耗等）。

为了有效利用广播电视的基础设施，CMMB覆盖网台站将尽可能利用现有的模拟台站设施。在人口密集的城市地区通过构建CMMB的单频网来实现CMMB的覆盖，结合CMMB覆盖网规划预测分析和实测的结果，对覆盖效果不够理想的区域通过增设CMMB SFN台站或者架设直放站等形式进行补充覆盖，逐步完善CMMB覆盖网。

3. 规划平台研究

3.1 移动多媒体广播电视规划需求

3.1.1 信道传输参数

CMMB采用“天地一体”的技术体系，即：利用大功率S波段卫星覆盖100%国土、利用地面覆盖网络进行城市人口密集区域有效覆盖。其在地面信道传输的主要系统参数和指标如下：

- 系统带宽　　8MHz

- ●调制方式　　OFDM
- ●外码　　RS码
- ●内码　　LDPC码（1/2、3/4）
- ●循环前缀　　51.2μs帧结构
- ●系统净荷　　2.046Mbps~16.243Mbps

3.1.2 规划参数

CMMB规划参数和指标主要如下：

- ●频率　　UHF频段470MHz~798MHz
- ●接收方式　　室外固定接收（补点转发站）、便携接收和移动接收、室内便携接收
- ●组网模式　　单发射台站和单频网
- ●单频网设台间距≤15.36km
- ●最低场强
- ●保护率

根据CMMB信道技术特点和前期试验结果，我们初步确定了CMMB规划方法和规划参数。

3.2 规划平台的改建

开展CMMB频率规划，首先需要明确最低场强和保护率等关键规划参数，然后利用相应的地理信息数据和电波传播模型，根据欲收台站和干扰台站等信息进行规划计算分析。

由于CMMB系统的研发与产业化同时推进，系统建设、试验、规划等多项工作并行开展，该课题执行期间CMMB规划方法和规划参数尚不能最终确定，因此，没有对软件计算模块进行升级优化，而是利用软件自身的部分自定义功能进行了适应性修改，同时对地理信息数据进行了补充完善。

基于改建后的规划平台，可以更好地进行CMMB频率规划和覆盖网规划工作。CMMB频率规划主要是在模拟和数字同播的情况下为CMMB业务挖掘频率；CMMB覆盖规划主要是考察设计方案的覆盖效果并提供改进方案。

3.2.1 规划软件平台特点

规划院原有规划研究平台依托德国LS Telcom数字电视规划软件（CHIRplus_BC）建立，集成了ITU-R 370、ITU-R 1546、L&S VHF/UHF、Epstein-Peterson、Okumura-Hata、COST-231、IRT-3D等多种电波传播模型，以及1000 m精度的地形高程数据和科技司提供的100 m精度数据。

该软件平台具备的功能包括：集成了大容量的台站数据库和地理信息数据、计算所需的多种传播模型和干扰计算方法等，具有可视化、参数设置方便、结果显示直观和保存灵活（可保存成*.txt、*.erg等多种文件格式）等特点，见表13。

表 13　CHIRplus_BC 规划软件平台特点

序号	特点	示意图
1	大容量台站数据库（包含台站发射参数、地理经纬度等信息）	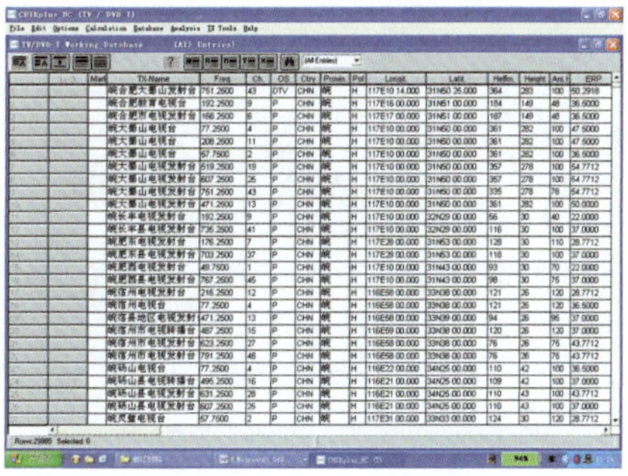
2	大容量的地理信息数据（包含地理高程、矢量等信息）	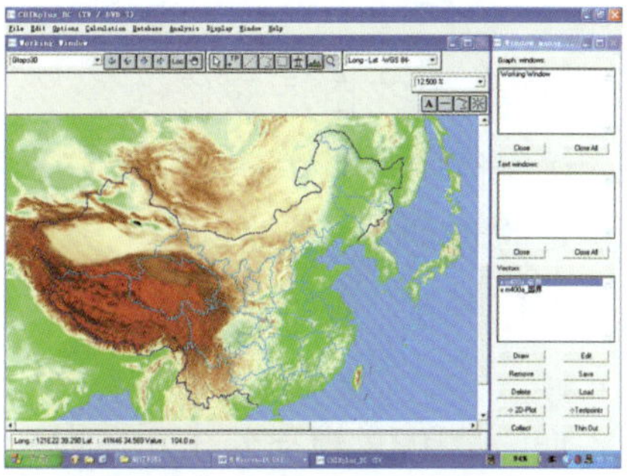
3	计算所需的多种传播模型（ITU－R 370、1546、L&S VHF/UHF、Epstein－Peterson 等）	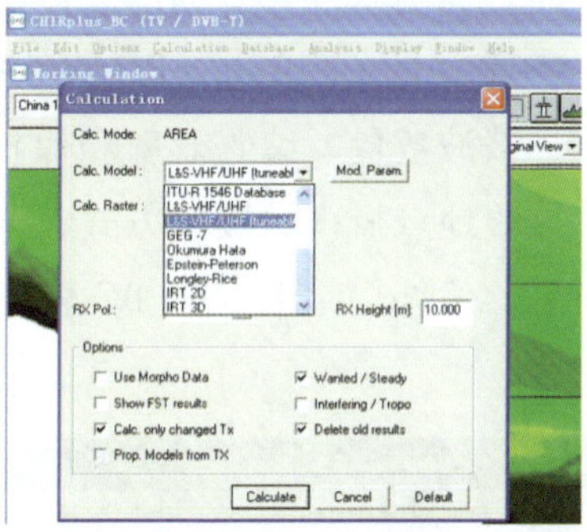
4	计算所需的多种干扰计算方法（功率合成法、简化相乘法等）	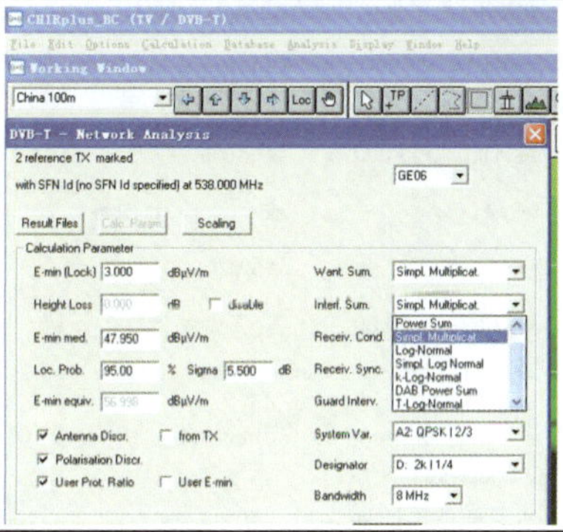

（续表）

序号	特点	示意图
5	结果显示直观（场强分布图、台站有效覆盖区、干扰区等）	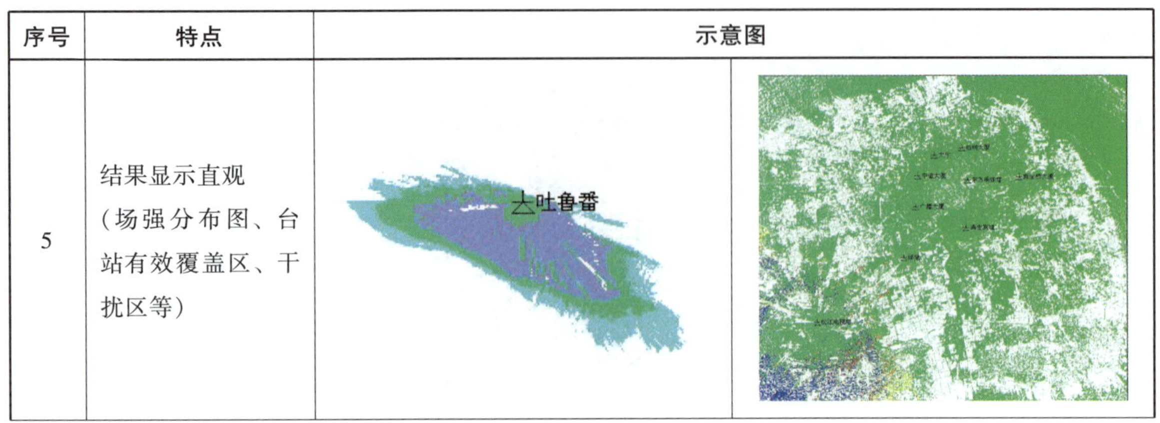

3.2.2 规划软件平台的自适应修改

CMMB 规划的系统参数分两部分：一部分参数与电视制式无关，如接收机噪声系数、接收天线特性以及需满足的时间概率和地点概率等；一部分参数与电视制式直接有关，如射频载噪比、最低场强、保护率等，需经计算和测量得出。其中，最低场强和保护率是两个关键参数。

由于该课题执行期间 CMMB 规划方法和规划参数尚不能最终确定，因此没有对软件计算模块进行升级优化，而是利用软件自身的部分自定义功能进行了适应性修改。

我们所依托的 L&S 公司的 CHIRplus_BC 软件平台包含地面数字电视广播制式 DVB－T 模块，其根据调制方式、载波数量、编码效率和保护间隔的不同组合成多种模式。在规划计算时，可对最低场强、接收地点概率、接收方式、同步方式和保护间隔等参数根据实际需求进行自定义，如图 7 所示。另外，CHIRplus_BC 软件包含 EXCEL 格式的保护率文件，可自定义修改，如图 8 所示。

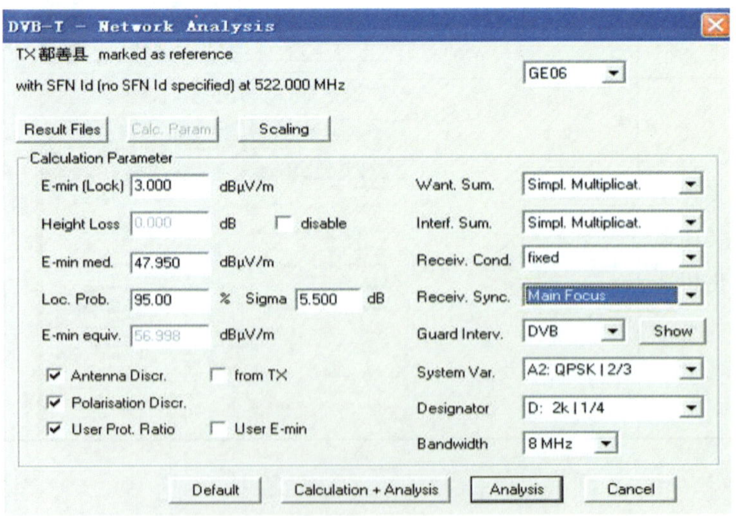

图 7　CHIRplus_BC 软件平台规划参数设置示意图

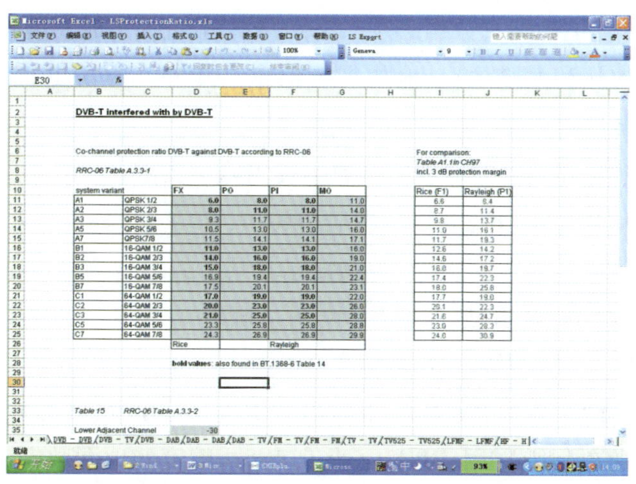

图 8　CHIRplus_BC 软件平台保护率参数设置示意图

在具体的 CMMB 规划计算分析中，根据 CMMB 前期试验结果，定义最低场强，选用 CMMB 保护间隔长度（51.2μs）相近的 DVB－T 模式（如调制方式 QPSK、编码效率 2/3、载波数量 2k、保护间隔 1/4（56μs）)，并对保护率数值和单频网超出保护间隔的两台站发射时延进行调整，以使计算分析结果更接近 CMMB 应用需求。

除了规划参数外，在使用 CHIRplus_BC 软件平台中的各种电波模型时，可对不同模型的参数根据实际需求进行调整。例如，在使用 Okumura－Hata 模型时，可对其涉及的变量进行自定义，如图 9 所示。

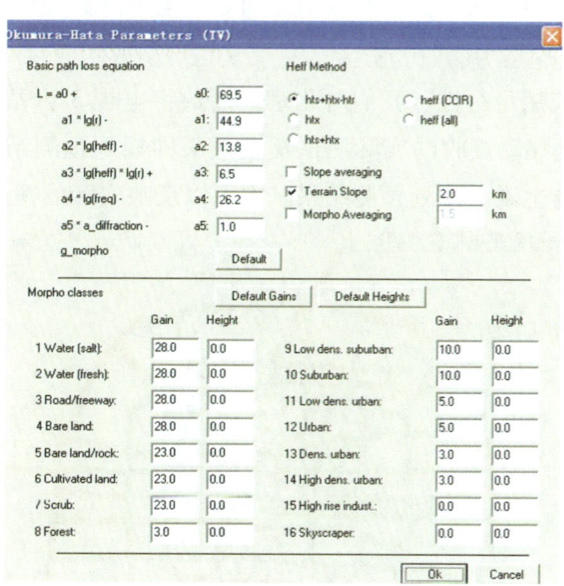

图 9　Okumura－Hata 模型参数示意图

3.2.3　地理信息数据的完善

在选用合理的规划参数的前提下，地理信息数据的精度和完备性会对规划计算结果产生重要的影响。CHIRplus_BC 软件平台所涵盖的多种电波传播模型对地理信息数据的完备性要求有所不同，其中比较典型的对地理信息数据要求较高的是 Okumura－Hata 模型。在使用

Okumura－Hata 模型时，地理信息数据必须具备地理高程信息（地表高程）、地物信息及其分类（水域、公路、灌木丛和大厦等）、地物高度信息。此外，为了更直观地显示规划计算结果，需要地理信息数据包含道路、地名等矢量信息。

为此，针对需要补充和完善的地理信息数据提出以下要求：

①数据格式满足 CHIRplus_BC 规划软件应用要求；

②包含地理高程信息（地表高程）、地物信息及其分类、地物高度信息等栅格信息；

③1：10000 比例尺矢量城市地图，包括街区、道路（铁道、公路、街道、桥梁等）、道路名称、地名、居民地、河流等矢量要素信息。

根据上述要求，我们新采购北京市、上海市和深圳市 20m 精度的地图数据。此外，考虑到北京 CMMB 覆盖网络的示范作用，采购了北京市 5m 精度的地图数据。

3.3 规划平台的应用

3.3.1 规划平台的应用情况

2008 年初基于改建后的规划平台，完成了全国 37 城市 CMMB 频率规划研究（子课题 17，已于 2008 年 3 月 20 日通过专家评审）以及北京、上海、天津、秦皇岛、青岛、沈阳等 6 个奥运城市和广州、深圳 CMMB 覆盖规划研究（已于 2008 年 4 月 22 日通过专家评审）。

特别地，利用该平台对北京 CMMB 单频网覆盖规划、首都国际机场附近 CMMB 覆盖规划、上海 CMMB 单频网覆盖规划等进行了较为深入的研究。

该规划平台同样可扩展适用于其他制式的地面数字电视广播规划。

3.3.2 规划平台的应用可行性

为考察规划平台的应用可行性，我们对北京地面数字电视 3 台站单频网移动车内接收和 CMMB 6 台站单频网室外移动接收的实际测试覆盖效果同规划预测结果进行了比较，分别如图 10 至图 15 所示。总体上看，规划预测结果基本可以反映实际的覆盖效果。

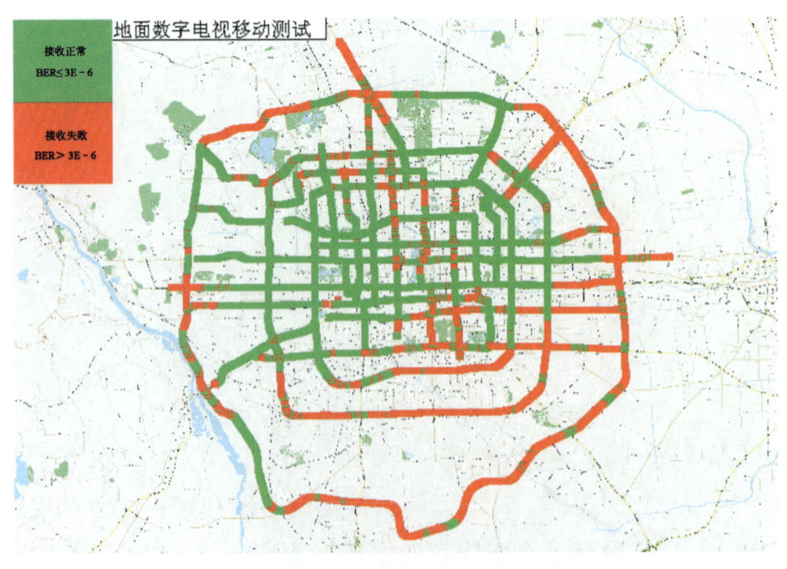

图 10 北京地面数字电视 3 台站单频网移动车内接收实际测试结果

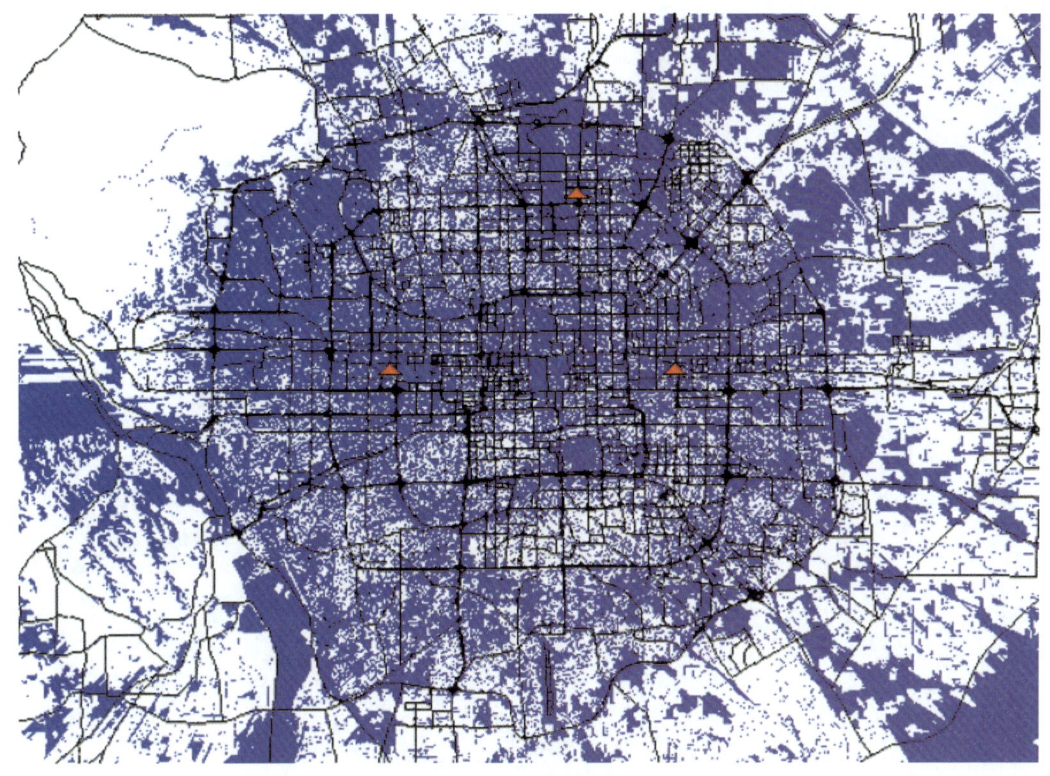

图 11　北京地面数字电视 3 台站单频网移动车内接收规划预测结果

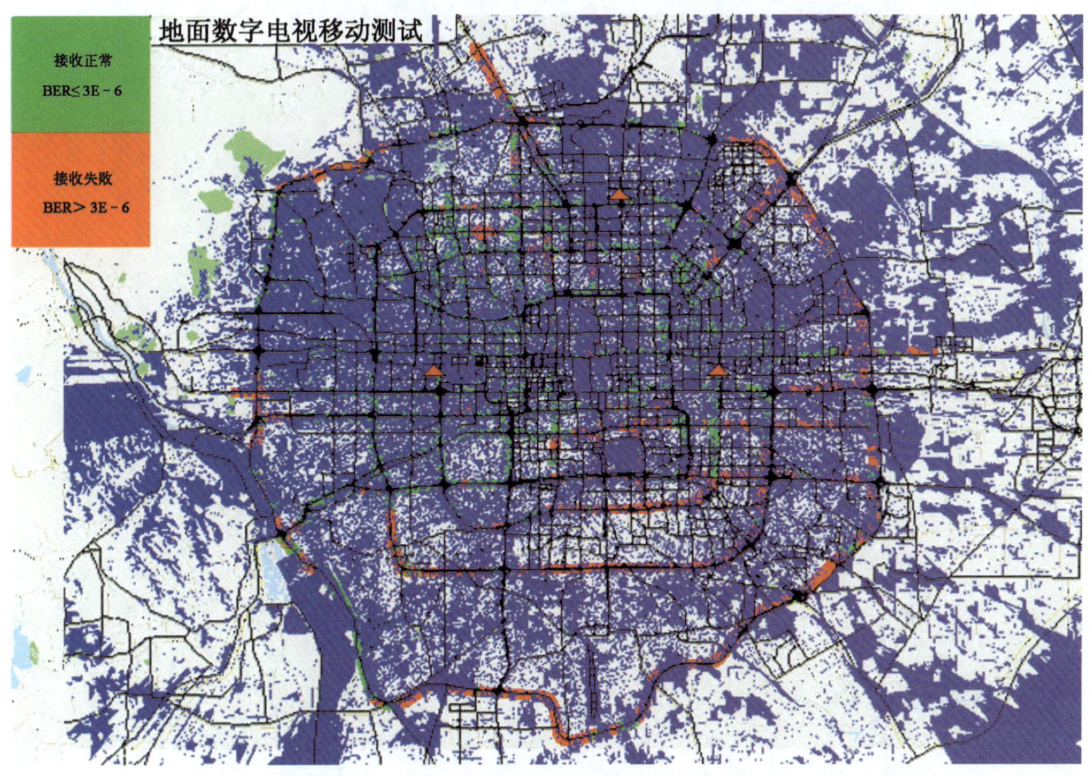

图 12　北京地面数字电视 3 台站单频网移动车内接收实测与预测结果比较

图 13　北京 CMMB 6 台站单频网室外移动接收实际测试结果

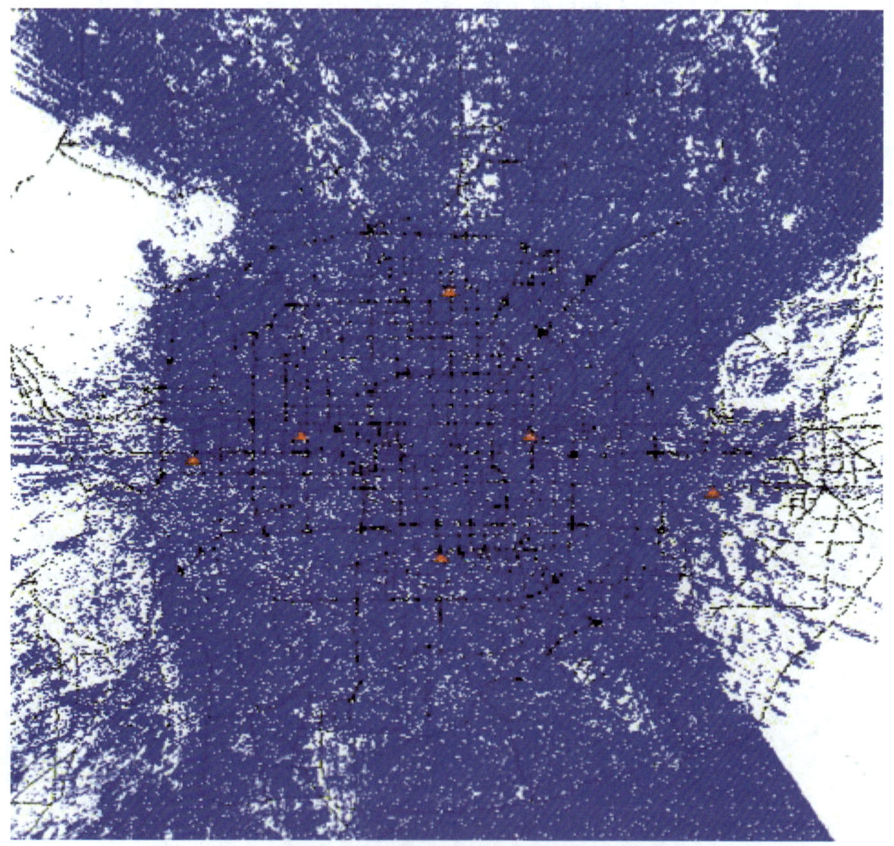

图 14　北京 CMMB 6 台站单频网室外移动接收规划预测结果

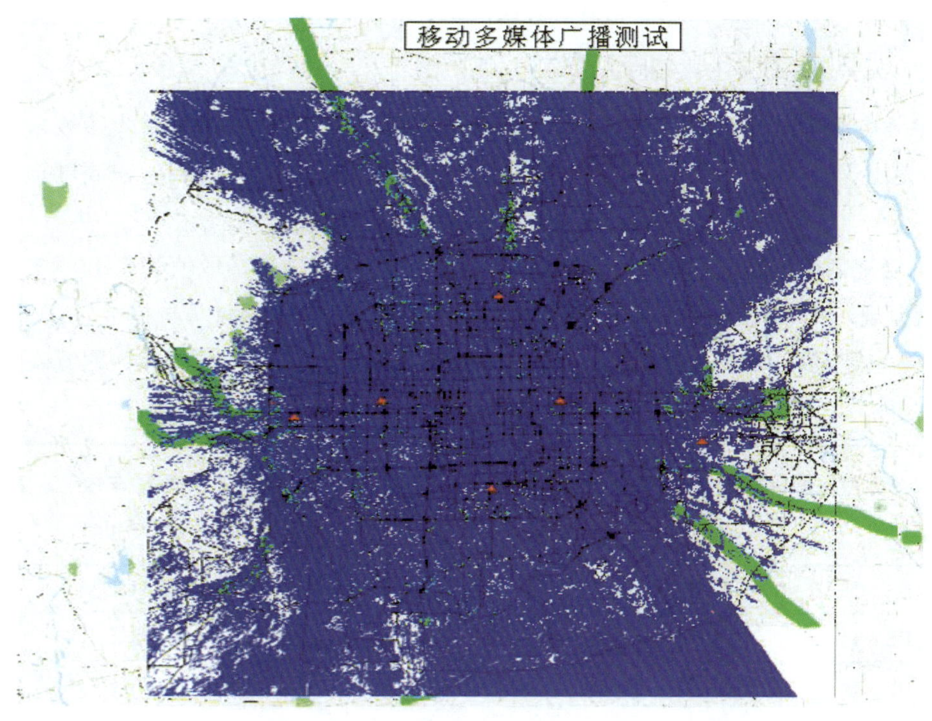

图 15　北京 CMMB 6 台站单频网室外移动接收实测与预测结果比较

4. 全国 37 城市 CMMB 频率规划方案及覆盖网络计算

根据前期完成的全国 37 城市 CMMB 频率指配规划方案（具体可参见《CMMB 应用系统技术研究与实现》子课题 17：“组网技术方案制定与总体协调”的技术报告）以及 CMMB 工作组实地踏勘结果，综合考虑发射系统实施条件、网络覆盖目标和对模拟台站的保护等因素，提出每个城市的单点覆盖方案或单频网方案。

初步采用单点覆盖方案的城市共 20 个：

天津、沈阳、重庆、哈尔滨、长春、大连、西宁、乌鲁木齐、拉萨、兰州、济南、郑州、太原、宁波、南昌、福州、厦门、海口、南宁、贵阳。

初步采用单频网方案的城市共 17 个：

北京、上海、青岛、秦皇岛、广州、深圳、成都、武汉、昆明、石家庄、呼和浩特、银川、西安、南京、杭州、长沙、合肥。

基于每个城市的方案，根据室外便携、室内便携、室外移动接收、车内移动接收和室外固定接收（补点器）的应用需求，项目组依托现有的规划平台开展了覆盖规划研究。

根据目前的业务需求，本次仅对 CMMB（QPSK，LDPC 1/2）模式进行覆盖规划分析。考虑到前期指配规划中已对模拟台站的干扰进行分析，而且 CMMB（QPSK，LDPC 1/2）模式的抗干扰能力较强，计算时不考虑其他模拟台站和地面数字电视广播台站等非欲收台站的干扰。

4.1 规划参数和规划方法

根据国际电联 ITU－R BT. 1368 建议书，通过系统 C/N 门限和相关天线参数采用“电压法”，计算得出 37 城市所用频道对应各种接收方式的最低场强中值（不考虑高度损耗修正），见表 14。

本次覆盖规划分析暂时只考虑 CMMB 业务之间的同频保护率，取值为 8 dB。

由于现有规划计算工具中没有 CMMB 系统参数，因此，本次分析计算选择了与 CMMB 循环前缀 51.2 μs 最为接近的 DVB－T 模式（保护间隔 1/4，子载波数量 2 k）进行单频网覆盖计算。

表 14　37 城市所用 CMMB 频道最低中值场强

序号	应用场景 频道	室外便携 (1.5 m)	底层浅 室内便携 (1.5 m)	高层浅 室内便携 (10 m)	室外移动 (1.5 m)	移动车内 (1.5 m)	室外固定 (10 m)
1	DS－13	54.5	69.9	69.9	51.2	58.2	35.4
2	DS－15	54.8	70.1	70.1	51.5	58.5	35.7
3	DS－16	55.0	70.3	70.3	51.6	58.6	35.8
4	DS－17	55.1	70.4	70.4	51.7	58.7	35.9
5	DS－18	55.2	70.6	70.6	51.9	58.9	36.1
6	DS－19	55.4	70.7	70.7	52.0	59.0	36.2
7	DS－20	55.5	70.8	70.8	52.1	59.1	36.4
8	DS－21	55.6	71.0	71.0	52.3	59.3	36.5
9	DS－23	55.9	71.2	71.2	52.5	59.5	36.7
10	DS－24	56.0	71.3	71.3	52.7	59.7	36.9
11	DS－25	56.7	72.1	72.1	53.4	60.4	37.6
12	DS－28	57.1	72.4	72.4	53.7	60.7	37.9
13	DS－29	57.2	72.5	72.5	53.8	60.8	38.0
14	DS－30	57.3	72.6	72.6	53.9	60.9	38.1
15	DS－31	57.4	72.7	72.7	54.0	61.0	38.2
16	DS－32	57.5	72.8	72.8	54.1	61.1	38.3
17	DS－33	57.6	72.9	72.9	54.2	61.2	38.4
18	DS－35	57.8	73.1	73.1	54.4	61.4	38.6
19	DS－36	57.9	73.2	73.2	54.5	61.5	38.7
20	DS－37	58.0	73.3	73.3	54.6	61.6	38.8
21	DS－38	58.1	73.4	73.4	54.7	61.7	38.9
22	DS－39	58.2	73.5	73.5	54.8	61.8	39.0
23	DS－40	58.3	73.6	73.6	54.9	61.9	39.1

注：最低场强中值同接收天线高度是一一对应的。

目前，北京、上海和深圳 3 个城市具备高分辨率（20 m）的地形和地貌等地理信息数据，其他 34 个城市只具备分辨率为 100 m 的地形数据。因此，对北京、上海和深圳 3 城市进行覆盖分析时采用 Okumura－Hata 模型，其中对其他 34 个城市进行覆盖分析时暂时采用基于地形的 1546 模型。

4.2 规划方案覆盖分析

4.2.1 北京

4.2.1.1 规划方案

北京市 CMMB 单频网使用 DS－20 频道，有中央电视塔、名人广场、京广中心、国际台、491 发射台、国际创业园 1 号楼和南曦大厦共 7 个发射站点。CMMB 单频网 7 个主站的基本参数见表 15，各台站位置如图 16 所示。

表 15 北京市 CMMB DS－20 单频网各台站基本参数

序号	规划台址	经度	纬度	海拔高度（m）	天线高度（m）	天线场形	极化方式	发射机平均功率（W）	天馈增益（dBd）
1	中央电视塔	116°17′59″	39°55′04″	59	285	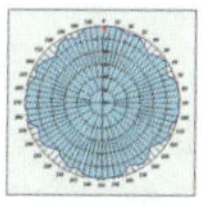	V	1000	9.0
2	名人广场	116°24′00″	39°59′30″	45	150	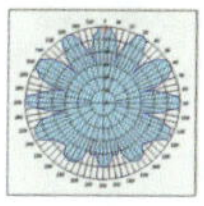	V	1000	5.5
3	京广中心	116°27′16″	39°55′08″	40	210	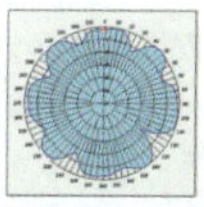	V	1000	9.0
4	国际台	116°13′36″	39°54′18″	62	80	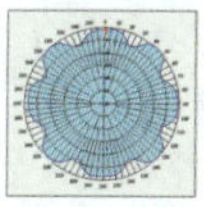	V	1000	6.7
5	491 发射台	116°34′37″	39°53′16″	40	120	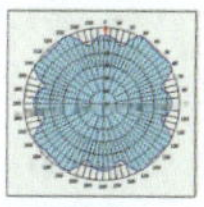	V	1000	8.3
6	国际创业园 1 号楼	116°17′58″	40°02′43″	50	88	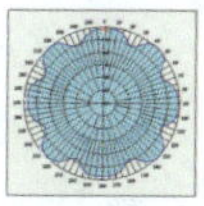	V	1000	7.3
7	南曦大厦	116°23′49″	39°51′18″	30	90	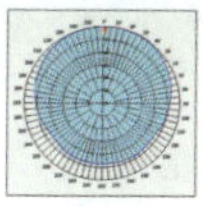	H	1000	4.8

图 16　北京市 CMMB 单频网台站分布图

4.2.1.2　覆盖分析

下面各覆盖图中，绿色区域为 CMMB 单频网有效覆盖区，白色区域为覆盖盲区，红色区域为因单频网台站超出最大设台距离产生的覆盖干扰区。其中，491 发射台东面主要是 491 发射台受到中央电视塔的干扰，国际台西面和国际创业园 1 号楼西面主要是中央电视塔受到 491 发射台和京广中心的干扰。

（1）室外便携

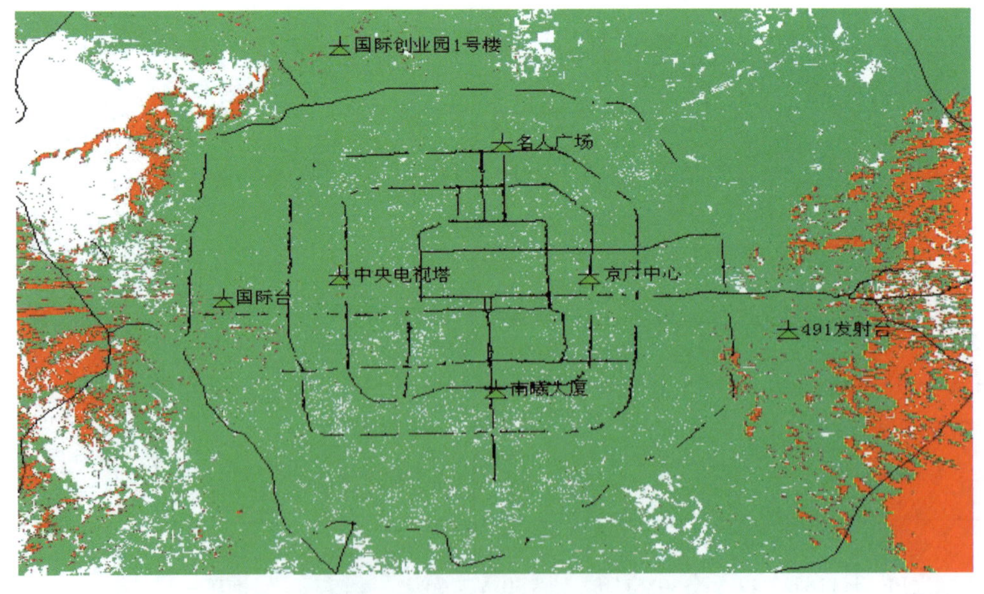

图 17　北京市 CMMB 单频网室外便携接收覆盖示意图

（2）底层浅室内便携

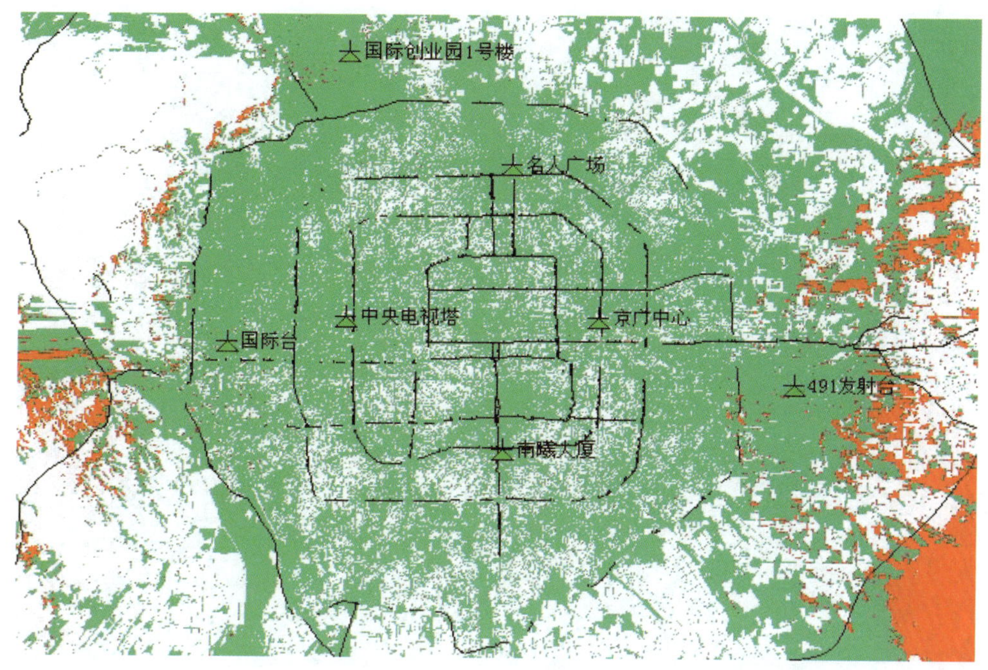

图 18　北京市 CMMB 单频网底层浅室内便携接收覆盖示意图

（3）高层浅室内便携

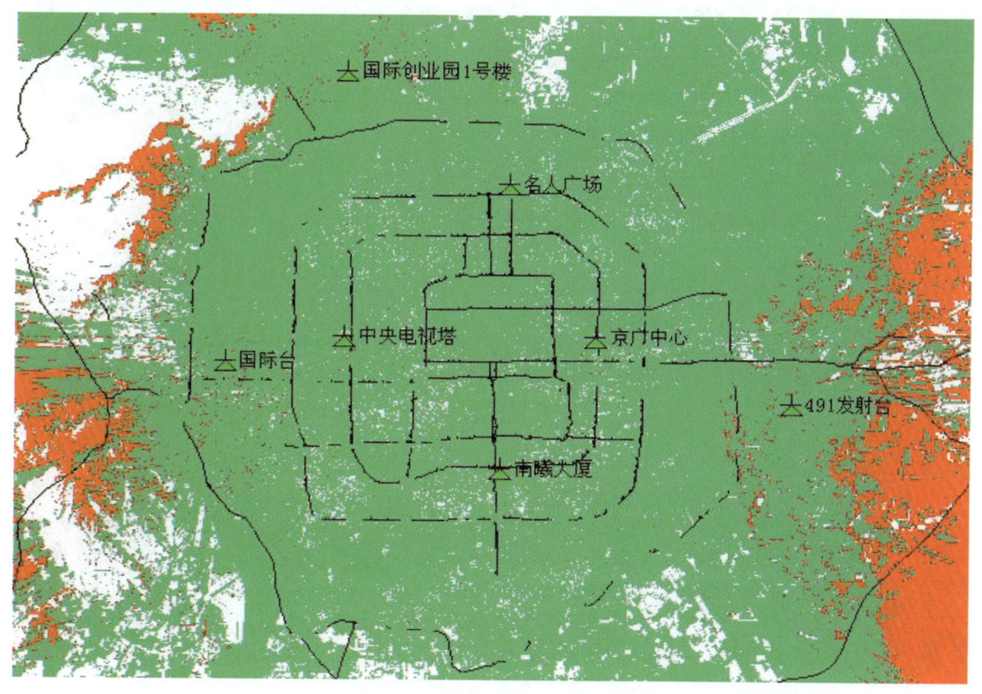

图 19　北京市 CMMB 单频网高层浅室内便携接收覆盖示意图

(4) 室外移动

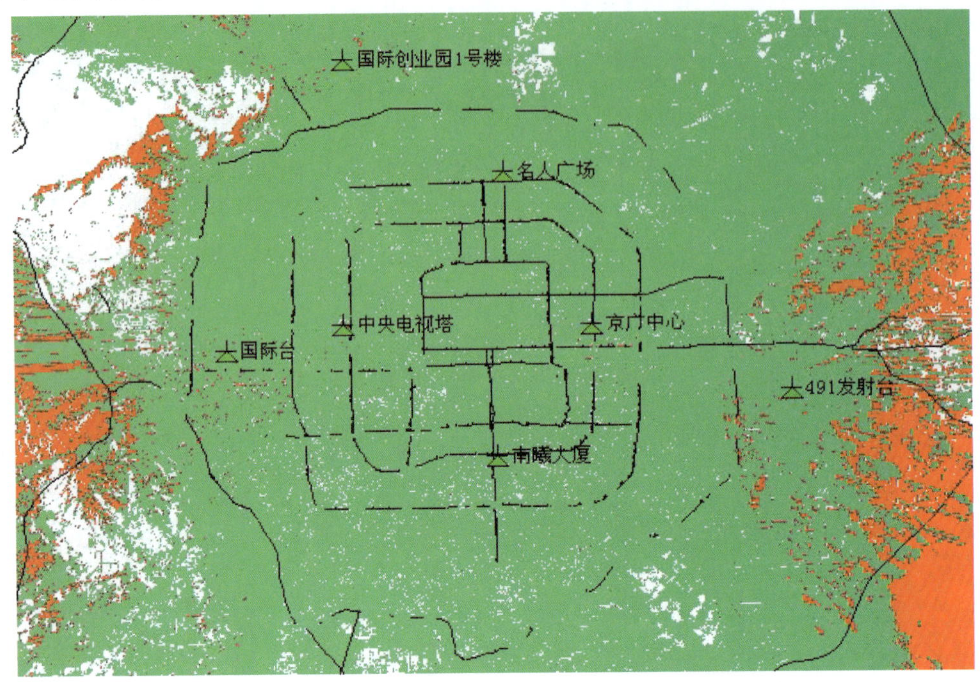

图20 北京市CMMB单频网室外移动接收覆盖示意图

(5) 移动车内

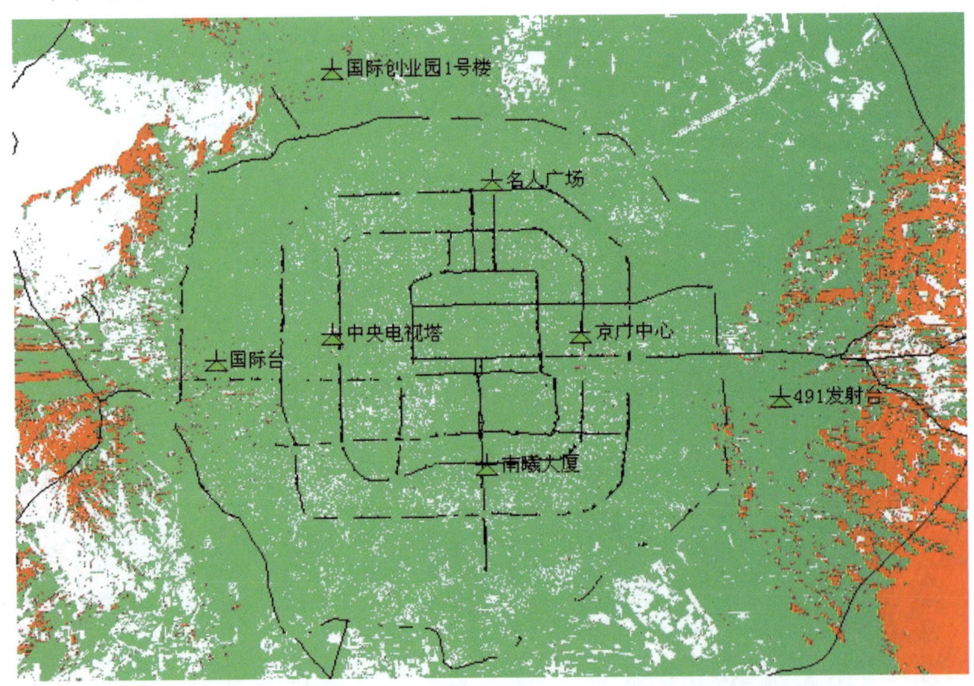

图21 北京市CMMB单频网移动车内接收覆盖示意图

(6) 室外固定

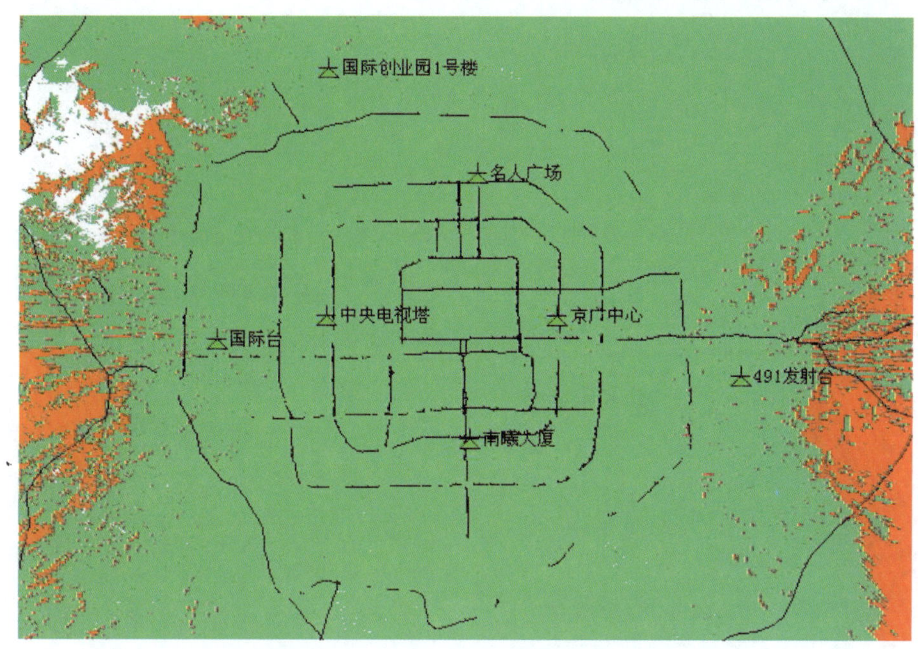

图 22　北京市 CMMB 单频网室外固定接收覆盖示意图

4.2.2　上海

4.2.2.1　规划方案

上海市 CMMB 单频网使用 DS－32 频道，有东方明珠塔和广播大厦两个发射站点。CMMB 单频网两个主站的基本参数见表 16，各台站位置如图 23 所示。

表 16　上海市 CMMB DS－32 单频网各台站基本参数

序号	规划台址	经度	纬度	海拔高度（m）	天线高度（m）	天线场形	极化方式	发射机平均功率（W）	天馈增益（dBd）
1	东方明珠塔	121°29′40″	31°14′32″	2	435	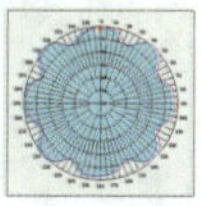	V	1000	10.0
2	广播大厦	121°24′11″	31°11′56″	2	150	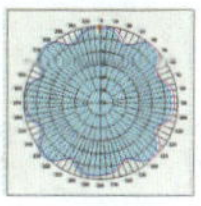	V	1000	8.0

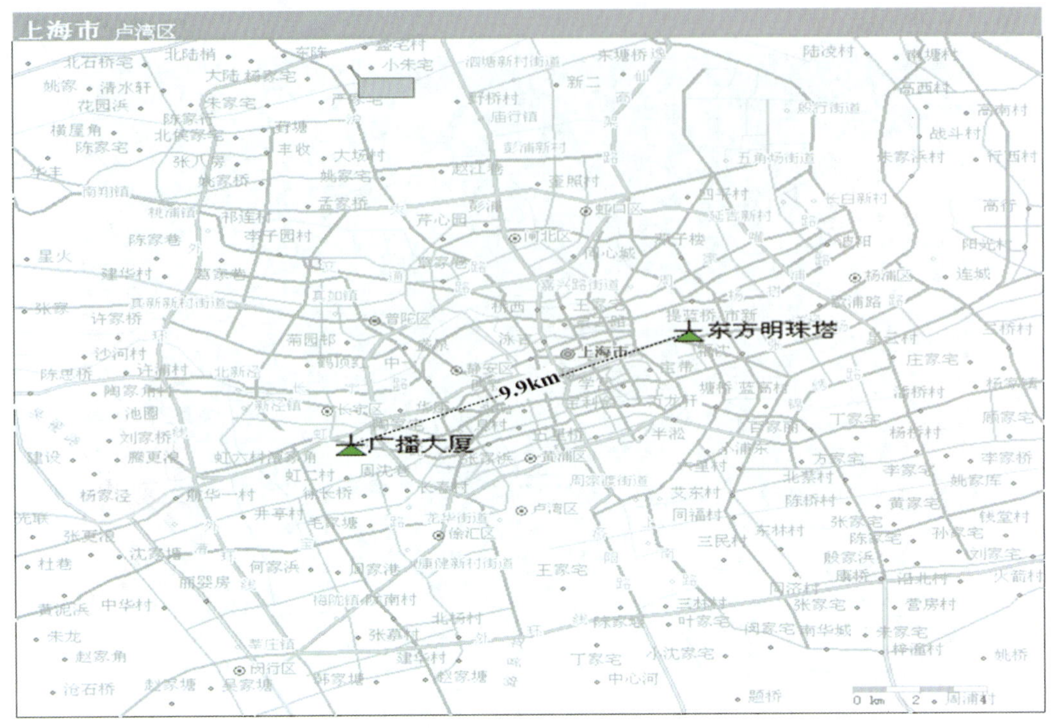

图 23 上海市 CMMB 单频网台站分布图

4.2.2.2 覆盖分析

下面各覆盖图中，绿色区域为 CMMB 单频网有效覆盖区，白色区域为覆盖盲区，黑色矢量线为上海主要街道。

(1) 室外便携

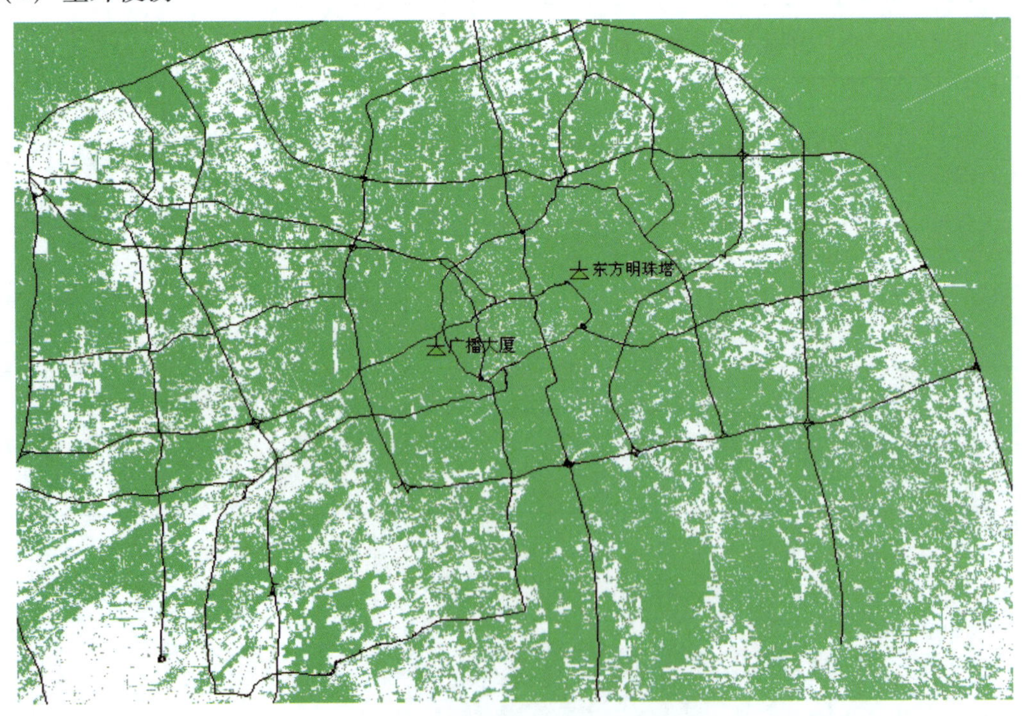

图 24 上海市 CMMB 单频网室外便携接收覆盖示意图

(2) 底层浅室内便携

图 25　上海市 CMMB 单频网底层浅室内便携接收覆盖示意图

(3) 高层浅室内便携

图 26　上海市 CMMB 单频网高层浅室内便携接收覆盖示意图

（4）室外移动

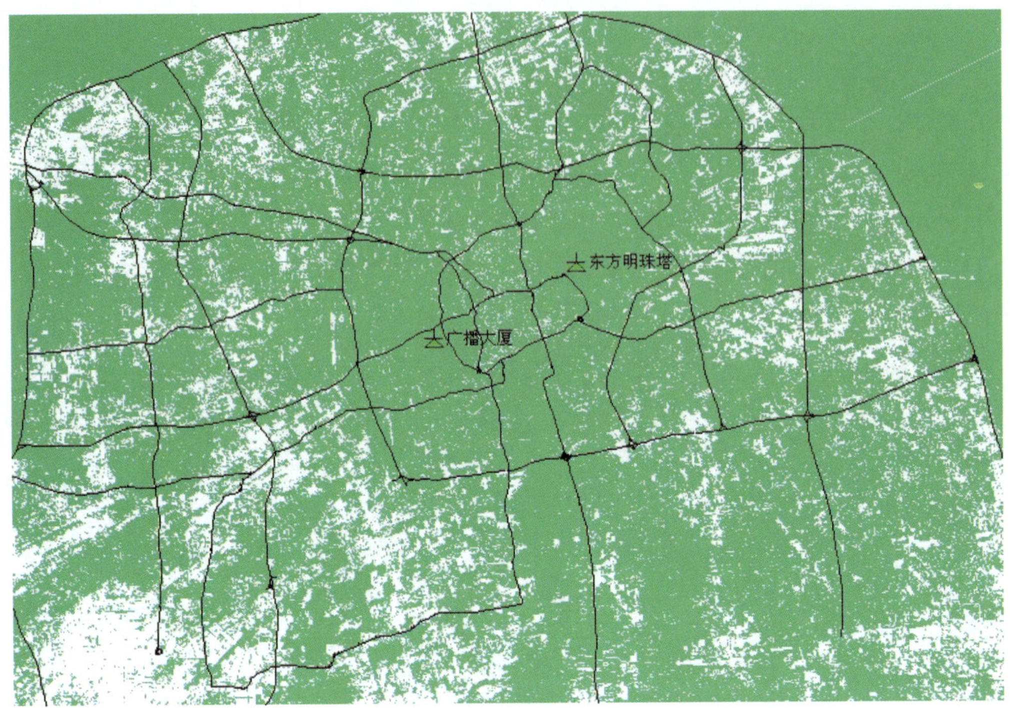

图 27　上海市 CMMB 单频网室外移动接收覆盖示意图

（5）移动车内

图 28　上海市 CMMB 单频网移动车内接收覆盖示意图

(6) 室外固定

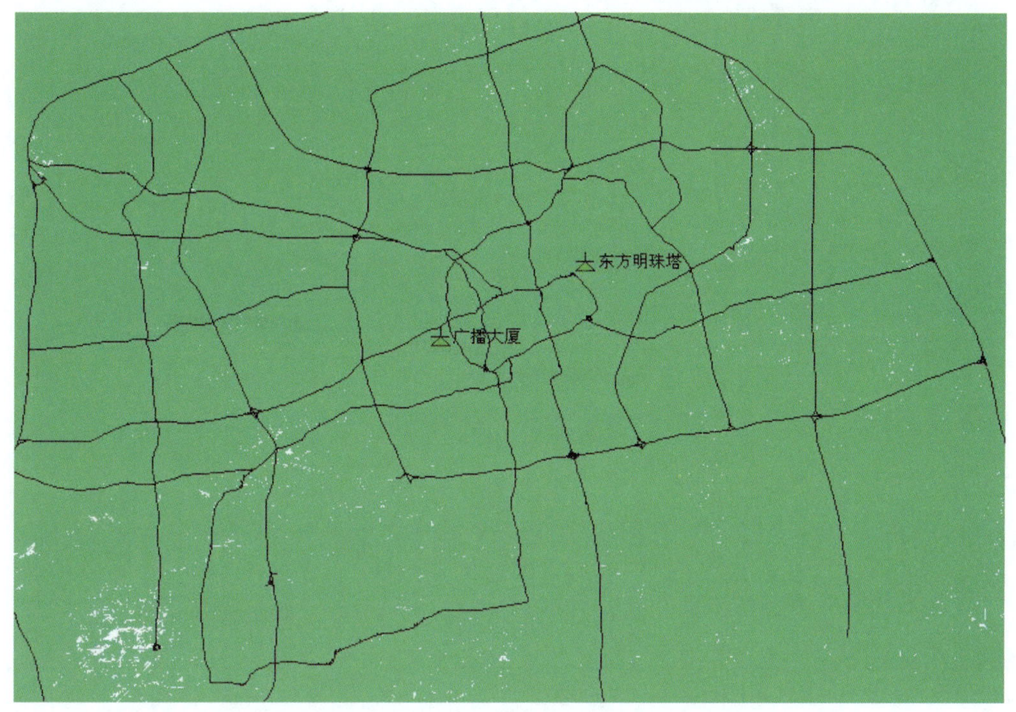

图 29 上海市 CMMB 单频网室外固定接收覆盖示意图

4.2.3 青岛

4.2.3.1 规划方案

青岛市 CMMB 单频网使用 DS－21 频道，有青岛发射台和麒麟大酒店两个发射站点。CMMB 单频网两个主站的基本参数见表 17，各台站位置如图 30 所示。

表 17 青岛市 CMMB DS－21 单频网各台站基本参数

序号	规划台址	经度	纬度	海拔高度（m）	天线高度（m）	天线场形	极化方式	发射机平均功率（W）	天馈增益（dBd）
1	青岛发射台	120°21′03″	36°04′08″	114	180		V	1000	9.0
2	麒麟大酒店	120°27′53″	36°05′44″	1	110		V	1000	8.0

图 30 青岛市 CMMB 单频网台站分布图

4.2.3.2 覆盖分析

下面各覆盖图中，绿色区域为 CMMB 单频网有效覆盖区，白色区域为覆盖盲区。其中，红色圆圈标注的白色区域是由于在 100 m 精度地图中的地图数据拼接问题造成的，实际上可以得到有效的覆盖。

（1）室外便携

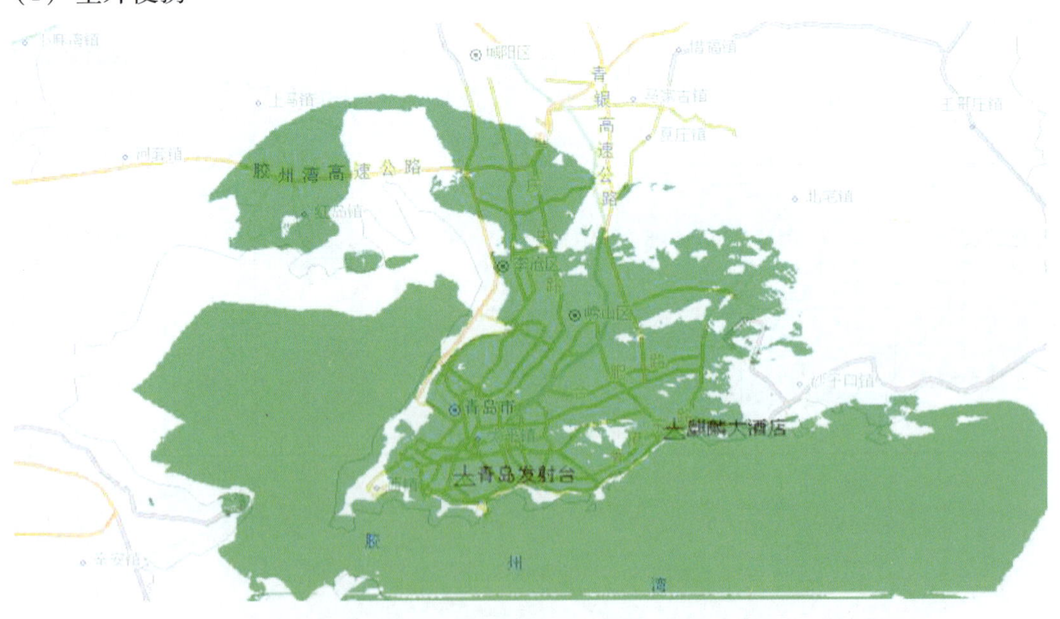

图 31 青岛市 CMMB 单频网室外便携接收覆盖示意图

（2）底层浅室内便携

图 32　青岛市 CMMB 单频网底层浅室内便携接收覆盖示意图

（3）高层浅室内便携

图 33　青岛市 CMMB 单频网高层浅室内便携接收覆盖示意图

（4）室外移动

图 34　青岛市 CMMB 单频网室外移动接收覆盖示意图

(5) 移动车内

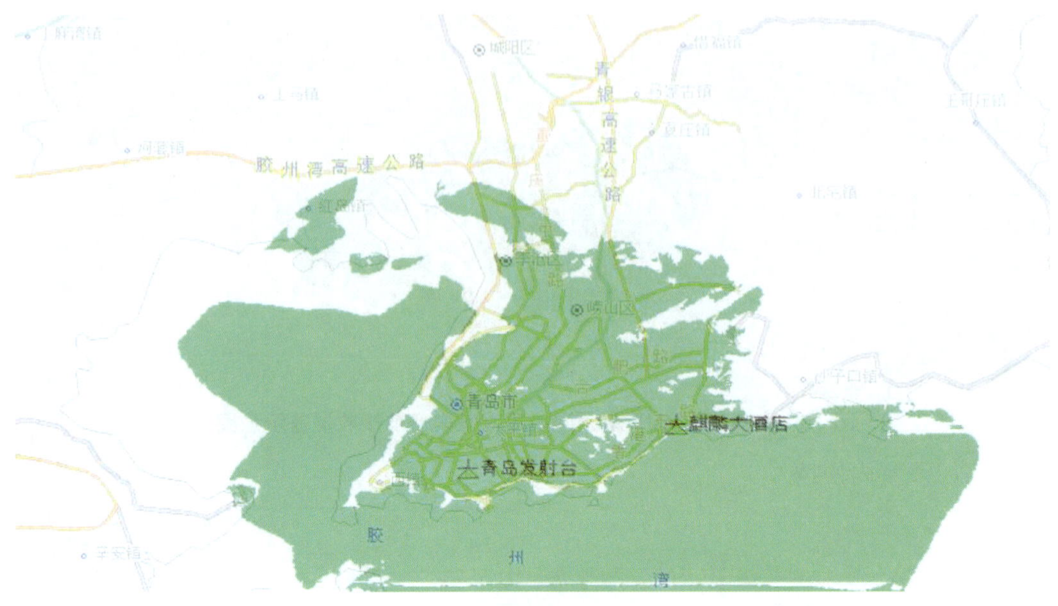

图 35　青岛市 CMMB 单频网移动车内接收覆盖示意图

(6) 室外固定

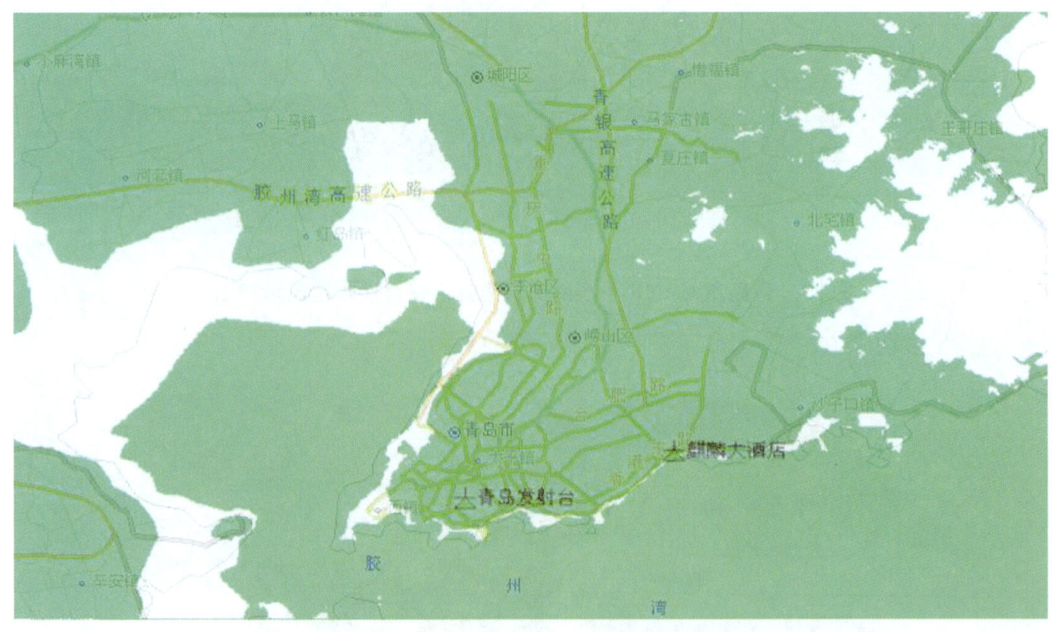

图 36　青岛市 CMMB 单频网室外固定接收覆盖示意图

除上述 3 个城市外，其余 34 城市的规划方案覆盖分析详见规划院承担的《CMMB 应用系统技术研究与实现子课题 20：移动多媒体广播网络与频率规划》研究报告。

4.3　规划方案研究总结

根据上述 37 城市 CMMB 覆盖网规划分析结果，结合 CMMB 的应用需求，总结如下：

①考虑到 CMMB 主要采用便携/移动接收方式（最低场强值要求较高），且 UHF 频段电磁波的绕射能力较差，在楼群密集的城区应尽量使用单频网；

②在单频网台站超出最大设台距离的情况下，对于在城区使用便携/移动等最低场强要求较高的接收方式影响不大；

③单点发射台站选址应尽量避免在覆盖服务区的边缘。

由于相应的规划平台较为完善，北京 CMMB 单频网规划开展较早，经过比较实际覆盖测试结果和规划预测结果基本一致（具体可参见《CMMB 应用系统技术研究与实现》子课题 21：“规划平台研究” 的技术报告）。考虑到上海和深圳 CMMB 接收环境同北京相近，所以针对这 3 个城市采用 Okumura - Hata 模型可行性较好。针对其他 34 个城市采用基于地形的 1546 模型考虑了城区接收环境的场强衰减修正，可以对覆盖效果总体上进行评估，在对地理信息数据完善的基础上有待进一步研究。

5. 总结

本报告根据我国移动多媒体广播电视系统技术和应用特点，对我国 UHF 频段 CMMB 覆盖网规划参数和规划方法进行了研究，通过对规划软件（CHIRplus_BC）自身的部分自定义功能进行修改，组建了 CMMB 频率规划和覆盖网计算的有效平台；在此基础上，结合 CMMB 工作组实地踏勘情况，提出全国所有省会城市、计划单列市和奥运赛场城市共 37 个城市的单点发射和单频网组网方案。依托相关规划平台，开展了 37 城市 CMMB 覆盖规划方案研究，据此可以为 37 城市的 CMMB 网络的建设以及后期的优化工作提供重要参考。

移动多媒体广播电视（CMMB）测试系统及方法研究

摘要

本研究报告共分六个部分，基本涵盖了移动多媒体广播电视（CMMB）测试系统及方法的全部内容。研究报告首先详细介绍用于构建移动多媒体广播电视（CMMB）测试系统的专用测试设备以及自动化测试系统，重点说明了移动多媒体广播电视（CMMB）综合测试仪的研究开发过程。在此基础上，研究报告给出了广播电视规划院用于开展移动多媒体广播电视（CMMB）评估测试的各种软、硬件测试平台。根据测试功能的不同，移动多媒体广播电视（CMMB）测试环境主要分为：系统性能评估测试环境和设备性能检测环境。其中系统性能测试环境包括：实验室性能测试环境和现场性能测试环境；设备性能检测环境包括：调制器、发射机、接收终端、复用器、电子节目指南、数据广播、紧急广播、安全广播系统、条件接收系统以及金融信息业务等的评估测试平台。研究报告最后着重探讨了基于上述测试系统的移动多媒体广播电视（CMMB）的测试方法，包括：移动多媒体广播电视（CMMB）系统性能测试方法以及系统设备的入网测试方法。针对系统性能测试以及设备入网测试分别给出了详细的测试说明、测试框图以及测试步骤。

本研究报告不仅为我国移动多媒体广播电视（CMMB）系统和设备的性能检测构建了一个国家级的测试评估环境，而且还研究制定了一整套科学、合理的移动多媒体广播电视（CMMB）系统和设备的测试评估方法，从而为我国移动多媒体广播电视（CMMB）系统标准的制订及推广奠定了坚实的基础。

报告编写时间匆促，编者水平有限，书中难免会出现错误，请读者不吝批评指正。

目录

Contents

1. 前言

随着数字广播电视技术的迅猛发展，互联网技术和多媒体技术应用的不断创新，通过广播电视覆盖网开展移动多媒体广播电视（CMMB）新业务，已经成为占领新的宣传阵地、保证中央政令畅通、丰富人民群众的文化生活、保护民族传统文化产业的重要手段之一。

移动多媒体广播电视（CMMB）通过采用数字压缩编码以及调制编码技术，通过无线发射、移动接收的方法进行广播电视节目的传播。移动多媒体广播电视（CMMB）的最大优势就是支持便携、移动接收，在信号覆盖范围内，支持多种类型的移动接收终端，诸如手机、PDA、PMP、MP3、MP4、数码相机和 Ultra Mini PC 等 7 英寸以下的小尺寸、小屏幕、移动便携手持式终端随时随地接收新闻、资讯、娱乐等广播电视节目，以满足现代信息社会“信息无处不在”的需求。

进入 21 世纪之后，我国的人口流动性越来越大，到 2006 年底，铁路 12. 6 亿人次/年，公路 184. 5 亿人次/年，水运 2. 2 亿人次/年，民航 1. 6 亿人次/年，全国民用汽车保有量达到 4985 万辆，其中民用轿车保有量 1545 万辆。全年国内出游人数达 13. 9 亿人次，全国短途流动人数超过 1000 亿人次/年；手机用户已超过 4. 3 亿。随着社会的发展和进步，这些领域的人群对随时随地获取广播电视节目和信息的需求越来越迫切。针对如此广泛的受众群体，通过借助自主创新的技术为支撑来开展移动多媒体广播电视（CMMB）业务，必将带动基础设施建立以及包括接收终端在内各种设备的更新和增加，无疑为拉动相关产业发展、提供新的经济增长点开辟巨大的发展空间。

考虑到我国具有幅员辽阔、传输环境复杂，东部地区城市密集、人口密集，西部空旷、人口稀疏以及用户众多和业务需求多样化的国情，在移动多媒体广播电视（CMMB）系统中，如何建立一个庞大的、统一的单频网来实现有效的信号覆盖，是一个需要进行深入研究和必须解决的关键问题。

按照立足自主创新、发展民族工业的原则，根据全国漫游、无缝覆盖、规模化发展的业务需求，结合我国实际情况，在综合比较技术先进性、经济可行性和安全可靠性的基础上，经过专家充分论证，我国初步确定了采用 S 波段卫星覆盖加 UHF 频段地面覆盖以及地面增补覆盖的“天地一体”的技术体制，开展移动多媒体广播业务，图 1 给出了移动多媒体广播电视（CMMB）系统网络架构示意图。

如图 1 所示，移动多媒体广播电视（CMMB）系统采用卫星通过 S 波段广播信道和 Ku 波段分发信道实现全国范围的移动多媒体广播电视（CMMB）信号的覆盖；在地面覆盖方面，采用 S 波段地面增补网进行 S 波段卫星覆盖阴影区信号转发覆盖，同时采用 UHF 波段地面覆盖网实现城市人口密集区的移动多媒体广播电视（CMMB）信号覆盖。

其中 S 波段卫星覆盖网络包括：

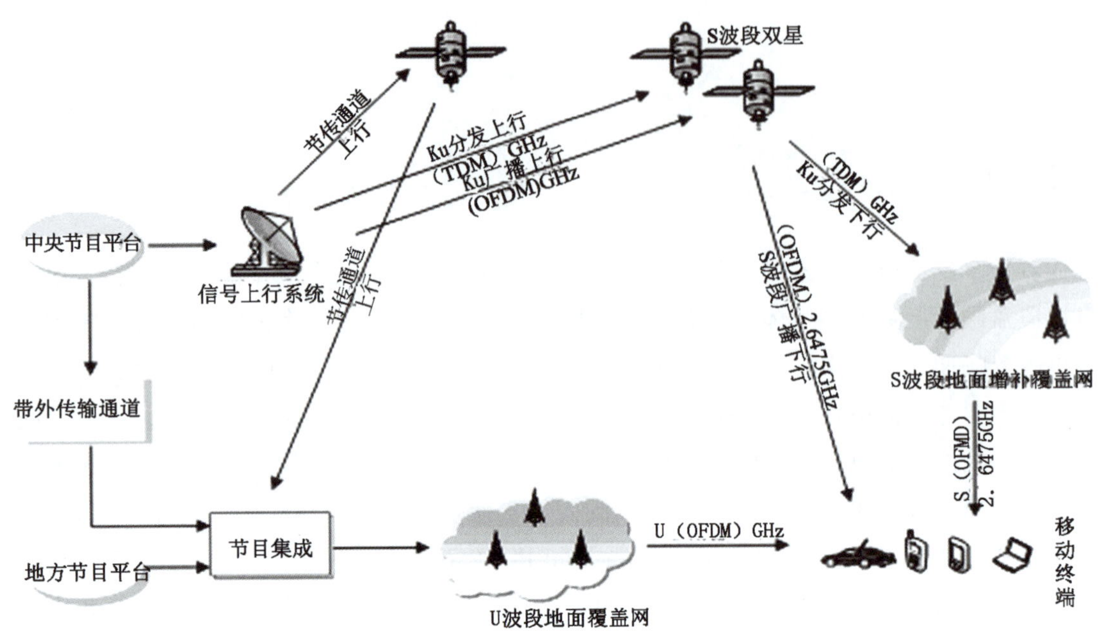

图 1　CMMB 系统网络架构

①采用 S 波段卫星广播实现全国覆盖；

②采用增补转发器覆盖卫星盲点。

UHF 频段地面覆盖网络包括：

①采用 U 波段实现区域性地面覆盖；

②采用地面补点器增强室外覆盖；

③采用楼内补点器增强室内覆盖。

移动多媒体广播电视（CMMB）系统信道传输采用 STiMi 技术；电视业务视频压缩编码采用 H. 264/AVC，伴音压缩编码采用 MPEG－4 HE AAC；广播业务音频压缩编码采用 DRA。

为了推动我国移动多媒体广播电视（CMMB）事业的快速发展，进一步规范移动多媒体广播电视（CMMB）市场，自 2006 年 10 月 24 日起，国家广播电影电视总局先后颁布了一系列移动多媒体广播行业标准，其中包括信道传输标准：GY/T 220. 1－2006《移动多媒体广播第 1 部分：广播信道帧结构、信道编码和调制》，业务复用标准：GY/T 220. 2－2006《移动多媒体广播 第 2 部分：复用》，以及相关应用标准：GY/T 220. 3－2007《移动多媒体广播 第 3 部分：电子业务指南》、GY/T 220. 4－2007《移动多媒体广播第 4 部分：紧急广播》、GY/T 220. 5－2008《移动多媒体广播 第 5 部分：数据广播》、GY/T 220. 6－2008《移动多媒体广播第 6 部分：条件接收》、GY/T 220. 7－2008《移动多媒体广播第 7 部分：接收解码终端技术要求》和 GY/T 220. 8－2008《移动多媒体广播第 8 部分：复用器技术要求和测量方法》等。

为了加快推动移动多媒体广播电视（CMMB）的推广、应用，2007 年 10 月，国家广电总局开始在全国范围内建设移动多媒体广播电视（CMMB）覆盖网。截至 2008 年 7 月 11 日，初步完成了包括奥运城市在内的全国 37 个省会级城市的移动多媒体广播电视（CMMB）覆盖网络建设。根据国家广电总局移动多媒体广播电视（CMMB）发展规划，2009 年全国移动多媒体广播电视(CMMB)

系统开始正式转入商用，并建立基于广播电视网络的产业化运营体系，为人们提供更为丰富多彩的移动广播电视节目。根据国家广电总局的统一部署，广播电视规划院承担了总局移动多媒体广播电视（CMMB）系统和设备性能以及全国37城市移动多媒体广播电视（CMMB）覆盖效果评估测试工作。为此，需要首先建立移动多媒体广播电视（CMMB）系统和设备性能检测环境，并研究制定移动多媒体广播电视（CMMB）系统和设备性能的相关测试方法，从而帮助相关企业进行移动多媒体广播电视（CMMB）系统相关产品的研发和生产，并为广播电视运营商和相关工程技术人员开展移动多媒体广播电视（CMMB）网络设计、建设、优化以及进行网络维护提供必要的测试手段和方法，从而进一步规范移动多媒体广播电视（CMMB）系统产品生产市场，促进移动多媒体广播电视（CMMB）产业的健康发展，推动移动多媒体广播电视（CMMB）的可持续发展。

2. 移动多媒体广播电视专用测试设备和系统开发

考虑到移动多媒体广播电视（CMMB）标准是我国自行研发的技术体制，市场上缺乏相关成熟的测试设备，为确保各项测试工作的顺利开展，结合移动多媒体广播电视（CMMB）相关技术试验工作，北京广电天地信息咨询有限公司研制开发了用于移动多媒体广播电视（CMMB）系统的专用测试仪表——移动多媒体广播电视（CMMB）综合测试仪[①]。在此基础上，根据移动多媒体广播电视（CMMB）系统和设备性能实验室以及现场测试工作的需要，广播电视规划院开发了移动多媒体广播电视（CMMB）系统和设备性能的自动化测试平台。

2.1　移动多媒体广播综合测试仪开发

移动多媒体广播电视（CMMB）综合测试仪是基于GY/T 220.1－2006《移动多媒体广播 第1部分：广播信道帧结构、信道编码和调制》的专用测试仪表。移动多媒体广播电视（CMMB）综合测试仪集接收机与分析仪于一体，除用于移动多媒体广播电视（CMMB）信号分析和网络覆盖测试外，可对移动多媒体广播电视（CMMB）的各种工作模式展开性能评估测试和移动性能测试。移动多媒体广播电视（CMMB）综合测试仪采用专用的接收芯片，测试数据客观、可靠；同时，由于良好的便携性，该综合测试仪具有优异的移动测试性能。

2.1.1　研究开发内容

移动多媒体广播电视（CMMB）系统性能的测试、测量内容广泛，主要包括信号分析功能以及现场覆盖效果测试，其中信号分析功能包括性能测试和功能测试。移动多媒体广播电视（CMMB）综合测试仪主要性能测试包括接收信号信噪比（S/N）、调制误差率（MER）、信号频谱以及信道冲激响应等；移动多媒体广播电视（CMMB）系统功能测试主要包括工作参数等指标。现场覆盖测试主要包括误码率（BER）、误包率（PER）、信号接收电平分布以及误码率分布等。

---

① 移动多媒体广播综合测试仪的“网络覆盖测试方法及系统”（专利申请号：201010151156.1）和“一种数据采集和存储的方法及装置”（专利申请号：201010151157.6）已申请专利，移动多媒体广播覆盖测试软件已进行了著作权登记（软件著作权登记号：2010SR016024）。

参照国际上成熟的 DVB－T 系统相关测试仪表的设计方案，移动多媒体广播电视（CMMB）综合测试仪研究、开发的具体内容主要包括：

（1）测试仪的模块划分及体系架构设计

首先根据移动多媒体广播电视（CMMB）综合测试仪的测量功能来设计系统整体的架构，同时按照测试功能的不同对综合测试仪进行模块划分，并按照功能模块开展具体研究开发工作。

（2）解调实现算法的优化设计

考虑到移动多媒体广播电视（CMMB）系统性能测试和现场覆盖测试的应用场合不同，通过对信道解调等专用芯片的寄存器的参数进行不同设置，使得测试、测量结果达到最佳，从而满足移动多媒体广播电视（CMMB）系统性能测试和现场覆盖测试的不同的要求。

（3）测试指标的计算方法

接收信号信噪比（S/N）和调制误差率（MER）等是衡量移动多媒体广播电视（CMMB）系统性能的重要指标，而计算方法的选择直接影响上述测试指标的精度和准确性。为此在综合测试仪的研究、开发过程中，需要对各种不同算法进行对比分析，从而选择最合适的算法。

（4）软件驱动的实现方法

移动多媒体广播电视（CMMB）综合测试仪硬件平台采用各种专用芯片，考虑到为了方便工程技术人员测试及二次开发，在综合测试仪的开发过程中，需要为不同的专用芯片开发相应的驱动程序。

为了便于工程技术人员在各种不同场合使用移动多媒体广播电视（CMMB）综合测试仪来开展相关测试工作，测试仪的设计以便携形式为主。为此，移动多媒体广播电视（CMMB）综合测试仪采用了中心控制的、高集成度的体系架构，图 2 给出了移动多媒体广播电视（CMMB）综合测试仪的系统框架。

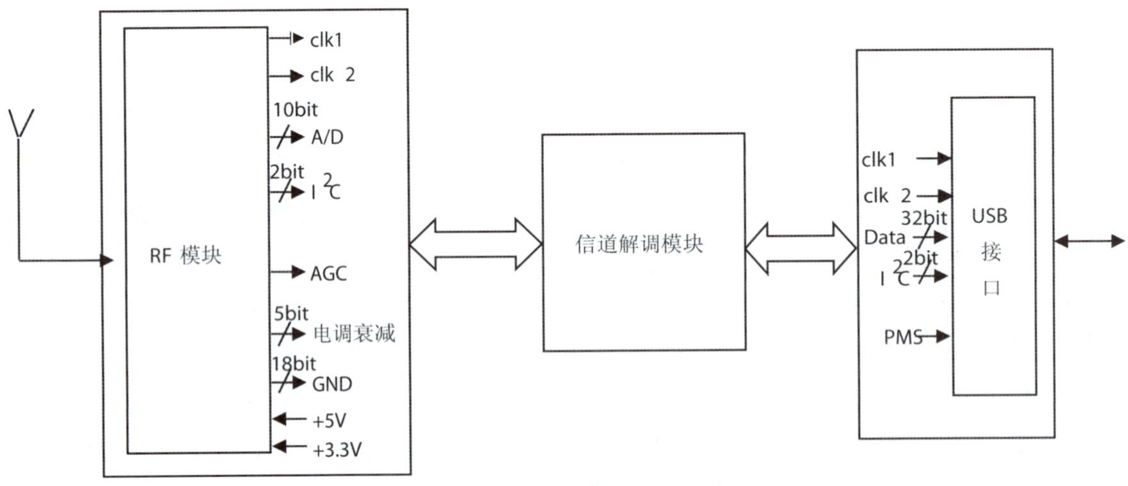

图 2　CMMB 综合测试仪系统框图

2.1.2　硬件设计与实现

移动多媒体广播电视（CMMB）综合测试仪主要用于对符合 GY/T 220.1－2006《移动多

媒体广播第1部分：广播信道帧结构、信道编码和调制》以及GY/T 220.2－2006《移动多媒体广播第2部分：复用》等标准的移动多媒体广播电视（CMMB）信号进行客观测量和准确分析。因此，在移动多媒体广播电视（CMMB）综合测试仪的设计过程中，应尽可能提高移动多媒体广播电视（CMMB）综合测试仪自身的性能。

硬件平台是制约移动多媒体广播综合测试仪自身性能的最主要因素，为了尽可能全面、客观、准确反映移动多媒体广播电视（CMMB）系统的性能，硬件平台的设计需要采用最优方案。

移动多媒体广播电视（CMMB）信道解调芯片是整个硬件平台的核心，本次方案使用的信道芯片采用频域处理技术，并具有如下特点：

①符合GY/T 220.1－2006以及GY/T 220.2－2006标准；

②支持BPSK、QPSK和16QAM调制方式；

③功耗低于100mW；

④支持I^2C和UART总线；

⑤支持PMS输出；

图3和图4分别给出了移动多媒体广播电视（CMMB）系统信道解调芯片管脚分布示意图和内部功能框图。

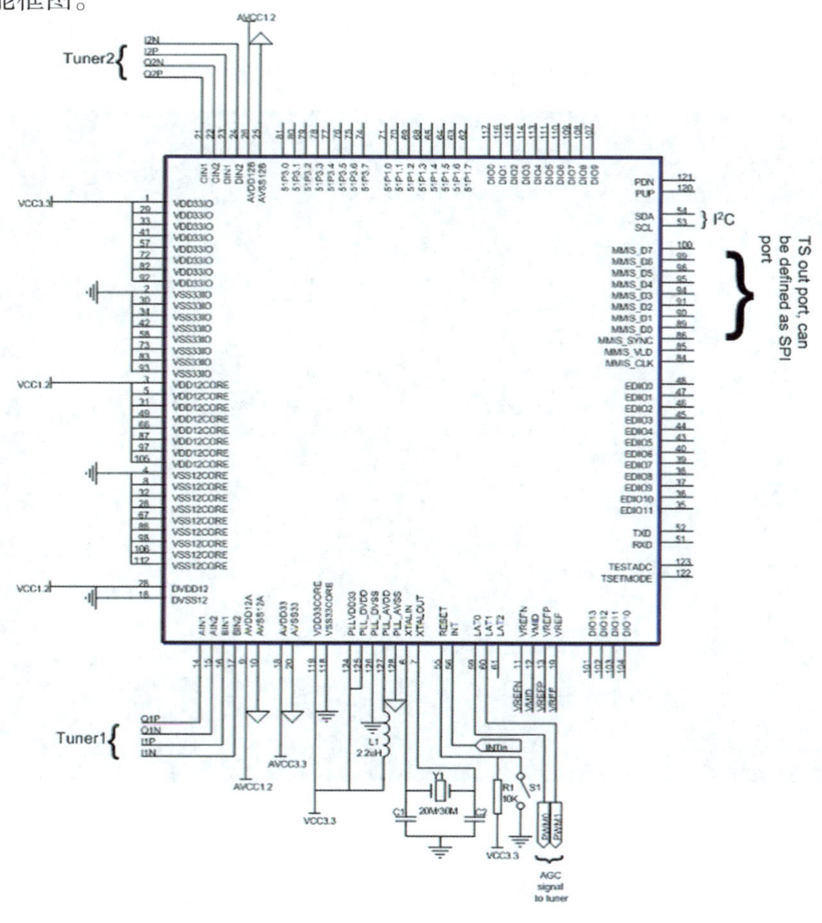

图3　芯片管脚分布示意图

对于移动多媒体广播电视（CMMB）系统综合测试仪 USB 形式的板卡，为了满足 USB 2.0 标准规定的功耗，在设计过程中采用了某公司的 USB 2.0 接口芯片以及高效率 DC/DC 控制器，对硬件板卡的功耗进行控制。

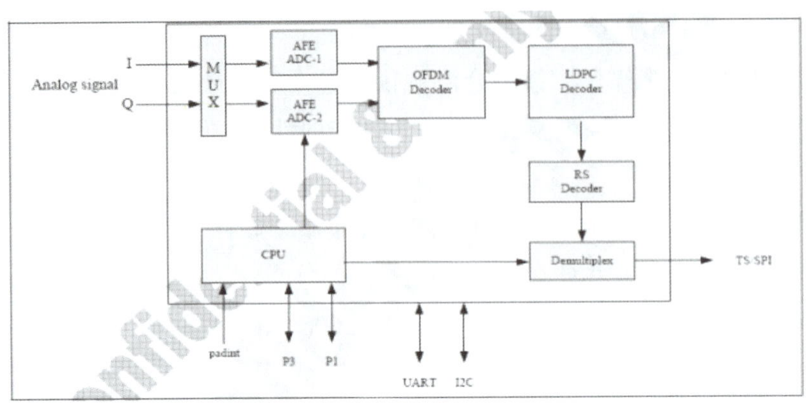

图 4　芯片功能框图

USB 的全称是 Universal Serial Bus，USB 支持热插拔，即具有插即用的优点，所以 USB 接口已经成为 PC 类电子产品的最主要的接口方式。USB 2.0 接口传输速率达到了 480Mbps，足以满足移动多媒体广播电视（CMMB）综合测试仪的数据传输速率的要求。考虑到 USB 接口为目前最为流行的电子设备接口形式，为此，在移动多媒体广播电视（CMMB）综合测试仪的研发过程中，采用了基于 USB 接口的板卡方案。图 5 给出了基于 USB 形式的板卡外观图。

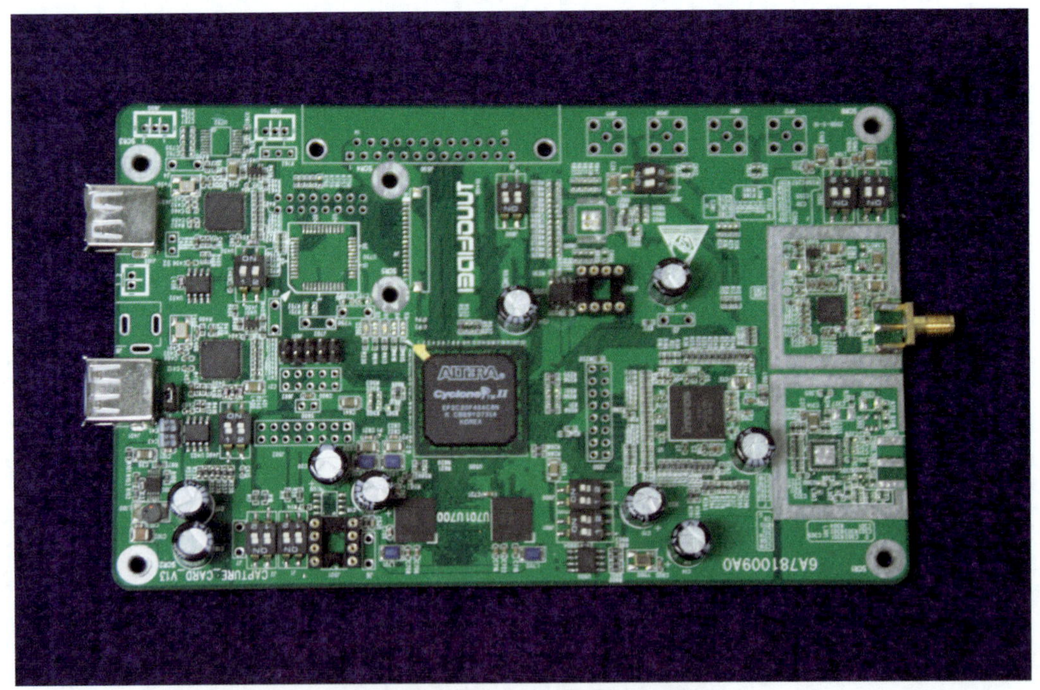

图 5　基于 USB 形式的板卡外观图

USB 硬件板卡通过 USB 接口进行供电，便于开发成便携式测试设备，从而进一步拓展了移动多媒体广播电视（CMMB）综合测试仪的应用场合，同时可以作为笔记本电脑的外挂设备，特别适用于工程技术人员开展移动多媒体广播电视（CMMB）网络建设、覆盖效果评估测试以及网络调整优化。

2.1.3 软件设计与实现

移动多媒体广播电视（CMMB）综合测试仪由硬件平台和系统软件两部分共同构成，其中系统软件是测试仪进行数据分析和演示的核心部分，因此，软件的设计至关重要。移动多媒体广播电视（CMMB）综合测试仪系统软件功能主要分为四部分，分别为：实时测试和数据显示功能、测试数据的统计分析功能、测试数据的回放功能以及视频码流的实时播放功能。根据移动多媒体广播电视（CMMB）综合测试仪的功能要求，系统软件包括两套：一套用于开展移动多媒体广播电视（CMMB）覆盖网络效果评估测试的移动测试软件；另一套用于移动多媒体广播电视（CMMB）系统和设备性能的信号分析测试软件。

（1）覆盖测试软件

该软件可以实时地获得地理位置信息，将场强、误码率等信息以不同的颜色记号标示在地图上，从而反映出当前的场强分布和各点的误码性能。软件从 GPS 设备获得当前的地理位置，从频谱分析设备获得场强值，误码率可以从外部仪表读取，也可以由软件自己计算。由于软件既可以独立计算误码，又同时做到了视频播放和误码计算的功能，使主观和客观评价结合起来。此外，软件提供了实时的监测和统计功能，更容易看出移动速度、场强和误码率之间的联系。图 6 的（a）、（b）、（c）、（d）给出了地面数字电视综合测试仪覆盖测试软件各项功能。

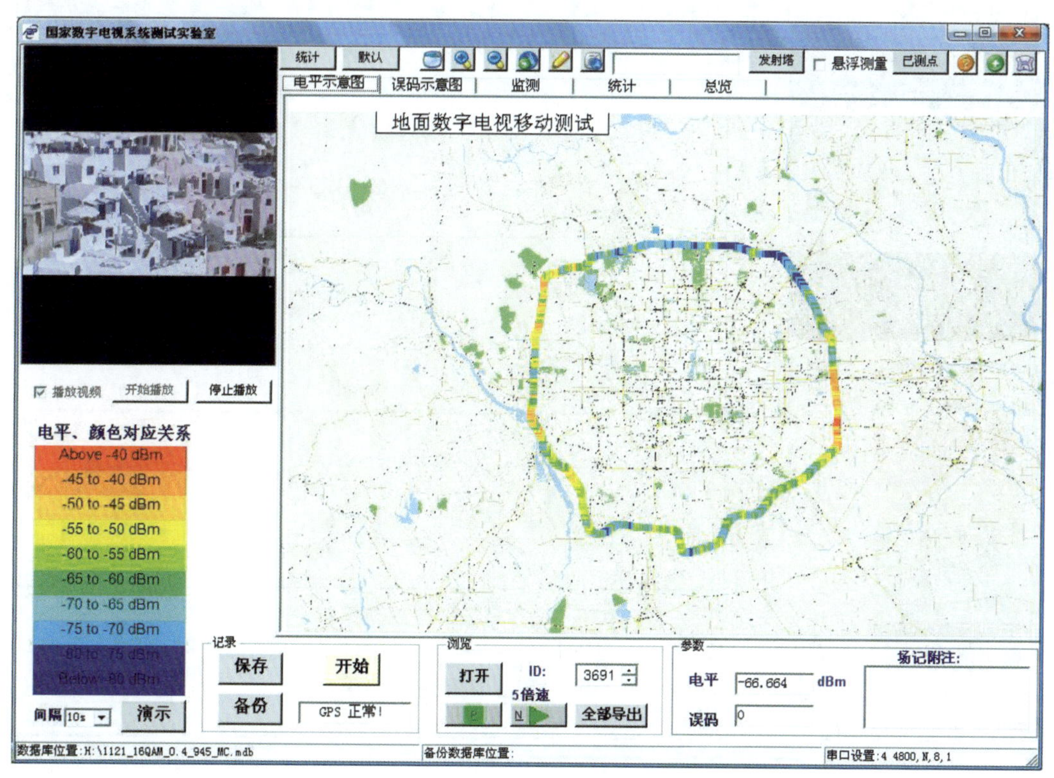

（a）电平分布

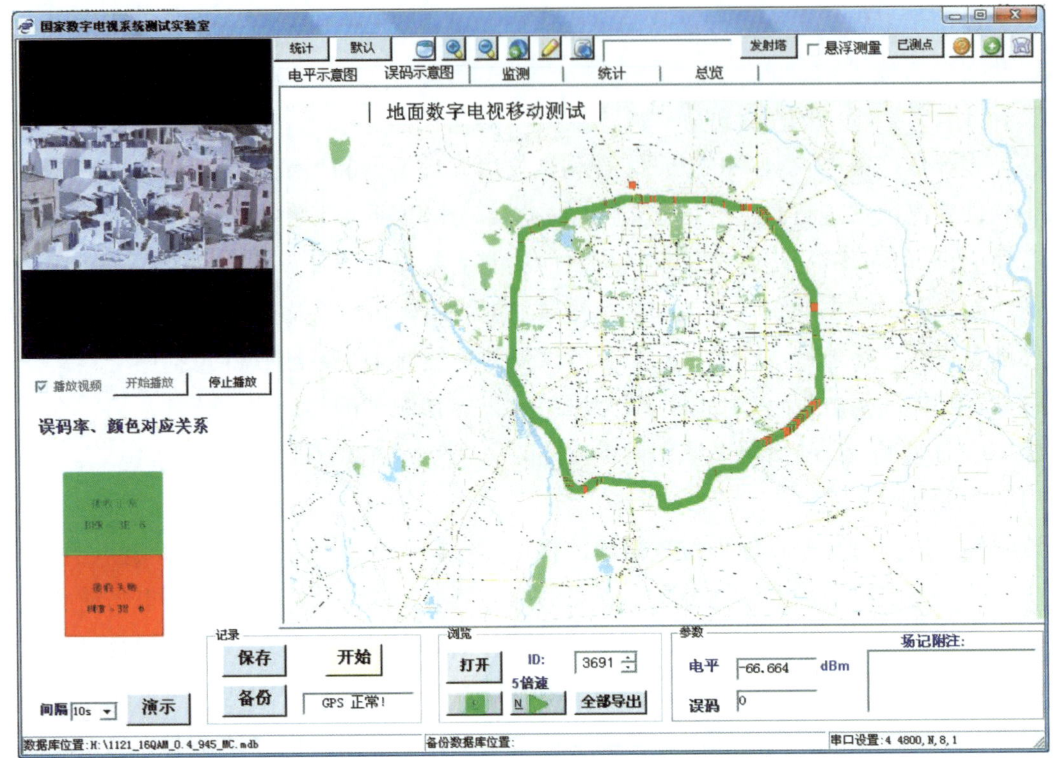

(b) 误码分布

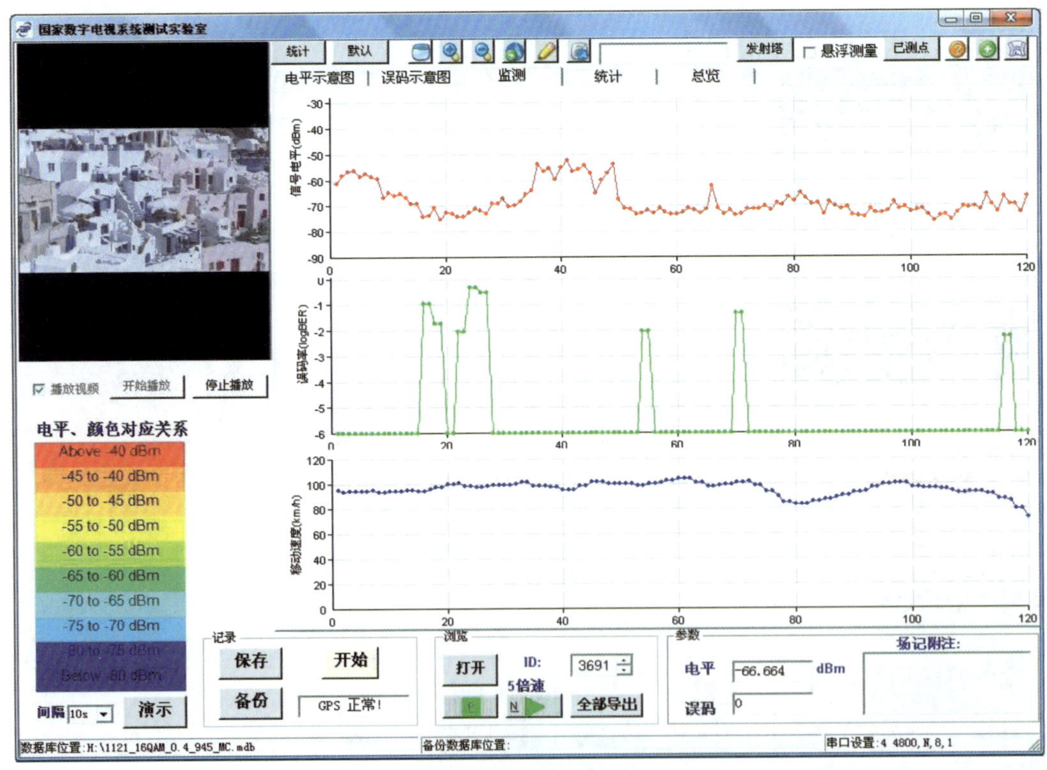

(c) 实时数据监测

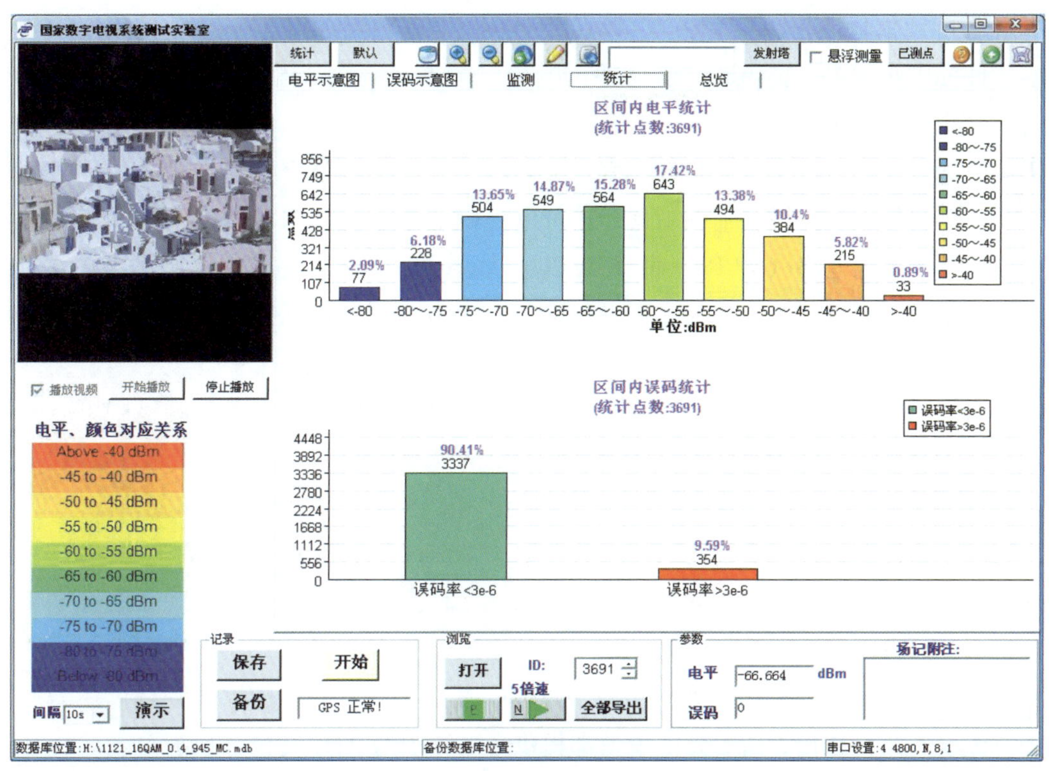

（d）实时统计分析

图 6　CMMB 综合测试仪覆盖测试软件界面

为了方便测试人员观察测试数据，软件提供了“总览”界面，将上述几个分界面同时显示，如图 7 所示。

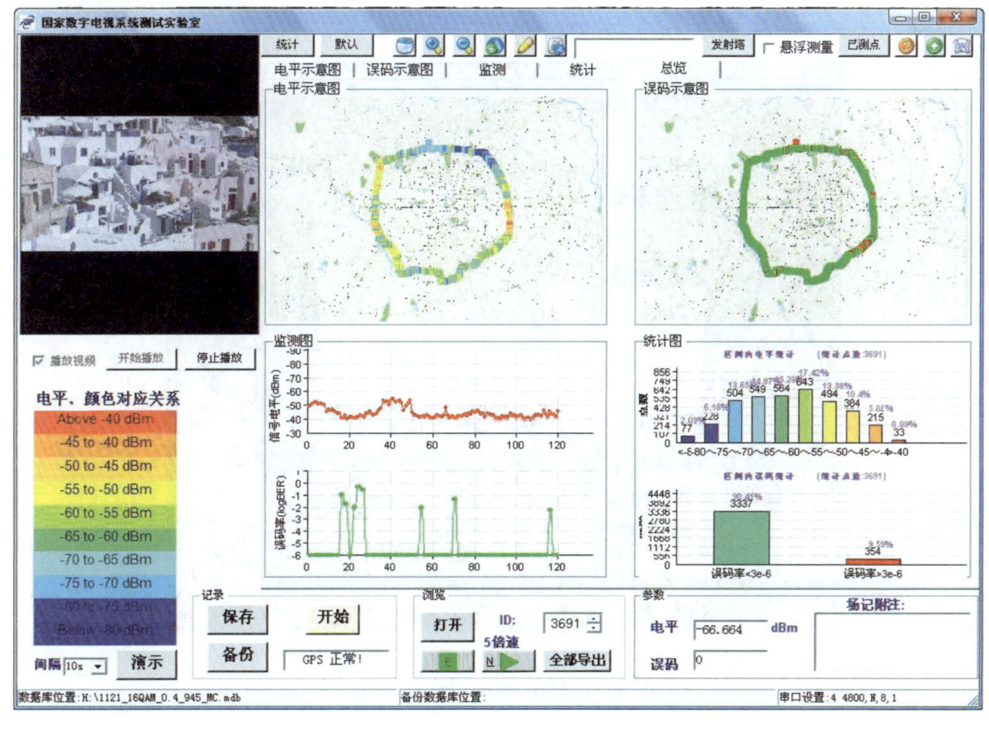

图 7　CMMB 综合测试仪覆盖测试总览图

（2）性能评估软件

本软件提供频谱图、星座图、信道冲击响应（单频网延时调整）、调制误差率（MER）和误码率（BER）直观分析。

①星座图直观表示数字信号与数字信号之间的关系，反映数字信号在尚未误码时的噪声状况，是一个很好的故障排除辅助工具，它可以提供关于干扰的来源与种类的线索。通过星座图可以计算调制误差率（MER）。MER 可以被认为是信噪比测量的一种形式，它将精确表明接收机对信号的解调能力，因为它不仅包括高斯噪声，而且包括接收星座图上其他所有不可校正的损伤。

②频谱图描述了信号的频率结构及频率与该频率信号幅度的关系。从频谱中可以直观地看出信号的频域特性。因为有些信息需要我们无法从时域信号中得出，只能通过频域。

③信道冲激响应反映信道情况，通过信道冲激响应图可以看出信道的多径情况。

④误码分析能够提供科学、准确的测试数据，完全排除了各种人为因素的影响。

此外，本软件还可以提供视频的解码播放功能，使测试人员能够更直观了解移动多媒体广播电视（CMMB）系统的接收情况。

除自身具备测试、测量功能外，移动多媒体广播电视（CMMB）综合测试仪还需要与相关外围测试设备进行通信，所有外围设备都提供了二次开发的工具包，根据移动多媒体广播电视（CMMB）综合测试仪本身设计以及外围设备互联互通的要求，同时考虑到 C# 语言具有强大的图形处理和显示功能，因此，本项目移动多媒体广播电视（CMMB）综合测试仪的测试分析软件最终采用基于 C# 语言软件平台进行开发设计。

北京广电天地信息咨询有限公司研制开发的移动多媒体广播电视（CMMB）综合测试仪共三款，分别如图 8、图 9 和图 10 所示。

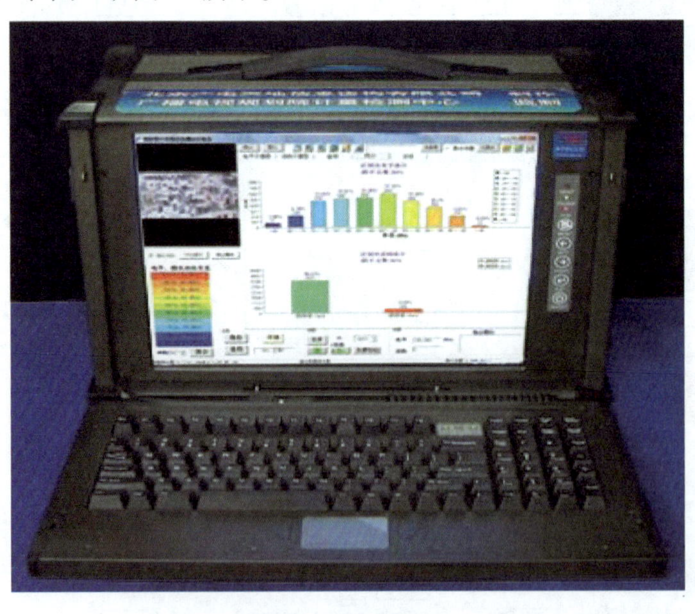

图 8　CMMB 综合测试仪 I 型

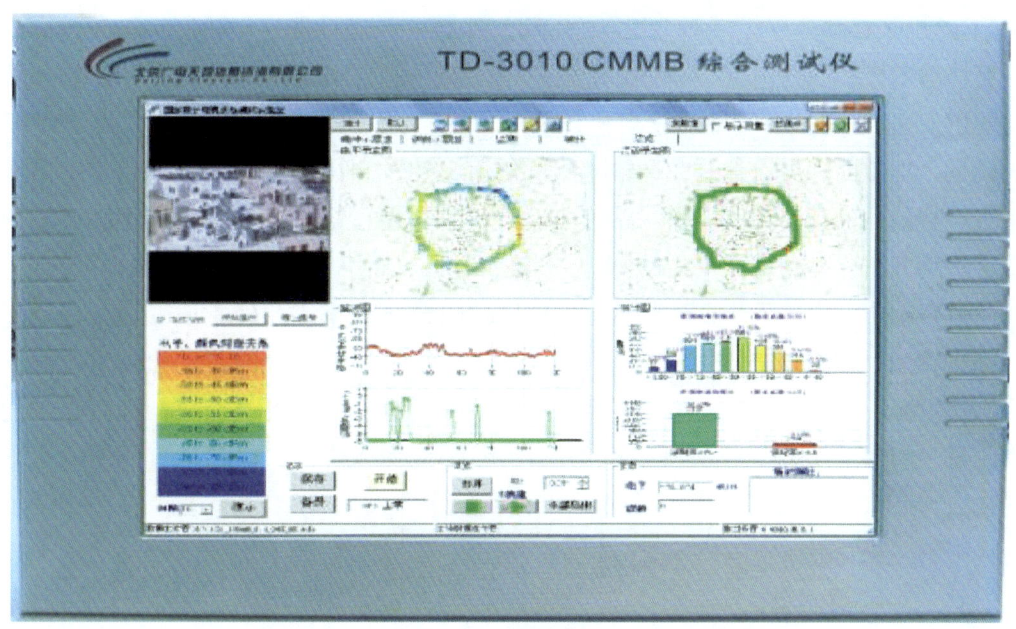

图 9　CMMB 综合测试仪 II 型

图 10　CMMB 综合测试仪 III 型

上述研发的各种款式的移动多媒体广播电视（CMMB）综合测试仪已成功应用于包括北京在内的全国 37 城市的移动多媒体广播电视（CMMB）覆盖效果评估测试。

2.2　移动多媒体广播电视自动化测试系统开发

在移动多媒体广播电视（CMMB）系统和设备性能的测试和测量过程中涉及大量测试设备和仪表的使用，分别控制和操作上述设备不仅过程复杂，并且使得测试工作效率降低。为了方便工程技术人员开展移动多媒体广播电视（CMMB）系统和设备性能的各类测试，根据验室里测试设备和仪表控制及实际测量的需要，广播电视规划院研究开发了移动多媒体广播电视（CMMB）系统和设备性能自动化测试平台。

图 11 给出了移动多媒体广播电视（CMMB）系统和设备性能自动化测试系统框图。如图所示，在移动多媒体广播电视（CMMB）系统和设备性能自动化测试系统中，传输分析仪向测试发射机发送 PN 序列，经测试发射机调制后的信号送入测试信道，图中高斯噪声发生器实际上就是个虚拟的、可以控制和调整的测试信道，经过测试信道的信号一路传输给频谱分析仪用于查看信号的频谱情况，另一路送给测试接收机进行解调，测试系统把解调后的信号再传回给传输分析仪并与原始发送的 PN 序列进行比较，最后计算得出误码率 BER。

在测试过程中，噪声发生器、频谱分析仪和传输分析仪都需要经常改变参数以及不停的启动和终止测试。在移动多媒体广播电视（CMMB）系统和设备性能自动化测试系统中，不需直接操作设备，通过 GPIB 总线，仪器控制单元可以对上述设备进行自动控制，方便地完成整个测试。

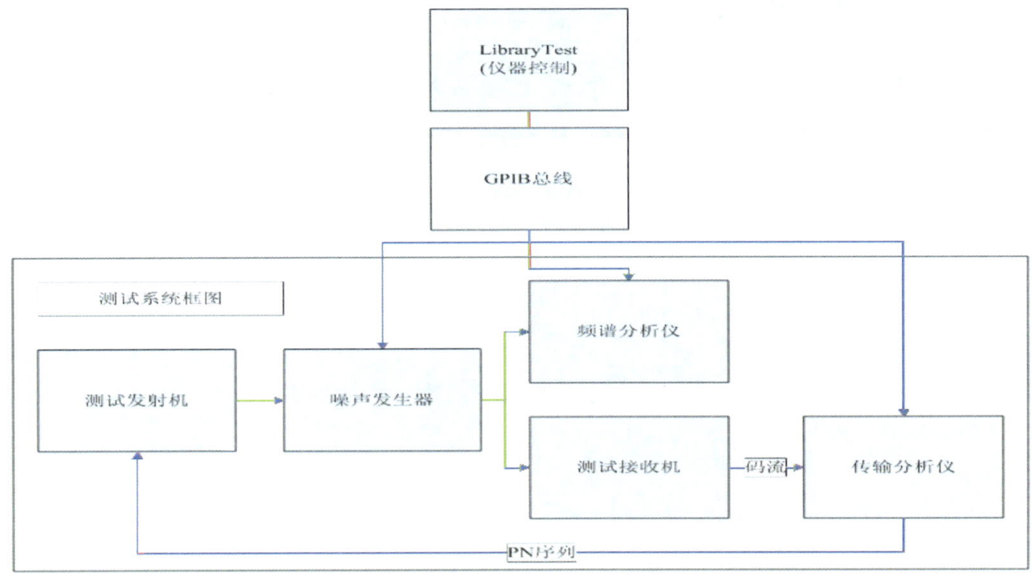

图 11　CMMB 自动化测试系统框图

考虑到 NI 能够提供一个通用的 GPIB 驱动软件来控制的 PCI、PCI Express、PXI、PCMCIA、USB、Ethernet 和 ISA（PnP）接口的 GPIB 控制器，并且在测试系统开发过程中，无需重新编写程序即可轻松的应用于不同接口 GPIB 控制器，并且由于 NI 的 GPIB 产品在市场上的主导地位，NI－488.2 软件已经成为 GPIB 仪器编程领域实际的工业标准。因此本项目移动多媒体广播电视（CMMB）系统和设备性能自动化测试系统开发采用 NI－488.2 作为 GPIB 控制的底层驱动。

移动多媒体广播电视（CMMB）系统和设备性能自动化测试系统具体开发过程如下：首先，构建 GPIB 测控系统时应从设备级别上尽可能地保证与 IEEE 48812 兼容，使某一个厂商生产的控制器能很好地与另一个厂商生产的仪器协同工作。其次，应从 GPIB 软件开发上做到与 IEEE 48812 兼容。IEEE 48812 标准是 GPIB 控制器的通用协议，定义了 15 个必需的、4 个可选的控制流程以及 2 个必需的、6 个可选的协议。为了提高开发效率，在 GPIB 软件开发时，应尽量遵循优先使用协议，其次使用控制流程，最后使用传统的 GPIB 命令的原则。而从基于系统可移植性角度考虑，开发者还应尽量使用 IEEE 48812 标准要求实现的控制流程和协议。GPIB 应用的体系结构如图 12 所示。各种测试仪器和设备通过 GPIB 总线与计算机相连，计算机的操作系统通过 NI－488.2 驱动软件与 GPIB 硬件接口相连，用户的应用程序则通过 NI－488.2 的语言界面和 API 接口函数来实现所需要的各种测试功能。

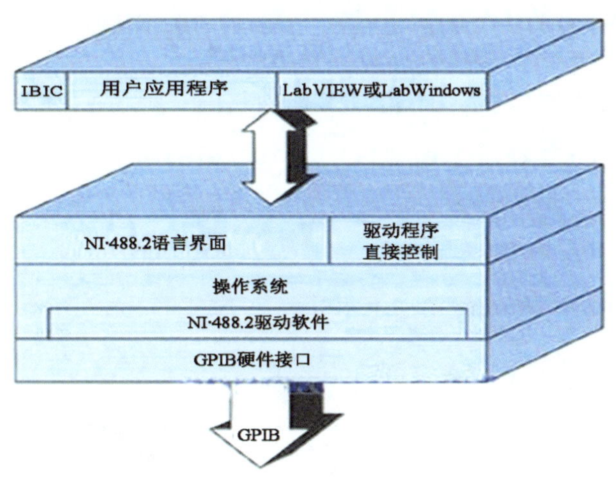

图 12　GPIB 应用体系结构图

移动多媒体广播电视（CMMB）系统和设备性能自动化测试系统主要包括：噪声发生器控制、传输分析仪控制以及频谱仪控制等功能。

图 13 给出了噪声发生器控制界面示意图。如图所示，噪声发生器控制软件需要设定仪器的 GPIB 地址才能正常使用。软件可以设置和读取噪声衰减（dB）、信号衰减（dB）、噪声步长（dB）以及信号步长（dB）等参数。噪声发生器控制界面上的“应用配置”可以完成仪器所有参数的设置，“默认配置”则是把仪器参数设置为初始值。

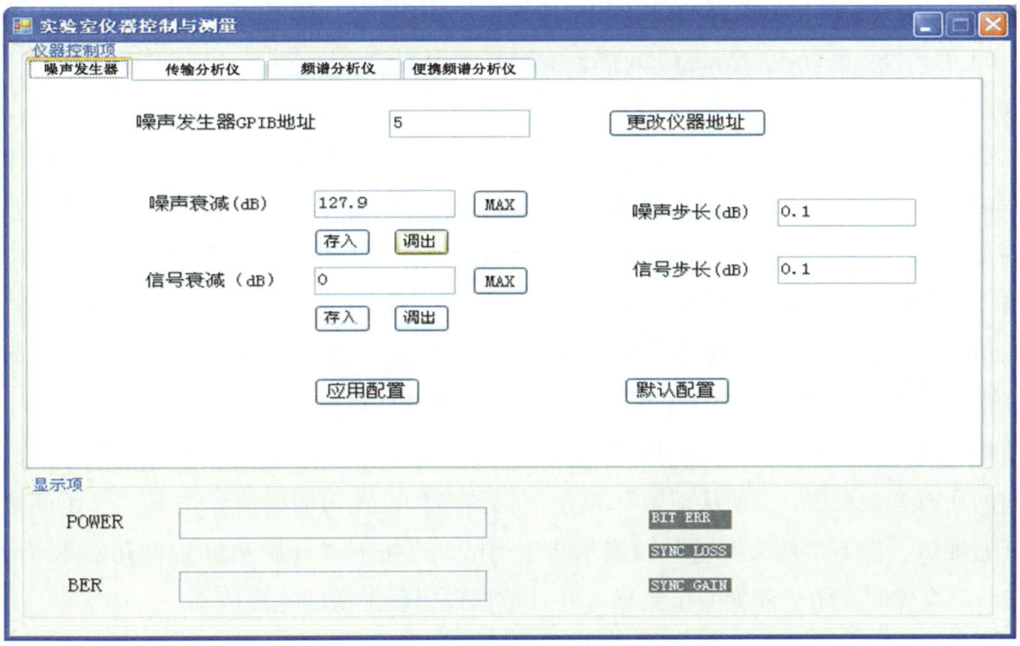

图 13　噪声发生器控制界面

传输分析仪控制界面如图 14 所示，可见自动控制软件需要设定仪器的 GPIB 地址才能正常使用。

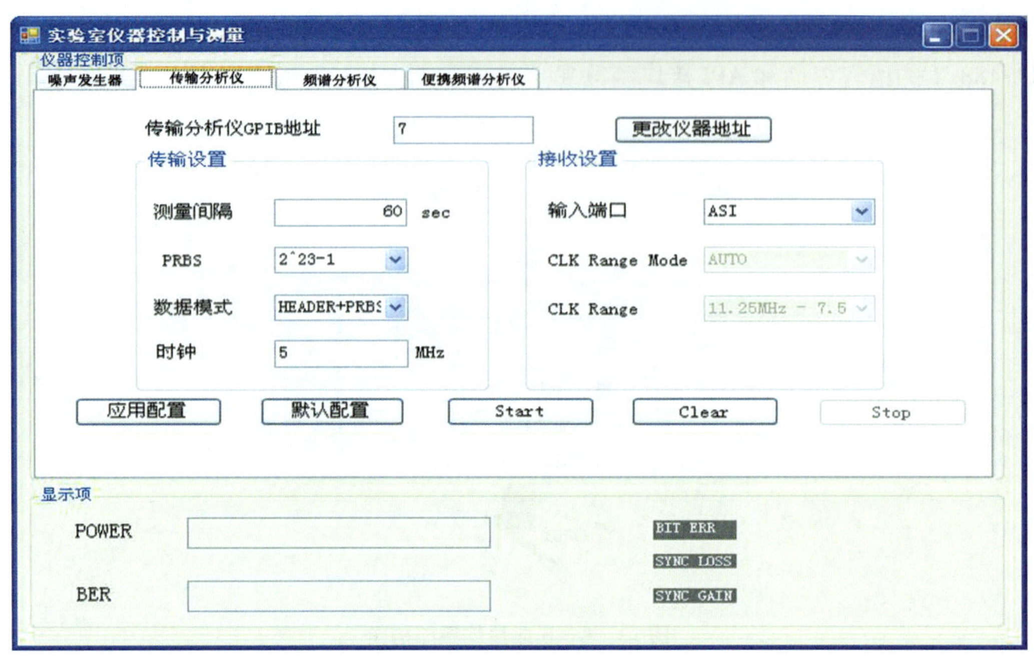

图 14　传输分析仪控制界面

传输分析仪控制软件可以完成两类参数设置。一类是传输部分的参数设置，包括：测量间隔、PRBS、数据模式和时钟；另一类是接收部分的参数设置，包括：输入端口、CLK Range Mode、CLK Range 等。“应用配置”可以完成仪器当前的所有参数设置；“默认配置”则是把仪器参数设置为初始值。按下“Start”键表示启动测试，按下“Stop”键表示终止测试，按下“Clear”键表示重新计算 BER 误码率。当按下“Start”键开始测试时，下方的 BER，Bit_Err，Sync_Loss，Sync_Gain 都会实时显示当前的测试数据，并且数据以每秒 1 次的速度刷新。

移动多媒体广播电视（CMMB）系统和设备性能自动化测试系统的一项重要功能是自动控制频谱分析仪。在本项目的开发过程，主要针对通用频谱分析仪进行。频谱分析仪控制页面如图 15 所示，可见频谱分析仪控制软件需要设定仪器的 GPIB 地址才能正常使用。

自动控制软件可以对频谱仪的工作模式进行设置，包括普通模式和测量模式，软件还可以对频道（中心频率）、显示带宽、参考电平、测量带宽、RBW、VBW 等参数进行设置。控制功能中的“视觉平均”可以使得频谱仪上的曲线通过时间平均变得更加平滑，“功率平均”可以使得频谱仪上的功率值通过时间平均变得更加稳定，不跳变。“应用配置”可以完成仪器当前的所有参数设置；“默认配置”则是把仪器参数设置为初始值。按下“开始测量”键表示开始测试，按下“结束测量”键表示终止测试。当按下“开始测量”键开始测试时，下方的 Power 会实时显示当前的测试数据，并且数据以每秒 1 次的速度刷新。

便携式频谱分析仪控制页面如图 16 所示，可见频谱分析仪控制页面可以控制手持式射频

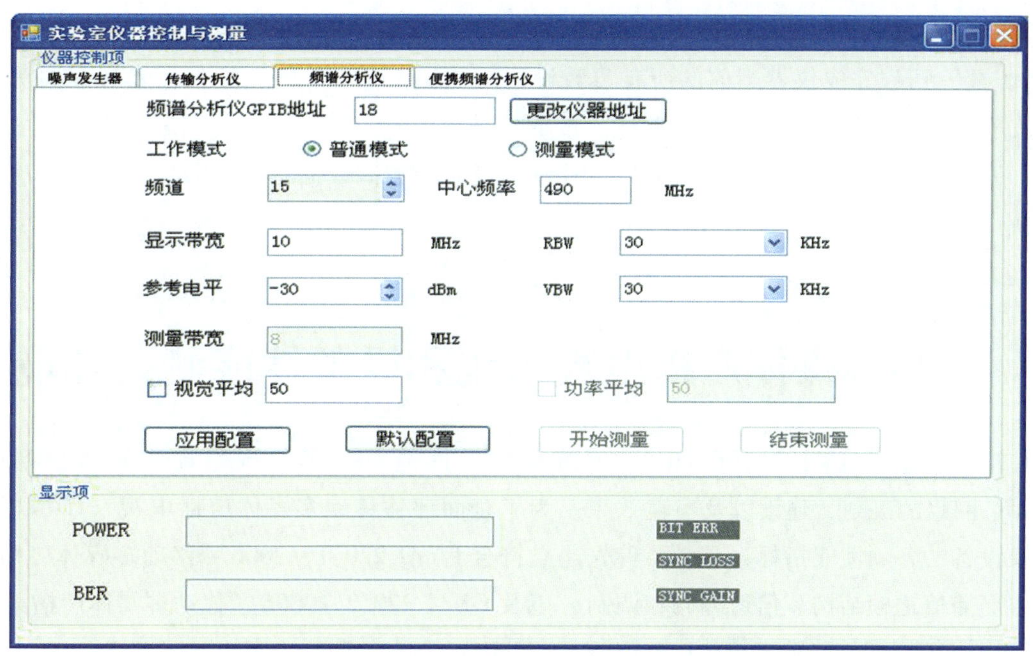

图 15　频谱分析仪控制页面

频谱分析仪（手持式频谱仪轻巧坚固、便于携带、性能卓越，非常适合外场测试环境）。软件通过 USB 接口连接仪器，实际上是通过 VISA（虚拟的 GPIB 链路）实现 USB 和 GPIB 的连接。

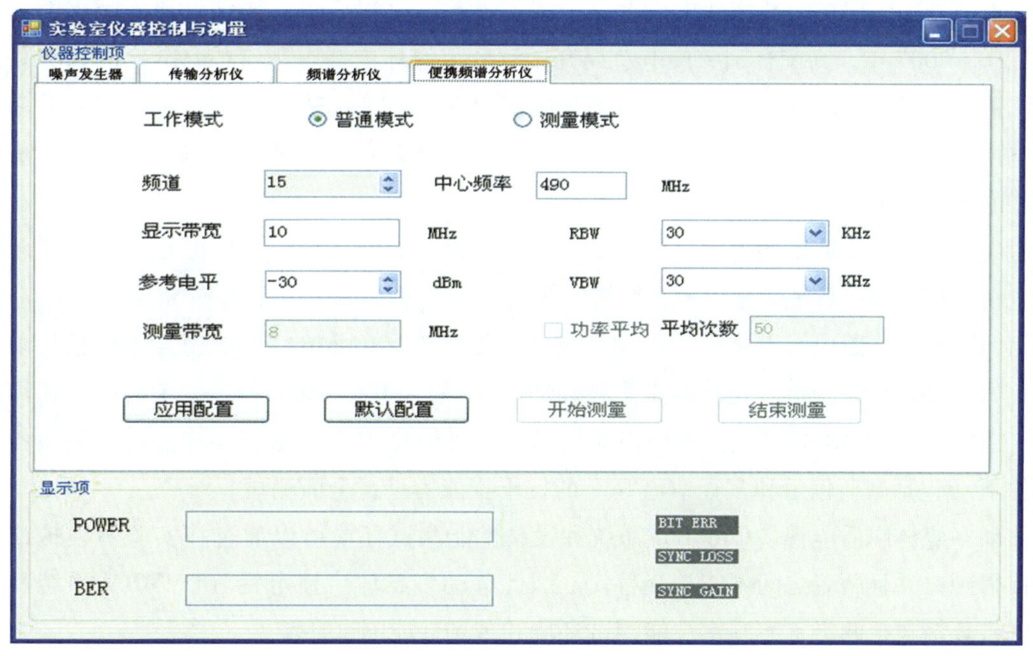

图 16　便携式频谱分析仪控制页面

自动控制软件可以对频谱仪的工作模式进行设置，包括普通模式和测量模式，软件还可以对频道（中心频率）、显示带宽、参考电平、测量带宽、RBW、VBW 等参数进行设置。控制功能中的“功率平均”可以使得频谱仪上的功率值通过时间平均变得更加稳定，不跳变。“应用配置”可以完成仪器当前的所有参数设置；“默认配置”则是把仪器参数设置为初始值。按下“开始测量”键表示开始测试，按下“结束测量”键表示终止测试。当按下“开始测量”键开始测试时，下方的Power会实时显示当前的测试数据，并且数据以每秒1次的速度刷新。

3. 移动多媒体广播电视系统和设备性能测试环境

移动多媒体广播电视（CMMB）系统和设备性能直接影响到移动多媒体广播电视（CMMB）网络的规划、建设以及覆盖效果。为了全面评估移动多媒体广播电视（CMMB）系统以及设备的各项性能指标，有必要首先建立符合GY/T 220.1－2006《移动多媒体广播第1部分：广播信道帧结构、信道编码和调制》以及GY/T 220.2－2006《移动多媒体广播第2部分：复用》等标准的移动多媒体广播电视（CMMB）系统和设备性能的测试环境。

3.1 移动多媒体广播电视系统性能测试环境

为配合国家开展地面数字电视传输国家标准的研究制订工作，受国家发改委和国家广电总局的委托，2000年广播电视规划院建立了国家数字电视系统测试实验室。依托该实验室，广播电视规划院先后多次承担并出色完成了国家级数字电视系统，特别是地面数字电视系统测试工作。2007年，为配合国家广电总局开展移动多媒体广播电视（CMMB）的相关测试工作，广播电视规划院对现有数字电视系统测试实验室进行升级改造，初步构建了移动多媒体广播电视（CMMB）系统性能测试环境，用于开展移动多媒体广播电视（CMMB）系统和设备性能的研究和测试。

考虑到移动多媒体广播电视（CMMB）系统和设备的应用场合，地面环境是移动多媒体广播电视（CMMB）系统最基本的无线传输环境，并且也是最复杂、条件最为苛刻的一种方式。因此，除了高斯白噪声之外，移动多媒体广播电视（CMMB）系统还会受到其他多种干扰，例如：多径传输衰落（包括静态多径和动态多径）和脉冲噪声等。为了科学评估移动多媒体广播电视（CMMB）系统的各项性能指标，需要构建相应的测试环境，对系统在各种信道条件下（包括高斯信道和多径信道等）的抗干扰能力进行全面测试。

移动多媒体广播电视（CMMB）系统和设备性能测试环境可以通过在实验室模拟或在现场直接得到，并且两者之间不能相互替代。因此移动多媒体广播电视（CMMB）系统和设备性能测试环境包括两类：实验室性能测试环境和现场性能测试环境。

3.1.1 实验室性能测试环境

移动多媒体广播电视（CMMB）系统实验室性能测试环境是在实验室，由大量测量仪器和专用测试设备建立的移动多媒体广播电视（CMMB）测试平台。工程技术人员可以通过在接收信号中加入各种噪声或干扰，模拟各种现场接收环境，对被测系统的各项性能进行测试。

由于实验室测试过程中加入的各种噪声或干扰是人为可控、并且可以精密测量，因此，相对现场性能测试而言，实验室性能测试不仅可以模拟各种干扰和噪声，而且能够准确地获得被测系统的各项性能指标。移动多媒体广播电视（CMMB）系统实验室性能测试框图如图17所示，移动多媒体广播电视（CMMB）系统实验室性能测试环境包括了发端设备、收端设备以及各种专用测试、测量设备（例如：信道模拟器、频谱分析仪、CMMB综合测试仪）。

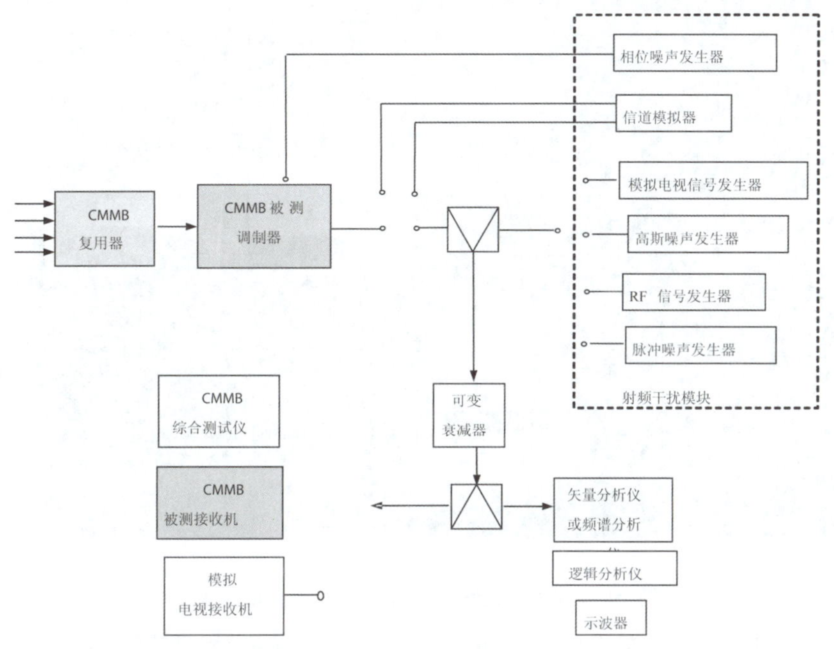

图17　CMMB系统实验室性能测试环境框图

图18、图19、图20、图21和图22分别给出了移动多媒体广播电视（CMMB）系统实验室性能测试环境实景图。

图18　CMMB系统实验室性能测试环境实景1

图 19　CMMB 系统实验室性能测试环境实景 2

图 20　CMMB 系统实验室性能测试环境实景 3

图 21　CMMB 系统实验室性能测试环境实景 4

图 22　CMMB 系统实验室性能测试环境实景 5

为了尽可能确保测试结果的可靠性和准确性，在测试过程中应采用测量精度高、测试技术成熟的测试设备和仪表。因此，在移动多媒体广播电视（CMMB）系统和设备性能测试环境的构建过程中，测试设备和仪表的选型至关重要。移动多媒体广播电视（CMMB）系统和设备性能测试环境中的大部分的设备采用了进口设备。

3.1.2 现场性能测试环境

移动多媒体广播电视（CMMB）系统现场测试是对被测系统设备在实际地面广播传输条件下系统整体性能的测试，主要测试各被测系统设备在开路情况下，不同接收方式（固定接收、移动接收和便携接收）、不同的地形（高山、平原、海边等）、地物及城市高大建筑楼群等对接收情况的影响。

考虑到实验室测试环境不能完全代替现场测试环境，为了进一步验证和评估移动多媒体广播电视（CMMB）系统在实际网络环境中的性能，特别是移动多媒体广播电视（CMMB）系统的网络覆盖效果，有必要建立移动多媒体广播电视（CMMB）系统现场性能测试环境。

移动多媒体广播电视（CMMB）系统现场性能测试环境框图如图 23 所示，移动多媒体广播电视（CMMB）系统现场性能测试环境包括了发端设备、收端设备以及各种专用测试、测量设备（例如：频谱分析仪、CMMB 综合测试仪）。

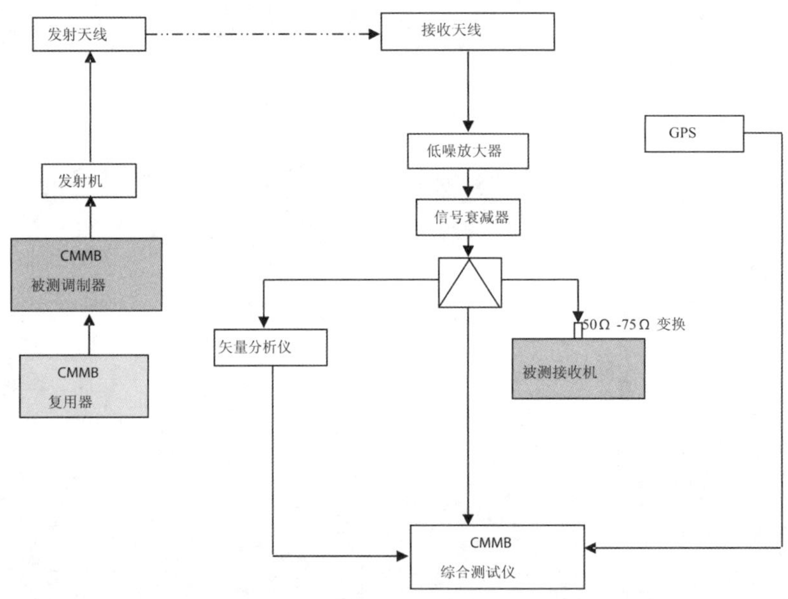

图 23　CMMB 系统现场性能测试环境框图

考虑到移动多媒体广播电视（CMMB）系统现场性能测试系统主要用于移动多媒体广播电视（CMMB）网络覆盖效果进行测试，因此，在移动多媒体广播电视（CMMB）系统现场性能测试系统建设过程中主要选取一些便携的测试、测量设备。移动多媒体广播电视（CMMB）系统现场性能测试部分设备示意图如图 24 所示，移动多媒体广播电视（CMMB）系统现场性能测试设备主要包括：便携频谱仪、移动接收天线以及移动多媒体广播电视（CMMB）综合测试仪。

为了便于开展移动多媒体广播电视（CMMB）系统网络覆盖效果测试，可将上述测试系统和测试设备置于便携移动测试车中，如图 25 所示。

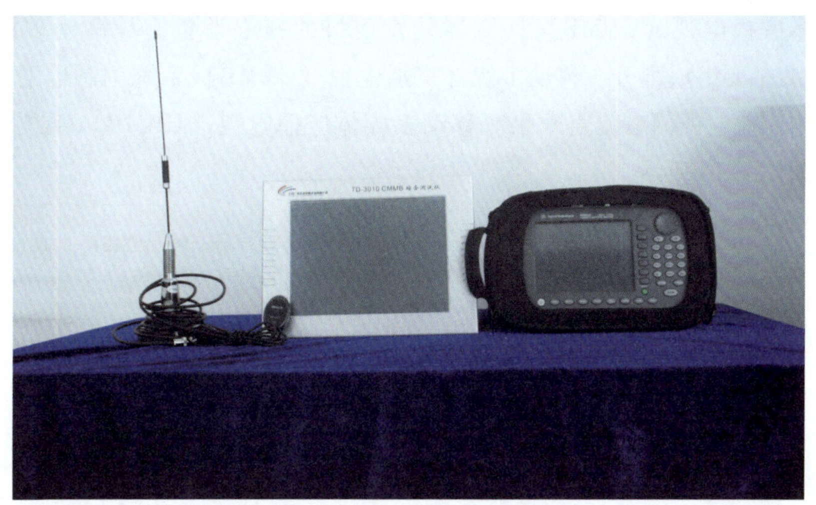

图 24　CMMB 现场测试设备

图 25　CMMB 现场测试车内部配置

3.2　移动多媒体广播电视设备性能检测环境

移动多媒体广播电视（CMMB）系统涉及大量编码、复用、传输和接收设备，例如：调制器、发射机、复用器、数据广播、接收终端等。移动多媒体广播电视（CMMB）各类设备的性能直接决定了移动多媒体广播电视（CMMB）系统的性能，因此，有必要构建移动多媒广播电视（CMMB）设备性能检测环境，对相关设备性能进行评估并开展相关入网检测工作。此外，移动多媒体广播电视（CMMB）设备性能检测环境的建立可进一步协助相关企业开展移动多媒体广播电视（CMMB）产品和设备的研发工作。

针对移动多媒体广播电视（CMMB）不同的设备，广播电视规划院分别建立了调制器性能检测环境、发射机性能检测环境、接收终端性能检测环境、复用器性能检测环境、电子节目指南检测环境以及紧急广播检测环境等。

3.2.1 调制器性能检测环境

移动多媒体广播电视（CMMB）调制器是发射机的核心设备，是移动多媒体广播电视（CMMB）系统的重要组成部分。移动多媒体广播电视（CMMB）系统调制器的性能指标直接影响移动多媒体广播电视网络覆盖效果。移动多媒体广播电视（CMMB）系统调制器性能检测环境系统框图如图26所示。

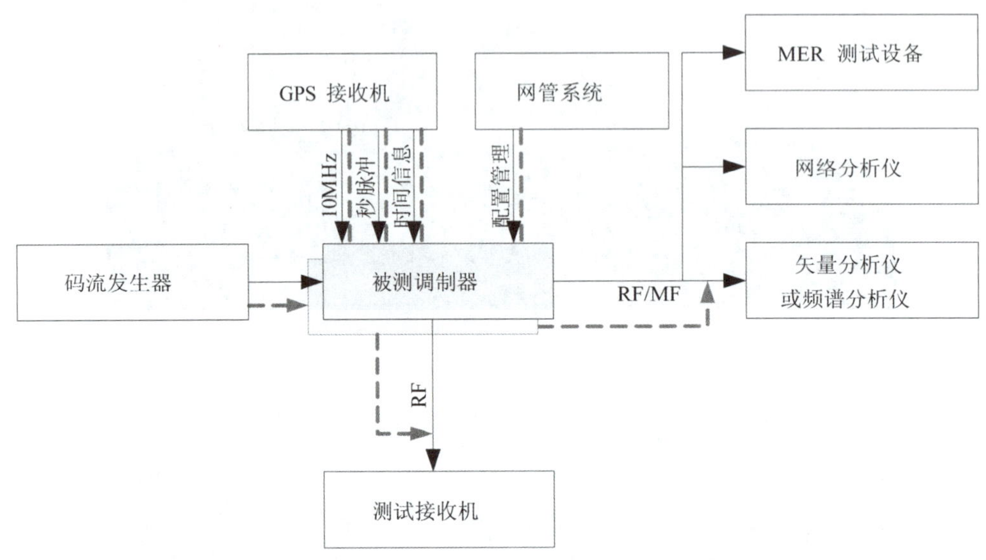

图26 CMMB 调制器测试环境框图

3.2.2 发射机性能检测环境

移动多媒体广播电视（CMMB）发射机是移动多媒体广播电视（CMMB）网络的末端设备，直接影响移动多媒体广播电视（CMMB）网络的覆盖效果和覆盖质量。

为了便于协助发射机厂家开展移动多媒体广播电视（CMMB）发射机的生产和制造，并进行移动多媒体广播电视（CMMB）发射机的入网检测工作，依照GD/J 020－2008《移动多媒体广播 UHF 频段发射机技术要求和测量方法》，广播电视规划院构建了移动多媒体广播电视（CMMB）系统发射机性能检测环境，如图27所示。

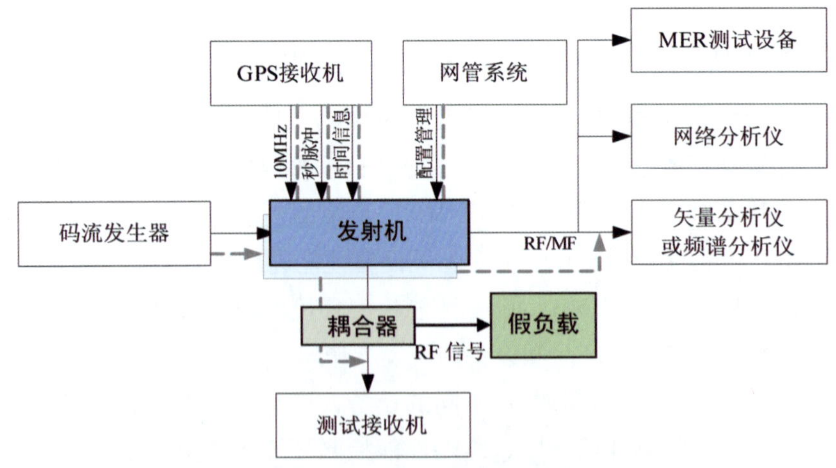

图27 CMMB 发射机测试系统框图

移动多媒体广播电视（CMMB）系统发射机检测环境与调制器检测环境基本相同，不同之处在于发射机检测时，信号从监测口（耦合输出口）采集；调制器检测时，测试信号从输出口采集。

3.2.3　接收终端检测环境

移动多媒体广播电视（CMMB）系统接收终端是指具备接收、处理和/或显示移动多媒体广播电视（CMMB）信号的设备。移动多媒体广播电视（CMMB）终端可实现不同的业务，如电视广播、声音广播、电子业务指南、紧急广播、数据广播、条件接收等业务。考虑到移动多媒体广播电视（CMMB）接收终端技术指标主要包括：功能指标和性能指标，因此接收终端的检测分为功能测试和性能测试。依照 GY/T 220.7－2008《移动多媒体广播第 7 部分：接收解码终端技术要求》，广播电视规划院构建了移动多媒体广播电视（CMMB）系统接收终端检测环境。图 28 和图 29 分别给出了移动多媒体广播电视（CMMB）接收终端功能检测和性能检测环境的系统框图。

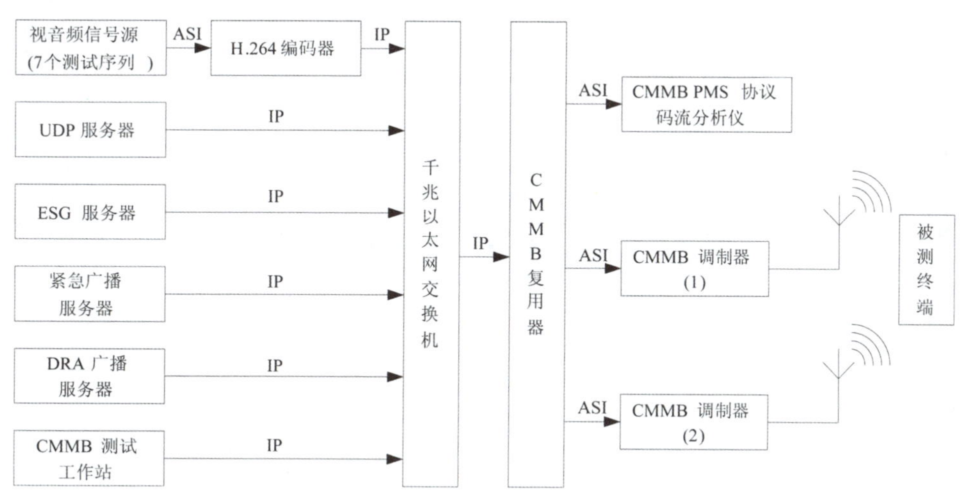

图 28　接收终端功能测试环境框图

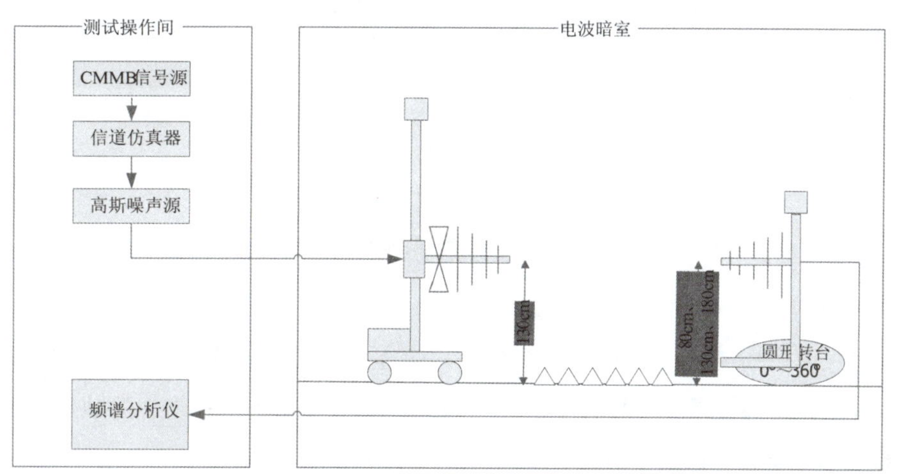

图 29　接收终端性能测试环境框图

3.2.4 复用器性能检测环境

移动多媒体广播电视（CMMB）复用器是移动多媒体广播电视（CMMB）系统的关键设备。移动多媒体广播电视（CMMB）复用器主要功能模块包括业务数据处理模块、控制信息表发生模块、复用模块、时钟模块、网管和本地监控模块。

为了便于开展移动多媒体广播电视（CMMB）系统复用器的相关检测工作，依照GY/T 220.8－2008《移动多媒体广播第8部分：复用器技术要求和测量方法》、GY/T 220.2－2006《移动多媒体广播第2部分：复用》以及GY/Z 234－2008《移动多媒体广播复用实施指南》标准的要求，广播电视规划院构建了移动多媒体广播电视(CMMB)复用器的测试环境，如图30所示。

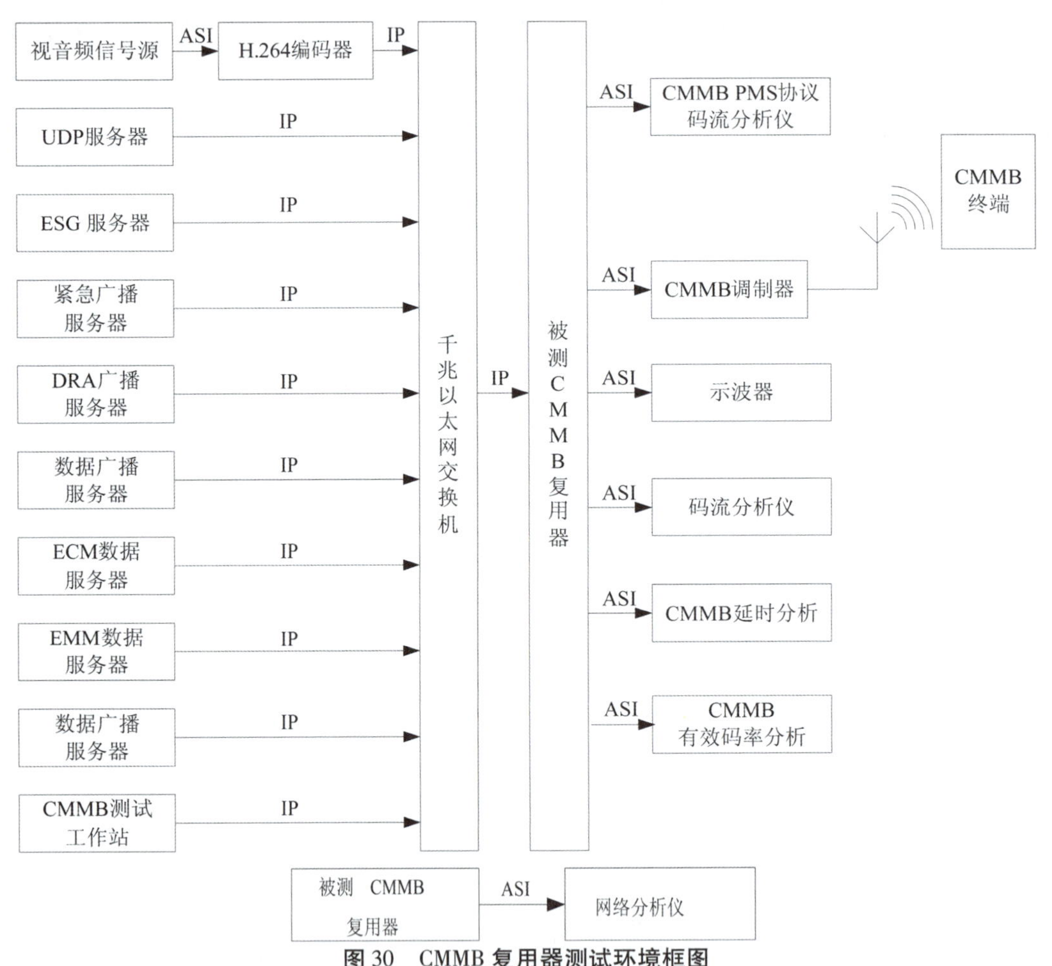

图30 CMMB复用器测试环境框图

3.2.5 电子节目指南检测环境

在移动多媒体广播电视（CMMB）系统中，电子节目指南（ESG）主要功能是为终端用户提供移动多媒体广播电视（CMMB）业务的相关信息，如业务名称、播放时间、内容梗概等，便于用户对业务的快速检索和访问。

考虑到实际检测工作的需要，依照GY/T 220.3－2007《移动多媒体广播第3部分电子业务指南》标准的要求，广播电视规划院构建了移动多媒体广播电视（CMMB）系统的电子节目指南系统的测试环境，如图 31 所示。

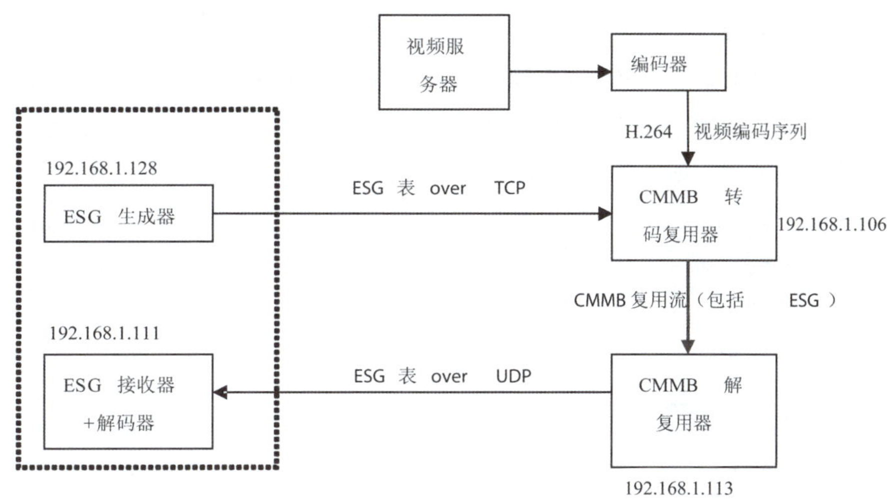

图 31　CMMB ESG 系统测试环境框图

3. 2. 6　数据广播检测环境

移动多媒体广播电视（CMMB）系统数据广播是利用移动多媒体广播电视（CMMB）覆盖网，采用数字技术传送数据业务。数据广播涉及多层协议，移动多媒体广播电视（CMMB）数据广播协议层次主要包括数据业务、流模式/文件模式、可扩展协议封装（XPE/XPE - FEC）、复用、广播信道等，为了便于对上述各层协议进行分析和测试，依照 GY/T 220. 5 - 2008《移动多媒体广播第 5 部分：数据广播》标准的要求，广播电视规划院构建了移动多媒体广播电视（CMMB）数据广播系统的测试环境，如图 32 所示。

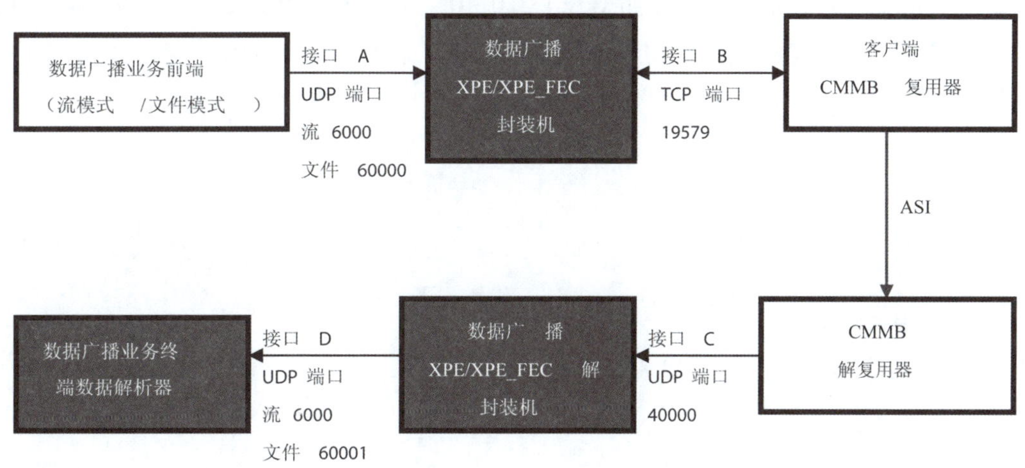

图 32　CMMB 数据广播系统测试环境框图

3. 2. 7　紧急广播检测环境

紧急广播是一种利用广播通信系统向公众通告紧急事件的方式。当发生自然灾害、事故灾难、公共卫生和社会安全等突发事件时，造成或者可能造成重大人员伤亡、财产损失、生态环境破坏和严重社会危害，危及公共安全时，紧急广播提供了一种迅速快捷的通告方式。

移动多媒体广播电视（CMMB）系统同样支持紧急广播功能。为了便于开展移动多媒体广播电视（CMMB）系统紧急广播功能的评估测试，依照 GY/T 220.4－2007《移动多媒体广播第 4 部分紧急广播》标准的要求，广播电视规划院搭建了移动多媒体广播电视（CMMB）紧急广播系统的测试环境，如图 33 所示。

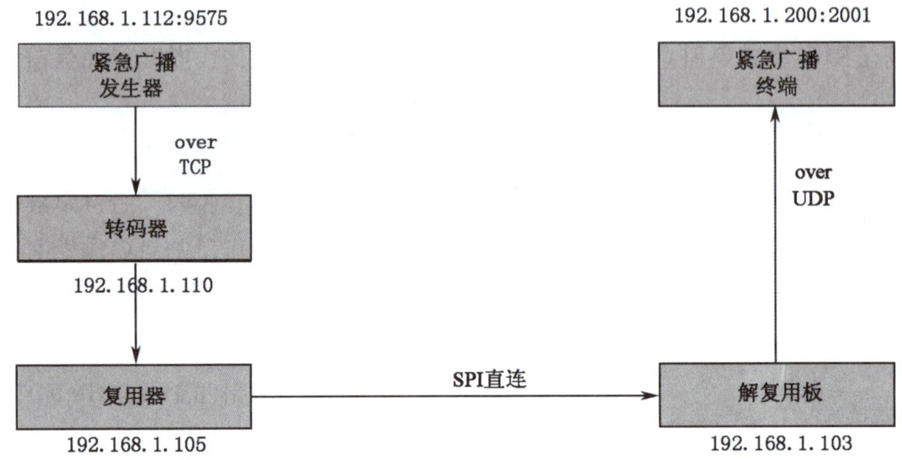

图 33 紧急广播系统的测试环境框图

3.2.8 安全广播系统检测环境

在移动多媒体广播（CMMB）系统中，安全广播技术是防止非法音视频节目播出采用的安全机制，该机制的核心部分是安全广播信息的生成、发送、接收和处理。

考虑到实际检测工作的需要，依照 GY/T 220.10－2008《移动多媒体广播第 10 部分：安全广播》的要求，广播电视规划院构建了移动多媒体广播电视（CMMB）系统的安全广播系统的测试环境，如图 34 所示。

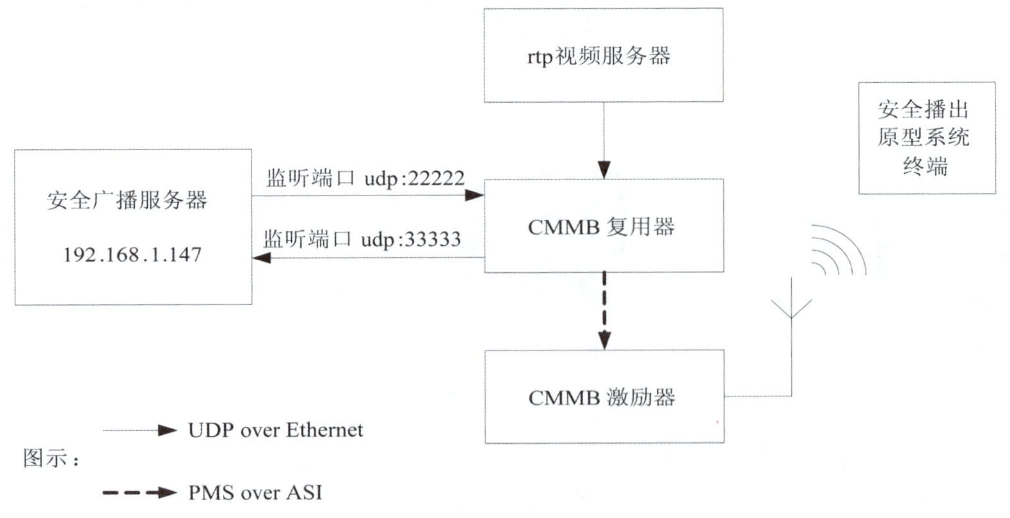

图 34 CMMB 安全广播系统测试环境框图

3.2.9 条件接收系统检测环境

在移动多媒体广播电视（CMMB）系统中，移动多媒体广播电视条件接收系统可为移动多媒体广播电视业务提供传输过程中的保护，即针对业务的广播链路或管道提供保护。移动多媒体广播电视运营商可针对业务或业务包向指定用户或用户组授权，使得只有授权用户或用户组才能接收相关业务。

考虑到实际检测工作的需要，依照《移动多媒体广播条件接收系统技术规范》、《移动多媒体广播条件接收系统电子钱包模块技术规范》和《移动多媒体广播条件接收系统终端卡通用接口规范》的要求，广播电视规划院构建了移动多媒体广播电视（CMMB）系统的条件接收系统的测试环境，如图 35 所示。

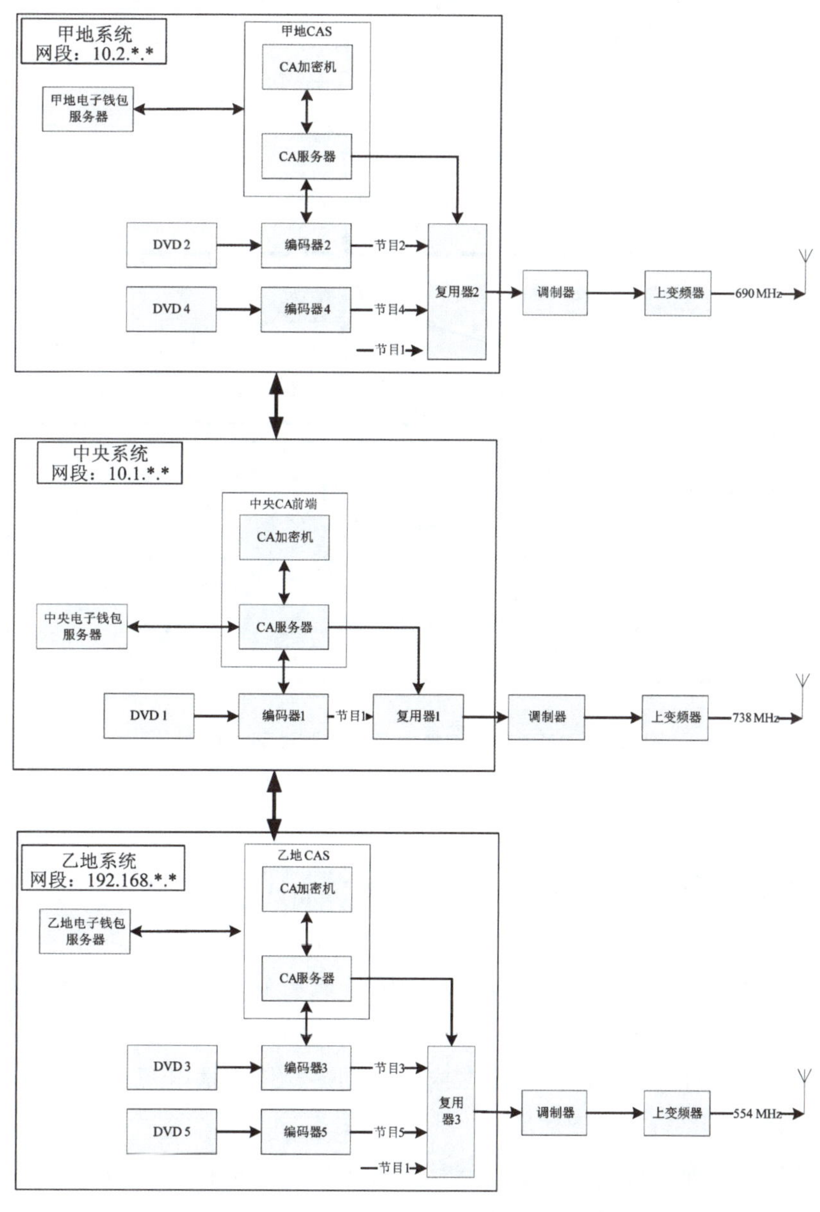

图 35　CMMB 条件接收系统测试环境框图

3.2.10 金融信息业务系统检测环境

在移动多媒体广播电视（CMMB）系统中，移动多媒体广播金融信息业务能为终端用户提供实时的金融信息服务，包括证券、期货、外汇等各类金融市场各交易品种的相关信息，如实时价格、历史数据、基本面资料、公告资讯、股评信息等。

考虑到实际检测工作的需要，依照《移动多媒体广播：金融信息业务（征求意见稿）》的要求，广播电视规划院构建了移动多媒体广播电视（CMMB）系统的金融信息业务系统的测试环境，如图36所示。

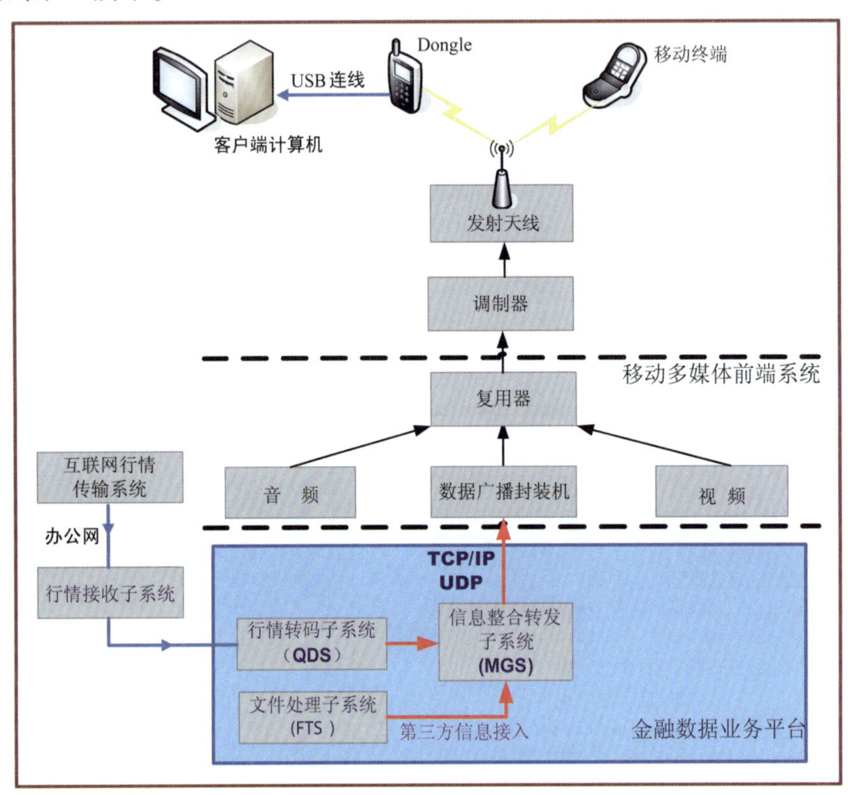

图36 CMMB金融信息业务系统测试环境框图

4. 移动多媒体广播系统性能测试方法

信道传输特性是移动多媒体广播电视（CMMB）最基本、最重要的系统性能。在移动多媒体广播电视（CMMB）系统及标准的研发，特别是移动多媒体广播电视（CMMB）覆盖网络的建设过程中，需要对包括发端和收端在内的移动多媒体广播电视（CMMB）系统的综合性能（信道传输特性）进行全面评估测试。

研究制定科学、合理的测试方法是开展移动多媒体广播电视（CMMB）系统性能测试工作的前提。根据测试环境的不同，移动多媒体广播电视（CMMB）系统性能测试方法主要包括：实验室性能测试方法和现场性能测试方法。

4.1 实验室性能测试方法

考虑到实验室测试环境能够模拟实现无线信道的各种干扰和噪声，因此，移动多媒体广播电视（CMMB）系统实验室性能测试涵盖范围全面，主要包括：高斯信道下载噪比门限测试、最小信号接收电平测试、抗多径信道干扰性能测试、射频保护率测试、抗脉冲干扰性能测试、抗相位噪声干扰性能测试以及系统恢复时间测试等。

4.1.1 高斯信道下载噪比门限

高斯信道下载噪比门限是指在高斯信道条件下，当被测接收机达到失败判据时，信号功率与噪声功率之比（单位：dB）。高斯信道下载噪比门限是移动多媒体广播电视（CMMB）系统最基本的性能指标之一，该指标直接影响到移动多媒体广播电视（CMMB）系统其他所有性能。

高斯信道下载噪比门限测试时，在保持接收信号电平①不变的前提下，通过增加噪声发生器噪声输出量，直至整个系统接收失败。

4.1.2 最小接收信号电平

最小接收信号电平是指在不外加高斯白噪声条件下，接收机达到失败判据时的接收信号电平（单位：dBm）。最小接收信号电平主要用于评估移动多媒体广播电视（CMMB）系统接收机灵敏度，该项指标也是移动多媒体广播电视（CMMB）系统频率规划的最基本参数之一。

最小信号电平测试时，通过不断增加输入信号衰减量使接收信号不断变小，直至整个系统接收失败。在最小信号电平的测试过程中，无需人为增加高斯白噪声。

4.1.3 抗多径信道干扰性能

多径衰落是地面无线传输环境最主要的特点，因此抗多径能力直接决定了移动多媒体广播电视（CMMB）系统的整体性能。根据不同的接收环境（城市、农村）和不同的接收方式（室内和室外，固定、移动和便携），多径传输信道一般可以分为：静态多径信道和动态多径信道两类。相对于静态多径信道而言，动态多径信道充分考虑了由于移动所引入的多普勒频移。

抗多径信道干扰性能主要的衡量指标是载噪比，即在多径信道条件下，当被测接收机达到失败判据时，信号功率与噪声功率之比（单位：dB）。

在抗多径信道干扰性能测试过程，首先根据选定的信道模型设置信道模拟器，然后增加噪声发生器的噪声输出量，直至整个系统接收失败。

4.1.4 射频保护率

由于无线频率的重复使用，在移动多媒体广播电视（CMMB）的规划和实施过程中不可避免地会形成同频、邻频信号或模拟电视信号之间的相互干扰。射频保护率就是用来衡量系统之间抗同频、邻频干扰能力的指标，也是移动多媒体广播电视（CMMB）规划的重要参数。

---

① 凡外加高斯白噪声进行测试的项目，规定接收机输入信号功率为中等电平（-53dBm）；凡不外加高斯白噪声进行测试的项目，规定接收机输入信号功率为低电平（-60dBm）。

考虑到模拟系统和数字系统的共存，射频保护率包括：数字干扰数字、数字干扰模拟和模拟干扰数字三种，并且射频保护率需在高斯信道、莱斯信道和瑞利信道三种信道环境下进行测量。

射频保护率是指在不外加高斯白噪声条件下，接收机达到失败判据时，欲收信号功率与干扰信号功率的比（单位：dB）。

在射频保护率的测试过程中，首先设定欲收有用信号电平，然后通过不断增加干扰信号输出电平，直至整个系统接收失败。

4.1.5 抗脉冲干扰性能

考虑到移动多媒体广播电视（CMMB）系统在开路接收过程中经常会受到各种情况的脉冲干扰，例如吹风机、搅拌机、汽车点火启动和打雷等，因此，要求移动多媒体广播电视（CMMB）系统具有较强的干脉冲干扰能力。

抗脉冲干扰性能主要的衡量指标是脉冲宽度，即当被测接收机达到失败判据时，脉冲干扰的宽度（单位：μs）。

在抗脉冲干扰性能测试过程中，首先设定接收信号电平，然后通过增加脉冲噪声宽度，直至系统接收失败。在抗脉冲干扰性能测试过程中，无需外加高斯噪声。

4.1.6 抗相位噪声干扰性能

在实际接收过程中，发射机或调制器本身的相位噪声将直接影响到系统的整体性能，因此抗相位噪声能力对于移动多媒体广播电视（CMMB）系统非常重要。

抗相位噪声干扰性能是在特定相位噪声条件下，当被测接收机达到失败判据时，信号功率与噪声功率之比（单位：dB）

在抗相位噪声干扰性能测试过程中，首先设置相位噪声，然后增加噪声发生器的噪声输出量，直至整个系统接收失败。

4.1.7 系统恢复时间

系统恢复时间用于评估被测移动多媒体广播电视（CMMB）系统在强干扰条件下恢复正常接收所需的时间长短（单位：s）。

在系统恢复时间的测试过程中，通过向被测发射系统输出的射频信号中混入足够宽度和强度的周期性脉冲噪声，记录系统恢复正常接收的时间。

4.2 现场性能测试方法

移动多媒体广播电视（CMMB）系统现场性能测试是在实际传输环境下，对系统整体性能指标的评估。系统现场性能测试能够更加客观、直接反映移动多媒体广播电视（CMMB）系统实际接收效果。根据移动多媒体广播电视（CMMB）系统接收方式的不同，系统现场性能测试主要包括：固定接收测试和室外移动接收测试。

4.2.1 固定接收测试

固定接收测试能够对移动多媒体广播电视（CMMB）系统的在实际接收环境中的性能进行全面、定量地评估和分析。现场固定接收测试指标主要包括：最小接收信号电平、接收信号裕量以及现场多径条件下载噪比门限等。

在移动多媒体广播电视（CMMB）系统现场固定接收测试时，一般发射系统采用水平极化波，室外固定接收天线采用10m高定向天线，并且天线指向接收场强（电平）最大方向；室内固定接收采用全向天线，天线放置在适当位置（接收信号电平最大位置）。

在移动多媒体广播电视（CMMB）系统固定接收测试过程中，整个链路损耗设置为0dB。固定接收测试可同时采用主观和客观失败判据，其中客观判据采用误码率，主观失败判据采用图像。

（1）最小接收信号电平

最小接收信号电平是在开路情况下，通过不断衰减接收信号电平，直至系统接收失败，测量此时的信号电平即为最小接收信号电平（单位：dBm）。

（2）接收信号裕量

接收信号裕量是接收信号允许的波动幅度，信号裕量越大，系统接收越可靠。接收信号裕量（单位：dB）＝接收信号电平（单位：dBm）－最小接收电平（单位：dBm）。

（3）载噪比门限

载噪比门限的测量在保证接收信号电平足够大的情况下（一般来说，此时链路中无需进行衰减），通过增加高斯噪声，直至系统接收失败，此时信号功率和噪声功率的比值即为载噪比门限（单位：dB）。

4.2.2 移动接收测试

移动接收或便携接收是移动多媒体广播电视（CMMB）系统的主要应用形式，因此需要对移动多媒体广播电视（CMMB）系统的移动接收性能进行测试评估。移动多媒体广播电视（CMMB）系统移动接收测试指标主要包括：每秒误码率、每秒信号电平、每秒载噪比、每秒地理位置以及每秒车速等。

在进行移动多媒体广播电视（CMMB）系统外场移动接收测试时，为了减小方向性对接收性能的影响，发射系统一般采用垂直极化波，接收天线采用全向天线，其中移动接收天线置于3m高车顶，便携接收天线高度为1.5m。整个接收端测试系统置于测试车中，接收天线置于测试车顶部。测试过程中，整个链路损耗设置为0dB。

为了便于开展测试和分析，移动多媒体广播电视（CMMB）系统移动接收测试过程一般采用移动多媒体广播电视（CMMB）综合测试仪，综合测试仪需要外接全球定位系统（GPS）和频谱分析仪。

在测试过程中，以时间刻度为基准，移动多媒体广播电视（CMMB）综合测试仪每秒分析获得一次误码率和信号载噪比（载噪比一般采用估算，仅作为参考使用），同时移动多媒体广播电视（CMMB）综合测试仪每秒从外接频谱仪读取一次信号电平值（当然也可以通过自身高频头获取信号电平值，考虑到测试的准确性，建议采用外接频谱仪方式），同时从GPS获取一次接收地点的地理位置。

在移动多媒体广播电视（CMMB）系统的移动接收测试过程中，一般需采用各种不同类型的手机终端与综合测试仪进行比对和校准。

5. 移动多媒体广播电视系统设备入网测试方法

移动多媒体广播电视（CMMB）网络建设涉及从发端到收端各个环节、各种不同类型的设备，主要包括：调制器、发射机、接收终端、复用器、电子节目指南、数据广播以及紧急广播等。移动多媒体广播电视（CMMB）系统设备的性能指标直接影响移动多媒体广播电视（CMMB）网络的覆盖效果和运营质量。为了进一步加快移动多媒体广播电视（CMMB）的推广应用，推动整个移动多媒体广播电视（CMMB）产业的快速发展，针对移动多媒体广播电视（CMMB）的系统设备，广播电视规划院不仅构建了相应的测试环境，而且研究制订了详细的移动多媒体广播电视（CMMB）系统设备测试方法，作为开展上述设备性能评估和入网检测的技术依据。

5.1 调制器测试方法

测试内容：

移动多媒体广播电视（CMMB）系统调制器的测试项目主要包括：带肩比、输出带宽、频谱模版、带内起伏（平坦度）、带外杂散、调制误差率（MER）以及端口反射损耗。

5.1.1 带肩比/输出带宽/频谱模板

测试框图：

图 37 输出频谱测试框图

测试步骤：

①按照图 37 连接测量仪器和被测设备；

②设置被测调制器在额定工作电平正常工作；

③设置频谱仪的中心频率为输出射频信号的中心频率，设置频谱仪带宽 10MHz，RBW = 3kHz，VBW = 100Hz，VID = 1dB/V，打开平均 50 次；

④按照 GY/T 220. 1 – 2006 中图 20 和表 9 的要求，在频谱分析仪上测量被测调制器输出频谱的带肩比；

⑤分别检查（中心频点 ±4. 2MHz 处）和（中心频点 ±4MHz 处）的带肩比，确定带肩比指标和输出带宽。

⑥将测量的频谱模板与 GY/T 220. 1 – 2006 中图 20 和表 9 进行比较。

5.1.2 带内平坦度

测试框图：

图 38 带内平坦度测试框图

测试方法：

①按照图 38 连接测量仪器和被测设备；

②设置被测调制器在额定工作电平正常工作；

③设置频谱仪的中心频率为输出射频信号的中心频率，设置频谱仪带宽 10MHz，RBW = 3kHz，VBW = 100Hz，VID = 1dB/V，打开平均 50 次；

④在 7.512MHz 广播信道信号带宽内，分别找到载波信号电平的最大值和最小值，计算其差值就是带内平坦度。

5.1.3 带外杂散

测试框图：

图 39 带外杂散测试框图

测试方法：

①按照图 39 连接测量仪器和被测设备；

②设置被测调制器在额定工作电平正常工作；

③使用频谱分析仪的带内功率测试选项测量被测调制器的输出信号功率；

④在有效的广播频段内，测量工作频带之外的杂散信号电平，并记录最大的杂散信号电平，计算输出信号功率与最大的杂散信号电平的差值，即为带外杂散。

5.1.4 调制误差率（MER）

测试框图：

图 40 MER 测试框图

测试方法：

①按照图 40 连接测量仪器和被测设备；

②设置被测调制器在额定工作电平正常工作；

③将被测调制器的输出信号连接到调制误差率测试设备；

④测量并记录被测调制器输出信号的星座图、MER。

5.1.5 端口反射损耗

测试框图：

图 41 端口反射损耗测试框图

测试方法：

①按照图 41 连接测量仪器和被测设备；

②设置被测调制器在额定工作电平正常工作；

③对网络分析仪进行自校准；

④将被测调制器的输出端口连接到网络分析仪；

⑤测量并记录被测调制器在工作频段内的反射损耗曲线，找到反射损耗的最差值，即为端口反射损耗。

5.2 发射机测试方法

测试内容：

移动多媒体广播电视（CMMB）系统发射机的测试项目主要包括：工作模式、本振性能、频谱特性、调制误差率、输出功率、带外杂散、单频网延时调整范围测量。

5.2.1 工作模式测量

测量框图：

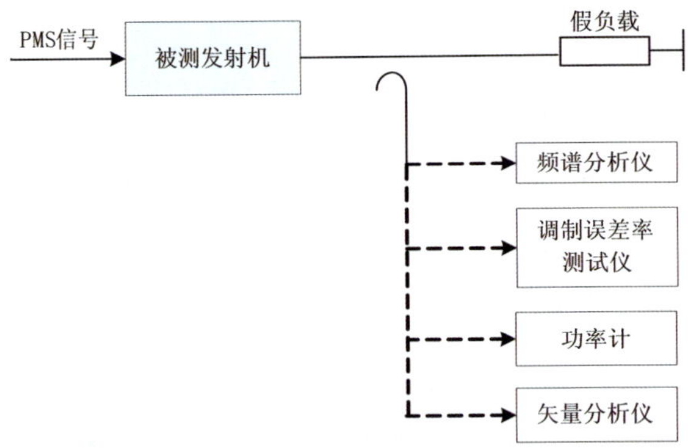

图 42 工作模式测量框图

测量步骤：

①按图 42 所示连接测量设备；

②设置被测发射机工作于 GY/T 220.1－2006 规定的工作模式之一；

③PMS 输入信号或测试图像信号；

④设置测量接收机的工作频率和模式与被测发射机一致；

⑤要求在所有的工作模式下，误码分析仪的误码率在 1 分钟内读数为 0；

⑥采用测试图像序列，监视器显示图像无损伤；

⑦改变被测发射机工作模式，重复步骤③~④，直至遍历 GY/T 220.1－2006 规定的所有工作模式。

5.2.2 本振性能测量

●频率调节步长

测量框图：

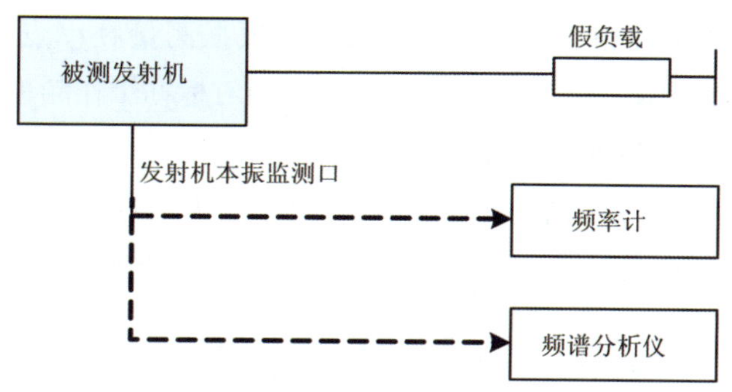

图 43 本振性能测量框图

测量步骤：

①按图 43 连接测量设备；

②将被测发射机的本振监测口连接到频率计或频谱分析仪；

③测量并记录本振信号的频率；

④按照最小调节步长调节一次本振信号频率；

⑤测量并记录本振信号的频率；

⑥两次测量的本振信号频率之差即为频率调节步长。

●本振频率的准确度

测量框图：

见图 43。

测量步骤：

①按图 43 连接测量设备；

②将发射机的本振监测口连接到频率计或者频谱分析仪；

③测量并记录本振信号的频率；

④标称频率与测量频率之差的绝对值即为本振频率的准确度。

●本振相位噪声

测量框图：

见图 43。

测量步骤：

测量方法一（频谱分析仪带相位噪声测量功能）：

①按图 43 连接测量设备；

②设置被测发射机工作于 GY/T 220.1－2006 规定的任一工作模式；

③选择相位噪声测量功能，设置频谱分析仪中心频率为标称工作频率，测量带宽设置为2MHz，即可测得本振相位噪声结果。

测量方法二（频谱分析仪无相位噪声测量功能）：

①按图43 连接测量设备；

②设置被测发射机工作于 GY/T 220.1－2006 规定的任一工作模式；

③设置频谱分析仪中心频率为标称工作频率，根据测量频率点位置不同，适当设置RBW，分别测量 1kHz、10kHz 和 100kHz 频率处幅度相对标称工作频率处幅度的差值，记为Ap，并根据式（1）换算得到各频率点相位噪声。

$$N_p = A_p - 10\log(1.2RBW/1Hz) + 2.5 \quad \cdots\cdots (1)$$

5.2.3　频谱特性测量

●频谱模板

测量框图：

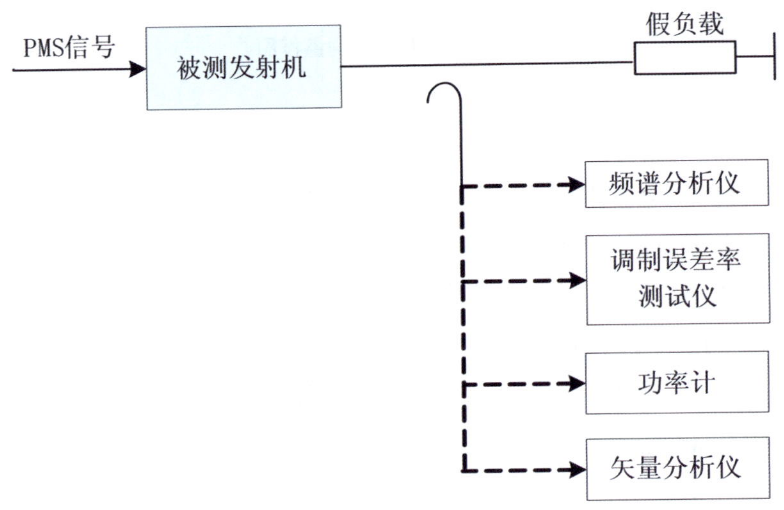

图 44　频谱特性测量框图

测量步骤：

①按图 44 连接测量设备，用频谱分析仪进行测量；

②设置被测发射机工作于 GY/T 220.1－2006 规定的任一工作模式；

③PMS 输入信号不大于工作模式载荷速率的测试码流；

④设置频谱分析仪中心频率为发射机工作频率，RBW 设置为 4kHz；

⑤测量并记录输出信号的频谱，判断是否满足 GD/J020－2008 中频谱模板的要求。

●射频有效带宽

测量框图：

见图 44。

测量步骤：

①如图 44 所示连接测量系统；

②设置发射机工作于 GY/T 220.1－2006 规定的任一工作模式；

③PMS 输入信号不大于工作模式载荷速率的测量码流；

④设置频谱分析仪中心频率为发射机工作频率，RBW 设置为 1kHz，VBW 设置为 1kHz；

⑤分别读取最高端、最低端子载波频率，射频有效带宽为两者之差。

●带内频谱不平坦度

测量框图：

见图 44。

测量步骤：

①按图 44 连接测量设备，用频谱分析仪进行测量；

②设置被测发射机工作于 GY/T 220.1－2006 规定的任一工作模式；

③PMS 输入信号不大于工作模式载荷速率的测量码流；

④测量带内最大和最小幅度值分别记为 AMAX 和 AMIN，分别计算 AMIN 与 AC 的差和 AMAX 与 AC 的差，即为带内不平坦度。

●带肩

测量框图：

见图 44。

测量步骤：

①按图 44 连接测量设备，用频谱分析仪进行测量；

②应在发射机输出滤波器之前进行取样；

③设置被测发射机工作于 GY/T 220.1－2006 规定的任一工作模式；

④PMS 输入信号不大于工作模式载荷速率的测试码流；

⑤设置频谱分析仪中心频率为输出射频信号的中心频率，RBW 设置为 3kHz，VBW 设置为 3kHz，测量信号中心频率信号幅度测量信号中心频率 f_C处信号幅度；

⑥分别测量 $f_C \pm 4.2$MHz 处信号幅度，f_C处信号幅度与 $f_C \pm 4.2$MHz 处信号幅度的差值即为信号带肩。

5.2.4 调制误差率（MER）测量

测量框图：

见图 44。

测量步骤：

①按图 44 连接测量设备，用调制误差率测试仪进行测量；

②设置被测发射机工作于 GY/T 220.1－2006 规定的任一工作模式；

③PMS 输入信号不大于工作模式载荷速率的测试码流；

④测量并记录输出信号的星座图和 MER。

5.2.5 输出功率测量

测量框图：

见图 44。

测量步骤：

①按图 44 连接测量设备，用功率计进行测量；

②将发射机的输出耦合信号连接功率计，设置功率计的工作频率为测量信号的中心频率，设置带宽为 8MHz，耦合器的耦合量应预先测知；

③设置被测发射机工作于 GY/T 220.1 –2006 规定的任一工作模式；

④PMS 输入信号不大于工作模式载荷速率的测试码流；

⑤等待发射机稳定工作 10 分钟后记录读数，根据耦合量计算信号的输出功率。

5.2.6 峰值平均功率比

测量框图：

见图 44。

测量步骤：

①按图 44 所示连接测量设备，用矢量分析仪进行测量；

②设置发射机工作于 GY/T 220.1 –2006 规定的任一工作模式；

③PMS 输入信号不大于工作模式载荷速率的测试码流；

④设置矢量分析仪中心频率为发射机工作频率，分析带宽为 8MHz；

⑤选择矢量分析仪的 CCDF 测量功能，统计样本设置为 100000，在显示的 CCDF 曲线稳定后，保存并打印 CCDF 曲线，读取峰值平均功率比。

5.2.7 带外杂散测量

●邻频道内杂散

测量框图：

见图 44。

测量步骤：

①按图 44 连接测量设备，用频谱分析仪进行测量；

②设置发射机工作于 GY/T 220.1 –2006 规定的任一工作模式；

③PMS 输入信号不大于工作模式载荷速率的测试码流；

④将频谱分析仪中心频率设置为发射机工作频率，测量带宽为 8MHz，测量带内发射功率；

⑤设置频谱分析仪中心频率为发射机工作频率的上、下邻频道中心，测量带宽为 8MHz，分别测量上、下邻频道功率，邻频道内杂散为上、下邻频道功率两者较大值与带内发射功率的差，或根据式（2）计算出邻频道内杂散（以 dB 表示）。

$$P_i = 10\lg(P_b/P_n) \qquad (2)$$

式中：

P_i—邻频道内的发射功率；

P_b—上、下邻频道内功率的较大值；

P_n—带内发射功率。

●邻频道外杂散

测量框图：

见图 44。

测量步骤：

①按图 44 连接测量设备；

②设置发射机工作于 GY/T 220.1－2006 规定的任一工作模式；

③PMS 输入信号不大于工作模式载荷速率的测试码流；

④设置频谱分析仪中心频率为发射机工作频率，测量带宽为 8MHz，测量带内发射功率；

⑤频谱分析仪中心频率分别设置为二、三次谐波频道和镜像频道中心频率，测量带宽为 8MHz，分别测量二、三次谐波频道和镜像频道的发射功率，邻频道带外无用发射功率为二、三次谐波频道和镜像频道的发射功率三者最大值与带内发射功率的差，或按式（2）计算出邻频道外的无用发射功率（以 dB 表示），式中 Pb 为邻频道外功率的最大值。

5.2.8 单频网延时调整范围测量

测量框图：

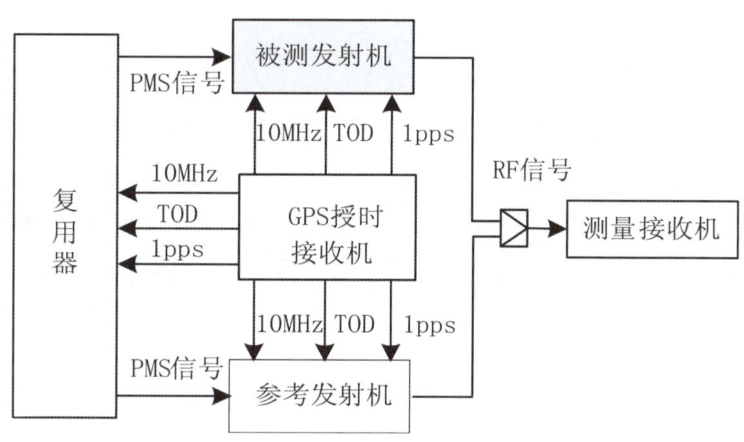

图 45 单频网延时调整范围测量框图

测量步骤：

①如图 45 所示连接测量设备；

②PMS 输入信号不大于工作模式载荷速率的测试码流；

③检查被测发射机是否能够自动正确设置工作模式；

④改变被测发射机延时设置，在保证接收机正常工作情况下，测试并记录单频网延时调整范围。

5.3 接收终端测试方法

考虑到功能和性能是衡量移动多媒体广播电视（CMMB）系统接收终端两个重要技术指标，因此，移动多媒体广播电视（CMMB）接收终端测试分为：功能测试和性能测试。

5.3.1 功能测试

测试内容：

移动多媒体广播电视（CMMB）系统接收终端功能测试采用视频服务器作为信号源播放的电视节目，经编码器编码为 H.264 序列后传送给 CMMB 复用器，DRA 广播服务器、UDP

服务器将DRA广播信号和视音频信号源传送给CMMB复用器，ESG生成器、紧急广播生成器将ESG数据表、紧急广播数据表通过网络发送给CMMB复用器，复用器将复用后的码流传送给CMMB调制器，被测CMMB终端接受调制信号进行检测。

移动多媒体广播电视（CMMB）接收终端功能测试主要包括以下内容：

①软件功能部分：业务支持、功能要求、用户界面要求、外接模块要求；

②信源编码部分：视频解码功能、音频解码功能；

③信道调制参数；

④一般性能部分：连续播放时间、切换时间。

●用户界面

测试框图：

见图28。

测试步骤：

①使用终端进行频点搜索；

②检查终端业务导航界面是否符合GY/T 220.7－2008中8.1的规定，并检查通过该界面是否可正确导航到相应的业务；

③接收电视、声音广播业务，检查信息显示是否符合GY/T 220.7－2008中8.2的规定；

④在业务接收过程中，改变终端输入电平，检查终端状态显示是否符合GY/T 220.7－2008中8.4的规定。

●频点搜索

测试框图：

见图28。

测试步骤：

①使用终端进行频点自动搜索，记录是否正确搜索并显示网络和业务；

②使用终端进行频点手动搜索，记录是否正确搜索并显示网络和业务；

③对于UHF波段测量，修改频率，重复步骤①~②。

●信道解调解码

测试框图：

见图28。

测试步骤：

①使用终端进行频点搜索，接收测试序列承载业务，判断终端工作是否正常；

②改变工作模式，重复步骤①，直至遍历GY/T 220.1－2006规定的所有工作模式。

●视音频解码

测试框图：

见图28。

测试步骤：

①使用终端进行频点搜索，接收电视广播、声音广播业务，使用主观判据判断终端工作

是否正常；

②改变电视广播、声音广播业务中视音频编码参数，重新步骤①，直至遍历 GY/T 220.7－2008 中 6.5 规定的所有视音频参数。

●业务支持

测试框图：

见图 28。

测试步骤：

①使用终端进行频点搜索；

②接收电视、声音广播业务，观察在业务观看、收听时电子业务指南功能是否符合 GY/T 220.7－2008 中 6.6 的规定；

③接收紧急广播业务，观察业务接收是否符合 GY/T 220.7－2008 中 6.7 的规定；

④接收数据广播业务，观察业务接收是否符合 GY/T 220.7－2008 中 6.8 的规定；

⑤接收加密电视、加密声音广播业务，观察业务接收是否符合 GY/T 220.7－2008 中 6.9 的规定。

●业务切换

测试框图：

见图 28。

测试步骤：

①通过业务导航界面在分属于 A、B 两路信号的电视广播业务之间进行切换，记录切换时间，重复测试多次，取平均值；

②通过业务导航界面在分属于 A、B 两路信号的加密电视广播业务之间进行切换，记录切换时间，重复测试多次，取平均值；

③观察业务切换方式是否符合 GY/T 220.7－2008 中 6.10 的规定；

④在业务切换间隙，观察终端显示是否符合 GY/T 220.7－2008 中 6.11.3 的规定；

⑤应用启动与警示/显示功能/菜单和帮助；

⑥检查应用启动与警示是否符合 GY/T 220.7－2008 中 6.1 的规定；

⑦使用终端进行频点搜索，接收电视广播业务，检查视频显示功能是否符合 GY/T 220.7－2008 中 6.11.1 的规定；

⑧检查文字、CMMB 标识及显示、信号强度显示、版本显示等显示功能是否符合 GY/T 220.7－2008 中 6.11.2、6.11.4、6.11.5 和 6.11.6 的规定；

⑨检查菜单和帮助是否符合 GY/T 220.7－2008 中 6.13 的规定。

●音量调节

测试框图：

见图 28。

测试步骤：

①使用终端进行频点搜索，接收电视广播、声音广播业务，确认终端正常工作；

②进行音量调节和静音/恢复声音操作，检查音量调节功能是否符合 GY/T 220.7－2008 中6.12 的规定。

●启动时间和连续播放时间

测试框图：

见图 28。

测试步骤：

①启动终端多媒体广播功能，记录终端从启动移动多媒体广播功能至显示业务界面的时间，重复多次，取平均值作为启动移动多媒体广播功能所需时间；

②使用终端进行频点搜索；

③使用已完全充电的独立电池对终端供电，接收加密电视广播业务，记录终端连续接收、解扰并播放的时间，直至电池电量耗尽；

④更换电池，使用已完全充电的独立电池对终端供电，接收加密声音广播业务，记录终端连续接收、解扰并播放的时间，直至电池电量耗尽。

5.3.2 性能测试

测试内容：

移动多媒体广播电视（CMMB）系统接收终端性能测试主要包括：最低接收场强、载噪比门限、静态多径信道下载噪比门限、静态等强两径信道下载噪比门限、动态多径心到下载噪比门限、抗同/邻频 CMMB 数字干扰、抗同/邻频地面数字电视干扰以及抗同/邻频模拟干扰等。

测试说明：

在移动多媒体广播电视（CMMB）系统接收终端性能测试过程中，应该充分考虑接收终端的实际应用方式，为此需要在实验室建立一个开路测试环境，如图 46 所示。在测试之前，需对实验环境进行校准，并得实验室场地实际的场强校准曲线，以便推算最低接收场强值。

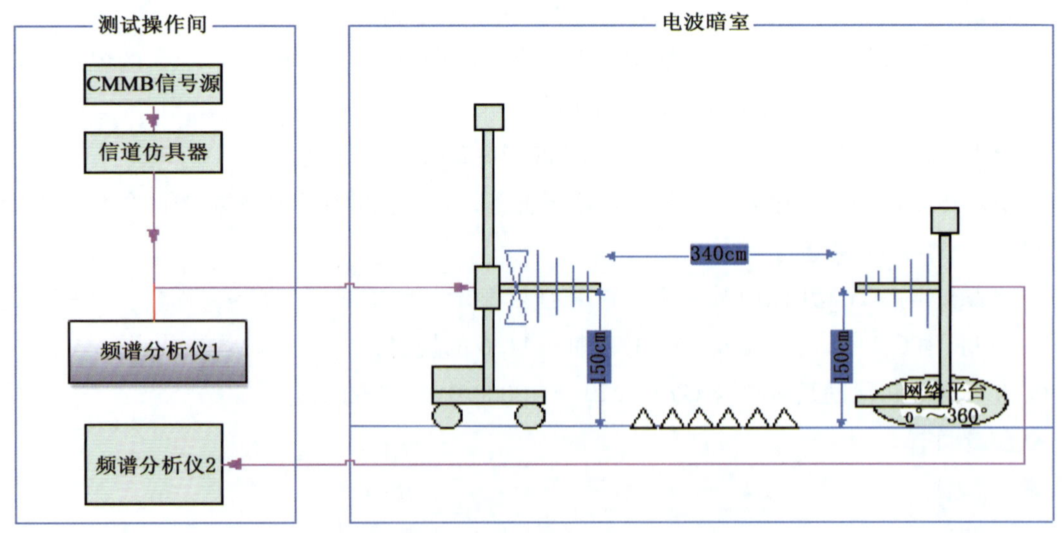

图 46　场强校准测试环境框图

校准步骤：

①首先调整发射天线和标准接收天线高度为 1.5m，顶端相距 3.4m，且均为垂直极化；

②按照图 46 连接各仪器、设备，检查线缆无误后，关闭暗室滑动门；

③开启 CMMB 信号源，以 1dB 为步进调整其功率；

④同时观察并记录两个频谱分析仪的读值，建立起发端频谱分析仪 1 功率值（记为 T，单位为 dBm）与频谱分析仪 2 功率值（记为 R，单位为 dBm）的关联；

⑤在欲测试频道，分别校准由频谱分析仪 2 到标准接收天线的电缆衰减 A；

⑥查得标准接收天线在该测试频点的天线系数 K；

⑦则标准天线处的场强应为 E（dBμV/m）＝R＋107＋A＋K；

⑧以 T 为横轴，E 为纵轴，画出发端功率对应收端场强的曲线，如图 47 所示。

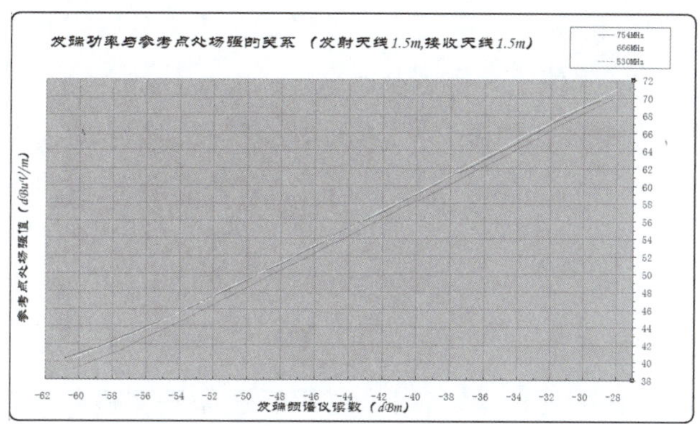

图 47　发端功率与参考点处场强关系

●最低接收场强

测试框图：

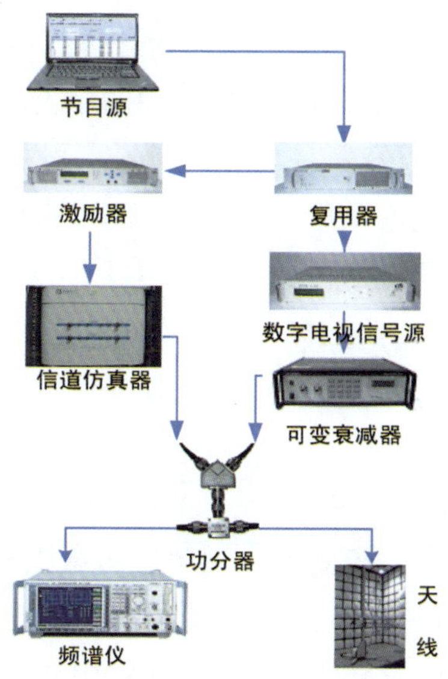

图 48　最低接收场强测试框图

测试步骤：

①如图48所示连接测量系统；

②CMMB节目源发送测试图像，经复用器复用后送激励器进行调制，承载的业务物理、逻辑信道配置为符合GY/T 220.1-2006、GY/T 220.2-2006规定的相关工作模式；

③设置信道仿真器为1-tap信道，即不对输入CMMB信号进行加扰和信道模拟，使用终端进行频点搜索并接收承载测试序列的业务，确认终端正常工作；

④以适当步进调整信道仿真器的输出RF信号电平，直至终端达到失败判据；

⑤使用频谱分析仪测量并记录RF中心频率±4MHz频带内的接收信号电平，记为C（dBm），根据电波暗室场强校准曲线换算得到最低接收场强E（dBμV/m）；

⑥改变CMMB信号源射频输出频率，重复步骤②~⑤，分别得到中心频率为530、666、754MHz时终端的最低接收场强值，并作记录。

●高斯白噪声信道下的载噪比门限

测试框图：

见图48。

测试步骤：

①如图48所示连接测量系统；

②CMMB节目源发送测试图像，经复用器复用后送激励器进行调制，承载的业务物理、逻辑信道配置为符合GY/T 220.1-2006、GY/T 220.2-2006规定的相关工作模式；

③设置信道仿真器为1-tap信道，并对输入CMMB信号在其8MHz带宽内加入加性高斯白噪声（AWGN），使用终端进行频点搜索并接收承载测试序列的业务，确认终端正常工作；

④以适当步进调整AWGN电平，直至终端达到失败判据，并记录此时信道仿真器的信号输出电平设置值和AWGN输出电平设置值；

⑤按步骤④中所记录的设置值分别打开、关闭信道仿真器的信号输出或AWGN输出，使用频谱分析仪测量并记录RF中心频率±4MHz频带内的接收信号功率或AWGN功率，记为C或N（dBm）；

⑥则在AWGN信道下，被测终端的载噪比门限值为C-N，并作记录。

●静态多径信道下的载噪比门限

测试框图：

见图48。

测试步骤：

①如图48所示连接测量系统；

②CMMB节目源发送测试图像，经复用器复用后送激励器进行调制，承载的业务物理、逻辑信道配置为符合GY/T 220.1-2006、GY/T 220.2-2006规定的相关工作模式；

③设置信道仿真器为静态多径信道，并对输入CMMB信号在其8MHz带宽内加入加性高斯白噪声（AWGN），使用终端进行频点搜索并接收承载测试序列的业务，确认终端正常

工作；

④以适当步进调整 AWGN 电平，直至终端达到失败判据，并记录此时信道仿真器的信号输出电平设置值及 AWGN 输出电平设置值；

⑤按步骤④中所记录的设置值分别打开、关闭信道仿真器的信号输出或 AWGN 输出，使用频谱分析仪测量并记录 RF 中心频率 ±4MHz 频带内的接收信号功率或 AWGN 功率，记为 C 或 N（dBm）；

⑥则在瑞利信道下，被测终端的载噪比门限值为 C－N，并作记录。

●静态等强两径信道下的载噪比门限

测试框图：

见图 48。

测试步骤：

①如图 48 所示连接测量系统；

②CMMB 节目源发送测试图像，经复用器复用后送激励器进行调制，承载的业务物理、逻辑信道配置为符合 GY/T 220.1－2006、GY/T 220.2－2006 规定的相关工作模式；

③设置信道仿真器为静态等强两径信道，并对输入 CMMB 信号在其 8MHz 带宽内加入加性高斯白噪声（AWGN），使用终端进行频点搜索并接收承载测试序列的业务，确认终端正常工作；

④以适当步进调整 AWGN 电平，直至终端达到失败判据，并记录此时信道仿真器的信号输出电平设置值及 AWGN 输出电平设置值；

⑤按步骤④中所记录的设置值分别打开、关闭信道仿真器的信号输出或 AWGN 输出，使用频谱分析仪测量并记录 RF 中心频率 ±4MHz 频带内的接收信号功率或 AWGN 功率，记为 C 或 N（dBm）；

⑥则在静态等强两径信道下，被测终端的载噪比门限值为 C－N，并作记录。

●动态多径信道下的载噪比门限

测试框图：

见图 48。

测试步骤：

①如图 48 所示连接测量系统；

②CMMB 节目源发送测试图像，经复用器复用后送激励器进行调制，承载的业务物理、逻辑信道配置为符合 GY/T 220.1－2006、GY/T 220.2－2006 规定的相关工作模式；

③设置信道仿真器为动态多径信道，并对输入 CMMB 信号在其 8MHz 带宽内加入加性高斯白噪声（AWGN），使用终端进行频点搜索并接收承载测试序列的业务，确认终端正常工作；

④以适当步进调整 AWGN 电平，直至终端达到失败判据，并记录此时信道仿真器的信号输出电平设置值及 AWGN 输出电平设置值；

⑤按步骤④中所记录的设置值分别打开、关闭信道仿真器的信号输出或 AWGN 输出，使

用频谱分析仪测量并记录 RF 中心频率 ±4MHz 频带内的接收信号功率或 AWGN 功率，记为 C 或 N（dBm）；

⑥则在动态多径信道下，被测终端的载噪比门限值为 C－N，并作记录。

●抗同/邻频 CMMB 数字干扰

测试框图：

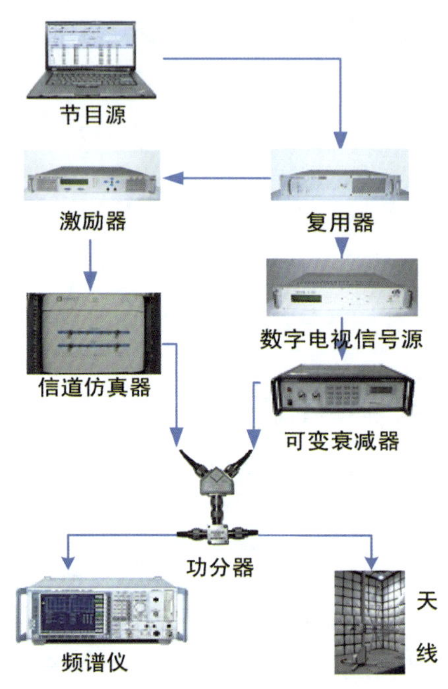

图 49　抗同/邻频 CMMB 数字干扰测试框图

测试步骤：

①如图 49 所示连接测量系统；

②CMMB 节目源发送测试图像，经复用器复用后送激励器进行调制，承载的业务物理、逻辑信道配置为符合 GY/T 220.1－2006、GY/T 220.2－2006 规定的相关工作模式；

③设置信道仿真器输出的 CMMB 信号作为主信号，另一个 CMMB 信号源通过合路器输入一个 CMMB 信号作为干扰，使用终端进行频点搜索并接收承载测试序列的业务，确认终端正常工作；

④以适当步进调整干扰源的电平，直至终端达到失败判据，并记录此时信道仿真器的信号输出电平设置值及干扰源的输出电平设置值；

⑤按步骤④中所记录的设置值分别打开、关闭信道仿真器的信号输出或干扰源输出，使用频谱分析仪测量并记录对应的 RF 中心频率 ±4MHz 频带内的接收信号功率或干扰功率，记为 C 或 I（dBm），则载干比门限为 C－I（dB）；

⑥视信道仿真器输出为主频道，以 8MHz 为一个频道计算，调整干扰源的中心频率为主频道的上、下邻频及同频，重复③～⑤的步骤，分别计算其载干比门限，并做记录。

●抗同/邻频地面数字电视干扰

测试框图：

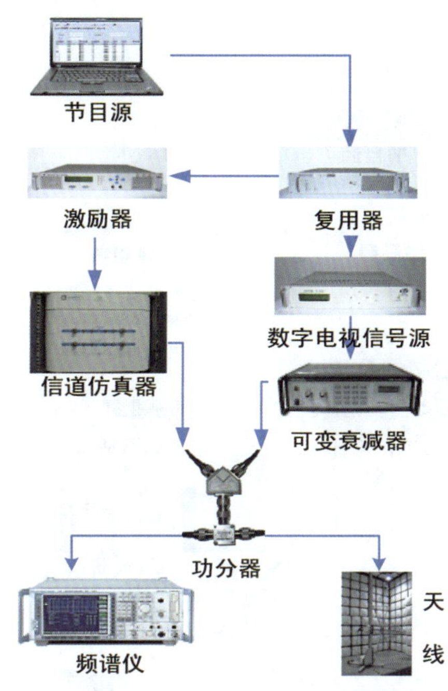

图 50　抗同/邻频地面数字电视干扰测试框图

测试步骤：

①如图 50 所示连接测量系统；

②CMMB 节目源发送测试图像，经复用器复用后送激励器进行调制，承载的业务物理、逻辑信道配置为符合 GY/T 220.1－2006、GY/T 220.2－2006 规定的相关工作模式；

③设置信道仿真器输出的 CMMB 信号作为主信号，一个地面数字电视信号源通过合路器输入一个地面数字电视信号作为干扰，使用终端进行频点搜索并接收承载测试序列的业务，确认终端正常工作；

④以适当步进调整干扰源的电平，直至终端达到失败判据，并记录此时信道仿真器的信号输出电平设置值及干扰源的输出电平设置值；

⑤按步骤④中所记录的设置值分别打开、关闭信道仿真器的信号输出或干扰源输出，使用频谱分析仪测量并记录对应的 RF 中心频率 ±4MHz 频带内的接收信号功率或干扰功率，记为 C 或 I（dBm），则载干比门限为 C－I（dB）；

⑥视信道仿真器输出为主频道，以 8MHz 为一个频道计算，调整干扰源的中心频率为主频道的上、下邻频及同频，重复③～⑤的步骤，分别计算其载干比门限，并做记录。

●抗同/邻频模拟干扰

测试框图：

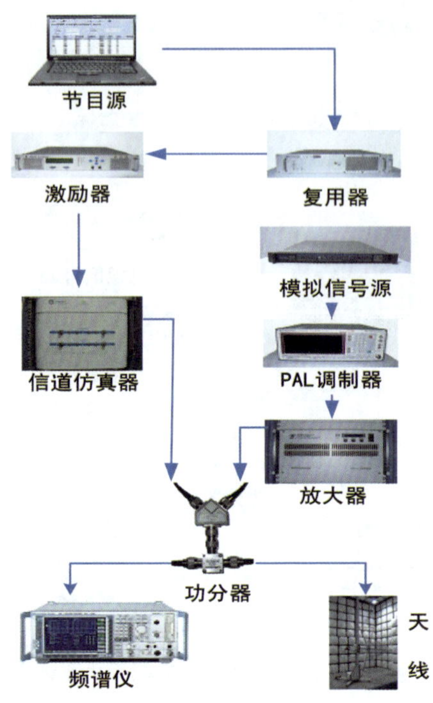

图 51　抗同/邻频模拟干扰测试框图

测试步骤：

①如图 51 所示连接测量系统；

②CMMB 节目源发送测试图像，经复用器复用后送激励器进行调制，承载的业务物理、逻辑信道配置为符合 GY/T 220.1－2006、GY/T 220.2－2006 规定的相关工作模式；

③设置信道仿真器输出的 CMMB 信号作为主信号，一个模拟电视信号源通过 PAL 调制器和放大器、合路器输入一个模拟电视信号作为干扰，使用终端进行频点搜索并接收承载测试序列的业务，确认终端正常工作；

④以适当步进调整干扰源的电平，直至终端达到失败判据，并记录此时信道仿真器的信号输出电平设置值及干扰源的输出电平设置值；

⑤按步骤④中所记录的设置值分别打开、关闭信道仿真器的信号输出或干扰源输出，使用频谱分析仪测量并记录对应的 RF 中心频率 ±4MHz 频带内的接收信号功率或干扰功率，记为 C 或 I（dBm），则载干比门限为 C－I（dB）；

⑥视信道仿真器输出为主频道，以 8MHz 为一个频道计算，调整干扰源的中心频率为主频道的上、下邻频及同频，重复③～⑤的步骤，分别计算其载干比门限，并做记录。

5.4　复用器性能测试方法

测试内容：

移动多媒体广播电视（CMMB）复用器性能检测中使用视频服务器作为信号源，播放的节目经编码器编码为H.264序列后传送给CMMB转码复用器，将ESG数据、紧急广播、数据广播、加密授权数据经过生成器通过网络发送给CMMB复用器，复用器将复用后的码流传送给CMMB PMS码流分析仪、示波器、CMMB调制器、码流分析仪进行测试，业务延时、视音频延时差和有效码率测试则通过CMMB测试工作站和码流分析仪将复用后的码流录制下来，用专用的CMMB延时分析软件和CMMB有效码率分析软件进行测试；反射损耗则用CMMB复用器直接连通网络分析仪进行测量。

移动多媒体广播电视（CMMB）复用器性能测试项目主要包括：

①接口要求：ASI输出接口特性、接口符合性；

②标准符合性要求；

③功能要求：数据复用功能、参数配置功能、配置持续性和导入导出；

④性能指标：故障通道隔离、控制信息表发送间隔、延时。

●ASI输出接口特性

测试框图：

见图30。

测试步骤：

①用示波器读取信号幅度、接口输出上升/下降时间；

②用具备抖动分析功能的示波器或串行信号分析仪测量确定性抖动和随机抖动；

③用网络分析仪测量反射损耗；

④配置复用器，将各业务逻辑信道参数设置为16QAM调制方式、RS（240，240）编码、LDPC 3/4编码速率，使复用器输出有效码率最大；

⑤每秒统计一次ASI接口输出数据，计算有效数据码率，检查输出有效码率是否符合要求，测试持续5分钟；

⑥每100ms统计一次ASI接口输出数据，计算有效数据码率，检查输出有效码率动态变化范围是否符合要求，测试持续5分钟。

●接口符合性

测试框图：

见图30。

测试步骤：

①编码器产生含视音频业务数据的测量码流输入复用器；

②用码流分析仪对复用器输出的PMS码流逐位分析，检查PMS包的内容和格式是否符合GY/Z 234－2008第7章7.2条的规定。

●标准符合性

测试框图：

见图30。

测试步骤：

①用码流分析仪对复用器输出的PMS码流按遵循标准逐位分析，检查PMS码流中视音频数据封装是否符合标准的要求；

②改变视音频编码标准，重复上述步骤，直到遍历标准中规定支持的所有视音频编码标准。

●数据复用功能

测试框图：

见图30。

测试步骤：

①ESG发生器产生含ESG基本描述表、ESG数据信息和节目提示信息的测量码流输入复用器；

②用码流分析仪对复用器输出的PMS码流按遵循标准逐位分析，检查PMS码流中ESG数据封装是否符合标准的要求；

③紧急广播发生器产生含紧急广播表的测量码流输入复用器；

④用码流分析仪对复用器输出的PMS码流按遵循标准逐位分析，检查PMS码流中紧急广播数据封装是否符合标准的要求；

⑤用数据广播文件发生器和XPE封装机产生含数据广播业务数据的测量码流输入复用器；

⑥用码流分析仪对复用器输出的PMS码流按遵循标准逐位分析，检查PMS码流中数据广播数据封装是否符合标准的要求；

⑦用加密授权前端模块、加扰器、编码器产生含EMM、ECM信息和加扰视音频业务数据的测量码流输入复用器；

⑧用码流分析仪对复用器输出的PMS码流按遵循标准逐位分析，检查PMS码流中加密授权数据封装是否符合标准的要求。

●参数配置功能

测试框图：

见图30。

测试步骤：

①依据标准规定的复用帧中各字段对复用器复用帧/复用子帧/PMS参数进行修改配置，用码流分析仪对复用器输出的PMS码流逐位分析，检查相应字段是否与配置一致；

②依据标准规定的复用帧中各字段对控制信息表进行修改配置，用码流分析仪对复用器输出的PMS码流逐位分析，检查相应字段是否与配置一致。

●配置持续性和导入导出

测试框图：

见图30。

测试步骤：

①配置复用器，使其能够正确复用输入的业务数据，并将复用器配置导出至配置文件1；

②关闭电源；

③开机，检查配置是否和关机前相同，并且能按照此配置正确进行复用；

④修改复用器配置，用码流分析仪对复用器输出的 PMS 码流逐位分析，确认配置项发生变化；

⑤导入配置文件 1；

⑥用码流分析仪对复用器输出的 PMS 码流逐位分析，检查是否与配置文件 1 中复用器配置的输出相同。

●故障通道隔离

测试框图：

见图 30。

测试步骤：

①多路编码器产生含多路视音频业务数据的测量码流输入复用器；

②使用解复用器、解码器和监视器（带监听音箱）确认输入的各路视音频业务正确复用；

③开其中一路视音频业务数据，使用解复用器、解码器和监视器（带监听音箱）验证其余的视音频业务是否被正确复用；

④恢复断开的视音频业务数据，使用解复用器、解码器和监视器（带监听音箱）确认输入的各路视音频业务正确复用；

⑤调整恢复业务中的视音频数据码率，使其超出所承载业务逻辑信道的净荷容量，使用解复用器、解码器和监视器（带监听音箱）验证其余的视音频业务是否被正确复用。

●控制信息表发送间隔

测试框图：

见图 30。

测试步骤：

①用编码器、紧急广播发生器、ESG 发生器产生含视音频业务数据、紧急广播表、ESG 基本描述表、ESG 数据信息和节目提示信息的测量码流输入复用器，复用器同时发送加密授权描述表；

②用码流分析仪对复用器输出的 PMS 码流逐位分析，检查复用帧 0，验证 NIT 表是否每秒钟发送一次，CMCT/SMCT、CSCT/SSCT、BDT、加密授权描述表是否至少每 3 秒钟发送一次；

③在紧急广播发生器上停止紧急广播发送，确认复用流中无紧急广播信息；

④用码流分析仪对复用器输出的 PMS 码流逐位分析，检查复用帧 0，验证 NIT、CMCT/SMCT、CSCT/SSCT、BDT、加密授权描述表是否每秒钟发送一次。

●业务延时和视音频延时差

测试框图：

见图 30。

测试步骤：

①码流发生器实时产生含延时测试序列的测量码流输入复用器，延时测试序列中携有实时发送时间信息；

②用码流分析仪对复用器输出的 PMS 码流按遵循标准逐位分析，记录 PMS 包中延时测试序列携带的发送时间信息和该 PMS 包之前相邻 TOD 包中的时间信息，并计算对应时间差值；

③用码流分析仪对复用器输出的 PMS 码流按遵循标准逐位分析，记录 PMS 码流中同一个复用子帧中第一个视频单元和相应伴音第一个音频单元的相对播放时间字段值，并计算对应时间差值。

5.5 电子节目指南测试方法

测试内容：

移动多媒体广播电视（CMMB）系统电子节目指南测试是对 ESG 原型系统开展标准符合性测试，测试主要包括以下内容：

①测试该原型系统的“ESG 生成器”生成并发送给 CMMB 转码复用器的表是否符合 GY/T 220.3－2007《移动多媒体广播第 3 部分：电子业务指南》的语法规定；

②测试该原型系统的“ESG 生成器”是否实现了电子业务指南信息的封装，封装格式是否符合 GY/T 220.3－2007《移动多媒体广播第 3 部分：电子业务指南》的语法规定；

③测试该原型系统的“ESG 终端”是否能够解析出符合 GY/T 220.3－2007《移动多媒体广播第 3 部分：电子业务指南》语法规范的流中的电子业务指南信息。

测试框图：

如图 31 所示，移动多媒体广播电视（CMMB）系统电子节目指南测试采用视频服务器作为信号源播放的节目经编码器编码为 H.264 序列后传送给 CMMB 转码复用器，ESG 生成器将 ESG 数据表通过网络发送给 CMMB 复用器，复用器将复用后的包含 ESG 的码流传送给 CMMB 解复用器，再通过 ESG 接收器和解码器对码流和 ESG 进行解码和解析，最后对解析后的 ESG 数据进行测试。

测试步骤：

①在 ESG 系统编辑器中输入或修改部分业务信息数据；

②使用 ESG 生成器向复用器发送上一步编辑的业务信息数据；

③使用 ESG 终端从 CMMB 解复用器的输出获取 ESG 信息数据，解析 ESG 数据；

④比较终端获取的 ESG 表和 ESG 生成器发送的 ESG 表是否一致；

⑤使用 ESG 终端解析收到的 ESG 信息，检查是否与前端编辑时输入的一致。

5.6 数据广播测试方法

测试内容：

移动多媒体广播电视（CMMB）系统数据广播测试主要包括以下内容：

①测试该原型系统的业务前端和 XPE/XPE_FEC 封装机是否实现了广播数据的封装，封

装格式是否符合《移动多媒体广播第 5 部分：数据广播》的语法、语义规定；

②在标准原型系统上验证在人为制造的丢包情况下的文件级 LDGC 的纠错能力。

测试框图：

如图 32 所示，移动多媒体广播电视（CMMB）数据广播业务前端分别使用流模式和文件模式将业务数据发送给数据广播封装机，封装机对业务数据进行 XPE 封装后传送给 CMMB 复用器，复用器将复用后的包含数据广播的码流传送给 CMMB 解复用器，再通过数据广播解封装机发送给业务终端数据解析器进行解析，最后对解析后的数据广播业务数据进行测试。

测试步骤：

①根据《复用器技术规范》（数据广播部分），用测试软件通过接口 B 模拟 CMMB 复用器从 XPE/XPE_FEC 封装机获取 XPE/XPE_FEC 协议数据包；

②根据数据广播标准定义 XPE/XPE_FEC 解析得到的协议数据包，检查是否符合，XPE/XPE_FEC 语法、语义定义，解析出的 XPE/XPE_FEC 净荷，根据 XPE/XPE_FEC 所指示类型组成标准中规定的 FAT 片传输包、文件片/校验片传输包、流数据包；

③根据数据广播标准，解析由步骤②生成的 FAT 片传输包、文件片/校验片传输包，生成 FAT 文件和相应的文件，检查 FAT 文件 xml 内容是否与接收的文件一致；

④检查步骤③生成的文件是否发送端发送的文件一致；

从 PMS 取出数据广播的 XPE 包，检查是否符合数据广播标准。

5.7 紧急广播测试方法

测试内容：

移动多媒体广播电视（CMMB）系统测试主要针对紧急广播原型系统开展标准符合性测试，测试主要包括以下内容：

①测试该原型系统的“紧急广播发生器”生成并发送给 CMMB 转码复用器的表是否符合 GY/T 220.4 -2007《移动多媒体广播第 4 部分：紧急广播》的语法规定；

②测试该原型系统的“紧急广播发生器”是否实现了紧急广播信息的封装，封装格式是否符合 GY/T 220.4 -2007《移动多媒体广播第 4 部分：紧急广播》的语法规定；

③测试该原型系统的“紧急广播终端”是否能够解析出符合 GY/T 220.4 -2007《移动多媒体广播第 4 部分：紧急广播》语法规范的流中的紧急广播信息。

测试框图：

如图 33 所示，移动多媒体广播电视（CMMB）系统紧急广播测试采用紧急广播发生器编辑和发送紧急广播信息，经转码器后传送给 CMMB 复用器，复用器将复用后的包含紧急广播的码流传送给 CMMB 解复用器，再通过紧急广播终端接收紧急广播信息，最后对解析后的紧急广播数据进行测试。

测试步骤：

①在紧急广播服务器编辑紧急广播消息；

②用模拟复用器接口从紧急广播服务器获取紧急广播消息，并且检查语法是否符合标准，

紧急广播内容是否为步骤1编辑的内容；

③根据标准从PMS中取出紧急广播消息，检查语法是否符合标准，紧急广播内容是否为步骤①编辑的内容；

④检查终端对紧急广播接收情况，是否符合标准规定。

5.8 安全广播系统测试方法

测试内容：

移动多媒体广播电视（CMMB）系统安全广播系统测试是对安全广播原型系统开展标准符合性测试，测试主要包括以下内容：

①测试该原型系统是否能够接收CMMB复用器发送的符合GY/T 220.10－2008《移动多媒体广播第10部分：安全广播》的请求信息，并发送符合GY/T 220.10－2008《移动多媒体广播第10部分：安全广播》语法规定的响应信息给CMMB复用器；

②测试该原型系统生成的“安全广播信息数据单元”是否按照GY/T 220.10－2008《移动多媒体广播第10部分：安全广播》规定被复用到指定业务的复用子帧；

③测试安全广播系统的终端在接收模拟攻击流时的表现。

测试框图：

如图34所示，移动多媒体广播电视（CMMB）系统安全广播系统测试采用RTP视频服务器作为信号源播放节目传送给CMMB复用器，安全广播服务器从CMMB复用器获取视音频码流信息，并生相应的安全广播数据通过网络发送给CMMB复用器，复用器将复用后的包含安全广播的码流传送给CMMB激励器，再通过安全播出原型系统终端码流和安全广播信息进行解码和解析，最后对解析后的安全广播数据进行测试。

测试步骤：

①使用CMMB安全广播服务器发送安全广播数据；

②获取并记录CMMB安全广播服务器和复用器之间的通信消息；

③使用CMMB安全广播信息分析软件解析安全广播数据；

④比较CMMB安全广播服务器与复用器之间的通信消息是否符合标准要求；

⑤录制复用器输出的码流；

⑥分析复用器输出码流中的安全广播数据是否符合标准要求；

⑦使用模拟攻击码流对安全广播原型系统进行攻击，测试系统对攻击流的反应和表现。

5.9 条件接收系统测试方法

测试内容：

移动多媒体广播电视（CMMB）系统条件接收系统测试是对条件接收系统开展接口、功能和性能测试，测试主要包括以下内容：

①接口测试：对被测系统的为ECMG与SCS之间的接口、条件接收服务器与电子钱包服务器间的接口通信协议进行测试；

②功能测试：对被测系统的免费节目的收看、基于单向广播方式的单一业务授权功能、基于单向广播方式的业务包授权功能、电子钱包自授权方式的单业务包授权功能、电子钱包自授权方式的业务包套餐授权功能、甲地用户从甲地网漫游到乙地网、S波段用户从S波段网漫游到甲地网、甲地用户漫游到S波段网、电子钱包密钥管理功能测试、电子钱包充值方式管理功能测试、电子钱包状态管理功能测试、交易记录回传、电子钱包充值、用户终端UI进行测试；

③性能测试：对被测系统的平均授权和取消授权的响应时间进行了测试；

④数据符合性验证：对被测系统导入的用户数据（含中央、甲地、乙地）进行了符合性验证。

测试框图：

如图35所示，移动多媒体广播电视（CMMB）系统条件接收系统测试中，采用三套不同的终端来模拟不同的系统，下面分别进行介绍：

●中央系统

①中央系统包括节目源（DVD1号），编码器1号（加扰器），复用器1号，调制器等设备，发射频率为738MHz。

②中央节目为节目1，在中央系统内加扰，加扰后送给系统内复用器1号，同时组播给其他两个系统内的复用器（分别为复用器2号和复用器3号）。

③中央系统中包括CA系统，它是分布式CA系统的核心部分，对分布式系统的各分前端进行各种控制。

④中央系统还包括中央CA分前端，用于管理S波段用户（此处采用738MHz来模拟S波段传输），测试中，S波段用户为1000万。

⑤中央系统还包括电子钱包前端系统，在测试系统中，用于管理所有测试卡（包括模拟用户卡）的电子钱包功能。

⑥中央系统采用一个独立的网段：10.1.＊.＊。

●甲地系统

①甲地系统用于模拟特大城市地方系统，其设备包括2个节目源（DVD 2号，DVD 4号）、编码器2号（加扰器）、编码器4号（加扰器）、复用器2号、调制器等设备，发射频率为690MHz。

②甲地系统传输节目为节目1、节目2和节目4。其中节目1由中央系统加扰，通过组播传送给复用器2；节目2为本地一套节目，由本地加扰，但属于中央节目包，任何一个订购了中央节目包的用户都可观看此节目；节目4为本地节目，需要甲地CA给予授权才能观看。

③甲地系统中包括中央CA系统的本地分前端，甲地管理用户数为1000万。

④本测试环境中，各地系统中均包括自己的电子钱包系统，本地CA用户的电子钱包系统与中央系统的电子钱包服务器进行信息交互，完成对账等功能。

⑤甲地系统采用一个独立的网段：10.2.＊.＊。

●乙地系统

①乙地系统用于模拟普通城市地方系统，其设备包括2个节目源（DVD 3号，DVD 5号)、编码器3号（加扰器)、编码器5号（加扰器)、复用器3号、调制器等设备，发射频率为554MHz。

②乙地系统传输节目为节目1、节目3和节目5。其中节目1由中央系统加扰，通过组播传送给复用器3；节目3为本地一套节目，由本地加扰，但属于中央节目包，任何一个订购了中央节目包的用户都可观看此节目；节目5为本地节目，需要乙地CA给予授权才能观看。

③乙地系统中包括中央CA系统的本地分前端，乙地管理用户数为100万。

④本测试环境中，各地系统中均包括自己的电子钱包系统，本地CA用户的电子钱包系统与中央系统的电子钱包服务器进行信息交互，完成对账等功能。

⑤乙地系统采用一个独立的网段：192.168. *. *。

测试步骤：

①使用CAS同密接口测评工具、EAM-S和EPM-S接口测评工具对条件接收系统的同密接口和电子钱包接口通信进行分析；

②验证条件接收系统同密接口是否符合《移动多媒体广播条件接收系统技术规范》中的相应要求；

③验证条件接收系统电子钱包接口是否符合《移动多媒体广播条件接收系统电子钱包模块技术规范》中的相应要求；

④使用条件接收系统控制台按照测试方案改变被测用户的授权情况，对系统的免费节目的收看、基于单向广播方式的单一业务授权功能、基于单向广播方式的业务包授权等功能进行测试；

⑤对被测系统的平均授权和取消授权的响应时间进行测试；

⑥对被测系统导入的用户数据（含中央、甲地、乙地）进行数据符合性验证。

5.10 金融信息业务系统测试方法

测试内容：

移动多媒体广播电视（CMMB）系统金融信息业务系统测试是对金融信息业务原型系统开展标准符合性测试，测试主要包括以下内容：

①测试金融信息原型系统服务端所发送的金融信息数据是否符合《移动多媒体广播：金融信息业务（征求意见稿)》的规定。

②验证金融信息原型系统终端是否具备正常接收并展示服务端发送的金融信息数据的功能，并测试在不同的服务端数据发送速率下，终端的数据接收是否正常。

测试框图：

如图36所示，移动多媒体广播电视（CMMB）系统金融信息业务系统测试通过前端业务系统采集各个交易市场的数据信息，按照一定的业务逻辑进行分类处理，然后根据统一的规则对分类数据压缩编码，再按设定的速率封装成数据组，最后发送至前端数据广播封装机并传送给复用器进行复用输出，复用器将复用后的包含金融信息业务的码流传送给CMMB激励器，再通过系统终端对金融信息业务进行解析，最后对解析后的金融信息业务数据进行测试。

测试步骤：

①在前端系统正常播发金融信息数据时使用移动终端验证能够正常接收并解码显示金融信息数据；

②使用 Dongle 和客户端计算机上的播放软件录制 Sevice ID 为 2003 的金融信息数据并保存为 mfs 文件；

③使用测试方开发的 mfs 文件解析工具对录制的 packet1211. mfs 文件进行解析，解析结果分别为 mfs 数据文件和 xpe 净额数据文件；

④使用解压缩软件对 packet1211. mfs. data 文件进行解压，得到解压后的金融信息数据净荷文件；

⑤按照《移动多媒体广播：金融信息业务》（征求意见稿）的要求，对 packet1211 – Verify. txt 文件中的金融信息业务数据包进行标准符合性测试；

⑥运行 QuoteReceiver，获取实时行情和信息；

⑦运行 QDS、FTS 和 MGS；

⑧启动移动终端的客户端软件，观察是否能够接收金融信息业务数据，验证终端软件界面的数据展示功能；

⑨重新设置 MGS 的数据发送速率，测试在不同速率下移动终端的数据接收情况。

6. 结束语

移动多媒体广播电视（CMMB）系统设备测试方法及检测系统研究不仅为我国移动多媒体广播电视（CMMB）系统和设备的性能检测构建了一个国家级的测试评估环境，而且还研究制定了一整套科学、合理的移动多媒体广播电视（CMMB）系统和设备的测试评估方法，从而为我国移动多媒体广播电视（CMMB）系统标准的制订及推广奠定了坚实的基础；移动多媒体广播电视（CMMB）系统设备测试方法及检测系统研究为移动多媒体广播电视（CMMB）相关企业提供一个开放的技术平台，同时也将为工程技术人员开展移动多媒体广播电视（CMMB）网络建设和运营提供了强有力的技术支持；移动多媒体广播电视（CMMB）系统设备测试方法及检测系统研究将进一步推动移动多媒体广播电视（CMMB）的快速发展，并确保移动多媒体广播电视（CMMB）产业的健康发展。

移动多媒体广播电视（CMMB）覆盖测试

摘要

本报告基于规划院承担的总局科研项目《移动多媒体广播覆盖综合测试》中的课题1；主要目的是为加快移动多媒体广播电视（CMMB）的推广和应用，保证移动多媒体广播电视（CMMB）试验工作的顺利进行，确保37个城市的试验网络按时建成并投入使用。广播电视规划院对已经开通的移动多媒体广播电视（CMMB）试验网络，按照科学、严谨、客观的原则展开覆盖情况和标准符合测试工作。

本报告主要介绍了移动多媒体广播电视（CMMB）业务的测试与优化，主要内容如下：

首先，介绍了开展CMMB业务测试的背景以及CMMB业务的测试方案，主要包括测试平台的建设、实验室校准测试和现场测试三部分。测试平台的建设主要由四部分组成：CMMB实验室校准平台、CMMB现场测试平台、CMMB实验室校准测试仪器和CMMB现场测试设备。实验室校准主要包括：测试天线的校准、最低接收电平的校准以及几种信道模型下测试接收机的校准。根据以上测试平台的建设和校准，给出了现场测试时所采用的测试方法。

其次，根据以上研究结果，给出了37城市CMMB覆盖（第一期）综合测试中的三个城市的现场测试示例；不仅给出了每个城市的CMMB覆盖测试的测试结果，还针对性地进行了结果分析。

最后，针对37城市CMMB覆盖（第一期）综合测试中的测试结果和结果分析，给出了37城市移动多媒体广播电视（CMMB）网络优化建议，将37城市的移动多媒体广播电视（CMMB）网络分成单频网和单发射点网络两种情况进行了总结。

本报告的主要意义如下：（1）给出了37城市CMMB网络（第一期）的实际覆盖效果；（2）为CMMB网络的覆盖综合测试提供了参考方法；（3）为37城市CMMB网络的优化覆盖提供了依据；（4）验证了前期网络规划的结果。

目录
Contents

1. 测试背景

移动多媒体广播电视（CMMB）是广播电视传播渠道的重要补充和延伸，可以填补目前广播电视的服务空白。对于创新传播手段，构建传输快捷、覆盖广泛的现代文化传播体系，推动我国文化和民族工业的发展都具有十分重要的意义。

按照中央要求，从2007年10月开始，国家广播电影电视总局在北京等六个奥运城市以及深圳、广州采用自主创新的CMMB技术开展了移动多媒体广播电视技术试验，并逐步优化了覆盖网络。2008年4月份开始，又陆续开通了其他试点城市的试验网络，截止2008年7月初完成了奥运城市、直辖市以及省会城市等共37个城市的CMMB试验网络第一期工程建设。

为加快移动多媒体广播电视（CMMB）的推广和应用，保证CMMB试验工作的顺利进行，确保实现服务奥运这一目标，确保37个城市的试验网络按时建成并投入使用，广播电视规划院对已经开通的CMMB试验网络，按照科学、严谨、客观的原则展开覆盖情况和标准符合测试工作。

根据国家广播电影电视总局2008年第57号文件《广电总局关于在37个城市加强移动多媒体广播电视网络建设和运行维护工作的通知》的统一部署，广播电视规划院牵头制定了移动多媒体广播电视覆盖测试方案，并于2008年5月28日和6月17日召开了两次《移动多媒体广播系统第一期工程覆盖效果测试方案》评审会，来自广电总局科技司、中央广播电台、广科院、设计院和北京创毅视讯股份有限公司的专家组审核通过了该测试方案，并提出在实际测试中分别采用0%和1%的RS误包率作为测试的客观失败判据。

在无线电台管理局、广播科学研究院、中广电设计院和北京创毅视讯科技有限公司的配合下，2008年7月31日至8月4日，广播电视规划院牵头的CMMB测试小组完成了北京市CMMB网络的第一期工程覆盖效果测试工作。通过测试，考察北京市的CMMB试验网络第一期覆盖工程对于室外移动接收覆盖质量和水平，并为下一步的网络建设和优化工作提供科学的测试数据，为CMMB的实施、推广和普及积累相关经验。北京CMMB网络测试的完成，为其余36城市的CMMB网络测试奠定了基础。

2. 测试方案

2.1 测试平台建设

为了能全面和准确地反映CMMB网络的覆盖质量和水平，同时考虑到积累实施CMMB实际经验的要求，本次测试以现场移动测试为主。

为了保证现场测试结果能够真实反映CMMB试验网络的覆盖范围和覆盖质量，需要首先对用于测试的CMMB测试系统进行校准，为此需要同时建立CMMB现场测试平台以及CMMB

实验室校准平台。

2.1.1 CMMB 实验室校准平台

考虑到需针对符合 CMMB 标准的 CMMB 试验网络进行覆盖测试，根据技术试验的具体要求，本次测试需要首先建立移动多媒体广播电视现场测试系统。

为了确保覆盖测试工作的顺利开展，以及测试结果的可靠性，需要通过搭建 CMMB 实验室校准平台对用于现场测试的 CMMB 测试系统进行指标校准。

CMMB 实验室校准平台依托广播电视规划院国家数字电视系统测试实验室，利用现有测量仪器和专用设备建立的 CMMB 测试仪校准系统。通过在接收信号中加入各种噪声或干扰，模拟各种实际接收环境，实现对 CMMB 测试系统各项性能指标的校准测试。由于加入的各种噪声或干扰是人为可控、可精密测量的，所以可以准确地获得用于外场测试的 CMMB 测试系统中测试仪的各项性能指标校准值。

2.1.2 CMMB 现场测试平台

CMMB 现场测试结果是本次测试任务的最终目标。考虑到 CMMB 现场测试工作的要求，本次技术试验 CMMB 现场测试系统依托广播电视规划院国家数字电视系统测试实验室以及北京广电天地信息咨询有限公司研发的 CMMB 综合测试仪来进行构建。

2.1.3 CMMB 实验室校准测试仪器

测量仪器的计量是保证测试结果准确的基础，是完成整个测试任务的基石。为保证本次 CMMB 测试系统校准结果的准确性、可靠性和量值的可溯源性，用于本次测试中实验室校准测试部分的仪器及配件均经国家计量部门的计量和校准，并均在有效期内。本次实验室校准测试的仪器清单见表 1。

表 1　测试仪表清单

序号	仪器设备名称	数量
1	低噪声频谱分析仪	1 台
2	14 英寸彩色监视器（PAL）	1 台
3	高斯噪声发生器	1 台
4	信道模拟器（多径发生器）	1 台
5	数字传输分析仪	1 台
6	手持频谱分析仪	1 台
7	频谱分析仪	1 台
8	矢量分析仪	1 台
9	GPS 授时接收机	2 台
10	GPS 授时接收机	3 台
11	ASI 码流分配器	1 台
12	码流分析仪	2 台
13	射频信号分配器	2 台
14	CMMB 激励器	1 台

图 1 为开展本次 CMMB 试验网络移动接收测试的测试车。

图 1　CMMB 试验网络移动接收测试车

2.1.4　CMMB 现场测试设备

考虑到移动测试的需要，在 CMMB 现场测试过程中尽可能采用便携设备，表 2 给出了进行 CMMB 现场测试的设备清单。

表 2　CMMB 现场测试设备清单

序号	设备名称	数量
1	CMMB 综合测试仪	5 套
2	CMMB 手机	5 台
3	CMMB 手机	5 台
4	多媒体移动电视	5 台
5	CMMB 手机	2 台

2.2　实验室校准测试

CMMB 现场测试仪器的实验室校准测试主要是保证 CMMB 现场测试系统与实际接收终端的测试结果具有高度的一致性。

具体校准方法为：在相同发射条件下，在实验室对 CMMB 现场测试进行相应项目的校准测试，其测试结果与标准 CMMB 接收终端进行比对。通过实验室校准测试，获得 CMMB 现场测试系统与标准 CMMB 接收终端之间的校准值，依据此校准值对 CMMB 现场测试系统进行相应的校准，从而确保 CMMB 现场测试系统的测试结果与使用标准 CMMB 接收终端的测试结果统一。

CMMB 现场测试系统的实验室校准包括以下项目：

①天线的校准；

②高斯信道、莱斯信道和瑞利信道下的载噪比门限；

③高斯信道、莱斯信道和瑞利信道下最低接收电平；

④静态两径条件下的 D/E；

⑤静态两径条件下最大回波时延；

⑥动态多径信道下的载噪比门限；

⑦动态多径信道下的最大频移。

2.2.1 天线的校准

天线校准是对 CMMB 现场测试系统接收天线增益的校准。由于各个城市 CMMB 试验系统使用的频道不同，而现场测试系统在测试需要使用全向接收天线，现场测试中均选用同一型号的鞭状天线，而鞭状天线的增益在整个 UHF 频段是不同的。为了消除由于天线在不同频段处的增益差别而造成各个城市现场测试结果不一致，在现场测试之前，已在实验室确定天线 UHF 频段的增益－频率的特性曲线，确定各个 UHF 频道的校准值。根据各个城市 CMMB 试验系统使用频道对应各天线的校准值，设置信号衰减器的衰减值或者低噪声放大器的放大值，保证 CMMB 测试仪输入端在不同频道对应的天馈线增益值为 －7dBi（标准 CMMB 接收终端的指标要求）。

2.2.2 最低接收电平的校准

校准 CMMB 现场测试系统与 CMMB 标准接收终端在高斯信道、莱斯信道和瑞利信道下的接收灵敏度差异，确保 CMMB 现场测试系统的接收灵敏度与 CMMB 标准接收终端一致。

2.2.3 静态信道载噪比门限校准

校准 CMMB 现场测试系统与 CMMB 标准接收终端在高斯信道、莱斯信道和瑞利信道下的载噪比门限差异，使 CMMB 现场测试系统与 CMMB 标准接收终端一致。

2.2.4 静态两径条件下 D/E 的校准值

校准 CMMB 现场测试系统与 CMMB 标准接收终端在静态两径信道传输条件下 D/E 的差异，使 CMMB 现场测试系统与 CMMB 标准接收终端的静态两径传输条件下 D/E 一致。

2.2.5 静态两径最大回波时延的校准值

校准各 CMMB 现场测试系统与 CMMB 标准接收终端在静态两径信道传输条件下最大回波时延值的差异，使 CMMB 现场测试系统与 CMMB 标准接收终端的静态两径传输条件下最大回波时延值一致。

2.2.6 动态多径信道下的载噪比门限的校准

校准 CMMB 现场测试系统与 CMMB 标准接收终端在动态多径传输条件下载噪比门限的差异，使 CMMB 现场测试系统与 CMMB 标准接收终端的载噪比门限一致。

2.2.7 动态多径信道下最大多普勒的校准

校准 CMMB 现场测试系统与 CMMB 标准接收终端在动态多径传输条件下最大多普勒的差异，使 CMMB 现场测试系统与 CMMB 标准接收终端的最大多普勒性能一致。

2.3 现场测试

现场测试是在实际传输条件下对 CMMB 系统整体性能的测试。主要测试 CMMB 系统在开路情况下，不同的使用环境中（移动接收和固定点接收）、不同的地形、地物及城市高大建筑楼群等对接收情况的影响。现场测试系统框图如图2所示。

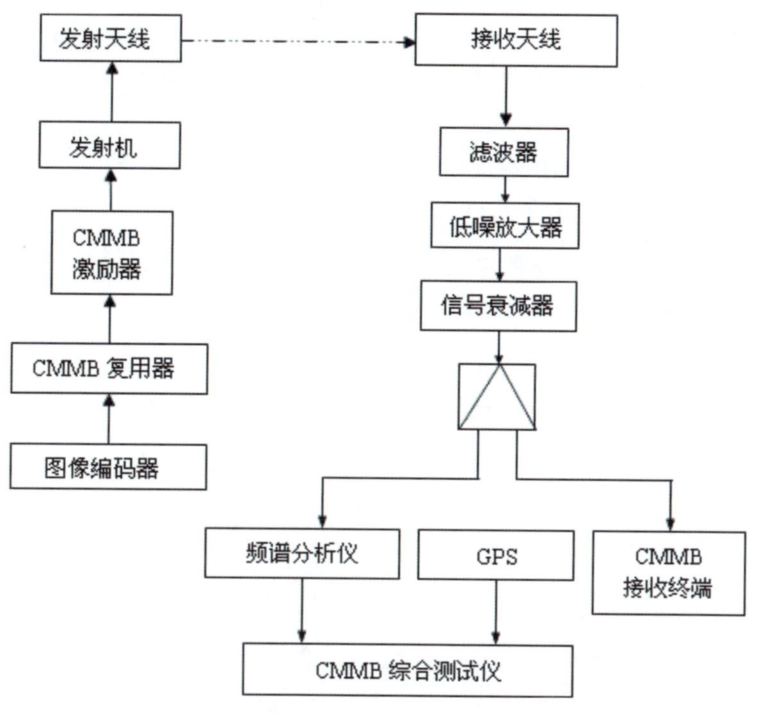

图2　现场测试系统框图

2.3.1　测试项目

CMMB现场测试为室外覆盖移动接收测试，为评估CMMB试验系统实施地区移动接收覆盖效果，测试将选取CMMB试验系统实施地内具有代表性的路线进行移动测试。

测试过程中，现场CMMB测试仪器每一秒输出一个测试点的测试结果，主要包括以下测试指标：

①平均接收电平；

②平均载噪比；

③判定接收成功与否；

④平均误包率；

⑤平均移动速度。

在移动测试过程中，由北京广电天地信息有限公司研发的CMMB综合测试仪（专利申请号：201010151156·1、201010151157·6，软件著作权登记号：2010SR016024）自动记录接收机输入端8MHz带宽内每秒平均电平数据、载噪比、移动速度和误包率。

2.3.2　测试说明

（1）接收失败判据

采用客观判据，接收机的误包率大于1%时，认为接收失败。

（2）接收电平的测试

频谱仪的中心频率设为CMMB试验系统的中心频率，接收电平为8MHz带宽内的接收信号功率；

(3) 测试接收天线

根据CMMB试验系统实施地区的极化方式选取相应的全向接收天线。

(4) 接收测试设备

经过实验室校准测试的CMMB测试仪。

(5) 测试路线的选择

测试路线将根据各个CMMB试验系统实施地区当地的具体情况进行选择。

2.3.3 测试方法

测试目的：

测试每个CMMB实验地区室外移动接收条件下的覆盖效果。

测试框图：

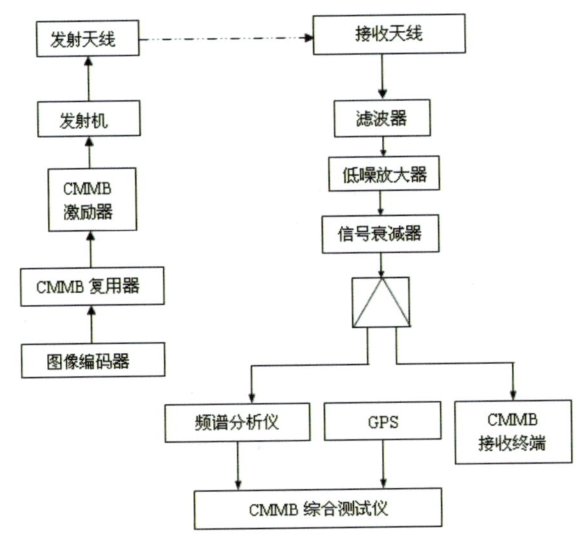

图3　移动接收覆盖测试框图

测试步骤：

①发射机发送CMMB信号；

②固定好车载接收天线，保证在行驶过程中接收天线不碰到障碍物；

③记录接收天线高度、接收天线在相应频率的天线增益、接收天线到测试接收机之间的链路损耗；

④检查车内外设备及接头，在出发点，静止时测量信号电平，保证测试链路工作稳定可靠；

⑤记录测试车移动的起始与结束时间；

⑥用CMMB综合测试仪记录全程中每秒的接收电平、载噪比、接收成功与否、移动车速和移动路线。

3. 全国37城市CMMB覆盖（第一期）综合测试

3.1 北京市

2008年7月31日至8月3日，移动多媒体广播电视（CMMB）测试小组针对北京市CMMB网络的覆盖情况进行了评估测试，测试总的路程长达889km。北京市移动多媒体广播电视(CMMB)为6发射点的单频网，发射（中央塔、国际台、491台、京广大厦、名人广场、南曦大厦），采用DS－20频道（中心频率：530MHz），每个发射点的发射功率均为1kW。

为了全面评估移动多媒体广播电视（CMMB）系统第一期工程在北京的覆盖效果，特别是移动接收性能，测试小组选取了北京市区内及郊区的主要道路进行了移动接收测试，测试路程为888km。

3.1.1 测试结果

图4给出了北京市移动多媒体广播电视（CMMB）移动接收测试电平地点分布图。

由于测试期间CMMB播出的是节目码流，不能使用测试码流展开测试，根据专家组第二次会议的会议纪要，测试组在实际测试中分别采用0%和1%RS误包率作为接收失败判据。图5和图6分别给出了北京市CMMB移动接收测试中，分别采用0%和1%RS误包率作为失败判据的接收效果地点分布图。

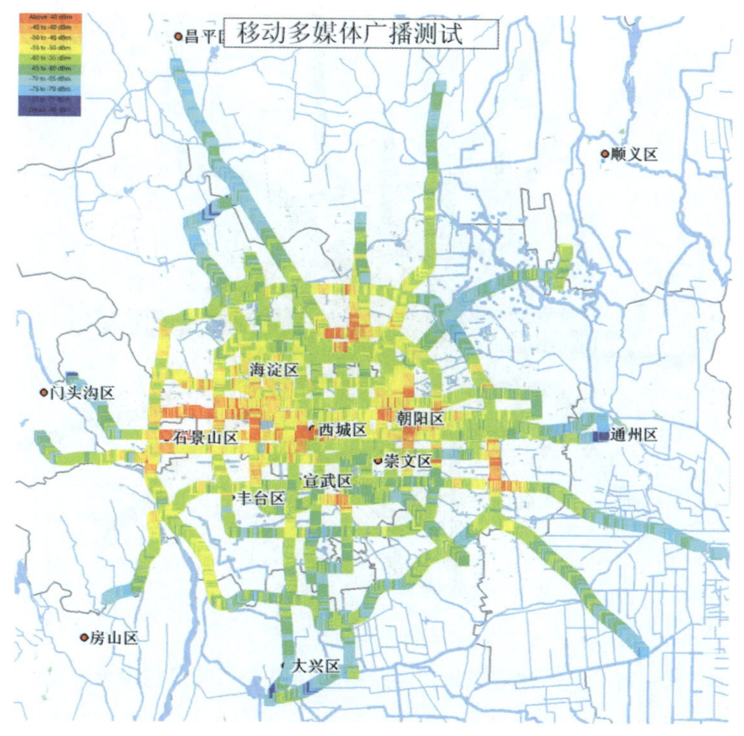

图4　北京市CMMB信号电平地点分布图

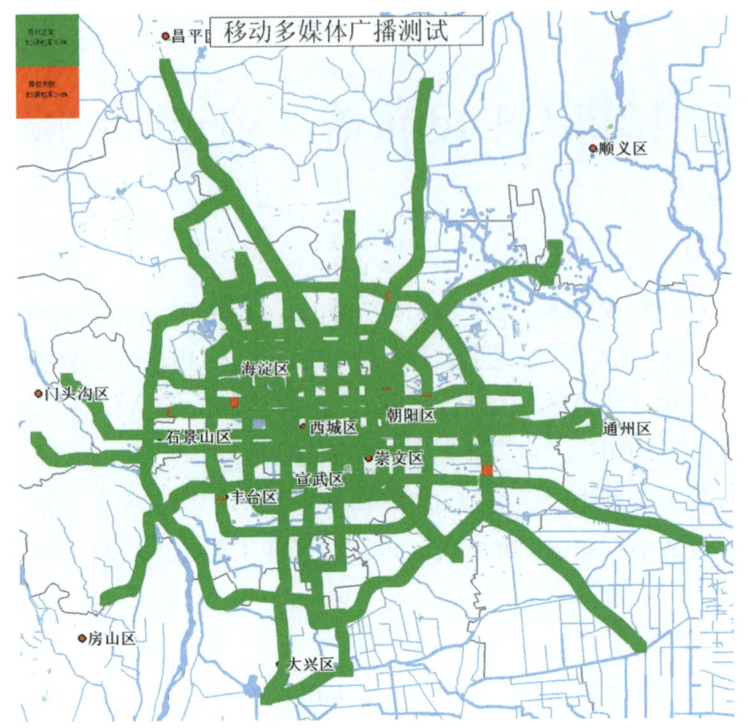

图 5 北京市 CMMB 接收效果地点分布图（以 0% RS 误包率为失败判据）

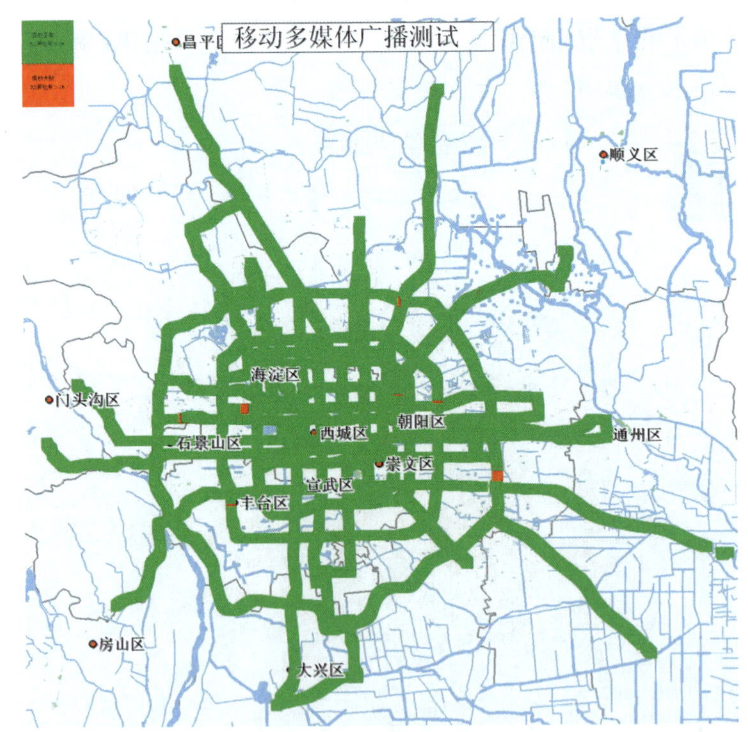

图 6 北京市 CMMB 接收效果地点分布图（以 1% RS 误包率为失败判据）

3.1.2 测试结果分析

从测试结果图来看，在市区五环内，除了东北五环和南五环小段距离由于信号电平较低有少量误包出现外，其余地区接收电平大部分超过－55dBm，采用0%和1%RS误包率作为失败判据时，移动接收的接收成功概率均达到99.5%以上，总体接收效果良好；在郊区，东边覆盖距离约20km，北边覆盖约19km，南边覆盖距离约22km，西边覆盖距离约25km，东北机场高速在四环和机场之间的路段接收电平偏低，接收过程中有较多误码出现，建议对该路段进行补点覆盖；但进入机场后效果较好。移动多媒体广播电视（CMMB）系统在北京市整体移动覆盖效果较好；市区和郊区的总体平均接收电平为－57.409dBm，总体接收成功率在采用0%和1%RS误包率作为失败判据时均为99.5%。

图7给出了北京市CMMB的移动接收电平统计分析柱状图。

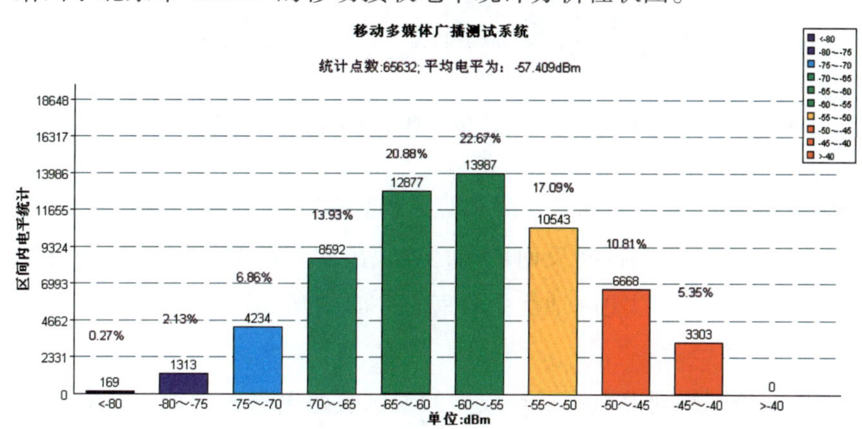

图7　北京市CMMB信号电平统计分析图

从图7可以看到，北京市为6个发射点的CMMB单频网，由此，CMMB信号的室外移动接收电平值分布范围比较均匀，分布在－70dBm～－45dBm的25dB区间内，占85.5%；同时，高于－55dBm的电平值所占百分比高达33.3%。由于北京市6点单频网内CMMB信号的电平分布比较均匀而且高电平值区间也有较高的百分比，这样的电平值分布使得北京市五环以内城区的移动接收成功率达到99.5%。

图8和图9分别给出了以0%和1%RS误包率作为接收失败判据北京市CMMB移动接收效果统计分析柱状图。

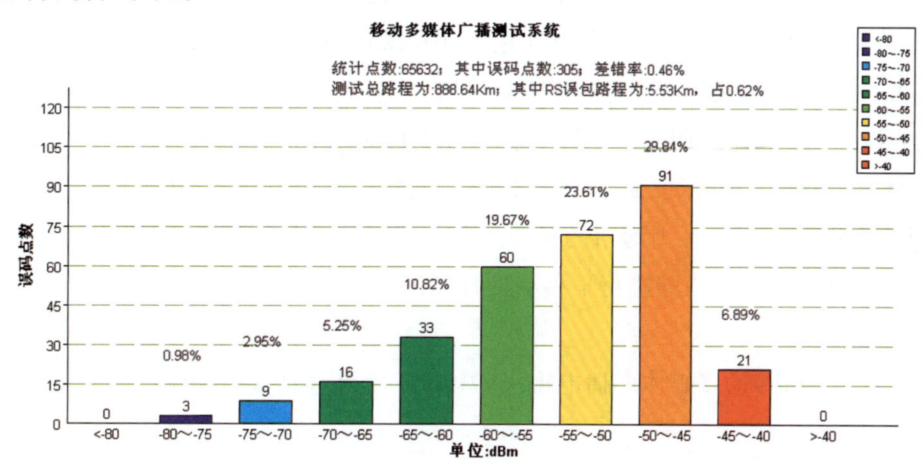

图8　北京市CMMB接收效果电平统计分析图（以0%RS误包率为失败判据）

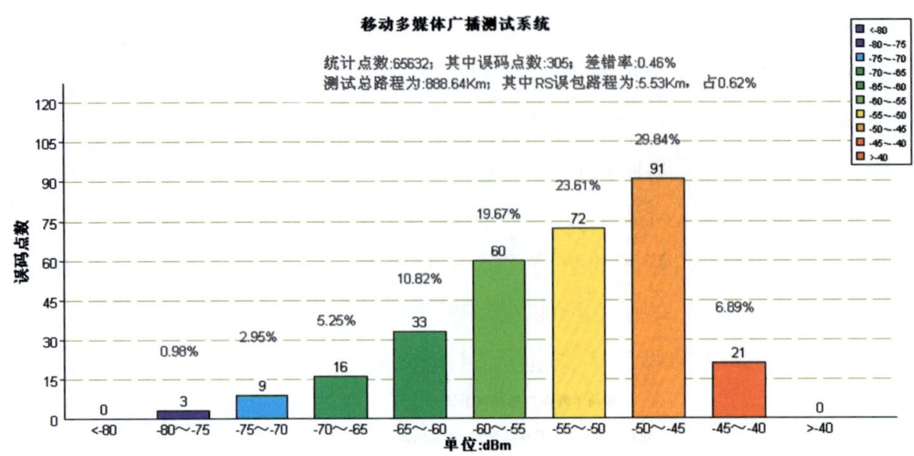

图 9 北京市 CMMB 接收效果电平统计分析图（以 1% RS 误包率为失败判据）

从图 8 和图 9 可以看到，在北京市 6 个发射点的 CMMB 单频网中，测试的结果为电平值高的区间误码的点数比电平值低的区间反而增多，反映出北京的单频网还有优化的空间，需要仔细地测试并分析测试结果，以更好地优化北京的 CMMB 单频网。

3.1.3 北京市测试总结

①北京市 CMMB 试播网络对北京市五环以内的城区覆盖电平较为均匀，单频网站点选址较为合理；

②北京市 6 个发射点的 CMMB 单频网还有优化的空间；

③建议增加一个发射点改善对东北机场高速在四环和机场之间的路段的覆盖效果；

④北京市现场测试过程中，发送实际节目码流时，采用 0% 和 1% 的 RS 误包率作为接收失败判据，室外接收测试的测试结果相同。

3.2 上海市

2008 年 7 月 31 日至 8 月 3 日，CMMB 测试小组针对上海市 CMMB 网络的覆盖情况进行了评估测试，测试总的路程长达 891km。上海市 CMMB 为东方明珠电视塔、上海广播大厦两个发射点组成单频网的发射系统，两个台址距离 10.2km。采用 DS－32 频道（中心频率：666MHz）发射，东方明珠电视塔发射点的天线为 12 层八面面包板天线，天线高度为 410m，增益大约为 14dB～15dB，发射功率为：数字平均功率 1kW；上海广播大厦发射点的天线为面包板天线，天线高度约为 130m，天线增益为 10dB，发射功率为，数字平均 1kW。

为了全面评估 CMMB 系统在上海市的覆盖效果，特别是室外移动接收性能，测试小组选取了上海市区内及郊区的主要道路进行了移动接收测试。

3.2.1 测试结果

图 10 给出了上海市移动多媒体广播电视（CMMB）室外移动接收测试的覆盖电平地点分布图。

由于测试期间 CMMB 播出的是节目码流，不能使用测试码流展开测试，根据专家组第二次会议的会议纪要，测试组在实际测试中分别采用 0% 和 1% RS 误包率作为接收失败判据。图 11 和图 12 分别给出了上海市 CMMB 移动接收测试中，分别采用 0% 和 1% RS 误包率作为失败判据的接收效果地点分布图。

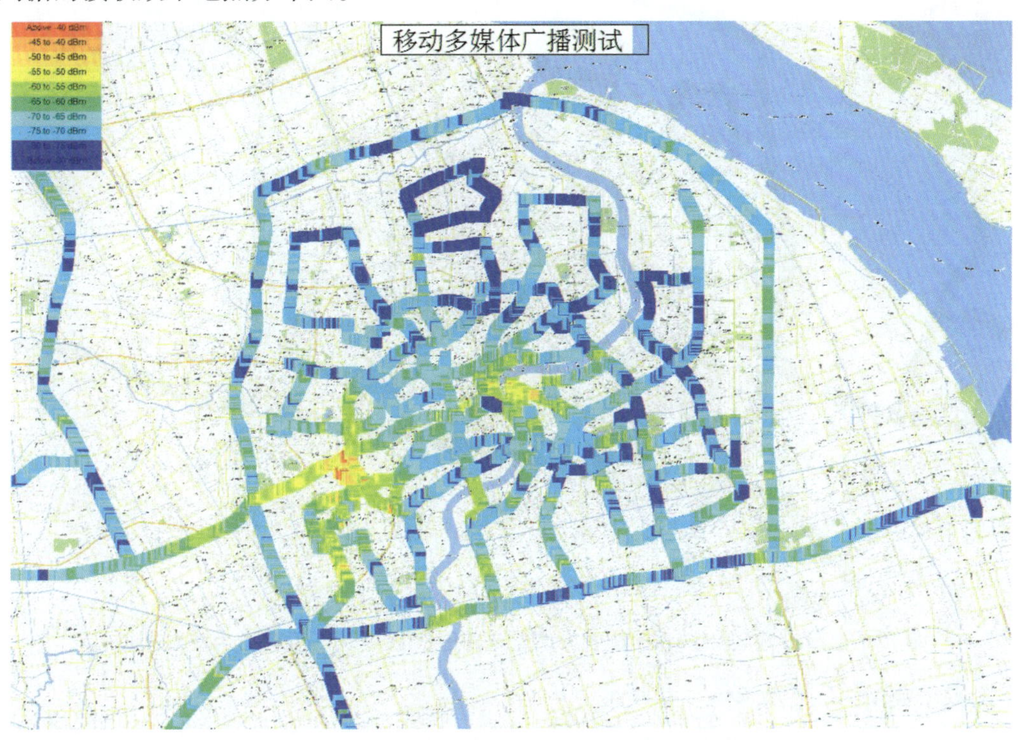

图 10　上海市城区 CMMB 覆盖电平地点分布图

图 11　上海市城区 CMMB 接收效果地点分布图（以 0% RS 误包率为失败判据）

图12　上海市城区CMMB接收效果地点分布图（以1%RS误包率为失败判据）

3.2.2　测试结果分析

从测试结果图看出，在整个市区，室外移动接收的效果较好；在郊区，北边正常接收覆盖最远距离东方电视塔约55km；西边正常接收点最远距离东方电视塔约77km；南面正常接收覆盖最远距离东方明珠电视塔58km。移动多媒体广播电视（CMMB）系统在上海市A20公路内城区的总体平均接收电平为－72.2dBm，采用0%和1%RS误包率作为失败判据时，移动接收的接收成功概率均超过98%。

图13给出了上海市CMMB的移动接收电平统计分析柱状图。

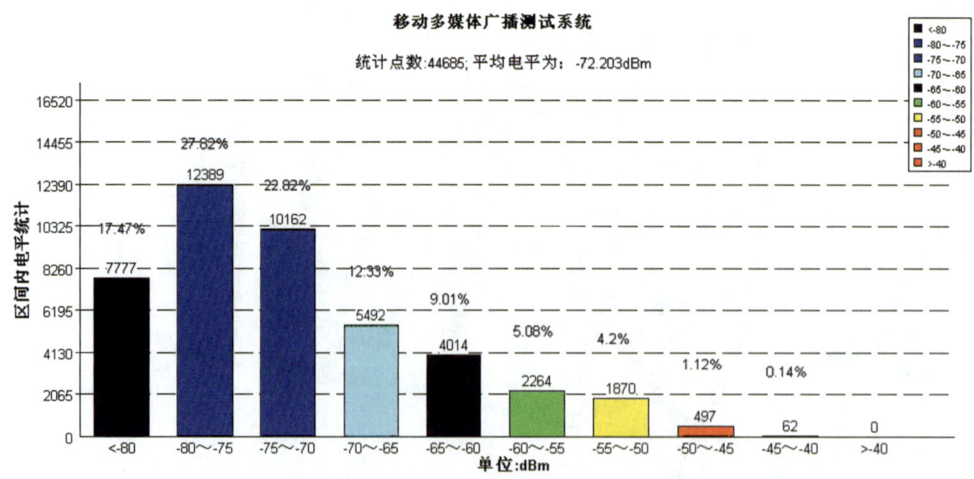

图13　上海市城区CMMB覆盖电平统计分析图

从图 13 可以看到，上海市城区室外接收电平测试结果的统计分析图表明整个上海市的室外接收电平分布在 -80dBm ~ -70dBm 区间占 50.6%，电平总体偏低。上海市为两个发射点的 CMMB 单频网，东方明珠位于市区中心，上海广播大厦位于市区的西部，从图 10 可以看到，城区的西部电平分布较均匀，主要分布在 -70dBm ~ -65dBm 之间，从图 11 和图 12 可以看到室外接收测试中很少有误包出现。而城区的北面、东北面和东面有较多区域的室外接收覆盖电平低于 -75dBm，从图 11 和图 12 可以看到这几个区域内的室外接收测试结果中存在较多误包，建议在上海增加 CMMB 发射点以改善城区北面、东北面和东面的覆盖效果。

图 14 和图 15 分别给出了以 0% 和 1% RS 误包率作为接收失败判据上海市 CMMB 移动接收效果统计分析柱状图。

从图 14 和图 15 可以看到，在上海市两个发射点的 CMMB 单频网中，误包主要出现在接收电平低于 -80dBm 的时候；在电平较高的区间在测试结果中不存在误包，表明目前的单频网工作状态正常。

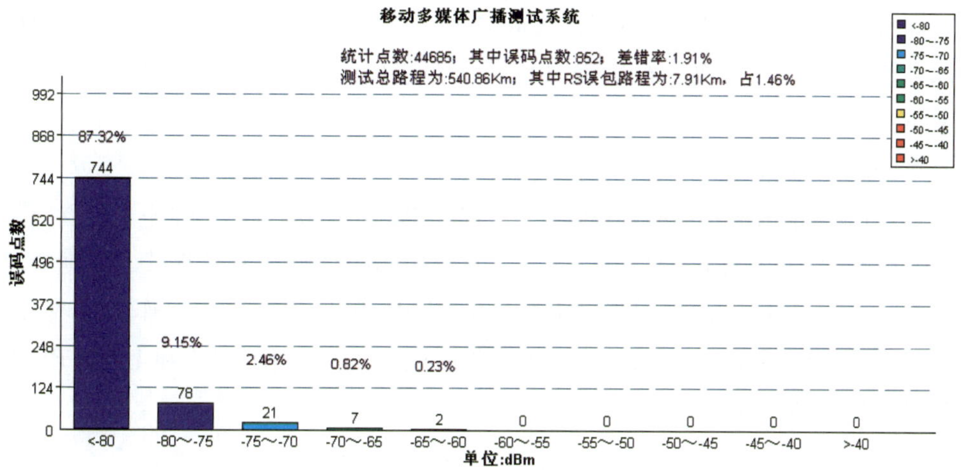

图 14　上海市城区 CMMB 接收效果电平统计分析图（以 0% RS 误包率为失败判据）

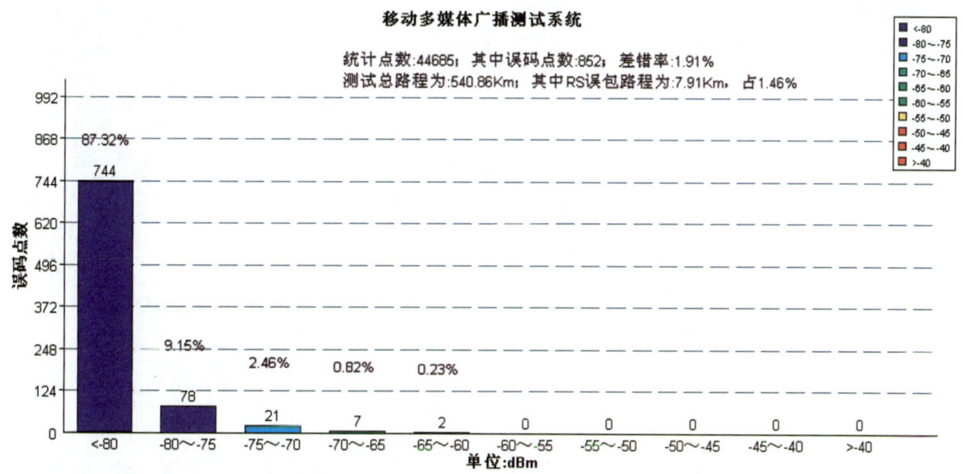

图 15　上海市城区 CMMB 接收效果电平统计分析图（以 1% RS 误包率为失败判据）

3.2.3 上海市测试总结

①在上海整个市区，室外移动接收的效果较好。

②在上海增加 CMMB 发射点以改善城区北面、东北面和东面的覆盖效果。

③现场测试过程中，发送实际节目码流时，采用 0% 和 1% 的 RS 误包率作为接收失败判据，室外接收测试的测试结果完全一致。

④上海市两个发射点的单频网工作状态正常。

3.3 青岛市

2008 年 10 月 10 日至 10 月 12 日，移动多媒体广播电视（CMMB）测试小组针对山东省青岛市移动多媒体广播电视（CMMB）网络的覆盖性能进行了评估测试。青岛市移动多媒体广播电视（CMMB）现为两个台站（太平山、麒麟大酒店）的单频网发射系统，采用 DS－21 频道（中心频率：538MHz）发射，天线增益均为 8dB。

为了全面评估移动多媒体广播电视（CMMB）系统在青岛市的覆盖效果，特别是移动接收性能，测试小组选取了青岛市区内及郊区的主要道路进行了移动接收测试；测试总路程为 507.03km。

3.3.1 测试结果

图 16 给出了山东省青岛市移动多媒体广播电视（CMMB）移动接收测试电平地点分布图。

由于测试期间 CMMB 播出的是节目码流，不能使用测试码流展开测试，根据专家组第二次会议的会议纪要，测试组在实际测试中分别采用 0% 和 1% RS 误包率作为接收失败判据。图 17 和图 18 分别给出了青岛市 CMMB 移动接收测试中，分别采用 0% 和 1% 的 RS 误包率作为失败判据的接收效果地点分布图。

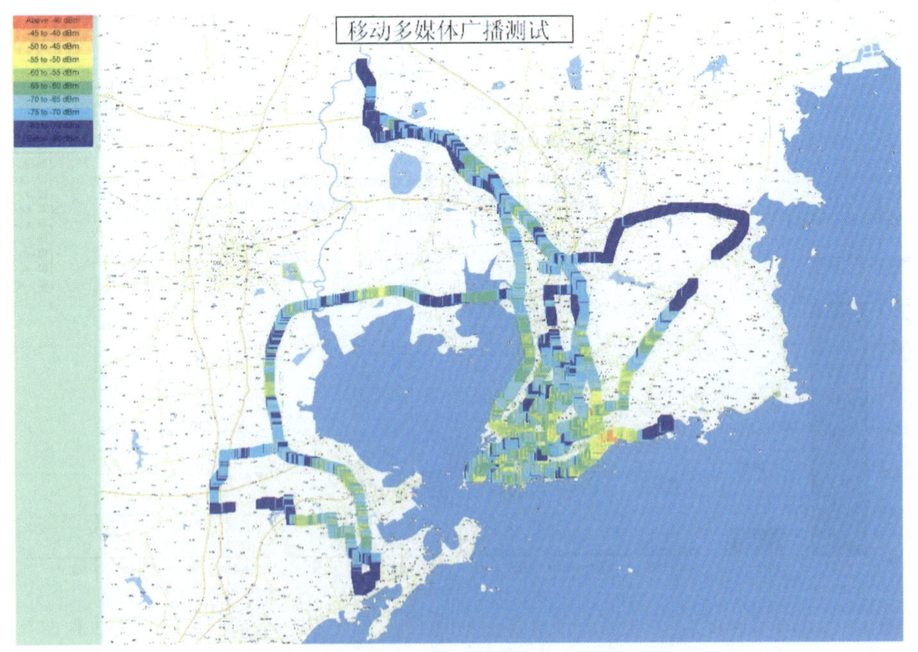

图 16 青岛市 CMMB 信号电平地点分布图

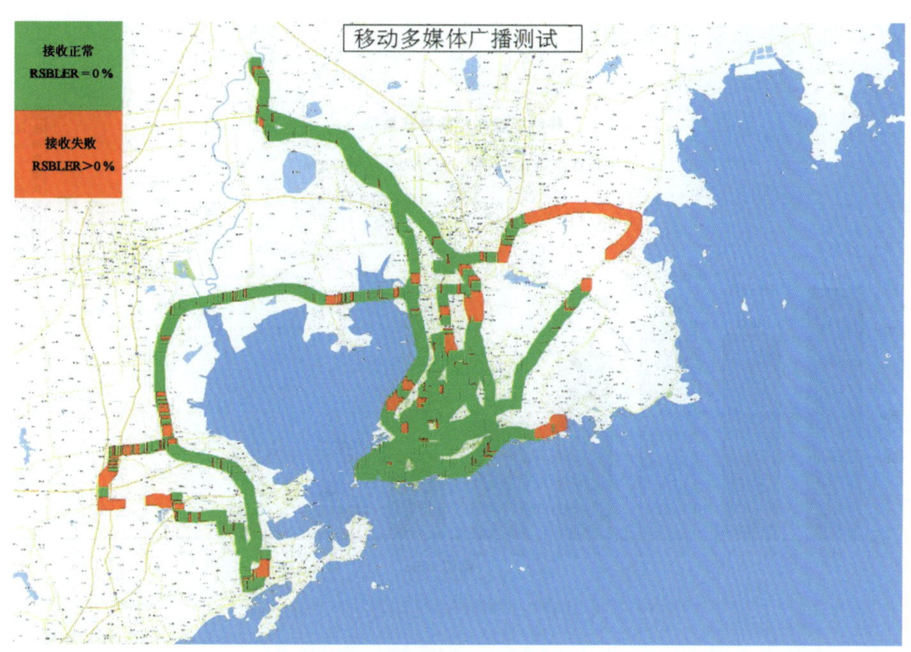

图 17　青岛市 CMMB 接收效果地点分布图（以 0％ RS 误包率为失败判据）

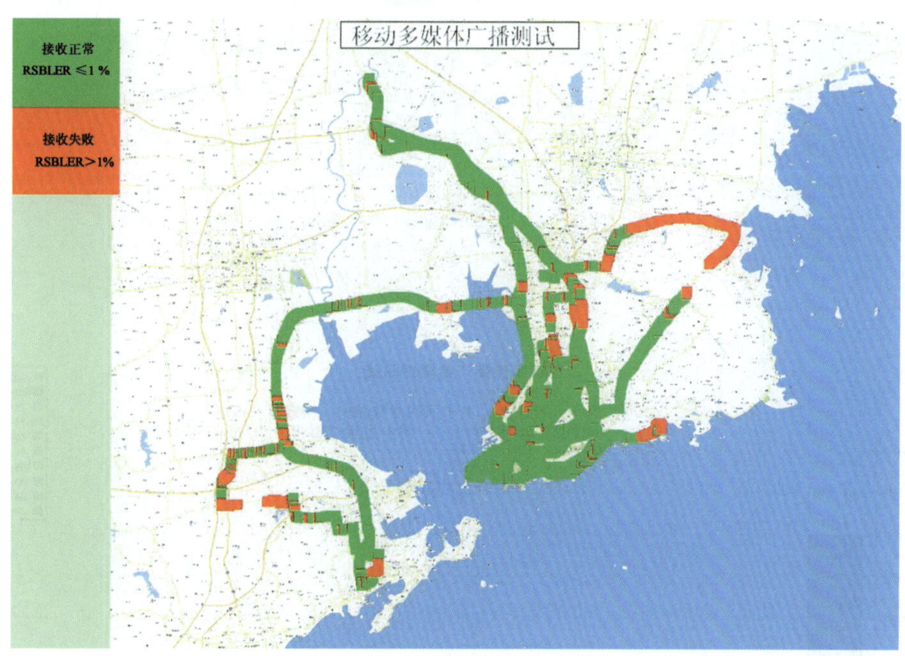

图 18　青岛市 CMMB 接收效果地点分布图（以 1％ RS 误包率为失败判据）

3.3.2　测试结果分析

在市区内，东部由于山较多，崂山区遮挡较严重，市区北部距离太平山发射台 10km 左右地段，由于地势较低，高楼遮挡严重，误码较高。在郊区，西北和胶州湾高速路地势较高且遮挡少，覆盖较好，但是进入开发区后电平较低；东边覆盖距离约 5km，东北方向覆盖约 20km，北边覆盖距离约 20km，西北方向由于地势较高，覆盖距离达到 50km。移动多媒体广播电视（CMMB）系统在青岛市南侧整体移动覆盖效果较好，北侧和东侧覆盖稍差，市区和郊区的总体平均接收电平为 -72.303dBm，总体接收成功率为 83.42%。

图 19 给出了青岛市 CMMB 的移动接收电平统计分析柱状图。

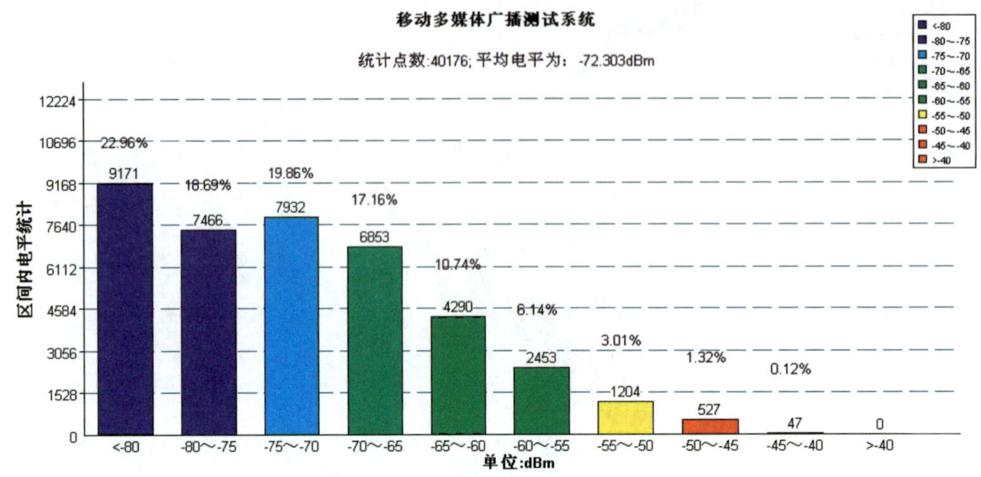

图 19 青岛市 CMMB 信号电平统计分析图

从图 19 可以看到，青岛市为两个发射点的 CMMB 单频网，在测试范围内的平均接收电平为 -72.303dBm。并且接收电平高于 -70dBm 的测试地点占整个测试区域的百分比达到 38.49%，电平覆盖性能通过增加发射点构成单频网而得到了一定的提高。结合图 16 和图 19 可以看到青岛市 CMMB 单频网的电平分布并不是很均匀，城区的北部覆盖电平较低，从图 17 和图 18 也可以看到相应区域的接收效果也较差，需要在青岛市 CMMB 单频网内再增加发射点以提高该区域覆盖电平值，改善接收效果。

图 20 和图 21 分别给出了以 0% 和 1% 的 RS 误包率作为接收失败判据青岛市 CMMB 移动接收效果统计分析柱状图。

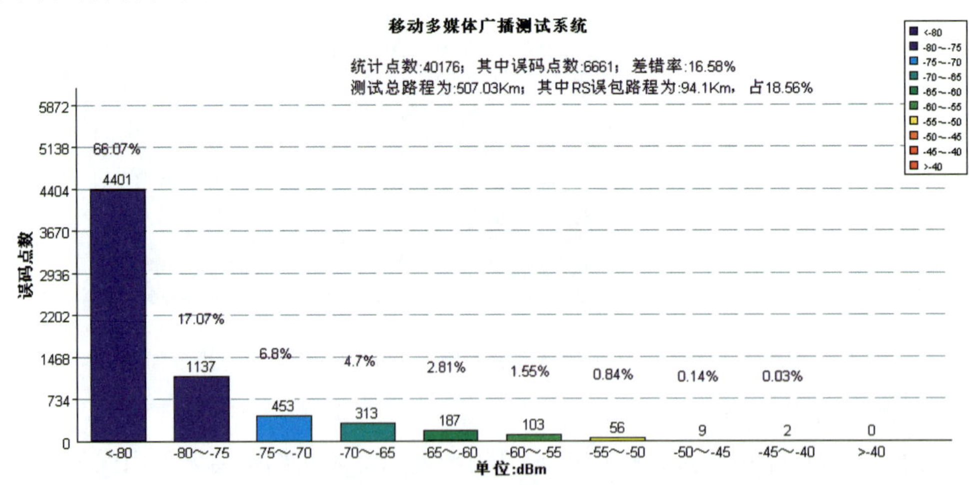

图 20 青岛市 CMMB 接收效果电平统计分析图（以 0% RS 误包率为失败判据）

从图 20 和图 21 中可以看到，青岛市的移动接收成功率为 83.42%。在青岛市两个发射点的 CMMB 单频网的测试结果中，在电平值高于 -65dBm 的测试点出现误码所占百分比数为

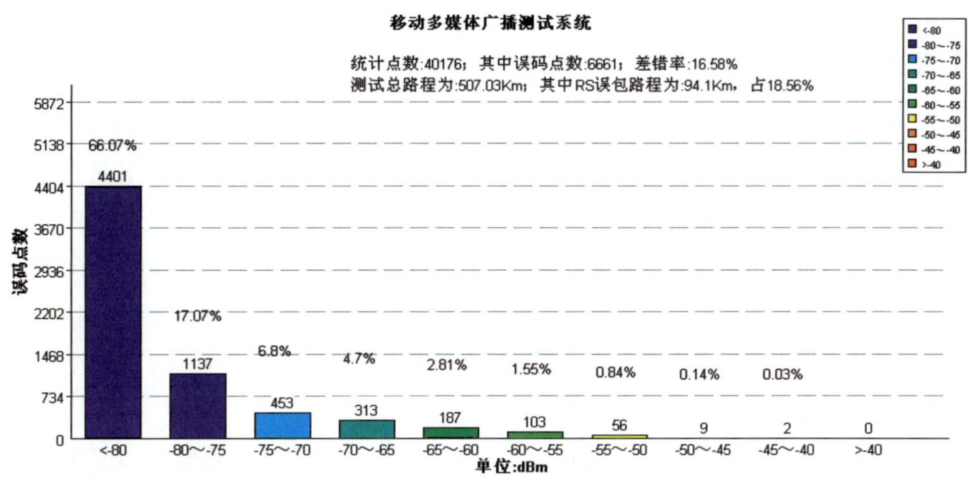

图 21　青岛市 CMMB 接收效果电平统计分析图（以 1% RS 误包率为失败判据）

21.42%，反映出在青岛市的 CMMB 单频网覆盖区域中仍存在电平值较高但仍然接收失败的区域。青岛市的 CMMB 单频网两个站点之间有一座山相隔；因此两个站之间的干扰区应该较小，电平较高但是有误码的区域可能主要因为山区附近强多径的影响，建议对青岛市的 CMMB 第一期工程覆盖网络做进一步的详细分析和测试，以判断在接收电平值高但接收失败的测试点接收失败的原因，为 CMMB 的发展积累经验。

3.3.3　青岛市测试总结

①移动多媒体广播电视（CMMB）系统在青岛市南侧整体移动覆盖效果较好。

②山东青岛市市区北部区域和西部黄岛开发区需要再增加发射点以提高覆盖电平值，改善接收效果；

③现场测试过程中，发送实际节目码流时，采用 0% 和 1% 的 RS 误包率作为接收失败判据，室外接收测试的测试结果完全一致。

除上述 3 个城市外，其余 34 城市的 CMMB 第一期工程覆盖测试和测试结果分析详见规划院承担的《全国 37 城市移动多媒体广播测试》报告。

4. 全国 37 城市 CMMB 网络优化建议

在全国 37 城市移动多媒体广播电视（CMMB）覆盖（第一期）网络中，单频网有 11 个，单发射点网络有 26 个。按照移动多媒体广播电视（CMMB）网络类型的不同，移动多媒体广播电视（CMMB）测试组对全国 37 座城市移动多媒体广播电视（CMMB）网络的现场测试结果进行了分析，分析内容主要包括：接收电平值取值分布、地点分布特性、室外移动接收失败测试点的接收电平值取值分布特性以及地点分布特性。在分析的基础上，移动多媒体广播电视（CMMB）测试组提出了相应的优化建议。

4.1 单频网

全国37城市移动多媒体广播电视（CMMB）覆盖（第一期）网络中总共有11个单频网，其中，北京市移动多媒体广播电视（CMMB）单频网由6个发射点组成，湖北省武汉市移动多媒体广播电视（CMMB）单频网由5个发射点组成，广东省深圳市、广东省广州市和湖南长沙市3个移动多媒体广播电视（CMMB）单频网均由4个发射点组成，江苏省南京市移动多媒体广播电视（CMMB）单频网由3个发射点组成。此外，上海市、云南省昆明市、内蒙古自治区呼和浩特市、河北省石家庄市和山东省青岛市5个移动多媒体广播电视（CMMB）单频网由2个发射点组成。

移动多媒体广播电视（CMMB）测试组以北京市移动多媒体广播电视（CMMB）单频网测试结果为例，对全国37城市移动多媒体广播电视（CMMB）覆盖（第一期）网络中的11个移动多媒体广播电视（CMMB）单频网覆盖效果的现场测试结果进行分析，分析的内容主要包括：

①所有测试点接收电平的地点分布特性、取值分布特性；

②室外移动接收失败测试点的地点分布特性、取值分布特性；

③研究提出北京市移动多媒体广播电视（CMMB）覆盖（第一期）网络的测试结论及优化建议；

④采用同样的方法对其余10个城市的移动多媒体广播电视（CMMB）单频网覆盖效果的现场测试结果展开分析，并给出相应的测试结论和优化建议。

（1）北京移动多媒体广播电视（CMMB）单频网测试结果分析

北京市移动多媒体广播电视（CMMB）单频网（6个发射点）的测试结果分析如下：

①在市区五环内，北京市移动多媒体广播电视（CMMB）信号的室外移动接收电平值分布较均匀，覆盖区域中的阴影区域较小，覆盖接收电平的平均值达到了－57.4dBm/8MHz。

②从现场测试的地点分布特性上看，由于北京市移动多媒体广播电视（CMMB）单频网覆盖区域内接收电平分布均匀而且高电平值区域相对较大，使得北京市五环以内城区主干道的移动接收成功率达到99.5%。在所有测试点路段中，只有东北五环、南五环小段以及东北机场高速在四环和机场之间的路段由于接收电平低，存在接收失败的测试点。

③由全部测试点接收电平的取值分布特性可知，电平值分布在－70dBm～－45dBm的区间内的测试点数量占整个测试点的85.5%；同时，高于－55dBm的电平值所占百分比高达33.3%。由此可见，6个发射点组成的北京市CMMB网络第一期工程的接收电平值分布比较理想。

④由接收失败的测试点对应接收电平值的分布特性可知，在北京市移动多媒体广播电视（CMMB）现场测试结果中，接收失败测试点占整个测试点数仅为0.5%，但接收失败的测试点数量随着接收电平值高的升高反而增多，反映出北京移动多媒体广播电视（CMMB）单频网还存在优化的空间。

（2）北京移动多媒体广播电视（CMMB）单频网测试结论及优化建议

①北京市移动多媒体广播电视（CMMB）单频网对北京市五环以内的城区覆盖电平较为均匀，接收成功率较高，由此可见，单频网站点选址较为合理。

②根据前面的分析结果，北京市6发射点移动多媒体广播电视（CMMB）单频网还存有优化的空间，建议有针对性地制定更详细的网络优化测试方案，研究在北京市移动多媒体广播电视（CMMB）单频网接收电平值高的区域出现误码的原因，以便更好地优化北京市移动多媒体广播电视（CMMB）单频网。

（3）其他10城市移动多媒体广播电视（CMMB）单频网的测试结论及建议

参照北京移动多媒体广播电视（CMMB）单频网分析方法，移动多媒体广播电视（CMMB）测试组对其余10个移动多媒体广播电视（CMMB）单频网进行了分析，结论和建议如下：

①6个发射点组成的北京市移动多媒体广播电视（CMMB）单频网，5个发射点组成的湖北省武汉市移动多媒体广播电视（CMMB）单频网，4个发射点组成湖南省长沙市和广东省广州市移动多媒体广播电视（CMMB）单频网，3个发射点组成的江苏省南京市移动多媒体广播电视（CMMB）单频网，市区室外主干道接收覆盖电平的地点分布和取值分布区间较为均匀，市区接收电平值的均值高于 -65dBm，市区室外接收成功率达到95%以上。对于北京市等5个城市移动多媒体广播电视（CMMB）网络，均有超过60%的接收失败测试点接收电平值高于 -75dBm，表明该5个城市移动多媒体广播电视（CMMB）单频网还有进一步优化的空间。因此，需要制定更加详细的网络优化测试方案，研究接收电平值高于 -75dBm 而在现场测试中接收失败测试点的原因，以便更好的优化北京市等5个城市的移动多媒体广播电视（CMMB）单频网。

②广东省深圳市移动多媒体广播电视（CMMB）4点单频网，市区室外移动接收覆盖电平值的均匀度低于上述5个CMMB单频网，市区接收电平值均值为 -68dBm，且市区室外接收成功率为72.6%，这主要由于有山体阻挡，大部分接收失败分布在深圳关外；深圳关内仅罗湖区覆盖效果较差，其他区域分布正常。

③对于湖南省长沙市移动多媒体广播电视（CMMB）单频网，整个接收失败测试点中超过95%的测试点接收电平值低于 -80dBm，表明该移动多媒体广播电视（CMMB）单频网工作状态良好，接收失败的测试点95%以上是由于接收电平过低造成。

④上海市、云南省昆明市、内蒙古自治区呼和浩特市、河北省石家庄市和山东省青岛市5个由2个发射点组成的CMMB单频网现场测试结果表明，5城市移动多媒体广播电视(CMMB)单频网市区接收电平均值低于 -70dBm，5个城市的市区室外接收成功率分别为98.00%、97.10%、68.32%、91.10%和81.44%。上海市和山东省青岛市2个移动多媒体广播电视（CMMB）单频网现场测试结果显示：接收失败的测试点占86%以上的接收电平值低于 -80dBm，这表明接收失败的测试点主要是由接收电平过低所致。云南省昆明市、内蒙古自治区呼和浩特市和河北省石家庄市3个移动多媒体广播电视（CMMB）单频网现场测试结果显示，接收电平值高于 -75dBm 的接收失败测试点数目占整个接收失败测试点数目的百分比分别为95.97%、32.84%和60.23%，这表明该3个单频网还有进一步优化的空间，需要

更有针对性地制定网络优化测试方案，研究分析接收电平值高于 -75dBm 而在现场测试中接收失败的原因，以便更好地优化这 3 个移动多媒体广播电视（CMMB）单频网第一期工程的覆盖效果。

综上所述，全国 37 城市移动多媒体广播电视（CMMB）覆盖（第一期）网络中的北京市等 11 个城市的单频网整体覆盖效果较好，但这些单频网仍存在进一步优化的空间，并且个别城市还可以参照接收信号电平的分布，通过增加补点进一步改善网络整体覆盖效果。

4.2 单发射点网络

参照北京市移动多媒广播电视（CMMB）网络分析方法，移动多媒体广播电视（CMMB）测试组对全国 37 城市移动多媒广播电视（CMMB）网络中的 26 个单发射点移动多媒广播电视（CMMB）网络覆盖效果进行了分析。

全国 37 城市移动多媒体广播电视（CMMB）覆盖（第一期）网络中 26 个单发射点覆盖网络现场测试的接收电平地点分布特性测试结果表明：

①四川省成都市、河北省秦皇岛市、河南省郑州市和西藏自治区拉萨市等城市市区内电平分布相对均匀，不存在明显的电平过低而导致接收失败的区域；

②辽宁省大连市、贵州省贵阳市、海南省海口市和广西壮族自治区南宁市等城市的现场测试中接收失败测试点中接收电平低于 -80dBm 占到总测试点数的 88.6%，表明这些城市大部分接收失败的原因是由接收电平过低所致；

③黑龙江省哈尔滨市、辽宁省沈阳市、青海省西宁市等城市场测试中在接收电平值高于 -75dBm 区域中仍有大部分接收失败测试点，需要研究这部分接收失败的具体原因，制定针对性的测试方案，以便更好地优化这些城市的移动多媒体广播电视（CMMB）网络覆盖效果。

5. 总结

在总局科技司的领导下，经过移动多媒体广播电视（CMMB）测试组的不懈努力，截止到目前，全国 37 城市移动多媒广播电视（CMMB）覆盖测试工作已基本完成。

全国 37 城市移动多媒体广播电视（CMMB）覆盖（第一期）覆盖情况见表 3。

表 3 全国 37 城市 CMMB 覆盖测试统计

序号	城市	平均接收电平	接收成功率	备注
1	北京	-57.4dBm	99.50%	6 点单频网，覆盖较好
2	长沙	-65.0dBm	99.20%	4 点单频网，覆盖较好
3	上海	-72.2dBm	98.00%	2 点单频网，覆盖较好
4	昆明	-58.8dBm	97.14%	2 点单频网，城区东北稍差
5	武汉	-67.9dBm	93.44%	5 点单频网，市区东北、西北稍差

(续表)

序号	城市	平均接收电平	接收成功率	备注
6	广州	−63.7dBm	92.30%	4点单频网，覆盖较好
7	石家庄	−69.0dBm	91.18%	2点单频网，城区西北稍差
8	南京	−60.3dBm	90.36%	3点单频网，覆盖较好
9	青岛	−72.3dBm	81.44%	2点单频网，城区东部、北部稍差
10	深圳	−68.1dBm	72.65%	4点单频网，城区北部稍差
11	呼和浩特	−73.4dBm	68.32%	2点单频网，城区覆盖较差
12	海口	−69.9dBm	95.40%	单点，城区东北稍差
13	贵阳	−72.5dBm	95.32%	单点，城区东南稍差
14	杭州	−69.9dBm	93.88%	单点，城区较好
15	兰州	−60.1dBm	93.30%	单点，城区西北稍差
16	成都	−65.5dBm	93.10%	单点，覆盖较好
17	合肥	−70.6dBm	92.52%	单点，市区东部较差
18	哈尔滨	−58.4dBm	92.32%	单点，覆盖较好
19	郑州	−59.1dBm	91.32%	单点，覆盖较好
20	大连	−78.9dBm	90.61%	单点，东部稍差
21	福州	−66.4dBm	90.20%	单点，城区西北稍差
22	南宁	−68.7dBm	90.20%	单点，城区南部稍差
23	南昌	−64.5dBm	89.74%	单点，城区西北稍差
24	天津	−60.4dBm	88.30%	单点，城区西北稍差
25	秦皇岛	−63.3dBm	87.69%	单点，覆盖较好
26	拉萨	−58.0dBm	85.93%	单点，城区覆盖较好
27	乌鲁木齐	−66.0dBm	83.98%	单点，城区南部、西北稍差
28	沈阳	−62.4dBm	83.94%	单点，城区北部稍差
29	西安	−75.3dBm	81.61%	单点，城区北部较差
30	太原	−71.7dBm	80.32%	单点，城区西北、西南较差
31	长春	−78.1dBm	79.58%	单点，城区北部稍差
32	重庆	−68.0dBm	77.29%	单点，城区西部稍差
33	济南	−71.8dBm	76.85%	单点，城区东南稍差
34	银川	−58.6dBm	73.96%	单点，城区覆盖较差
35	西宁	−57.4dBm	73.9%	单点，城区东边较差
36	宁波	−72.4dBm	72.10%	单点，覆盖较差
37	厦门	−77.4dBm	65.04%	单点，城区东部较差

①95%以上成功接收的城市共有6个，其中单频网4个（约占36%），单点2个（约占8%）；

②90%以上成功接收的城市共有19个，其中单频网8个（约占73%），单点11个（约占42%）；

③80%以上成功接收的城市共有28个，其中单频网9个（约占81%），单点19个（约占72%）；

④70%以上成功接收的城市共有35个，其中单频网10个（约占91%），单点25个（约占96%）；

全国37城市移动多媒体广播电视（CMMB）覆盖（第一期）网络中，有24个城市移动多媒体广播电视（CMMB）网络需要开展更详细的测试分析，以便进一步优化移动多媒体广播电视（CMMB）覆盖效果。其中，北京市、广东省深圳市等8城市的移动多媒体广播电视（CMMB）单频网以及四川省成都市等16城市的移动多媒体广播电视（CMMB）单发射点网络需要通过更有针对性的测试，研究分析在单频网以及单发射点现场测试中接收电平高而接收失败的原因。

附录

附录 1：失败判据的确定

2008 年 5 月 28 日广播电视规划院召开了《移动多媒体广播系统第一期工程覆盖效果测试方案》评审会，来自广电总局科技司、中央电台、广科院、设计院和北京创毅视讯公司的专家组听取了项目组对测试方案的介绍，经过认真讨论形成了会议纪要，要求本次测试采用误包率作为接收失败的客观判据，其数值应在至少 200 次测试结果统计后得出。根据会议纪要，完成了 246 次误包率和显示图像之间的关联试验，试验结果见表一，数据分析见表二。

当出现误包的时候，显示屏上的图像如果有马赛克、跳跃或者停顿均视为图像异常；误包率为一秒钟内的平均值。

根据实验结果，一秒内的误包率大于 1% 时，图像异常的概率为 88.7%，但误包率小于 1% 而大于 0% 时，图像异常的概率仍然有 63.6%，由此，专家组在第二次会议的会议纪要中提出，在现场测试过程中，发送实际节目码流时，分别采用 0% 和 1% RS 误包率作为接收失败判据。

表一　判决标准测试实验数据

误包率（%）	图像	误包率（%）	图像	误包率（%）	图像
3.8	否	0.8	否	5.3	否
2.8	否	8.3	否	6.3	否
8.3	否	1.9	否	1.6	否
0.9	正常	1.8	否	2.2	否
7.7	否	2.5	否	4.8	否
2.1	否	3.7	否	7.1	否
4.5	否	4.0	否	2.6	否
1.4	否	2.2	否	9.1	否
8.3	否	3.4	否	1.8	正常
1.3	正常	4.8	否	4.0	正常
2.9	否	2.4	否	1.1	正常
9.1	否	1.1	正常	8.3	正常
4.0	否	3.3	否	7.7	否
4.0	否	4.5	否	1.9	否
6.7	否	1.2	否	3.1	否
2.1	否	7.7	否	1.8	否

（续表）

误包率（%）	图像		误包率（%）	图像		误包率（%）	图像
1.2	正常		4.5	否		3.3	否
3.8	否		4.0	否		3.2	否
3.5	否		2.6	否		1.6	否
7.1	否		4.8	否		5.8	否
2.4	否		2.6	否		1.8	否
1.3	否		1.4	正常		3.2	否
10.0	否		7.1	否		10	否
6.3	否		8.3	否		5.9	正常
6.7	否		2.2	正常		1.7	否
9.1	否		1.8	否		8.3	否
4.5	否		3.0	否		5.0	否
7.7	否		10	否		2.4	否
1.4	否		6.3	否		2.5	否
1.4	正常		3.0	否		4.2	否
0.8	正常		4.0	否		3.1	否
2.8	否		2.3	否		4.0	否
2.0	否		3.0	否		1.1	否
7.7	否		2.1	否		9.1	否
2.6	否		2.1	否		3.7	正常
9.1	否		2.3	否		3.3	否
3.2	否		5.8	正常		2.5	否
5.6	否		2.8	否		3.3	否
1.3	否		6.7	否		1.1	否
5.5	否		5.9	否		8.3	正常
0.3	正常		0.9	否		0.8	正常
8.3	否		3.6	否		1.9	否
2.0	否		1.0	否		0.7	正常
7.1	正常		4.7	否		0.3	否
2.6	否		1.4	否		1.0	否
4.7	否		1.3	否		2.4	否
2.7	否		2.0	正常		1.5	否
4.8	否		1.9	否		0.5	否
3.3	否		5.3	否		3.5	否

（续表）

误包率（%）	图像		误包率（%）	图像		误包率（%）	图像
3.1	否		1.8	否		0.5	否
2.3	否		1.5	否		0.6	正常
5.3	否		3.3	否		0.4	否
2.2	正常		2.4	否		7.6	否
3.0	否		3.8	正常		0.7	否
5.9	否		4.0	否		4.2	否
6.2	否		9.1	正常		0.6	否
3.1	否		10.0	否		0.3	否
2.1	否		4.7	否		0.7	正常
3.0	否		2.7	否		2.6	否
0.8	否		4.7	否		0.5	否
5.0	否		3.2	否		0.3	正常
4.3	否		7.6	正常		5.6	否
1.6	否		5.6	否		3.0	否
6.2	否		1.9	正常		0.7	否
6.2	否		1.2	否		3.8	否
4.6	否		1.8	否		0.6	否
0.9	否		5.0	否		1.4	否
4.7	否		4.2	正常		6.3	否
3.3	否		3.2	否		0.7	否
6.6	否		3.6	否		1.9	否
5.6	否		9.0	否		5.9	否
6.6	否		2.5	正常		0.6	否
2.6	否		8.3	否		0.8	正常
4.5	否		2.7	否		1.3	否
1.5	否		5.0	否		0.5	否
1.5	否		5.3	否		1.7	否
1.8	否		3.4	否		2.4	否
2.7	否		7.7	否		2.9	否
8.3	否		1.7	否		2.2	否
4.1	否		7.1	正常		0.7	正常
2.1	否		0.5	正常		4.7	否
0.2	否		0.5	否		0.3	正常

表二 测试结果分析表

门限(%)	>门限值				<门限值				区间数目
	正常	异常	总计	异常百分比(%)	正常	异常	总计	正常百分比(%)	
0	36	210	246	85.4					
1	24	189	213	88.7	12	21	33	36.4	33
2	15	153	168	91.1	21	57	78	27.0	45
3	12	110	122	89.4	24	100	124	19.4	46
4	9	77	86	89.5	27	133	160	16.9	36
5	8	53	61	86.9	28	157	185	15.1	25
6	6	40	46	86.9	30	170	200	15.0	15
7	6	28	34	82.4	30	182	212	14.2	12
8	3	18	21	85.7	33	192	225	14.7	13
9	1	9	10	90.0	35	201	236	14.8	11
10					36	210	246	14.6	10

附录2：实验室测试信道模型

表三 瑞利信道模型

路径	幅度	延时
回波1	-7.8dB	0.518650us
回波2	-24.8dB	1.003019us
回波3	-15.0dB	5.422091us
回波4	-10.4dB	2.751772us
回波5	-11.7dB	0.602895us
回波6	-24.2dB	1.016585us
回波7	-16.5dB	0.143556us
回波8	-25.8dB	0.153832us
回波9	-14.7dB	3.324886us
回波10	-7.9dB	1.935570us
回波11	-10.6dB	0.429948us
回波12	-9.1dB	3.228872us
回波13	-11.6dB	0.848831us

续表

路径	幅度	延时
回波 14	-12. 9dB	0. 073883us
回波 15	-15. 3dB	0. 203952us
回波 16	-16. 5dB	0. 194207us
回波 17	-12. 4dB	0. 924450us
回波 18	-18. 7dB	1. 381320us
回波 19	-13. 1dB	0. 640512us
回波 20	-11. 7dB	1. 368671us

表四　莱斯信道

路径	幅度	延时
主径	0dB	0
回波 1	-19. 2dB	0. 518650us
回波 2	-36. 2dB	1. 003019us
回波 3	-26. 4dB	5. 422091us
回波 4	-21. 8dB	2. 751772us
回波 5	-23. 1dB	0. 602895us
回波 6	-35. 6dB	1. 016585us
回波 7	-27. 9dB	0. 143556us
回波 8	-26. 1dB	3. 324886us
回波 9	-19. 3dB	1. 935570us
回波 10	-22. 0dB	0. 429948us
回波 11	-20. 5dB	3. 228872us
回波 12	-23. 0dB	0. 848831us
回波 13	-24. 3dB	0. 073883us
回波 14	-26. 7dB	0. 203952us
回波 15	-27. 9dB	0. 194207us
回波 16	-23. 8dB	0. 924450us
回波 17	-30. 1dB	1. 381320us
回波 18	-24. 5dB	0. 640512us
回波 19	-23. 1dB	1. 368671us

表五　动态多径模型

路径	幅度	延时	多普勒类别
回波 1	-3dB	0us	莱斯
回波 2	0dB	0. 2us	莱斯
回波 3	-2dB	0. 5us	莱斯
回波 4	-6dB	1. 6us	莱斯
回波 5	-8dB	2. 3us	莱斯
回波 6	-10dB	5us	莱斯

标准清晰度数字电视
测试图像研究

摘要

根据国家广播电影电视总局科技司下达的任务，由中央电视台、国家广播电影电视总局广播电视规划院、总局数字电视标准工作组共同研究制定了《标准清晰度数字电视主观评价用测试图像》标准。制定这个标准的目的就是要建立能满足主观评价要求的测试图像库。

本报告首先对国际图像序列进行了研究，简要介绍了国际常用的主观评价方法、主观评价用测试图像和压缩编解码系统对图像质量的要求。由于国外主观评价用测试图像的画面内容、节目种类、色彩喜好及发行格式等与我国情况均有所不同，根据我国情况研究并建立了制作测试图像素材的基本准则，明确了主观评价要考核的质量要素及其评价用素材的特点。依此建立了测试图像素材的基本构架，设计了测试图像的场景、节目类型、考核要素和运动特性等属性。

按照制作测试图像素材的基本框架，并且根据当时的电视节目拍摄制作工艺技术水平，对几种高质量的电视节目拍摄制作工艺流程进行了研究和比较。通过主观评价的方法，最终确定了既能够满足制作测试图像素材基本准则又兼顾经济成本的制作工艺流程。

经过大量拍摄、后期制作、粗选和精选后，共完成静止素材 5 条、演播室素材 13 条、外景图像素材 13 条、后期合成制作素材 9 条、现有日常节目素材 6 条以及计算机生成图像素材 1 条，共计测试素材 47 条。

图像素材的统计特性可以在一定程度上反映图像内容的复杂程度，而不同的应用环境需要不同复杂度的测试图像，为了方便选择测试图像素材，对各个测试图像的统计特性进行了计算。并且通过软件计算测试图像的苛刻度、硬件编码器计算测试图像的苛刻度、图像质量分析仪计算测试图像的苛刻度和主观评价方法评价测试图像的苛刻度四种方式，比较了国内外测试图像的复杂程度。通过两个在实际系统中的使用实例，介绍了测试图像的使用方法和测试效果。

目录 Contents

前言

数字电视系统和设备的性能主要是通过客观测试和主观评价来衡量的。其中主观评价是评价图像质量的可靠手段，而测试图像是进行主观评价的基础，测试图像的内容和质量对评价结果的有效性具有至关重要的影响。

对数字电视系统和设备而言，眼图等客观指标并不能完全反映图像质量的好坏，还需要对图像进行主观评价，然而国内一直未能拥有一套自己的测试图像。国外的主观评价用测试图像，画面内容、节目种类、色彩喜好及发行格式等与我国情况均有所不同，并有版权等限制。

根据国家广播电影电视总局科技司下达的任务，由中央电视台、国家广播电影电视总局广播电视规划院、总局数字电视标准工作组共同研究制定了《标准清晰度数字电视主观评价用测试图像》。制定这个标准的目的就是要建立能满足主观评价要求的测试图像库。

1. 国际图像序列研究

国际电信联盟 ITU 已经颁布了关于主观评价方法和主观评价用测试图像的国际标准。

ITU－R BT. 500－11 规定了电视图像质量主观评价方法。主观评价方法是直接利用观察者对被测系统图像质量的反应来确定系统性能的一种测试。客观测量方法不能够全面地反映被测系统的整体特性，因此，主观评价方法是客观测量必要的补充手段。电视图像质量主观评价通常包括两种类型：第一种是确定系统在最佳条件，即理想接收条件下性能的评价，称之为基本质量评价；第二种是确定系统因传输或发送导致的非最佳条件下保持质量能力的评价，称之为损伤评价。标准中还规定了主观评价观看环境、主观评价用监视器、主观评价用测试图像的挑选、主观评价员、主观评价过程的安排、主观评价方法以及主观评价结果的筛选和统计。

ITU－R BT. 710－2 规定了高清晰度数字电视图像质量的主观评价方法。主要特别指出了高清晰度数字电视环境下，图像质量主观评价的观看环境、评价方法和测试图像。

ITU－R BT. 1210－3 规定了主观评价用测试图像。测试图像的类型有静止和运动，测试图像格式包括 525/625 标准清晰度数字电视、模拟电视和 1125/1250 高清晰度数字电视，测试图像的发行方式为磁带发行，另外附录中还定义了用于描述测试图像素材的统计特性。

ITU－R BT. 1203 规定了端到端电视系统数字电视信号的通用比特率降低编码的用户要求。标准清晰度数字电视系统和高清晰度数字电视系统在采集、传送、演播室制作、一次分配、地面传输、卫星传输和二次分配各环节中，对经编解码处理后的图像质量的要求、编码方式的要求以及编码码率等参数的要求。

ITU－R BT. 1122 规定了标准清晰度和高清晰度数字电视信号在经过多级编解码处理系统

后，对图像质量的要求。

2. 制作测试图像素材的基本准则和考虑

2.1 制作测试图像素材的基本准则

①在图像质量评价中，尽可能无缺损的源图像是获得稳定评价结果的关键。因此，对所测电视系统而言，标准测试图像素材应具有最佳的图像质量（除某些特殊测试需加噪波外）。

②对于不同的评价目的，通常需要不同的测试素材。例如：对于基本质量评价，需要一般严格的素材；对于高要求的应用（如演播室质量或后期处理等）的评价，通常需要比较严格的素材；对自适应处理系统性能的评价，通常需要非常严格的素材。

所以，测试图像素材的苛刻度要有合理的分布范围，制作完成的测试图像素材集的苛刻度应当基本涵盖从低到高的分布范围。

③测试图像素材应包含正常的节目素材和专门制作的图像素材。前者应具有真实、有效和代表性，可以在日常播出节目中选取；后者是根据主观评价需要专门设计、制作的。

④每一个测试图像素材的内容应具有明显的特点，即对一个或多个图像质量要素比较敏感。图像场景应包含与评价一个或多个图像质量要素相关的构图元素。

⑤测试图像素材的数量应足够多，既要有静止图像素材，也要有活动图像素材。

⑥测试图像素材应采用适当的载体和格式存储，以便长期保存和复制时其质量不劣化。

2.2 主观评价要考核的质量要素及其评价用素材的特点

对图像质量进行主观评价时，主要考察的要素大体上可分为以下几类：

（1）图像的清晰度

评价用图像素材需包含精细结构的黑白和彩色景物，如花园、树枝或桅杆、民族服饰、精细结构的建筑物、精细的绘画或文字、有网格或纹络的景物、舞台或演播室剧照等。

（2）图像层次

评价用图像素材需包含亮度动态范围大并且层次丰富的场景，如自然风光、街景等。

（3）肤色和各种常见色彩的复现真实性

评价用图像素材需包含日常生活中常见色彩的场景，如卡通画、人物头像、高饱和色的景物、飘扬的旗帜、花卉特写、京剧脸谱、彩色剪纸、玩具等。

（4）物体质感再现真实性

评价用图像素材需包含日常生活中常见的各种质地的景物，如木制品、塑料制品、金属制品、棉毛制品、陶瓷制品、皮革制品、水果、蔬菜等。

（5）色键、字幕和计算机图形的处理性能

评价用图像素材需包含蓝色背景前的静物和活动景物，如玻璃花瓶和鲜花、玻璃鱼缸和金鱼、香炉和烟、人物半身像、网格窗帘等；有不同字体、字号和滚动方向的字幕以及计算机合成的多层的活动图形图像如天气预报节目、栏目或节目包装等。

（6）视频压缩编解码综合性能

视频压缩编解码性能的评价项目除了前述各种要素外，还要评价视频压缩造成的其他损伤表现（即压缩损伤的可见程度，如噪声、块效应、闪烁等）。

图像素材场景中除了有前述的各种场景外，还应有一些快速无规则运动的场景，如球类比赛或田径比赛现场及欢呼的观众、秋千表演、赛马、京剧武打、民族歌舞、水波纹中的景物、随机运动的图案或景物、转动的鸟笼和绒毛玩具、有精细图案、照片和字符的转盘等。

对于数字电视系统图像质量主观评价考核的基本质量要素及其评价用测试图像素材的特点，可以总结如下表所示：

序号	主观评价主要考核的质量要素	评价用测试图像素材的特点
1	图像的清晰程度	静止/运动、亮度/色度的细节和纹理丰富的场景以及有陡峭边缘物体的场景
2	图像层次	静止/运动的动态范围大、对比度高和层次丰富的场景
3	肤色等彩色的保真度	静止/运动的包含肤色和其他人们常见或熟悉的颜色以及色彩丰富、色饱和度不同的彩色场景
4	杂波和干扰的可见程度	噪声水平最低的高质量图像素材和不含噪声的计算机生成的图像素材（包含低电平暗区）等
5	物体的质地再现和真实感	含棉、麻、毛等织物和皮革、金属等制品的场景以及真实雄伟的室外建筑等场景
6	色键处理性能	前景细节、色彩丰富及含透明物体（如玻璃、水）、浅或深蓝色物体等难以抠像处理的内容；背景为静止蓝色或慢速运动的场景
7	视频压缩处理综合性能（信息量越大的素材即复合型的素材，既包含大面积的微小细节和纹理，又包含色彩丰富、饱和度高、动态范围大、层次丰富且复杂快速运动的场景，对编码器来说难度越大。）	清晰度（包含亮度/色度、静止/运动的大面积的微小细节和纹理的素材场景）
		彩色重现性能（包含静止/运动的大面积色彩和细节丰富以及饱和度高的彩色场景）
		运动估值/运动补偿性能（包含亮度/色度的物体复杂快速、随机运动和摄像机各种操作运动及快速切换的场景，特别是复杂快速运动的场景和大面积细节丰富场景之间的切换）
		层次（灰度级）再现性能（包含亮度/色度、静止/运动的视频动态范围大、对比度高、层次丰富的场景素材）
		对含噪声图像的处理能力（包含不同信杂比随机杂波的细节丰富、色彩鲜艳的活动图像素材）
		处理特殊效果图像的性能（含特殊效果，如快速旋转、翻滚、变焦、淡入淡出、划像、翻页等）
8	字幕处理性能	包含不同大小、不同颜色、以不同速度向上滚动、左飞的字幕素材

3. 测试图像素材的基本构架

标准测试图像素材中静止图像不少于5幅，活动图像不少于15个。其中活动图像素材持续期（最后成品）一般在20s～30s，其中有明显测试效果的图像内容不能少于10s。在拍摄时最好有加倍的候选素材数量（在相同场景下以不同方式或角度进行拍摄）或将图像素材持续期延长到40s～60s以上，以便有足够的挑选余地。

以下为项目初期确立的测试图像素材基本内容框架，实际完成的内容数量更多一些。

静止图像：

序号	名称	内容	代表性	考核品质	运动特性	源
1	海港	自然海港场景，有很多船只（桅杆、拉绳等突出微小细节）、海水、建筑物（突出细节、色彩）、风景（树、山丘等）	细节丰富的室外静止图像	清晰度	固定镜头拍摄；静止	幻灯片
2	花园	色彩和细节丰富的花园场景（由近到远各种彩色花的细节由大到小、越来越细，远处是大面积的树、树枝和石头砌成的围墙等的亮度细节）	室外饱和色彩、高细节静止图像；	清晰度	固定镜头拍摄；静止	幻灯片
3	图像层次丰富的场景	亮度动态范围大、对比度高、层次丰富的图像素材	灰度级丰富的图像	图像层次（灰度级）	固定镜头拍摄；静止	幻灯片
4	织物和皮革制品	包含棉、麻、毛等织物和皮革、金属等制品的场景	演播室图像；纹理和质地	纹理和质地再现	固定镜头拍摄；静止	幻灯片
5	肤色图	女士（女主持人或播音员）的半身像，突出脸部正确的肤色，头发稍蓬松（细节清晰），手持一束花（三种以上颜色）	演播室肤色图；	肤色等色彩和细节再现能力	固定镜头拍摄；静止	幻灯片
6	色键	蓝色背景，前景为女士像，头发较蓬松（突出头发丝细节精细），圆桌上有花瓶（插着花，且颜色和细节丰富），玻璃杯中有水（透着蓝色背景）	色键图	色键处理性能	固定镜头拍摄；静止	幻灯片

活动图像素材：

序号	名称	内容	代表性	考核品质	运动特性	源
1	花园实景	花园的全景素材，前景为大面积的花坛（色彩和细节丰富），中景为无叶树枝（亮度细节）和房屋（瓦顶）以及几个人在慢步；摄像机移动镜头拍摄，造成前景（特别是大树干）和中远景向相反方向移动的效果	室外真实花园全景	亮度、色度动态清晰度和视频压缩处理痕迹；制式转换性能	移动镜头拍摄；慢速运动	HD 摄像机
2	玩具	前景为小火车水平方向运动及车轮转动、亮光的金属环及红色球的随机运动；背景为高饱和色的卡通画及垂直方向上下移动的日历（细节丰富）	室内设计场景素材；饱和色彩	清晰度、色度再现以及运动估值/补偿能力；制式转换性能	镜头跟踪日历和小火车向下和向左移动拍摄；慢速运动	HD 摄像机
3	乒乓球	为身着高饱和色（红、绿）运动衫的运动员颠球、开球、打球的乒乓球运动场景，背景为纹理丰富的墙，墙上贴有细节画	复杂、快速室内运动、场景快速切换；饱和色彩	纹理、高饱和色彩再现以及视频压缩运动估值/补偿；制式转换	摇镜头、变焦拍摄；场景快速切换；复杂、快速运动	HD 摄像机
4	篮球	复杂快速的篮球运动场景。运动员身着高饱和色（金黄色）运动衫，背景为高细节拥挤的看台（观众）	复杂快速运动；大范围细节背景	背景清晰度和视频压缩处理痕迹	摄像机跟踪篮球和运动员拍摄；复杂快速运动	HD 摄像机
5	足球	前景为错综复杂、快速的足球运动比赛，背景为细节丰富（观众拥挤的看台）以及在精彩进球之后观众台上欢呼雀跃场面的快速切换素材	快速、复杂运动、场景快速切换；大范围细节背景	清晰度和视频压缩处理痕迹	摄像机跟踪足球比赛运动和观众台拍摄；场景快速切换；复杂快速运动	HD 摄像机
6	赛马或赛车或自行车赛	前景为赛马或赛车的快速运动，背景为比赛场地周围的风景（如草地、树、电线杆以及观众等）	室外运动比赛场景；大范围风景细节	清晰度和运动估值/补偿能力	摄像机镜头跟踪马骑或赛车拍摄；快速运动	HD 摄像机

（续表）

序号	名称		内容	代表性	考核品质	运动特性	源
7	自由体操/艺术体操		前景为快速、复杂的体操运动，背景为细节丰富的观众看台	室内快速运动比赛场景	清晰度和运动估值/补偿能力	摄像机跟踪体操运动员、观众拍摄；快速运动	HD 摄像机
8	滑雪场景		滑雪场景，运动员和观众衣着色彩鲜艳，场景平均亮度高，伴有细节丰富的内容（如铁丝网护栏或远景树枝等）	平均亮度高的快速运动场景	视频压缩系统处理能力	摄像机跟踪滑雪运动拍摄；快速运动	HD 摄像机
9	旋转运动		在旋转盘上贴着若干静止画面，包括各种不同细节、色彩和结构的画面	旋转运动	系统处理旋转运动和细节的能力	固定镜头拍摄的静止画	HD 摄像机
10	京剧（1～2个片断）		选取典型的京剧场景素材。京剧演员服饰色彩丰富、鲜艳以及快速复杂的打斗场面和典型的做派场面等	京剧（戏剧）	视频压缩系统处理典型京剧场景的能力	摄像机镜头移动和变焦拍摄；场景快速切换；快速复杂运动	HD 摄像机
11	秧歌		身着鲜艳服饰的妇女手提大红绸腰带在公园扭秧歌的场景	文艺节目；饱和色彩	视频压缩处理痕迹	摇镜头和变焦距拍摄；快速运动	HD 摄像机
12	噪声素材	合成噪声	中央部分为具有细节和色彩丰富的人物慢速运动场景；周围的噪声量发生缓慢变化的场景素材	噪声（能量缓慢变化）；特殊效果	视频压缩系统处理伴有随机噪波图像的能力	固定镜头拍摄；慢速运动	HD 摄像机
		叠加噪声（S/N＝20，25，30，35 dB）	具有不同 S/N（20，25，30，35dB）随机噪波量的在花丛前女士半身像的图像素材	噪声（固定）			
13	含水花或喷泉之类的场景素材		类似 SnowJump 的含水花或喷泉之类的随机运动场景	水花或喷泉素材	视频压缩系统处理水花等随机运动图像的能力	摄像机镜头固定或跟踪拍摄；随机运动	HD 摄像机

（续表）

序号	名称	内容	代表性	考核品质	运动特性	源
14	演播室谈话节目	主持人或嘉宾（衣着细格衣裙）的谈话节目场景，背景墙上是大面积细节丰富的地图和日历（类似 Youngcouple 和 Ranata with scarf）	演播室谈话节目图像素材	视频压缩系统肤色和细节的重现能力	摄像机镜头固定或跟踪拍摄；慢速运动	HD 摄像机
15	字幕图像	电视节目开始或结束时的字幕向上滚动和水平方向移动	电子图形素材	系统处理字幕移动的能力	中速运动	标清字幕机
16	计算机生成图像	背景为一张用计算机制作的天气预报图，前景为摄像机拍摄的预报员正在进行天气预报的场景素材	计算机图像；合成图像素材	系统处理计算机生成图像的能力（图像清晰度以及噪波干扰）	慢速运动	HD 摄像机；计算机生成图形
17	色键（1~2 个）	对抠像处理有相当难度的鱼缸、玻璃杯（有水、有鱼）及色彩和细节丰富的花等前景的慢速运动场景，背景为蓝色	色键	色键处理性能	摄像机固定镜头拍摄；慢速运动	HD 摄像机
18	特殊效果图像	信息量较大的静止图像经特殊效果处理（如旋转、翻滚、淡入淡出、划像、翻页等处理）之后的图像素材	特殊效果图像素材	视频压缩系统处理特殊效果图像的能力	如旋转、翻滚、淡入淡出、划像、翻页等处理；速度较快	标清硬盘数据
	海港场景（同静止海港图像）	固定镜头拍摄的海港静止场景，用计算机完成静止图像的变焦处理	特殊效果图像素材	处理具有精细细节变焦图像的能力（如细节损失和水中的干扰图案等）	中速变焦处理	HD 摄像机
19	动画图像素材		动画素材	处理动画图像素材的能力		标清硬盘数据

4. 拍摄制作工艺的研究

4.1 拍摄制作方式的调研

依据制作测试图像素材的基本准则，标准测试图像对所测图像系统而言应具有最佳图像质量，要达到此目标，项目组对拍摄制作方式进行了调研。

制作标准清晰度测试图像素材主要有以下六种制作方式：

①电影胶片拍摄，胶转磁为高清，达芬奇校色，下变换为标清；

②数字电影机 THOMSON VIPER 拍摄，数据硬盘无压缩记录，非编制作，下变换为标清；

③演播室用标清摄像机拍摄，硬盘录像机无压缩记录，非编制作；

④SONY HDCAM 一体化高清摄像机拍摄，非编/电编制作，下变换为标清；

⑤SONY HDCAMSR 高清摄像机拍摄，非编无压缩记录的方式，下变换为标清；

⑥SONY HDCAMSR 高清摄像机拍摄，440Mbps 磁带记录，非编制作，下变换为标清。

4.2 拍摄制作方式的比较

项目组对高清摄像机拍摄并下变换后与标清摄像机直接拍摄图像质量进行了比较试验，对不同拍摄制作工艺进行了比较分析。

4.3 比较使用的设备

仪器名称	型号	设备主要参数（量化比特、压缩比、输出信号格式）
SONY 高清摄像机	HDW－F900	量化 12 比特，记录 8 比特，4.4：1 压缩，信号格式 24p/50i/60i
	HDW－750CE	量化 10 比特，记录 8 比特，4.4：1 压缩，信号格式 50i
	HDW－700A	量化 12 比特，记录 8 比特，4.4：1 压缩，信号格式 60i
SONY 标清摄像机	DVW－700P	记录 10 比特，2.2：1 压缩，信号格式 PAL 制式
摄影机	阿莱 435 型	使用胶片：柯达 VINSION 50D；柯达 VINSION 320T
格式转换器机型	史诺伟思 HD6200	D2－10bit，24p/50i/60i/PAL/NTSC

4.4 比较的内容

①标清数字摄像机 SONY DVW－700P 拍摄的图像；

②高清 1080/50i 下变换为标清格式的图像；

③高清 1080/60i 下变换为标清格式的图像；

④高清 1080/24p 下变换为标清格式的图像；

⑤胶片经过 SPIRIT　TELECINE 转换成为高清格式、再下变换为标清格式的图像。

注：下变换使用的是信箱模式。

4.5　主观评价图像

序号	测试项目	图像内容	主观评价排序
1	清晰度、画面层次	月亮湾风景	略
2	动态范围	蒙古包内老人吹笛	略
3	运动	快艇	略
4	彩色还原、质感	图瓦老人	略
5	彩色还原	演播室人像	略

4.6　比较试验结论

①胶片下变换后图像质量主要决定于胶转磁设备的转换质量。

②高清拍摄后下变换的图像总体质量好于标清直接拍摄的图像。

4.7　拍摄制作方式的选择结果

经过认真比较和可行性分析论证，同时基于充分利用现有设备和降低制作成本的考虑，最终确定本项目采用高清摄像机拍摄、高清 YUV4:2:2 拍摄记录格式、制作高清母版测试图像、经下变换完成标清版测试用图像素材的方式。静止图像采用 2200 万像素的数码相机拍摄。

发行使用的标清版测试用图像素材为无压缩 4:2:2YUV 格式。

实际制作流程如下：

①图像素材摄取——HDCAMSR、HDCAM 高清摄像机，采用 4:3 构图；

②图像记录——HDCAMSR、HDCAM 高清录像机；

③后期制作——高清无压缩非线工作站；

④高质量下变换器；

⑤记录媒介——磁带，硬盘。

注：由于本项目为 2002 年广电总局科技司下达的标准项目，工艺流程部分的研究仅限于当时设备技术水平。本项目最终采用的工艺流程为当时设备技术水平条件下性价比最佳的方案。

5. 制作完成的测试图像素材

经过大量拍摄、后期制作、粗选和精选后，共完成静止素材 5 条、演播室 13 条、外景图像素材 13 条、后期合成制作素材 9 条、现有日常节目素材 6 条以及计算机生成图像素材 1 条，共计测试素材 47 条。具体如下：

序号	名称	素材截图	代表性 运动特性 主要考察属性
1	织物和日用品		演播室图像； 静止； 纹理和质感
2	食品和器皿		演播室图像； 静止； 颜色、质感、清晰度
3	少女肖像		演播室图像； 静止； 肤色和质感
4	人物色键		虚拟演播室图像； 静止； 色键处理性能

（续表）

序号	名称	素材截图	代表性 运动特性 主要考察属性
5	景物色键 1		虚拟演播室活动图像 （色键处理难度较小）； 镜头固定； 色键处理性能
6	景物色键 2		虚拟演播室活动图像 （色键处理难度适中）； 鸟笼旋转、镜头固定； 色键处理性能
7	景物色键 3		虚拟演播室活动图像 （色键处理难度较大）； 鸟笼旋转、镜头变焦； 色键处理性能
8	秧歌舞		室外舞蹈表演； 快速复杂运动、镜头固定、 场景切换； 压缩编解码性能、彩色饱和度、 运动预测与补偿

(续表)

序号	名称	素材截图	代表性 运动特性 主要考察属性
9	水波和松树		室外景物； 大面积的随机运动、 镜头变焦； 压缩编解码性能、细节
10	花坛		室外景物； 镜头水平慢速摇动； 压缩编解码性能、 彩色细节
11	独轮车表演		室外运动场景； 快速复杂运动； 压缩编解码性能、 彩色饱和度、 运动预测与补偿
12	溪水中的石块	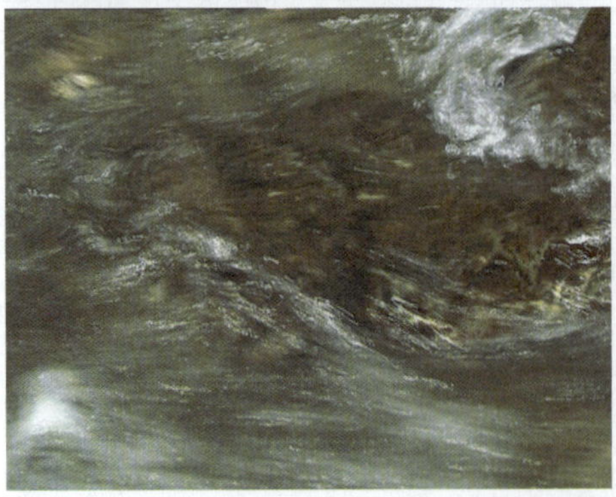	室外特写； 快速运动、镜头固定； 压缩编解码性能、 运动预测与补偿

（续表）

序号	名称	素材截图	代表性 运动特性 主要考察属性
13	雨中的古建筑		室外自然场景； 随机运动、镜头固定、 场景切换； 压缩编解码性能、细节
14	荡秋千		室外运动场景； 钟摆运动、镜头固定； 压缩编解码性能、 彩色饱和度、 运动预测与补偿
15	京剧舞旗片断		室内舞台表演； 无规则快速运动、 固定镜头、场景切换； 压缩编解码性能、 彩色细节、 运动预测与补偿
16	花草		室外自然风景； 镜头慢速摇移； 压缩编解码性能

（续表）

序号	名称	素材截图	代表性 运动特性 主要考察属性
17	鸭子戏水		室外自然风景； 镜头慢速摇移、 跟踪运动目标、 场景切换； 压缩编解码性能
18	秋叶		室外自然风景； 镜头固定、场景切换； 压缩编解码性能
19	游艇		室外自然场景； 镜头慢速摇移、 跟踪运动目标； 压缩编解码性能、 彩色饱和度、细节、 运动预测与补偿
20	雪		室外自然场景； 镜头固定、场景切换、 镜头跟踪运动目标； 图像层级

（续表）

序号	名称	素材截图	代表性 运动特性 主要考察属性
21	壁画		古代建筑装饰； 镜头慢速摇动、 场景切换； 压缩编解码性能、细节
22	狮子舞		室内舞台表演； 快速运动、镜头固定、 切换、迭画； 压缩编解码性能、 彩色饱和度、 运动预测与补偿
23	马术		室外比赛场景； 镜头跟踪运动目标、 场景切换； 压缩编解码性能
24	女排拉拉队		室内体育比赛； 镜头水平摇动、 场景切换； 压缩编解码性能、 彩色饱和度、细节

（续表）

序号	名称	素材截图	代表性 运动特性 主要考察属性
25	乒乓球比赛		室内运动场景； 快速运动、 镜头水平摇动、 场景切换； 压缩编解码性能、 彩色饱和度、细节
26	乒乓球练习		室内运动场景； 快速运动、 镜头水平摇动； 压缩编解码性能、 彩色饱和度、细节、 运动预测与补偿
27	男篮		室内比赛场景； 镜头慢速运动、 场景切换； 压缩编解码性能
28	旋转的鸟笼		虚拟演播室活动图像； 鸟笼沿垂直轴旋转运动、 镜头变焦； 色键处理性能、 压缩编解码性能、细节

（续表）

序号	名称	素材截图	代表性 运动特性 主要考察属性
29	玩具		演播室活动图像； 复杂运动（水平和旋转）； 压缩编解码性能、 彩色还原、清晰度、 运动预测与补偿
30	转盘（速度 1）	 72ABCDEFGHIJKLMNOPGRS	演播室场景； 慢速旋转、镜头固定； 压缩编解码性能、 亮度细节、彩色细节
31	转盘（速度 2）		演播室场景； 中速旋转、镜头固定； 压缩编解码性能、 亮度细节、彩色细节
32	转盘（速度 3）		演播室场景； 快速旋转、镜头固定； 压缩编解码性能、 亮度细节、彩色细节

（续表）

序号	名称	素材截图	代表性 运动特性 主要考察属性
33	演播室访谈 1		演播室访谈节目； 镜头固定； 压缩编解码性能、彩色细节
34	演播室访谈 2		演播室访谈节目； 镜头变焦、水平摇动； 压缩编解码性能、 亮度细节、彩色细节
35	天气预报	 风云二号气象卫星云图 2005年 11月27日 01:30	计算机图形与 视频的合成图像； 镜头固定、背景切换； 系统处理计算机 制作的图像的能力
36	京剧青衣		不带噪声的图像； 慢速运动、镜头轻微变焦； 压缩编解码系统处理 不带噪声图像的能力

（续表）

序号	名称	素材截图	代表性 运动特性 主要考察属性
37	叠加噪声的京剧青衣 1（S/N＝37dB）		带较少噪声的图像； 慢速运动、镜头轻微变焦； 压缩编解码系统处理带有较少噪声图像的能力
38	叠加噪声的京剧青衣 2（S/N＝30dB）		带较多噪声的图像； 慢速运动、镜头轻微变焦； 压缩编解码系统处理带有较多噪声图像的能力
39	叠加噪声的京剧青衣 3（S/N＝22dB）		带大量噪声的图像； 慢速运动、镜头轻微变焦； 压缩编解码系统处理带有大量噪声图像的能力
40	京剧青衣与噪声		熵快速变化的图像； 慢速运动、镜头轻微变焦、划像特技； 系统处理信息量快速变化的图像的能力

（续表）

序号	名称	素材截图	代表性 运动特性 主要考察属性
41	特技	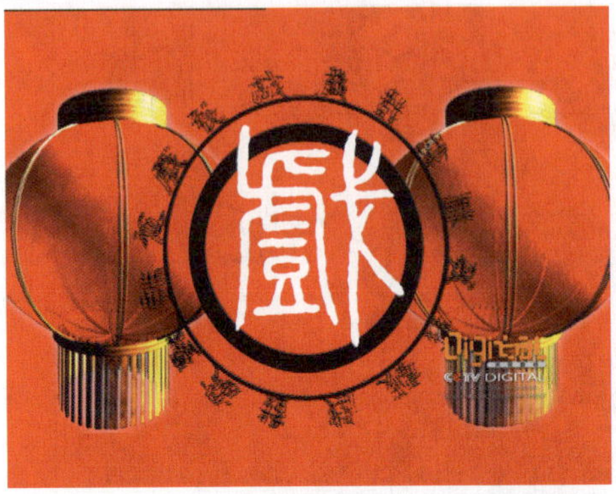	片头特技； ——； 处理带有特技图像的能力
42	动画		动画； ——； 处理动画图像的能力
43	横飞字幕	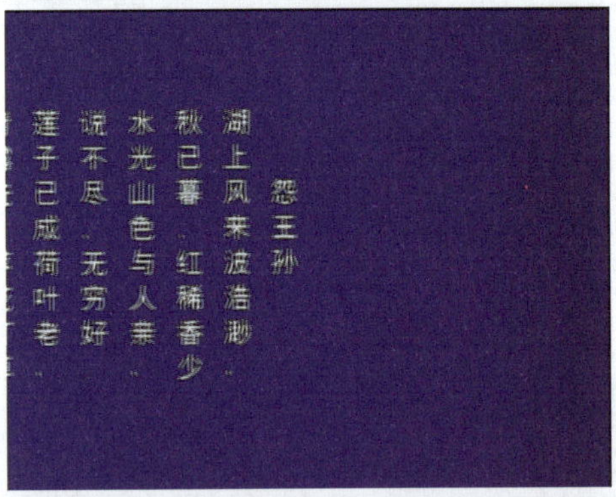	横飞字幕； ——； 处理横飞字幕的能力
44	上滚字幕	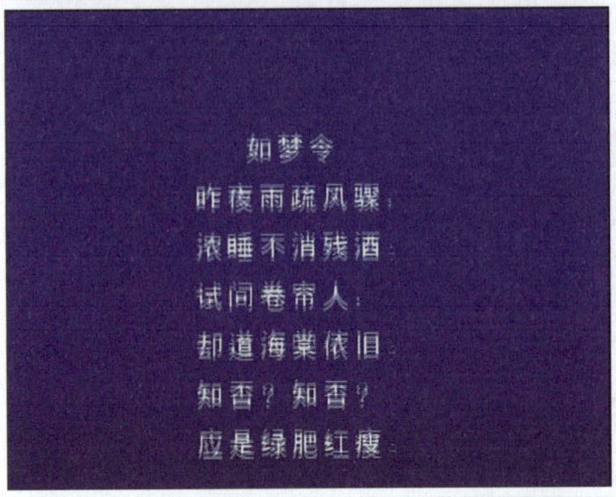	上滚字幕； ——； 处理上滚字幕的能力

（续表）

序号	名称	素材截图	代表性 运动特性 主要考察属性
45	斜飞字幕	06年10月字幕A	斜飞字幕； ——； 处理斜飞字幕的能力
46	片尾字幕		演播室节目； 镜头固定； 处理叠加字幕的图像、运动预测与补偿
47	综合测试图	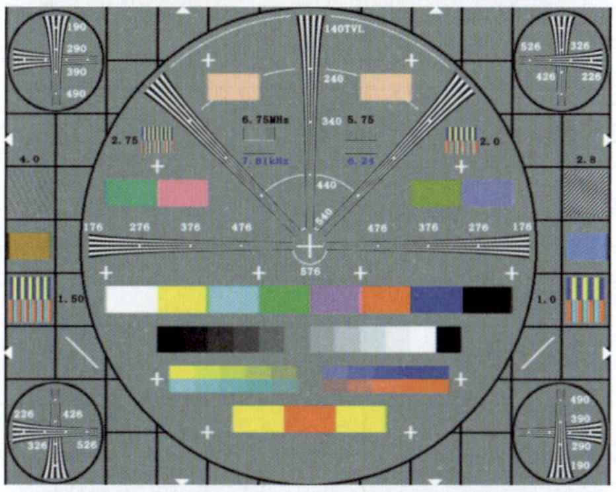 	计算机生成图形； 静止、运动； 图像总体质量 （清晰度、图像层次、彩色重现、彩色饱和度）

6. 测试图像素材的统计特性计算和分析

经数字压缩系统处理后的图像，其质量通常与图像内容的复杂程度有紧密的关系。而图像素材的统计特性可以在一定程度上反映图像内容的复杂程度。因此，在分析选择测试图像素材时，统计特性具有很重要的意义。

基于这些考虑，对大量素材进行了统计特性的计算和分析，并以计算结果作为素材选取的参考依据之一。

6.1 图像素材列表

本文中的序号	素材名称	帧数	对应标准 GY/T 228 - 2007 正文中的序号
1	秧歌舞	297	8
2	水波和松树	600	9
3	花坛	600	10
4	独轮车表演	517	11
5	溪水中的石块	449	12
6	雨中的古建筑	425	13
7	荡秋千	600	14
8	京剧舞旗片断	600	15
9	花草	600	16
10	鸭子戏水	600	17
11	秋叶	600	18
12	游艇	600	19
13	雪	600	20
14	壁画	400	21
15	狮子舞	600	22
16	马术	600	23
17	女排拉拉队	600	24
18	乒乓球比赛	600	25

（续表）

本文中的序号	素材名称	帧数	对应标准 GY/T 228－2007 正文中的序号
19	乒乓球练习	600	26
20	男篮	600	27
21	旋转的鸟笼	600	28
22	玩具	600	29
23	转盘（速度 1）	600	30
24	转盘（速度 2）	600	31
25	转盘（速度 3）	600	32
26	演播室访谈 1	600	33
27	演播室访谈 2	600	34
28	天气预报	600	35
29	叠加噪声的京剧青衣 1（S/N＝37dB）	550	37
30	叠加噪声的京剧青衣 2（S/N＝30dB）	550	38
31	叠加噪声的京剧青衣 3（S/N＝22dB）	550	39
32	京剧青衣与噪声	550	40
33	特技	600	41
34	动画	586	42
35	片尾字幕	600	46

6.2　PCM 数据熵

PCM 数据熵（E）代表一幅图像的信息量。它由式（1）给出：

$$E = -\sum_{i=I_{min}}^{I_{max}} P(i) \times \log_2 P(i) \quad 比特/像素 \quad \cdots\cdots (1)$$

其中：

I_{min}　代表视频信号的最小电平；

I_{max}　代表视频信号的最大电平；

$P(i)$　代表视频信号电平 i 发生的概率。

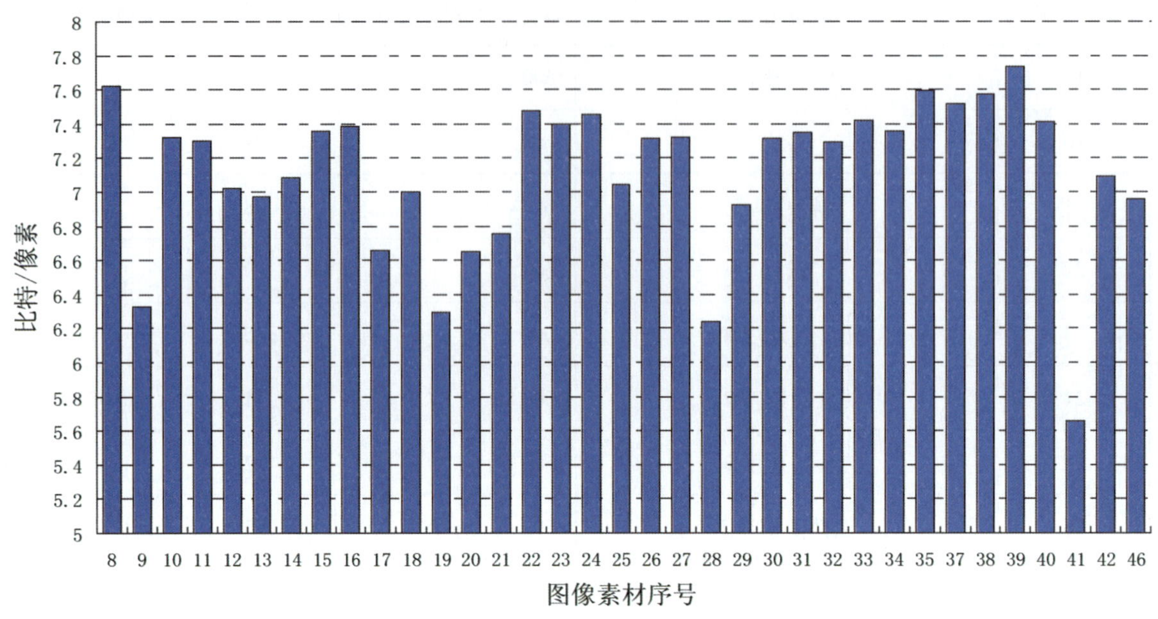

6.3 AC 能量

AC 能量代表图像活动性的程度，比如精细的程度。AC 能量被定义为除 DC 系数之外的 DCT 系数的平方和，如下所示：

$$AC = \left[\frac{1}{N} \sum_{k=1}^{N} ac_k \right] / AC\max \quad \cdots\cdots (2)$$

其中，

$$ac_k = \sum_{m=0}^{7} \sum_{n=0}^{7} C(m, n)^2 - C(0, 0)^2$$

$C(m, n)$ 表示 DCT 系数，N 表示在一场（或一帧）中的 DCT 变换块的数目。AC_{max} 为归一化因子，它是理论上的 AC 能量最大值，当变换块中一半区域为黑，另一半区域为白时可得到 AC 能量最大值。

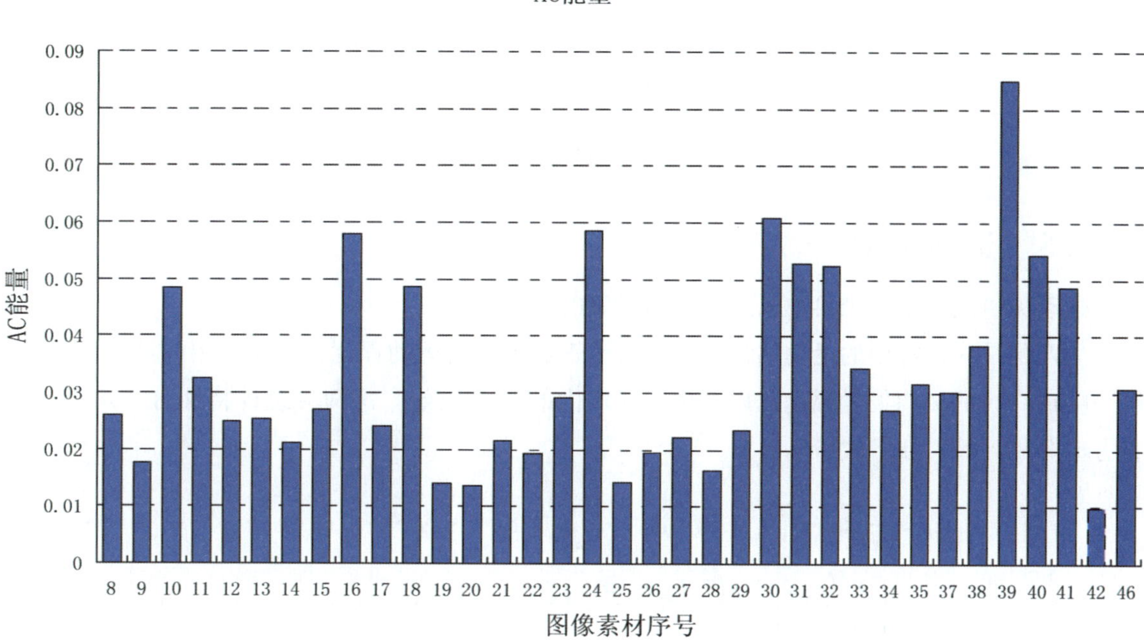

6.4 频谱熵

频谱熵代表了 DCT 系数的随机程度，用于估计基于 DCT 的视频压缩系统所需的比特率。频谱熵由式（3）定义：

$$SE = \frac{1}{N}\sum_{k=1}^{N}(se_k)^2 \quad \cdots\cdots (3)$$

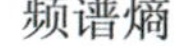

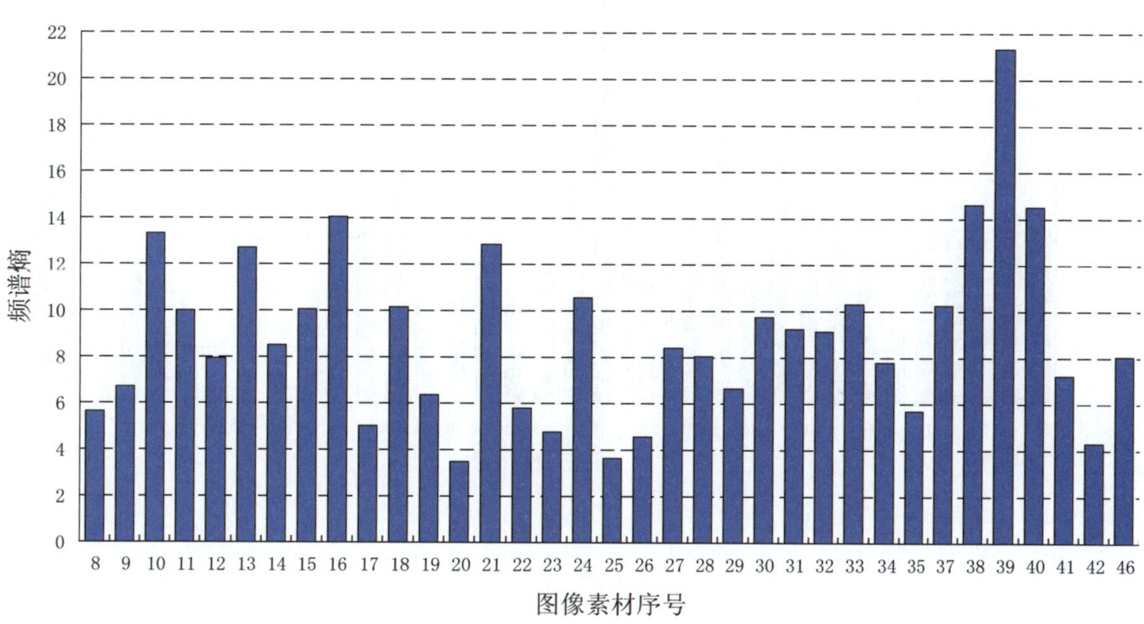

其中，

$$se_k = \sum_{m=0}^{7}\sum_{n=0}^{7} \frac{|C(m,n)|}{A} \log_2 \left[\frac{|C(m,n)|}{A} \right]$$

$$A = \sum_{m=0}^{7}\sum_{n=0}^{7} |C(m,n)|$$

6.5 运动矢量

运动矢量用一个二维参数来逐块表示对象的运动情况。

块匹配是一种常用的运动估计方法。为了表示图像的运动程度，需要使用两种统计特性，即一帧或一场的平均矢量幅度，以及帧内或场内的标准偏差。这两种统计特性可在水平和垂直方向分别计算，如下式所示：

$$\mu_X = \frac{1}{N}\sum_{k=1}^{N} |X_k| \quad 和 \quad \mu_Y = \frac{1}{N}\sum_{k=1}^{N} |Y_k| \quad \cdots\cdots (4)$$

$$\sigma_X^2 = \left[\frac{1}{N}\sum_{k=1}^{N} X_k^2 \right] - \mu_X^2 \quad 和 \quad \sigma_Y^2 = \left[\frac{1}{N}\sum_{k=1}^{N} Y_k^2 \right] - \mu_Y^2 \quad \cdots\cdots (5)$$

其中：X_k、Y_k：块矢量的水平和垂直分量；

μ_X、μ_Y：X_k、Y_k在一场中的平均幅度；

σ_X、σ_Y：X_k、Y_k的标准偏差。

平均幅度代表了整体运动程度，而标准偏差代表了非均匀运动程度。

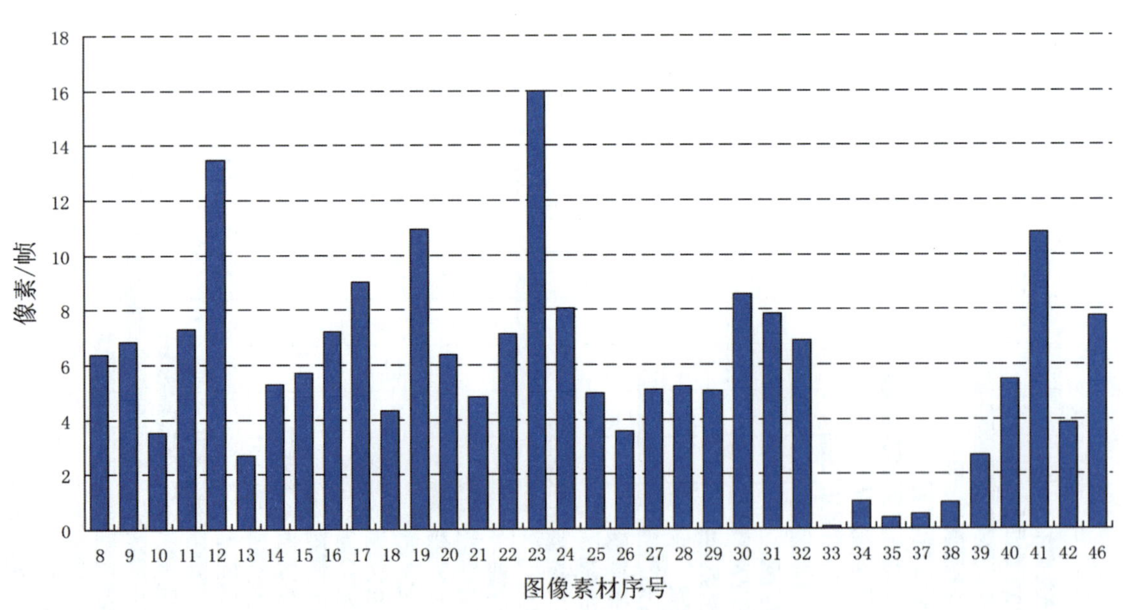

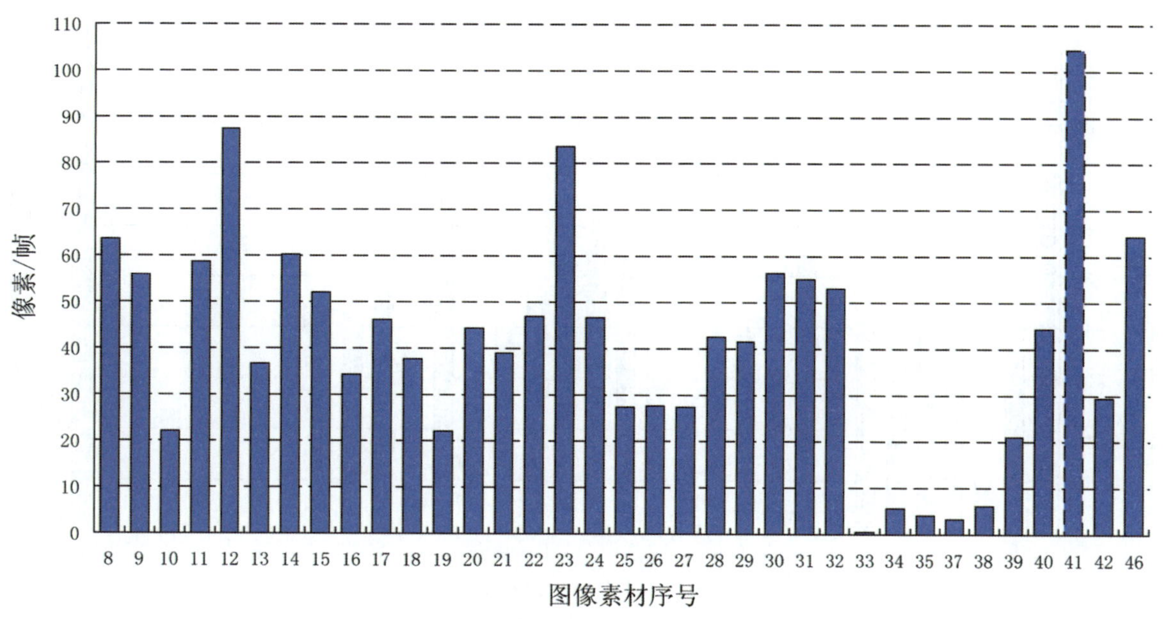
水平运动矢量方差
像素/帧
110
100
90
80
70
60
50
40
30
20
10
0
8 9 10 11 12 13 14 15 16 17 18 19 20 21 22 23 24 25 26 27 28 29 30 31 32 33 34 35 37 38 39 40 41 42 46
图像素材序号

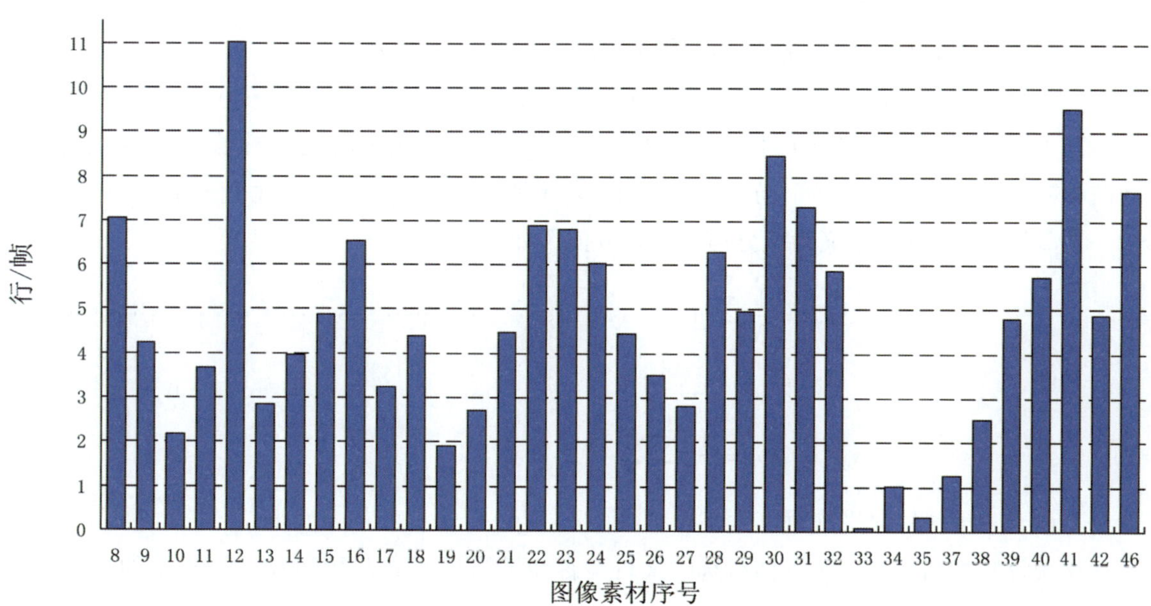
垂直运动矢量平均值
行/帧
11
10
9
8
7
6
5
4
3
2
1
0
8 9 10 11 12 13 14 15 16 17 18 19 20 21 22 23 24 25 26 27 28 29 30 31 32 33 34 35 37 38 39 40 41 42 46
图像素材序号

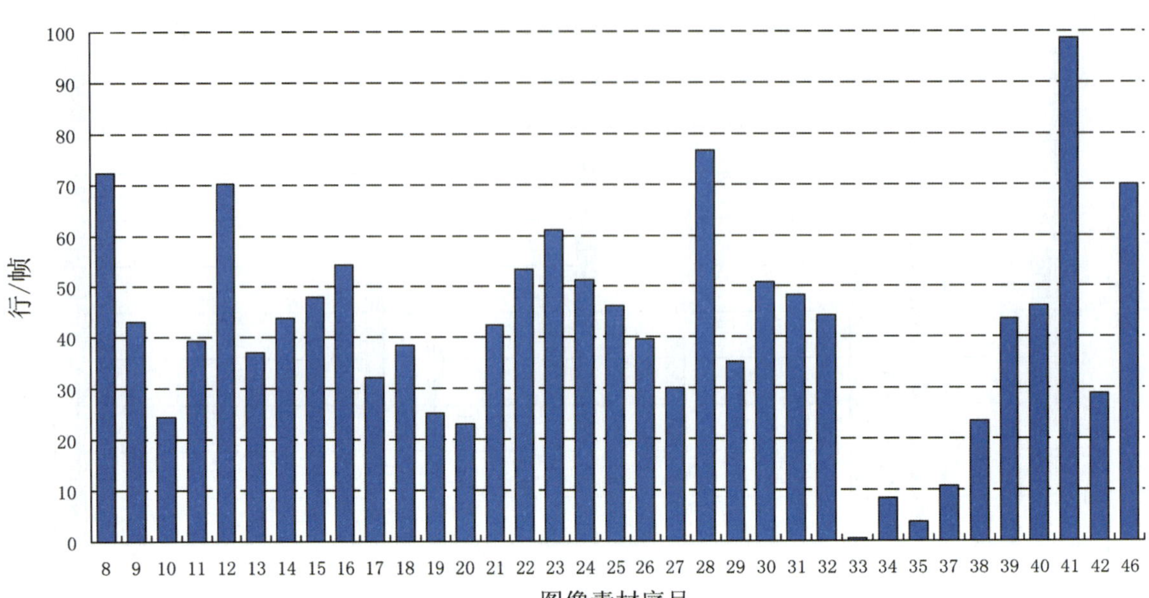

6.6 运动补偿预测误差功率

运动补偿后的帧/场差分信号（即预测误差）由式（6）表示：

$$e_k(x, y) = f_0(x, y) - f_1(x - u_k, y - v_k) \quad (6)$$

其中，e_k（＊）、f_0（＊）和f_1（＊）分别表示第 k 个块中的运动补偿帧/场差分信号、当前帧/场信号以及前一个帧/场信号，u_k和 v_k表示块运动矢量的水平和垂直分量。

预测误差能量 EP 定义为差分信号的均方值，如下式所示：

$$EP = \frac{1}{N}\sum_{k=1}^{N} ep_k \quad (7)$$

其中，

$$ep_k = \frac{1}{XY}\sum_{x=1}^{X}\sum_{y=1}^{Y} e(x, y)^2$$

X 和 Y 表示块的水平和垂直大小。

该统计特性值可被用来评估所选的素材是否能够严格检查采用运动补偿技术的视频压缩系统。

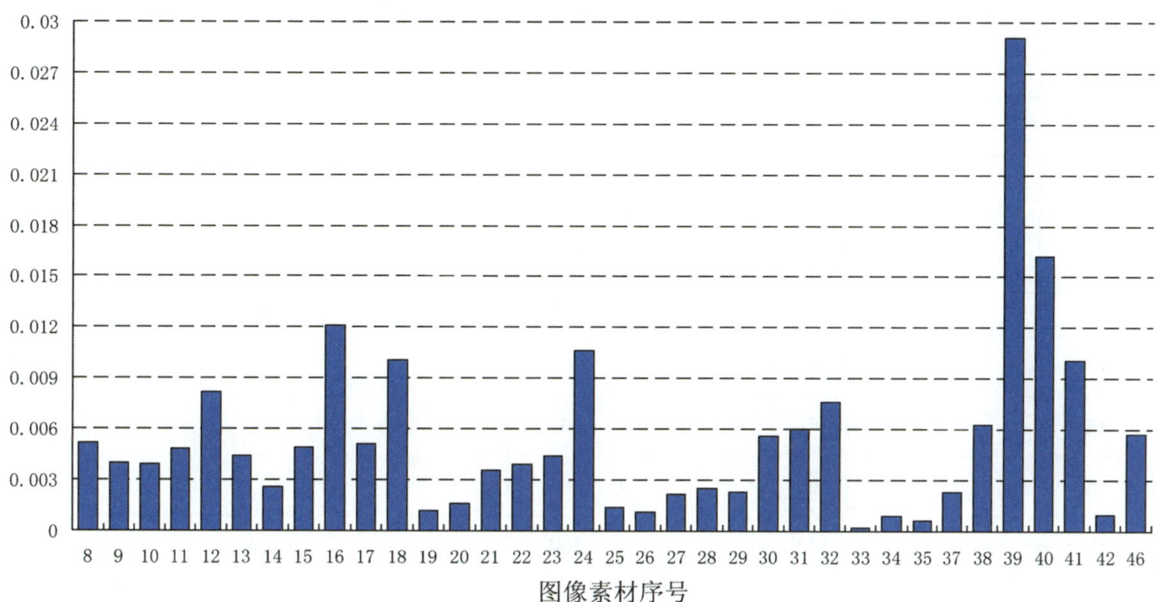

7. 利用软件计算测试图像的苛刻度

对不同测试系统和设备的性能评价，要求测试图像素材的苛刻度应当基本涵盖从低到高的分布范围。

采用固定量化器的 MPEG-2 编码器对测试图像素材进行压缩，输出数据的总比特数与图像素材的总像素数之比称为图像素材的苛刻度（criticality），单位为比特/像素。平均每个像素所需要的比特数越多，说明图像素材对压缩系统来说越严格。

采用 MPEG-2 标准的参考软件 TM5.0，设定量化器尺度 quantizer_ scale = 12（量化器尺度码 q_ scale_ code = 6，量化器尺度类型 q_ scale_ type = 0）。

编号	素材名称	帧数	标准 GY/T 228-2007 正文中图像素材序号
1	秧歌舞	297	8
2	水波和松树	600	9
3	花坛	600	10
4	独轮车表演	517	11
5	溪水中的石块	450	12
6	雨中的古建筑	425	13
7	荡秋千	600	14
8	京剧舞旗片断	600	15

(续表)

编号	素材名称	帧数	标准 GY/T 228－2007 正文中图像素材序号
9	花草	600	16
10	鸭子戏水	600	17
11	秋叶	600	18
12	游艇	750	19
13	雪	675	20
14	壁画	400	21
15	狮子舞	600	22
16	马术	600	23
17	女排拉拉队	600	24
18	乒乓球比赛	600	25
19	乒乓球练习	600	26
20	男篮	600	27
21	旋转的鸟笼	600	28
22	玩具	600	29
23	转盘（慢速）	600	30
24	转盘（中速）	600	31
25	转盘（快速）	600	32
26	演播室访谈 1	600	33
27	演播室访谈 2	600	34
28	天气预报	600	35
29	叠加噪声的京剧青衣 1（S/N＝37dB）	550	37
30	叠加噪声的京剧青衣 2（S/N＝30dB）	550	38
31	叠加噪声的京剧青衣 3（S/N＝22dB）	550	39
32	京剧青衣与噪声	550	40
33	特技	750	41
34	动画	586	42
35	片尾字幕	750	46

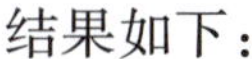

结果如下：

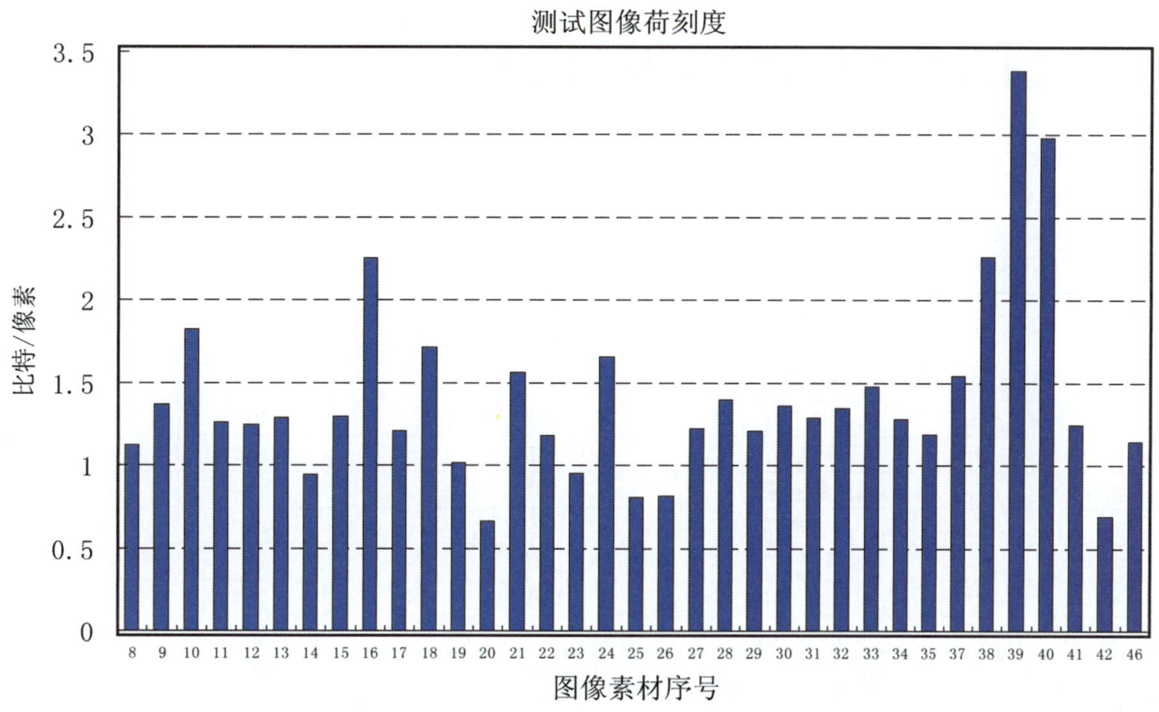

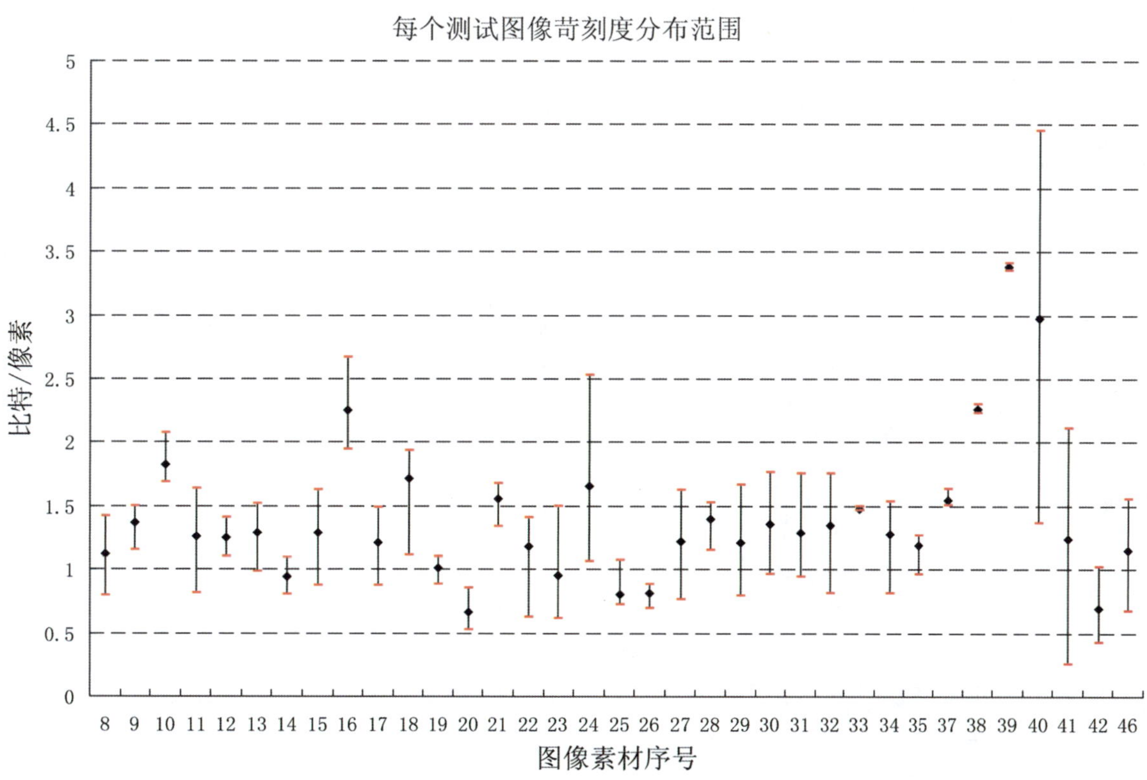

由计算结果可见，测试图像的苛刻度具有较广的分布，基本涵盖从低到高的范围，可以满足各种不同测试需求的需要。

8. 国内外部分图像素材的比较

8.1 图像素材统计特性的比较结果

参加比较的国内素材如下：

编号	素材名称	帧数	标准 GY/T 228 – 2007 正文中图像素材序号
1	秧歌舞	297	8
2	水波和松树	600	9
3	花坛	600	10
4	独轮车表演	517	11
5	溪水中的石块	450	12
6	雨中的古建筑	425	13
7	荡秋千	600	14
8	京剧舞旗片断	600	15
9	花草	600	16
10	鸭子戏水	600	17
11	秋叶	600	18
12	游艇	750	19
13	雪	675	20
14	壁画	400	21
15	狮子舞	600	22
16	马术	600	23
17	女排拉拉队	600	24
18	乒乓球比赛	600	25
19	乒乓球练习	600	26
20	男篮	600	27
21	旋转的鸟笼	600	28
22	玩具	600	29
23	转盘（慢速）	600	30
24	转盘（中速）	600	31
25	转盘（快速）	600	32
26	演播室访谈 1	600	33
27	演播室访谈 2	600	34
28	天气预报	600	35
29	叠加噪声的京剧青衣 1（S/N = 37dB）	550	37
30	叠加噪声的京剧青衣 2（S/N = 30dB）	550	38
31	叠加噪声的京剧青衣 3（S/N = 22dB）	550	39
32	京剧青衣与噪声	550	40
33	特技	750	41
34	动画	586	42
35	片尾字幕	750	46

参加比较的国外序列如下：

序号	国外素材名称	计算帧数
36	Key Push and Pull	600
37	Mobile and Calendar	600
38	Flower Garden	600
39	Disc High	600
40	Disc Mid	600
41	Disc Slow	600
42	Table Tennis	600
43	Cactus & Comb with Noises	250
44	Diva with Noises	600
45	Horse Riding	250

（1）PCM 数据熵

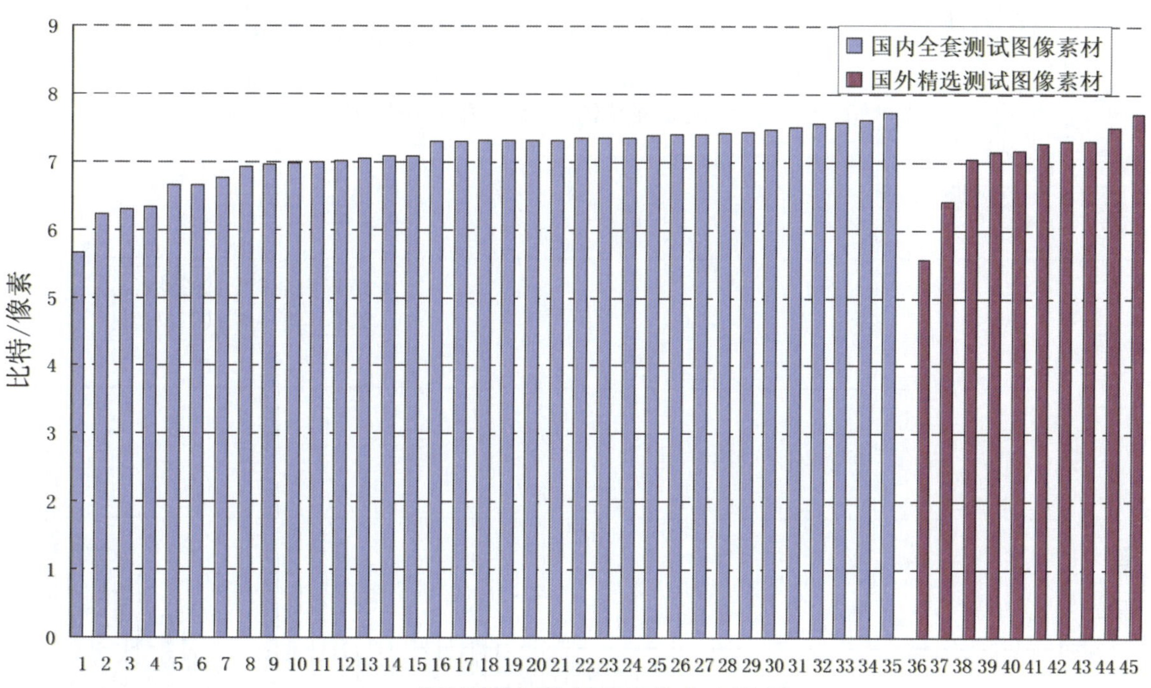

（2）AC 能量

国内全套测试图像素材
国外精选测试图像素材
AC能量
0.12
0.1
0.08
0.06
0.04
0.02
0
1 3 5 7 9 11 13 15 17 19 21 23 25 27 29 31 33 35 37 39 41 43 45
测试素材(依据统计值大小排序)

（3）频谱熵

国内全套测试图像素材
国外精选测试图像素材
频谱熵
25
20
15
10
5
0
1 3 5 7 9 11 13 15 17 19 21 23 25 27 29 31 33 35 37 39 41 43 45
测试素材(依据统计值大小排序)

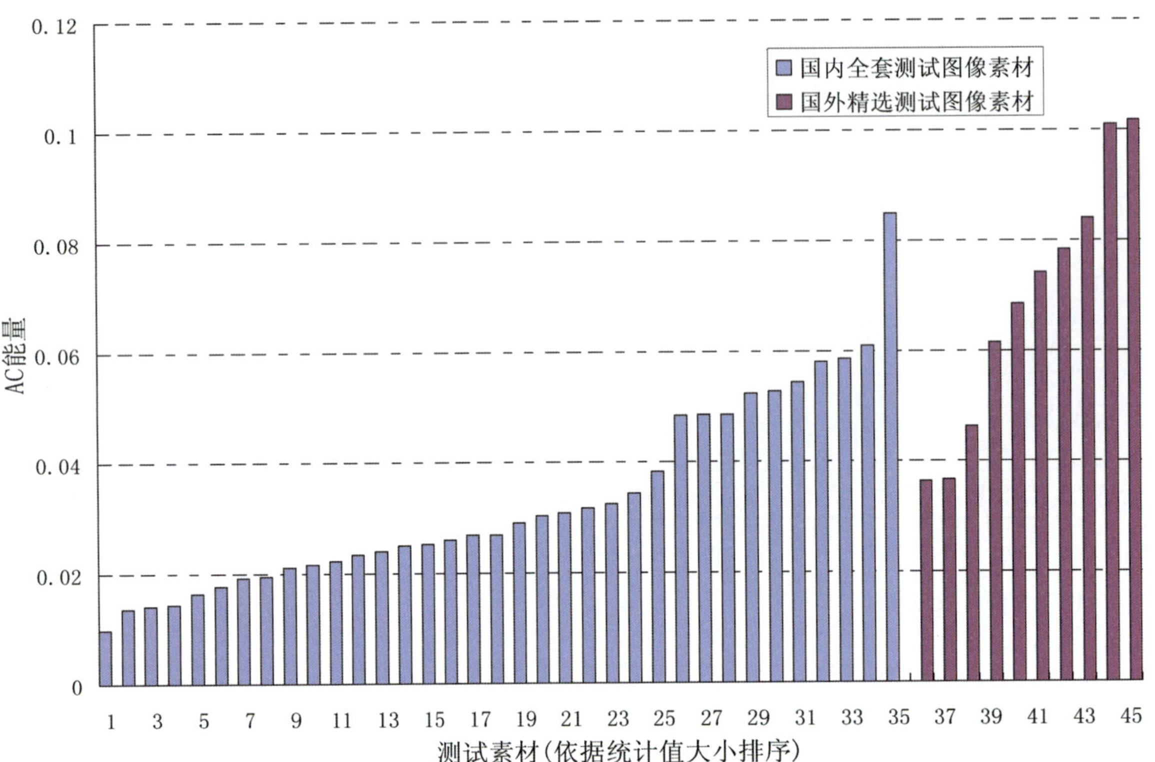

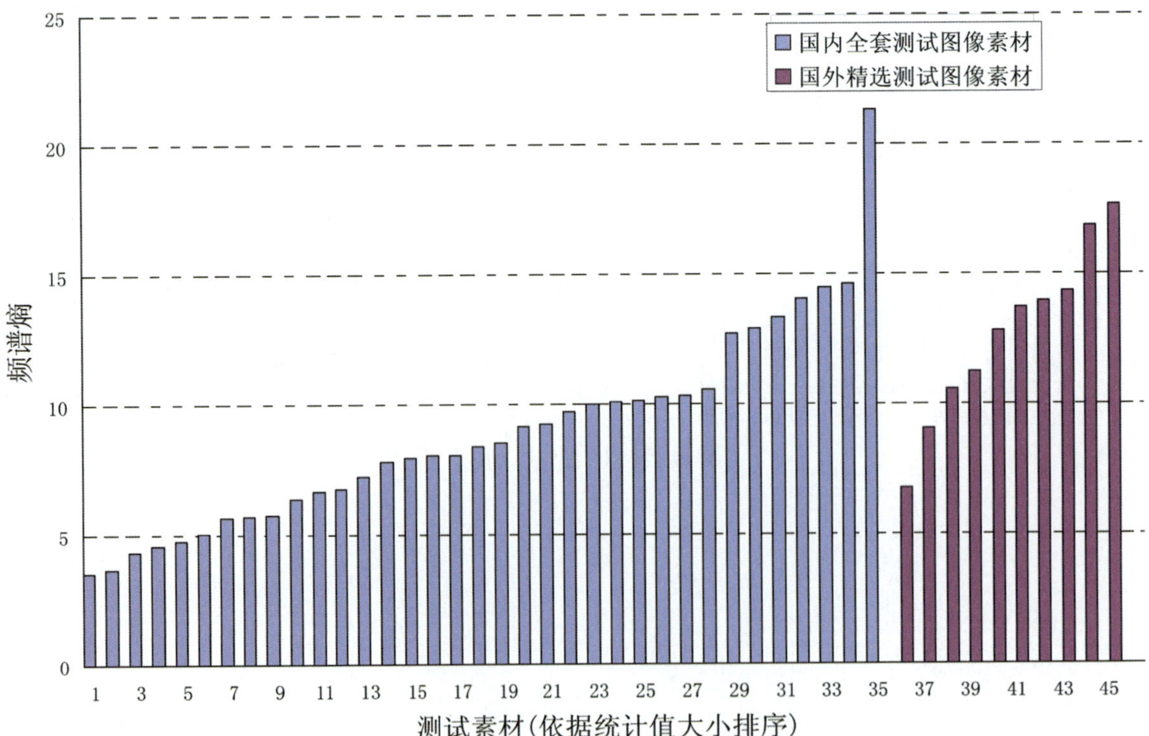

（4）运动矢量

水平运动矢量平均值

国内全套测试图像素材
国外精选测试图像素材
像素/帧
0
2
4
6
8
10
12
14
16
18
1 3 5 7 9 11 13 15 17 19 21 23 25 27 29 31 33 35 37 39 41 43 45
测试素材(依据统计值大小排序)

水平运动矢量方差
国内全套测试图像素材
国外精选测试图像素材
像素/帧
1 3 5 7 9 11 13 15 17 19 21 23 25 27 29 31 33 35 37 39 41 43 45 47
测试素材(依据统计值大小排序)

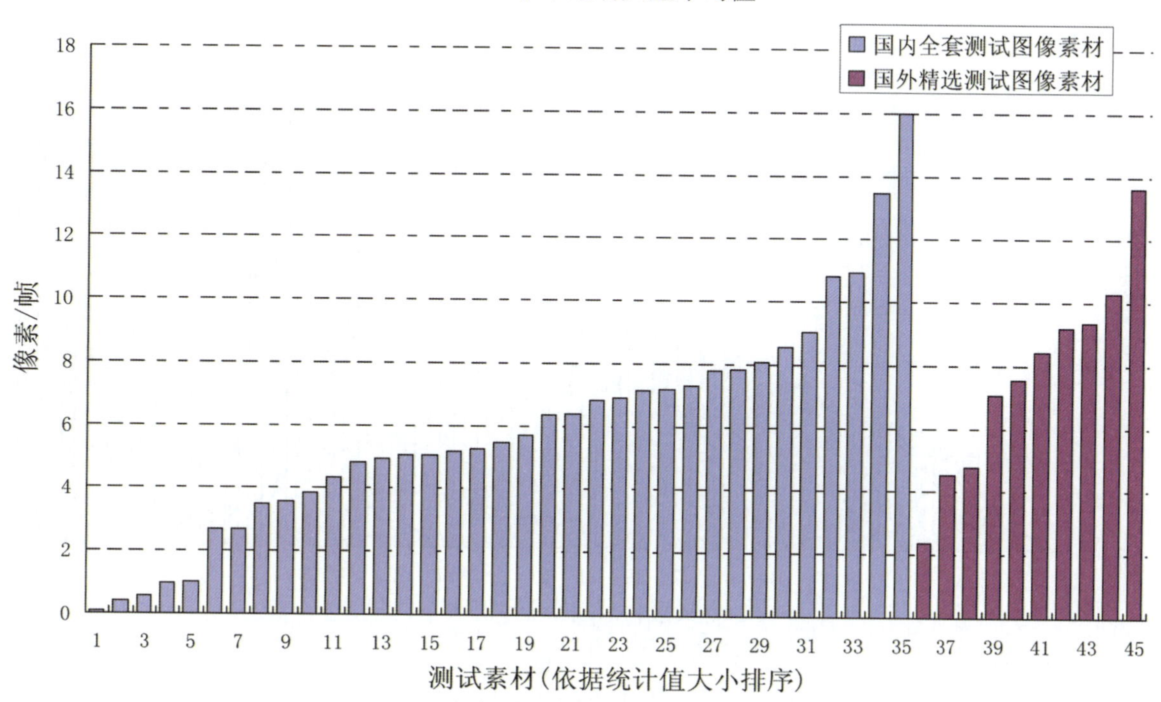

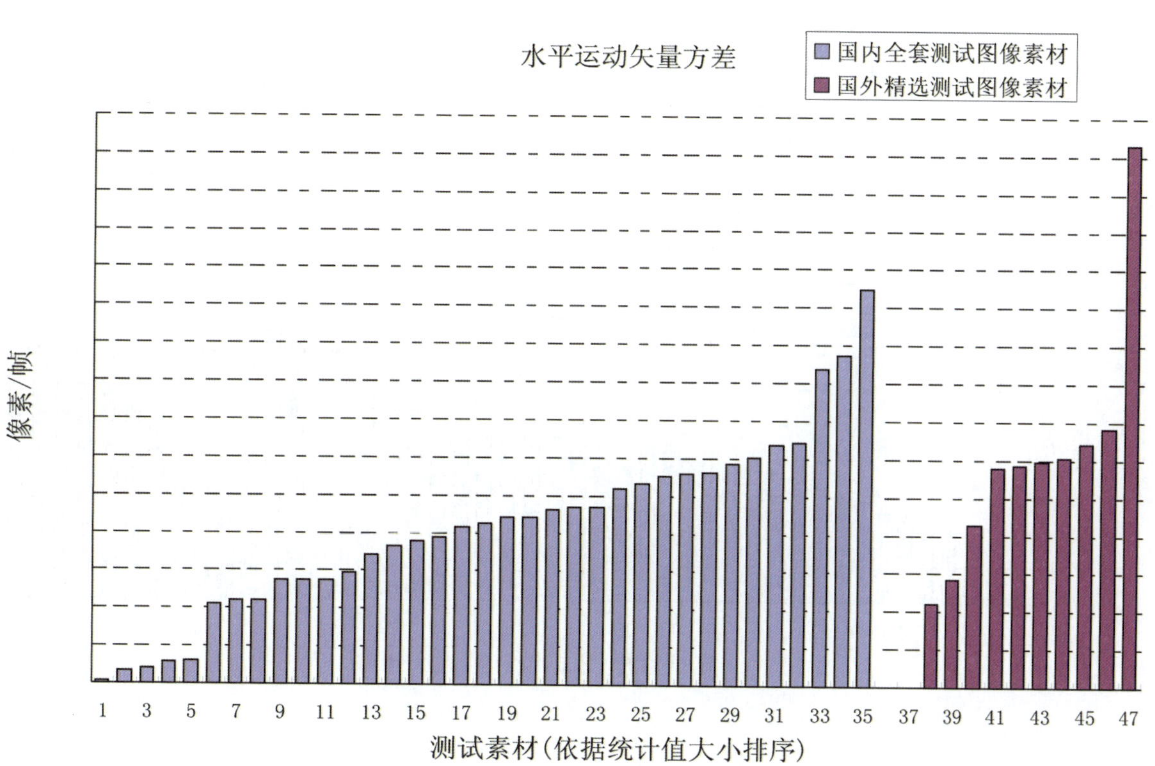

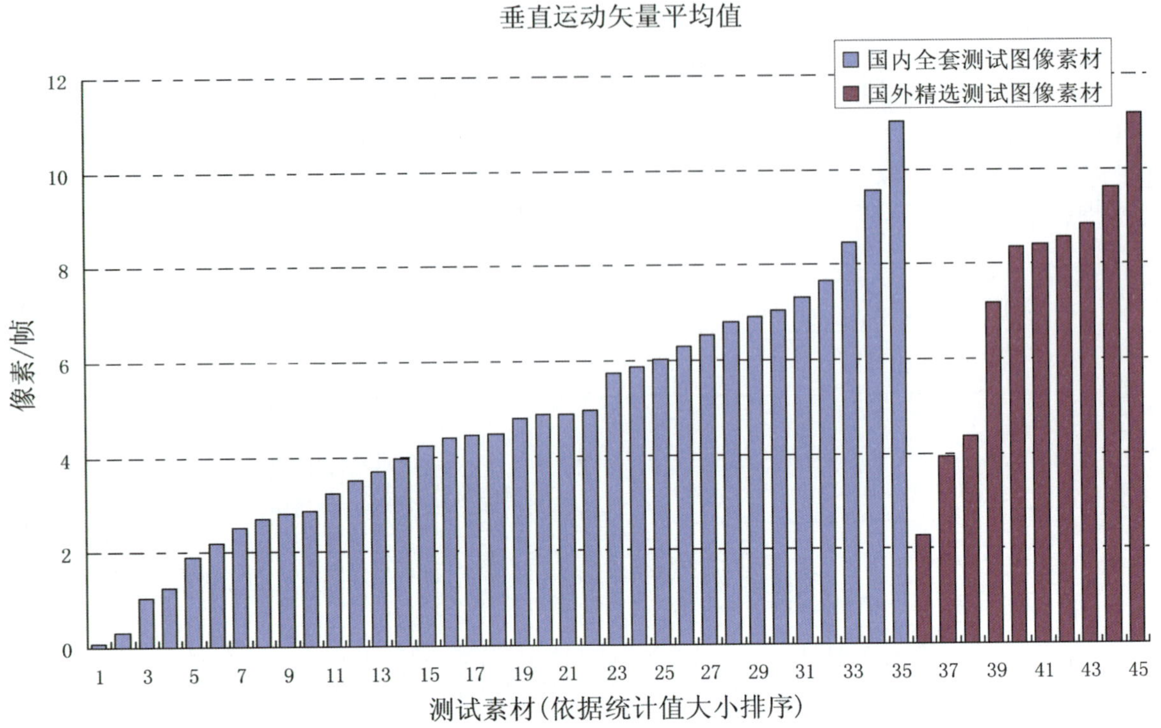
垂直运动矢量平均值
国内全套测试图像素材
国外精选测试图像素材
像素/帧
0
2
4
6
8
10
12
1 3 5 7 9 11 13 15 17 19 21 23 25 27 29 31 33 35 37 39 41 43 45
测试素材(依据统计值大小排序)

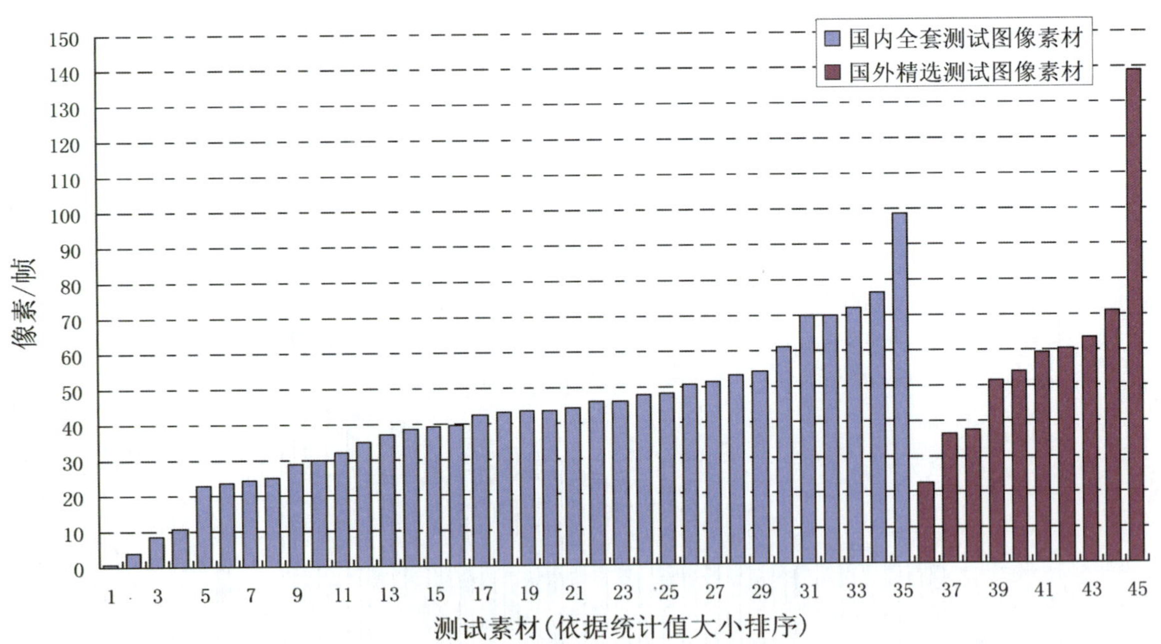
垂直运动矢量方差
国内全套测试图像素材
国外精选测试图像素材
像素/帧
0
10
20
30
40
50
60
70
80
90
100
110
120
130
140
150
1 3 5 7 9 11 13 15 17 19 21 23 25 27 29 31 33 35 37 39 41 43 45
测试素材(依据统计值大小排序)

（5）运动补偿预测误差功率

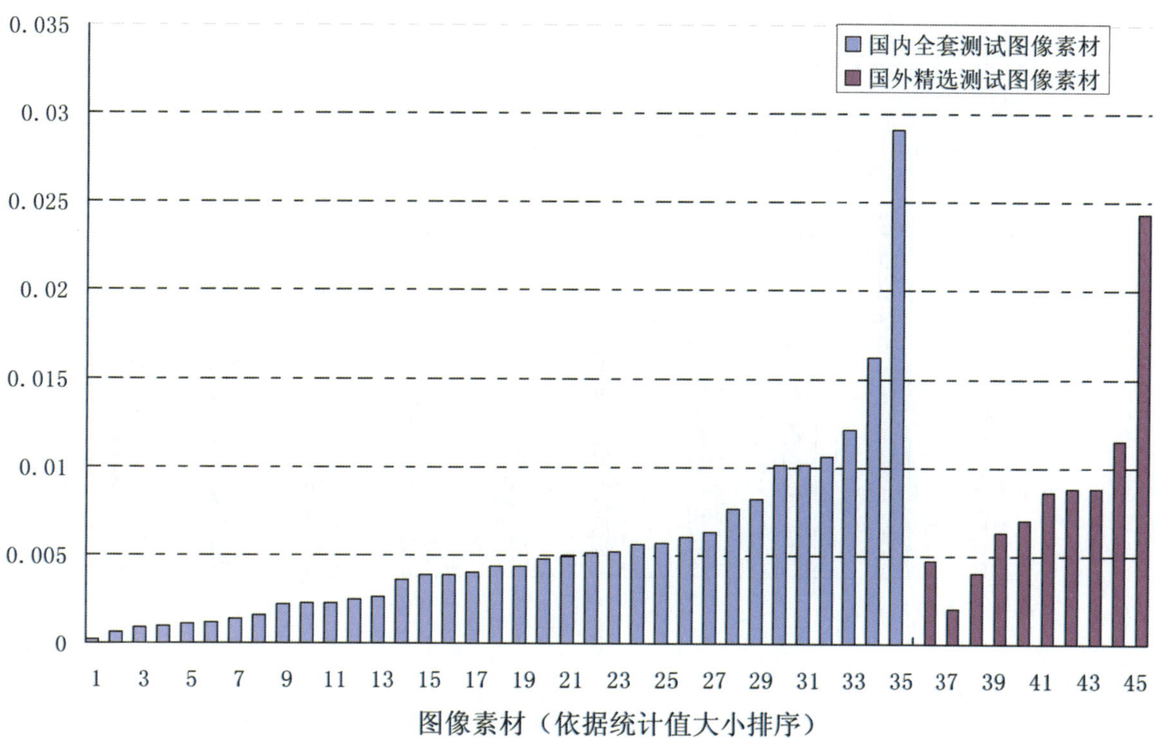

8.2 利用软件计算的测试图像苛刻度的比较结果

参加比较的图像素材如下：

1	旋转的鸟笼
	Key Push and Pull
2	玩具
	Mobile and Calendar
3	花坛
	Flower Garden
4	转盘（快速）
	Disc High
5	转盘（中速）
	Disc Mid
6	转盘（慢速）
	Disc Slow
7	乒乓球比赛
	Table Tennis
8	叠加噪声的京剧青衣 2（S/N＝30dB）
	Cactus & Comb with Noises
9	京剧青衣与噪声
	Diva with Noises
10	马术
	Horse Riding

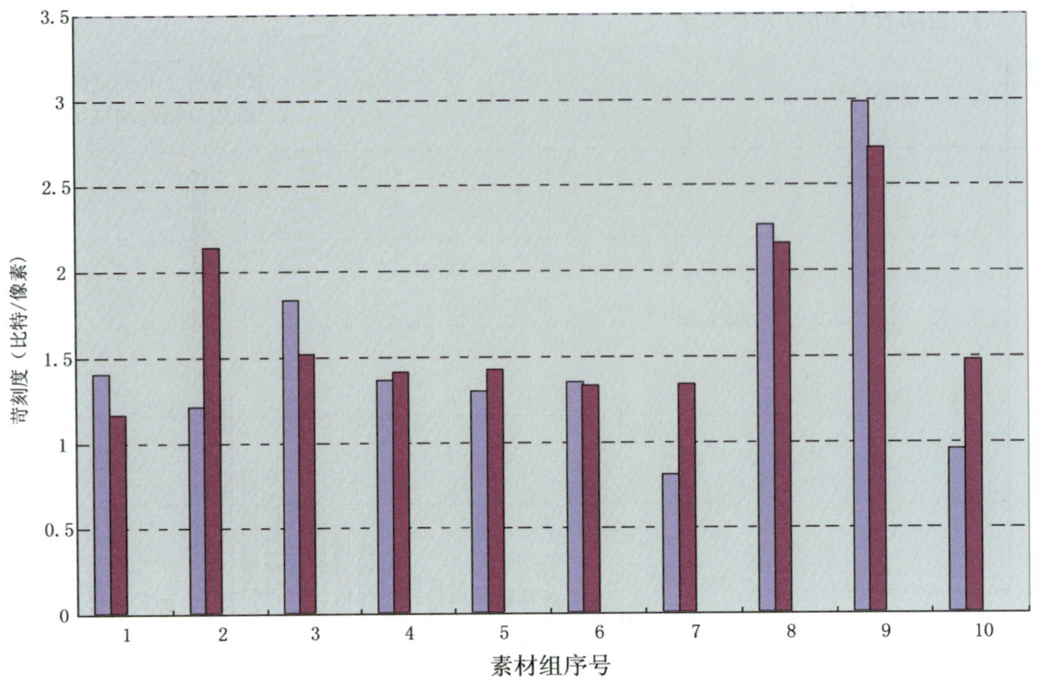

9. 利用硬件编码器计算测试图像的苛刻度

使用硬件编码器，在相同图像质量条件下，计算了与国外图像素材画面内容相类似的8组图像素材的苛刻度（bits/pixel）。

9.1 计算步骤

①循环播放图像素材；

②编码器编码；

③码流记录；

④码流解复用；

⑤统计视频码流数据量；

⑥计算平均视频码率。

9.2 计算结果

序号	素材名称	拍摄方	目标质量	压缩后的数据量（KB）	素材长度（S）	平均码率（Mbps）	苛刻度（bits/pixel）
1	花园	国内	60	25680.0	35	5.73	0.55
		国外	60	19829.0	30	5.16	0.50
2	色键推拉	国内	60	19329.0	30	5.03	0.49
		国外	60	16138.0	30	4.20	0.41

（续表）

序号	素材名称	拍摄方	目标质量	压缩后的数据量（KB）	素材长度（S）	平均码率（Mbps）	苛刻度（bits/pixel）
3	日历和小火车	国内	60	17853.5	31	4.50	0.43
		国外	60	22565.5	30	5.88	0.57
4	噪声	国内	60	28790.5	22	10.22	0.99
		国外	60	15040.0	10	11.75	1.13
5	划像噪声	国内	45	24548.5	22	8.72	0.84
		国外	45	27649.0	30	7.20	0.69
		国内	60	32043.0	22	11.38	1.10
		国外	60	39910.5	30	10.39	1.00
6	乒乓球	国内	60	12855.0	28	3.59	0.35
		国外	60	16952.0	28	4.73	0.46
7	快速转盘	国内	60	17685.5	30	4.61	0.44
		国外	60	18463.0	30	4.81	0.46
8	中速转盘	国内	60	16375.0	30	4.26	0.41
		国外	60	16116.5	30	4.20	0.40

在画面内容相类似的8个素材中，有4个素材国外拍摄的苛刻度大（日历和小火车、噪声、乒乓球、快速转盘），有4个素材国内拍摄的苛刻度大（花园、色键推拉、划像噪声、中速转盘），在总体的苛刻度分布上，国内素材和国外素材基本相当。

10. 利用图像质量分析仪计算测试图像的苛刻度

图像质量分析仪为模仿人眼的视觉特性，采用JND（Just Noticable Difference）视觉模型的双端图像质量客观测试设备。

图像质量分析仪将被处理过的活动图像素材与源图像素材进行逐像素的比较，找出其中的差别，即图像质量损伤，经过JND视觉模型的计算，得出测试结果。

测试结果用三个参数表示：

①亮度的PQR（Picture Quality Rating）；

②亮度和色度的PQR；

③亮度的PSNR。

10.1 计算步骤

（1）测试图像素材的图像质量分析仪PQA200采集

由于图像质量分析仪PQA200设备只能分析时长为5秒的图像素材，因此在测试时采集了5秒的测试图像素材作为参考素材。

（2）编码压缩

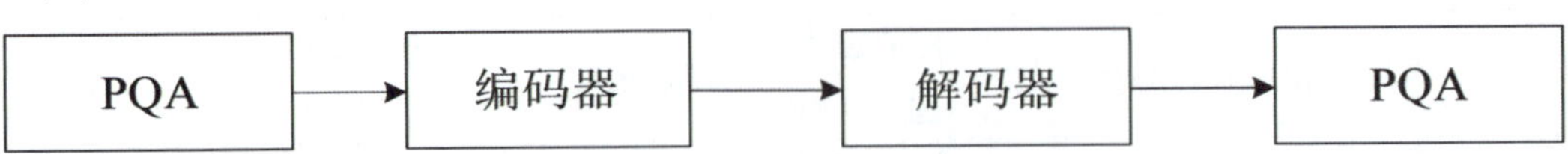

编码器的设置如下：

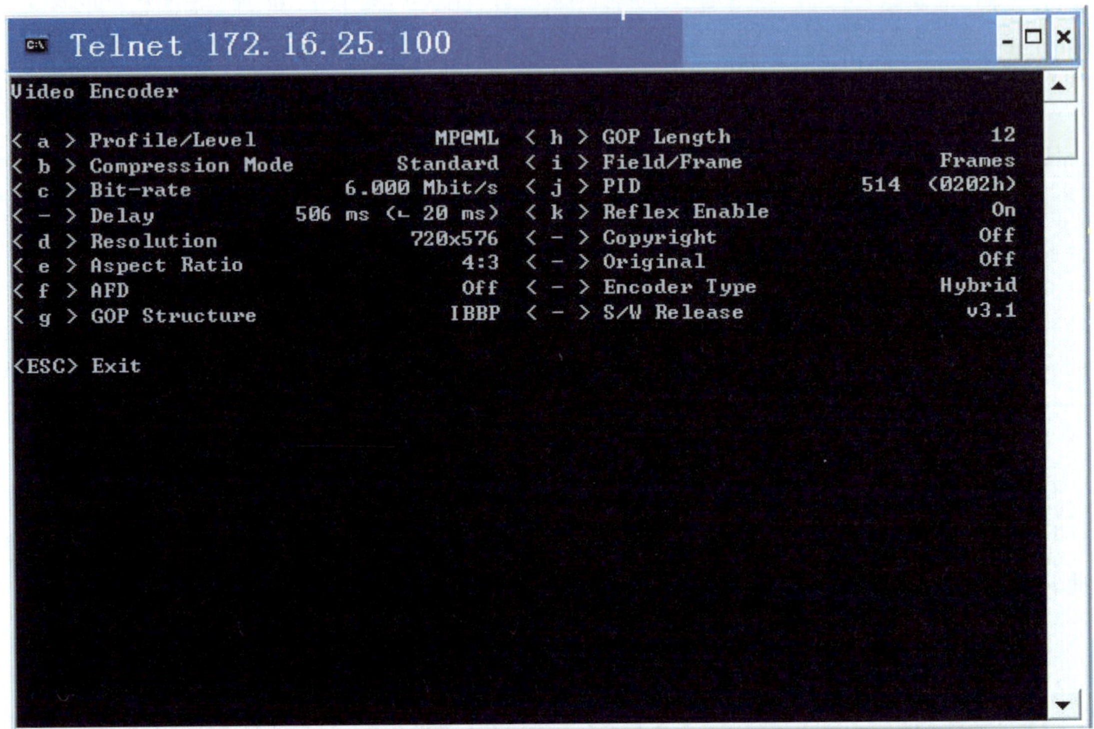

10.2 图像质量分析仪计算结果

序号	素材名称	拍摄方	亮度的 PQR	亮度和色度的 PQR	亮度的 PSNR
1	花坛	国内	5.44	5.76	30.88
		国外	3.87	4.19	32.20
2	色键推拉	国内	6.39	6.82	31.75
		国外	7.19	7.57	30.59
3	日历和小火车	国内	3.73	4.03	35.42
		国外	5.27	5.67	29.14
4	水中松树	国内	7.96	8.38	29.53

从以上几个素材的图像质量分析仪分析结果可以看出，国内拍摄的花园和水中松树的苛刻度较高，而国外拍摄的色键推拉、日历和小火车两个素材的苛刻度较高。

11. 利用主观评价方法评估测试图像的苛刻度

在编解码器相同的条件下，依据“可觉察损伤，但不讨厌”的原则，利用ITU－R BT. 500 的双刺激损伤评分方法测定对每一组测试图像素材进行压缩编码时所需的码率。

编码器所需的码率越高，说明测试图像素材苛刻度越高；反之，苛刻度越低。

11.1　系统框图

注：编码方式 IBBP，GOP＝12。

11.2　评价结果

序号	素材名称	可觉察损伤的码率值（Mbps）
1	Diva with Noises	9
	京剧青衣与噪声	10
2	Mobile and Calendar	9
	玩具	7
3	Table Tennis	6
	乒乓球练习	4
4	Flower Garden	10
	花坛	11
5	国外鸟笼	9
	旋转的鸟笼	13
6	BBC Disc mid	4
	快速转盘	13

国外测试素材较国内严格的共 2 组，为 Mobile and Calendar 和 Table Tennis；国内图像素材较国外较为严格的共 4 组，为京剧青衣与噪声、花坛、旋转的鸟笼和快速转盘。

12. 测试图像在实际使用中的情况

标准中包含了各种特点的测试图像素材，每个素材都对应着某种要考察的质量要素。标准中的一些图像素材已应用于一些不同类型的主观评价中，并取得了较好的效果。

以下是部分使用的实例。

12.1　在中央电视台直播卫星码率评估项目中的使用情况

本节只节选了该次测试中与本项目相关的部分。

12.1.1　被评价系统及压缩编码码率

产品名称	码率（Mbps）
MPEG－2 标清编解码器	4.125、3.200、2.884、2.624、2.402
H.264 标清编解码器 A	2.624、2.402、1.904、1.472、1.200
H.264 标清编解码器 B	2.624、2.402、1.904、1.472、1.200
VC－1 标清编解码器	2.624、2.402、1.904、1.472、1.200
AVS 标清编解码器	2.624、2.402、1.904、1.472、1.200

12.1.2　评价用测试图像素材

一共使用了国外素材和国内素材各 6 种。

●6 种国外素材

（1）Table Tennis（室内乒乓球）

视频特征：是两个乒乓球运动场景快速切换的图像素材，其中含摄像机变焦拍摄和水平摇镜头拍摄的场景以及含多重快速运动和色彩鲜艳的景物。主要评价编码系统的清晰度损失和高饱和色彩重现能力。

（2）Flower Garden（花园）

视频特征：是摄像机做水平低速摇镜头拍摄的花园全景素材，图中色彩和细节丰富。主要评价编码系统的动态亮度和色度细节损失。

（3）Mobile & Calendar（玩具火车和日历）

视频特征：前景为摄像机跟踪拍摄玩具火车水平方向慢速行进，背景是色彩鲜艳的动画图案和上下移动的挂历。主要评价编码系统的清晰度损失和高饱和色彩重现能力以及系统运动估值、补偿能力。

（4）Basketball Game（篮球比赛）

视频特征：是典型的篮球运动场景素材，前景为快速、复杂的篮球运动场面，背景是众多观众看台的高细节背景。主要评价编码系统的清晰度损失和高饱和色彩重现能力。

（5）Horse Riding（骑马）

视频特征：是两个马术运动场景的切换序列，摄像机跟踪马匹快速摇摄，背景为高细节的风景。主要评价编码系统动态清晰度损失和系统运动估值、补偿能力。

（6）Cactus & Comb with Noises（带噪声的仙人掌和梳子）

视频特征：是摄像机变焦（推出）拍摄的带有随机噪声的仙人掌和梳子的图像序列。主要评价编码系统对含有随机噪声画面的处理能力以及画面清晰度损失。

●6 种国内素材

（1）水波和松树（Pine & River Water）

视频特征：是大范围水波随机运动的素材，包含有多重细节和纹理。主要评价编码系统对大范围细小随机运动的处理能力。

（2）京剧舞旗片断（Beijing Opera）

视频特征：是典型的京剧场景素材，京剧演员服饰色彩丰富、鲜艳，动作场景快速复杂。主要评价编码系统对典型京剧场景的处理能力。

（3）京剧青衣与噪声（Beijing Opera Actress and Noises）

视频特征：是经过合成的图像素材。摄像机固定镜头拍摄的京剧表演与快速变换的随机噪声合成画面。主要评价编码系统对信息量快速变化的图像的处理能力。

（4）转盘（快速）（Rotating Disc）

视频特征：是转盘作水平旋转的图像素材。转盘上贴有各种类型的静止画，其图像细节丰富、色彩鲜艳并含有文字的运动。主要评价编码系统对旋转运动的处理能力、清晰度损失、高饱和色彩的重现能力。

（5）女排拉拉队（Cheer Squad）

视频特征：背景是众多手舞红旗的观众和高细节的看台。主要评价编码系统清晰度损失和高饱和色彩重现能力（例如块效应）。

（6）旋转的鸟笼（Rotating Birdcage）

视频特征：是鸟笼作慢速垂直旋转的图像序列，图像细节丰富。主要评价编码系统对旋转运动的处理能力和色度细节的损失。

12.1.3　评价人员

本次测试组织评价人员34人，分为12组进行评价。评价人员年龄在24～76岁之间，其中26～35岁人员16人。

12.1.4　评价结果及说明

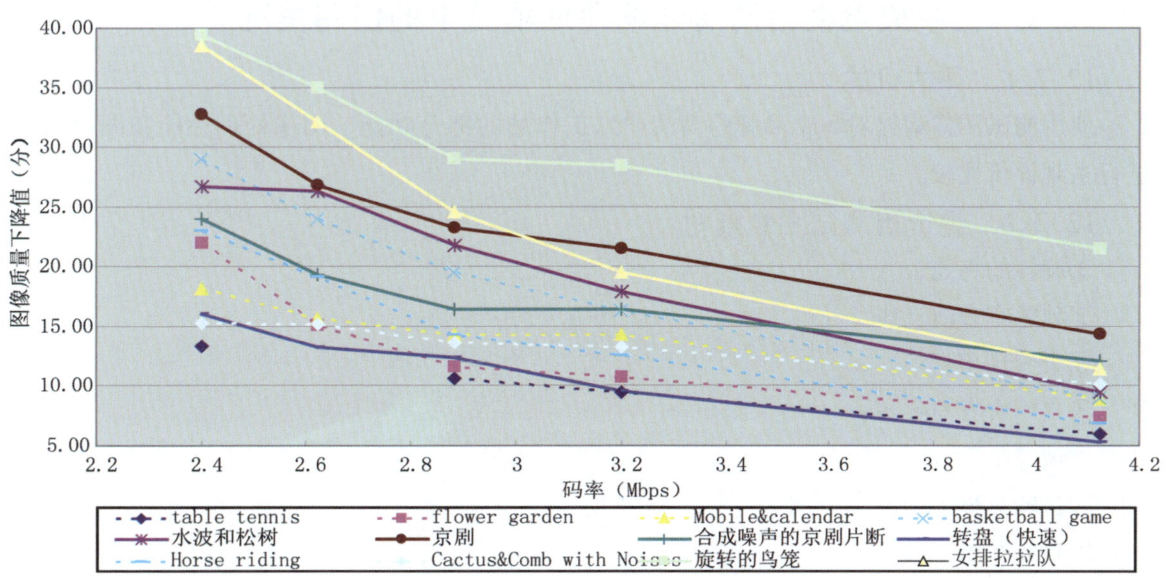

被测系统1编解码系统评价结果

注：由于录像机的原因，导致经编解码系统后的乒乓球序列损坏，所以该序列只有4个码率的评价结果。

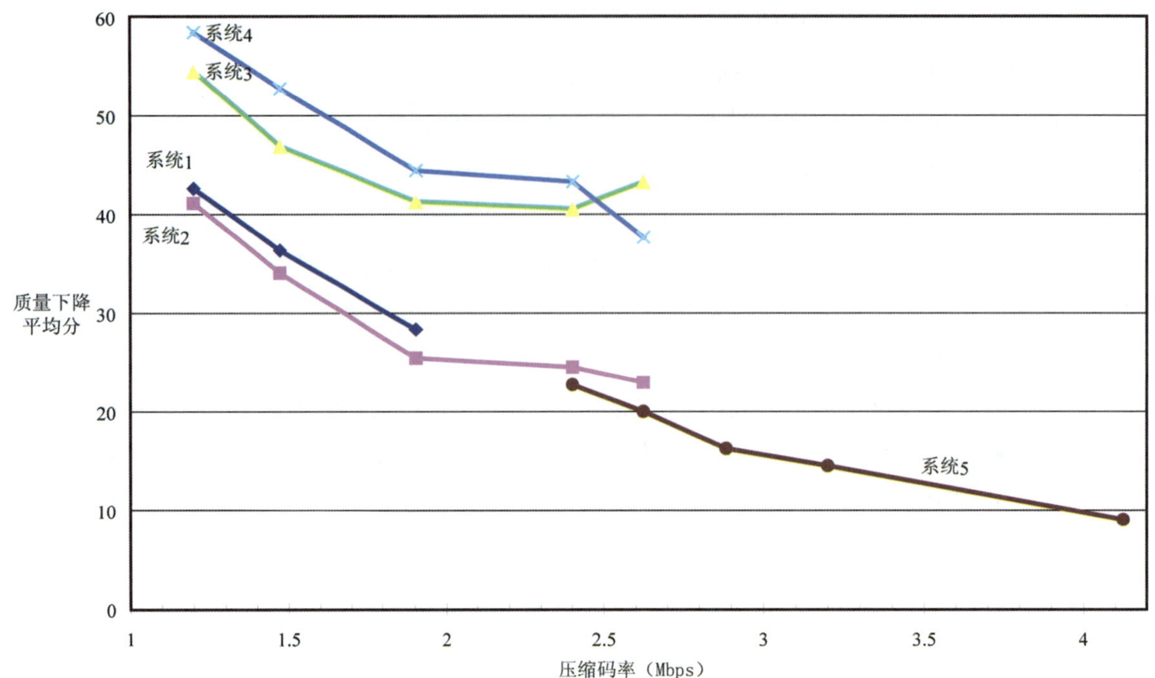

在码率相同条件下，图像质量下降值越大，说明图像的苛刻度越高。

由测试结果可见，本次测试所用的素材苛刻度分布范围较宽。既包括苛刻度一般的图像素材，如转盘；同时也有苛刻度较高的图像素材，如旋转的鸟笼、京剧舞旗片断等。

该测试说明了本标准中的测试图像素材用于测试不同压缩算法、不同码率的编解码系统具有很好的效果，可以达到区分不同被测系统性能的目的。

12.2 在中央电视台高清非编评估项目中的使用情况

12.2.1 评估目的

使用测试图像素材对8个品牌的高清非编工作站的部分功能、图像处理性能和图像质量进行主观评价比较。

12.2.2 评价用测试图像素材

①旋转的鸟笼；

②独轮车表演；

③天气预报；

④京剧青衣与噪声；

⑤秋叶；

⑥景物色键1；

⑦景物色键2；

⑧景物色键3。

12.2.3 主观评价系统图

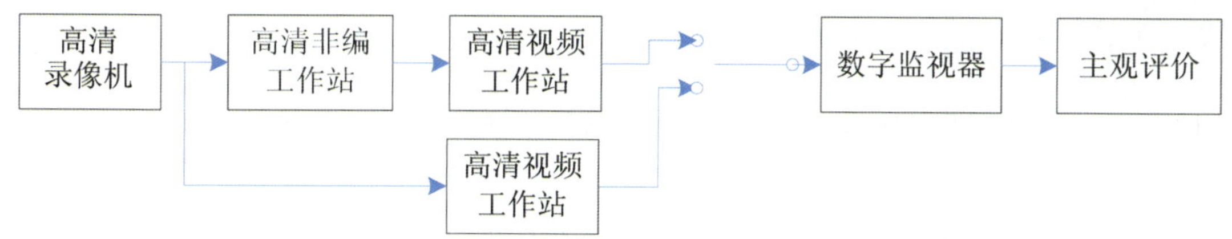

12.2.4 评价人员

本次测试邀请专业评价人员 25 人，分为 4 组进行评价，每组 6 ~ 7 人。评价人员年龄在 27 ~ 66 岁之间，其中 27 ~ 35 岁人员 16 人。

12.2.5 评价结果简述

采用这些测试图像素材对不同非编系统的功能项进行了比较测试。测试的项目包括：

①色键图像质量；

②DVE 画中画图像质量；

③白平衡图像质量；

④0.5 倍变速图像质量；

⑤10 倍变速图像质量

⑥色彩还原。

评价结果如下：

DVE 画中画		调色：白平衡		0.5 倍变速		色键 1		色键 2	
厂家	得分	厂家	得分	厂家	得分	厂家	得分	厂家	得分
A	4.2	A	3.6	A	3.1	H	3.8	H	4.0
B	4.2	H	3.3	B	3.0	C	3.7	A	3.8
C	4.0	G	3.2	C	2.8	E	3.7	E	3.6
D	3.6	C	3.1	E	2.8	A	3.5	D	3.5
E	3.6	F	2.9	H	2.7	F	3.4	F	3.3
F	3.4	E	2.7	D	2.7	B	3.3	B	3.0
G	3.0	B	2.1	F	2.7	D	2.8	G	2.0
H	2.7	D	无此功能	G	2.7	G	2.5	C	1.8

测试结果表明，所用的测试图像素材可以对被测系统的性能进行较直观的区分。

该测试说明了本标准的图像素材在评估以上项目时的有效性。

参考文献

[1] ITU－R BT. 500《Methodology for the Subjective Assessment of the Quality of Television Pictures》.

[2] GY/T 228－2007《标准清晰度数字电视主观评价用测试图像》。

云计算与广播电视

摘要

当前，包括云计算在内的信息技术迅猛发展，突破了广电行业内部乃至相关行业的技术壁垒，媒体业务融合步伐明显加快，广电网、电信网、互联网三网融合的发展势头更为强劲，广电与电信、互联网等行业之间的竞合态势愈发显见。

纵观全球，云计算发展风起云涌。云计算作为新一代信息技术变革的重要组成部分，是计算技术与通信技术融合发展的产物，业已成为我国战略性新兴产业的发展引擎。云计算应用领域非常广阔，不仅带给社会计算资源利用率的提高及计算资源获取便利性的提升，而且为广电行业跨越式创新发展提供了新的机遇。未来，云计算的应用普及将会改变人们的工作和生活方式，我国已确定在北京、上海、深圳、杭州、无锡等五个城市先行开展云计算服务创新发展试点示范工作。

《云计算与广播电视》研究报告以广电行业的独特视角，对云计算技术及发展状况进行了较为全面的跟踪研究，对云计算的发展背景、影响因素及广电应用需求进行了较为客观的理性分析，对云计算广电应用发展作了较为系统的前瞻思考。报告共分八大部分，第一部分对云计算作概述，介绍了云计算的定义、公共特性、部署模式及服务类型；第二部分分析了云计算的发展背景，提出现实的需求、商业的驱动、发展的必然及良好的愿望是云计算兴起并快速发展的主要原因；第三部分关注云计算国内外发展状况，主要对美国、日本、韩国及我国云计算发展状况作了介绍；第四部分着眼于云计算产业发展状况，介绍了谷歌、亚马逊、微软等公司的云计算发展情况，以及涉足广电云计算应用领域的部分企业的云计算产品与解决方案；第五部分立足云计算行业应用状况，主要介绍了电信、电力及广电行业的云计算应用情况；第六部分分析了影响我国广电云计算应用的主要因素，即安全性、标准化、产业链和认知度；第七部分对云计算广电应用需求进行了分析，涉及广电行业多个应用领域；第八部分对云计算广电应用发展作了思考，提出了相关发展建议。

《云计算与广播电视》研究报告言简意赅、通俗易懂，具有一定的实用价值和现实指导意义，适合关注云计算发展、从事云计算应用研究的广电业界人士学习参考，亦可供希望了解广电行业云计算应用需求的学界及企业界同仁参阅。

目录

Contents

随着网络应用的普及与深化，旨在解决数据海量、分布异构、处理复杂、使用繁琐等网络问题的云计算技术迅猛发展起来。纵观全球，云计算发展方兴未艾。不仅引起电子、通信、金融、医疗、能源、保险等多个行业的广泛关注，还受到美国、日本、英国、韩国等多国政府的高度重视。国内外学术界纷纷将云计算视为前沿研究课题，谷歌、亚马逊、微软等世界知名 IT 公司乃至其他众多创业型公司都以前所未有的速度和规模推动云计算技术和产品的发展与普及。据全球权威的 IT 研究与顾问咨询机构高德纳（Gartner）公司预测，截至 2013 年，全球云计算服务市场将增至 1501 亿美元。

1. 云计算概述

关于云计算，大多数人认同该提法只是一种形象化的称谓。在计算机流程图中，网络通常表示为云状图案，是对复杂网络基础设施的抽象，而云计算则是对复杂计算基础设施的一种抽象，因此用云来称谓。

1.1 云计算的定义

关于云计算的定义，目前仁者见仁，智者见智，尚未达成一致共识。从技术发展趋势看，云计算是并行计算、分布式计算和网格计算的发展，或者说是这些计算机科学概念的商业实现，同时也是虚拟化、效用计算、基础设施即服务（IaaS，Infrastructure as a Service）、平台即服务（PaaS，Platform as a Service）、软件即服务（SaaS，Software as a Service）等概念混合演进并跃升的结果，其概念模型如图 1 所示。

网格计算之父 Ian Foster 指出，云计算是一种大规模分布式计算的模式，其推动力来自于规模化带来的经济性。在这种模式下，一些抽象的、虚拟化的、可动态扩展和被管理的计算能力、存储、平台和服务汇聚成资源池，通过互联网按需交付给外部用户。也有专家认为，云计算通过网络提供可动态伸缩的廉价计算能力，其核心理念是在一大堆烂机器上提供高性能可靠服务。中国电子学会云计算专家委员会在 2010 年发布的《云计算白皮书（概要）》中指出，云计算是一种基于互联网的、大众参与的计算模式，其计算资源（包括计算能力、存储能力、交互能力等）是动态、可伸缩、被虚拟化的，且以服务的方式提供。这种新型的计算资源组织、分配和使用模式，有利于合理配置计算资源并提高其利用率，促进节能减排，实现绿色计算。

云计算作为一种将计算变为公用设施的技术手段和实现模式，将使人们的工作方式发生根本性改变（如图 2 所示），继而深刻影响人们的生活方式、管理方式，乃至思维方式。

1.2 云计算的公共特性

云计算具有如下四个主要公共特性，这些特性有利于帮助用户判断各种“云”技术产品的成熟度，并由此选择适合的“云”。

图1 云计算的概念模型

①弹性伸缩。云计算可根据用户的多少，增减包括中央处理器、存储、带宽在内的信息资源，使得信息资源的规模可以动态伸缩，以满足应用和用户规模变化的需要。

②快速部署。云计算模式具有较大的灵活性，云计算提供者可以根据用户的需要及时部署资源，最终用户也可按需选用。

③资源抽象。云计算通过资源抽象特性实现云的灵活性和应用的广泛支持性，用户可在任意位置使用各种终端获取应用服务，而无需知道应用服务运行的具体物理资源位置。

图2 “云计算”时代工作方式示意图

④按用量收费。云服务可按使用量计费，用户可按需购买，即付即用。

1.3　云计算的部署模式

云计算有公有云、私有云和混合云三种部署模式。

①公有云，指为外部用户提供服务的云。公有云的最大优点是程序、服务及相关数据都存放在公有云的提供者处，用户无需做较大的投资建设，公有云部署模式的问题在于存在一定的安全风险。

②私有云，指用户自行构建，为内部用户提供服务的云。相对于公有云，私有云通常部署在企业或单位内部，可在一定程度上保证数据安全性和系统可用性，不过，构建私有云的首次建设投资一般相对较大。

③混合云，指提供给内部及外部用户共同使用的云，是公有云和私有云的混合模式。

目前，云计算多用于低风险业务和试点项目，用户出于安全及其他方面的顾虑，通常倾向于创建私有云。鉴于大部分云计算应用既有私用属性，又有公用价值，因此，混合云部署模式将是未来的一个主流选择。

1.4　云计算的服务类型

云计算应用服务可分为 IaaS、PaaS 和 SaaS 三种类型，分别将基础设施、平台及软件当作服务提供给用户，如图 3 所示。IaaS 的核心是资源虚拟化，PaaS 提供平台可伸缩化，SaaS 实现软件服务租赁化。

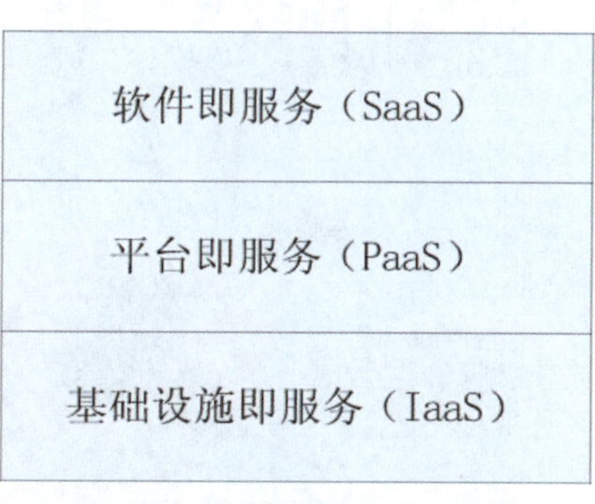

图 3　云计算服务形式示意图

2. 云计算发展背景分析

云计算出现的确切时间目前难以查证，但从主题词为云计算的谷歌趋势搜索结果看（如图 4 所示），云计算自 2007 年被关注，随后关注度越来越高，逐步发展成为信息技术行业的热门词汇。云计算兴起并快速发展的主要原因如下。

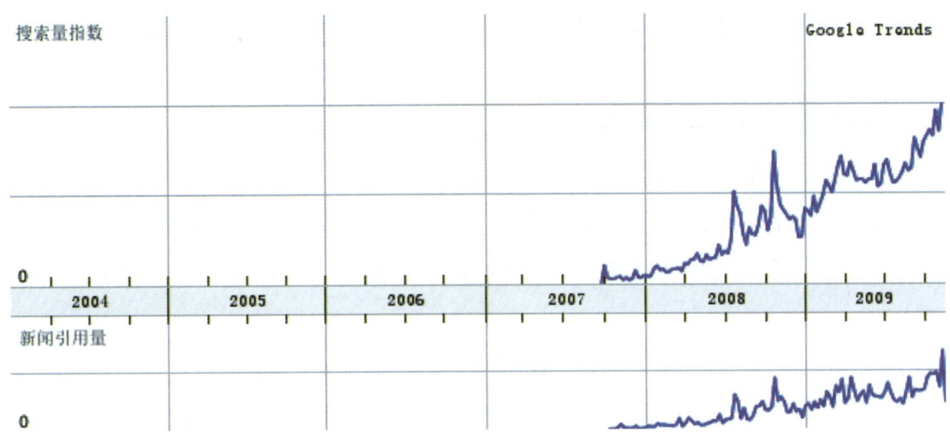

图4　主题词为云计算的谷歌趋势（Google Trends）示意图

2.1　现实的需求

随着网络应用的发展，网络信息及服务日益趋于海量，处理过程复杂，使用方式繁琐，令人难以获得满意的用户体验。云计算对用户隐藏了基础设施的复杂情况，用户无需知道云的内部构造，只需关心云计算所提供的服务。“云”是一个庞大的资源池，云服务的使用方式较为便捷，可随时扩展，按需购买，与用电用水的方式比较类似，如图5所示：插上插头，

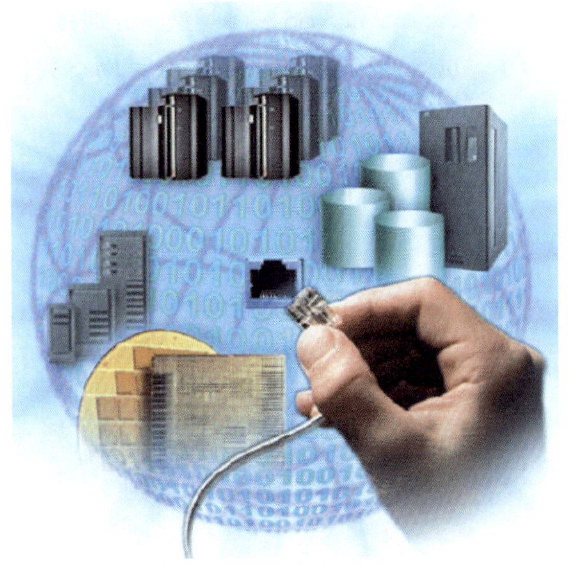

图5　云服务的使用方式示意图

电就有了，拧开水龙头，水就来了，用户并不需要知道电来自哪个电站，水来自哪个自来水厂，也不需要自己去建发电站或自来水厂，用了多少水电，按计价付钱。目前，云计算已经有了不少普及性的应用，如谷歌搜索引擎、在线电子邮箱、搜狗云输入法等。

2.2　商业的驱动

云计算不仅是一种计算模式，还是一种应用模式，更是一种商业模式。2006年，亚马逊开始提供亚马逊Web服务（AWS，Amazon Web Services），服务项目采用月租费的方式，存

储服务器、带宽按容量收费，中央处理器按每小时的运算量收费。亚马逊的云计算产品给用户带来了成本和时间上的便利性，例如，《纽约时报》原定计划7周完成的将1851年至1980年档案中的1100万篇文章和图像转换为PDF文档的工作，通过利用亚马逊弹性计算云（EC2，Elastic Compute Cloud）服务，花费不到300美元，在24小时之内就得以完成。目前，云计算已发展成为亚马逊增长最快的业务之一，据第三方统计机构数据显示，亚马逊的云计算相关业务收入已达1亿美元。受云计算巨大商业利润的驱动，越来越多的企业开始关注云计算并启动相关的研发。

2.3 发展的必然

云计算不是空穴来风，无源之水，云计算的快速发展得益于虚拟化技术、资源调度技术、容错技术、自动化技术等关键技术的发展与成熟。云计算是在电子、通信、计算机与网络技术的共同作用下，从图灵计算逐渐向网络计算演化的一个必然阶段，是信息技术和信息社会需求发展到一定阶段的必然结果，因此，云计算被誉为计算机领域继计算机、互联网之后的第三次重大技术变革。

2.4 良好的愿望

降低成本、提高效率、低碳环保是人们一直怀有的良好愿望，云计算能够助力人们实现这一美好愿望，2008年爆发的全球经济危机在一定程度上也加快了云计算的普及与应用。云服务的性能价格比较为优越，使用云计算后，系统的硬件成本、电力消耗、管理费用均大幅度下降，利用率则大幅度提升。

3. 云计算国内外发展状况

3.1 国外云计算发展状况

云计算受到世界多国政府的高度关注。早在2008年，美国国家自然科学基金（NSF）就为IBM和谷歌牵头的云计算大学合作计划资助500万美元，以帮助美国的研究机构获取低价的计算资源。美国将云计算作为国家战略，美国总统于2009年3月任命专门的首席信息官来协调云计算在政府IT服务上的应用。2010年5月13日，美国政府的一个税收监控网站迁移到亚马逊的云计算平台，成为全球首例应用商业云计算服务的政府举措。美国国家标准技术研究院（NIST）一直致力于在美国各个行业中推广云计算，目前，已规定了云计算的类型，公布了使用云的利弊分析报告，并提议制定有关数据可移植性、接口和安全的最低标准。日本政府正在进行国家云计算战略部署，计划建立一个大规模的云计算基础设施，将在2015年完工，目标是集成政府所有IT系统到单一的云基础设施，以提高运营效率和降低成本。目前，日本的云计算技术已经从概念变成了具体的应用，如为汽车导航、进行紧急医疗救援、支持智能电网以及演出的实况转播等。韩国政府计划建设云计算强国，准备投入6000亿韩元，拟于2014年前建成。

3.2 我国云计算发展状况

在我国，越来越多的研究单位和企业开始从事云计算的研发和商业应用。正在积极投身云计算相关研究工作的高校和科研院所有清华大学、北京大学、武汉大学、华中科技大学、北京航空航天大学、中国科学院等。2008年11月，中国电子学会云计算专家委员会成立；2009年5月，中国电子学会举办首届中国云计算大会，同年12月，第一届云计算国际学术会议召开；2010年1月，中国云计算技术与产业联盟成立，同年5月，第二届中国云计算大会召开。

云计算得到国内众多省市政府部门的重视。2010年8月17日，上海市经济和信息化委员会正式发布《上海推进云计算产业发展行动方案（2010－2012年)》（“云海计划”），计划未来三年将上海发展为“亚太云计算中心”，拟培育十家年经营收入超亿元的云计算企业，以带动信息服务业新增经营收入千亿元。同日，“上海市云计算产业基地”正式落户上海市市北高新技术服务业园区。2010年9月8日，北京市经济和信息化委员会、北京市发展和改革委员会、中关村科技园区管理委员会联合发布《北京“祥云工程”行动计划（2010－2015年)》。“祥云工程”作为北京市发展战略性新兴产业的重要工程，将以云计算技术的兴起为新契机，抢占新的战略制高点，全面优化和提升北京信息技术产业，使北京成为中国乃至全球的云计算中心。

2010年10月18日，国家发展和改革委员会会同工业和信息化部联合印发《关于做好云计算服务创新发展试点示范工作的通知》，确定在北京、上海、深圳、杭州、无锡等五个城市先行开展云计算服务创新发展试点示范工作。试点示范工作主要包括四个方面的重点内容：一是推动国内信息服务骨干企业针对政府、大中小企业和个人等不同用户需求，积极探索软件即服务等各类云计算服务模式；二是以企业为主体，产学研用联合，加强海量数据管理技术等云计算核心技术研发和产业化；三是组建全国性云计算产业联盟；四是加强云计算技术标准、服务标准和有关安全管理规范的研究制定，着力促进相关产业发展。

4. 云计算产业发展状况

4.1 信息技术领域相关企业发展状况

当前，众多主流IT公司均看好云计算的发展前景，纷纷基于各自传统的技术领域和市场策略提出不同的云计算架构，构建不同的云计算产品线。在产业链各方的努力推动下，云计算已不是一个纯粹的热点技术概念，而有了不少较为成熟的实际应用。目前，谷歌云计算已经拥有100多万台服务器，亚马逊、IBM、微软和雅虎等公司的“云”均拥有几十万台服务器的规模，稍小的“云”一般也拥有数百上千台服务器。云计算是多种技术混合演进的结果，成熟度较高，发展较为迅速，谷歌、亚马逊、微软等大公司均是云计算的先行者。

4.1.1 谷歌的云计算

谷歌公司除了拥有强大的搜索引擎，还有谷歌地图（Google Maps）、谷歌地球（Google Earth）、谷歌邮箱（Gmail）、YouTube 网站等多种业务，这些应用的共性在于数据量巨大，而且需要面向全球用户提供实时服务，因此，谷歌必须解决海量数据存储和快速处理的问题。为此，谷歌研发出简单高效的技术，让多达百万台廉价计算机协同工作，这些技术在诞生几年之后被命名为谷歌云计算技术。谷歌云计算技术主要包括谷歌文件系统（GFS）、分布式计算编程模型 MapReduce、分布式锁服务 Chubby 和分布式结构化数据存储系统 Bigtable 等。其中，GFS 提供了海量数据的存储和访问能力，MapReduce 使得海量信息的并行处理变得简单易行，Chubby 保证了分布式环境下并发操作的同步问题，Bigtable 使得海量数据的管理和组织十分方便。谷歌已在全球建有多个云计算数据中心，其某个云计算数据中心如图 6 所示。

图 6　谷歌某云计算数据中心内部图

4.1.2 亚马逊的云计算

亚马逊公司凭借在电子商务领域积累的大量基础设施、先进的分布式计算技术和巨大的用户群体，较早进入了云计算领域，并在云计算、云存储等方面一直处于业界领先地位。亚马逊基于传统的云计算服务不断进行技术创新，开发出一系列实用的云计算新服务。目前，亚马逊的云计算服务主要包括：弹性计算云 EC2、简单存储服务 S3、简单数据库服务 Simple DB、简单队列服务 SQS、弹性 MapReducc 服务、电子商务 DevPay 和 FPS 服务、内容推送服务 CloudFront 等。这些服务均可按需获取资源，具有极强的可扩展性和灵活性，用户可以根据实际需要选取一个或多个亚马逊云计算服务。

4.1.3 微软的云计算

微软公司在网络时代软件免费商业模式的促动下，推出了云计算平台。2008 年 10 月 27 日，微软公司在微软专业开发者大会（PDC）年度会议上，发布了微软云计算战略及微软云计算服务平台 Windows Azure Service Platform，这是微软公司继 Windows 取代 DOS 之后的又一次颠覆性的转型。2009 年 3 月 18 日，微软公司发布了 Windows Azure 的最新版本——March

2009 CTP（社区技术预览版），该版本允许用户使用非微软编程语言和框架开发应用程序。

4.2 广电专业领域相关企业发展状况

广电行业的云计算应用需求及前景吸引不少企业涉足广电云计算应用领域，并纷纷推出了针对性的产品与解决方案。

4.2.1 思科数据中心3.0架构实现云计算服务

思科公司认为，在下一代IT生态系统时代，基于网络的云计算将会改变人们生活、工作、娱乐和学习的方式。思科数据中心基于思科数据中心3.0战略，通过统一网络、统一计算、统一虚拟化、统一安全的成熟产品，以及整合、虚拟化、云计算等综合解决方案，为客户构建基于云计算架构的下一代绿色数据中心提供规划、建设、咨询与服务。未来，思科数据中心大中华区将紧跟中国信息化建设步伐，结合中国三网融合的发展趋势，充分考虑客户业务应用特点与信息技术现状，协助广电、电信、政府、企业共同构建面向未来的基于云计算架构的智能互联城市云，同时帮助广电客户达到规划、建设、运营和管理有广电特色的企业应用云计算架构与企业服务云计算平台的能力。思科数据中心3.0架构示意图如图7所示。

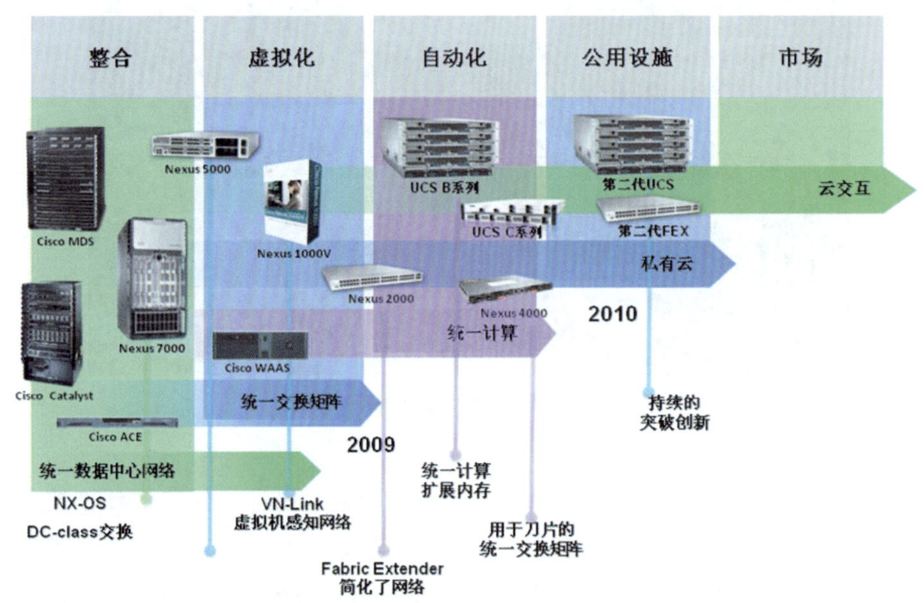

图7 思科数据中心3.0架构示意图

4.2.2 华为推出媒体“彩”云方案

华为公司是知名的电信解决方案供应商，在基础网络、业务与软件、专业服务和终端等四大领域都能提供端到端的解决方案。目前，华为的产品和解决方案已经应用于全球100多个国家，服务全球运营商50强中的45家及全球1/3的人口。华为认为“媒体云”是由媒体处理云、媒体存储云、媒体分发云、媒体消费云、媒体监管云、媒体运营云等多朵云联合运转的云—管—端的多媒体产业链。华为针对广电行业推出媒体“彩”云整体解决方案，如图8所示。其中云存储系统是采用通用型硬件和分布式存储软件构建的集群系统，可以独立建设，也可作为数据中心、分发网络的组成部分；云计算平台是由通用型硬件和虚拟化、并行计算、分布式协同、大规模集群管理软件组成的基础平台，是数据中心、分发网络、云桌面、云终端方案的组成部分。云架构分发网络是基于云计算平台的内容分发网络，采用承载与控制分离架构，支持跨电视、计算机、手机三屏和三网融合，是支持互动高清、提升用户体验的关键解决方案。云桌面、云终端则通过瘦客户端连接基于云平台的服务器，提供虚拟主机、网络存储、在线软件等云服务，可用于信息安全、集中维护、IT 增效等多种场合。

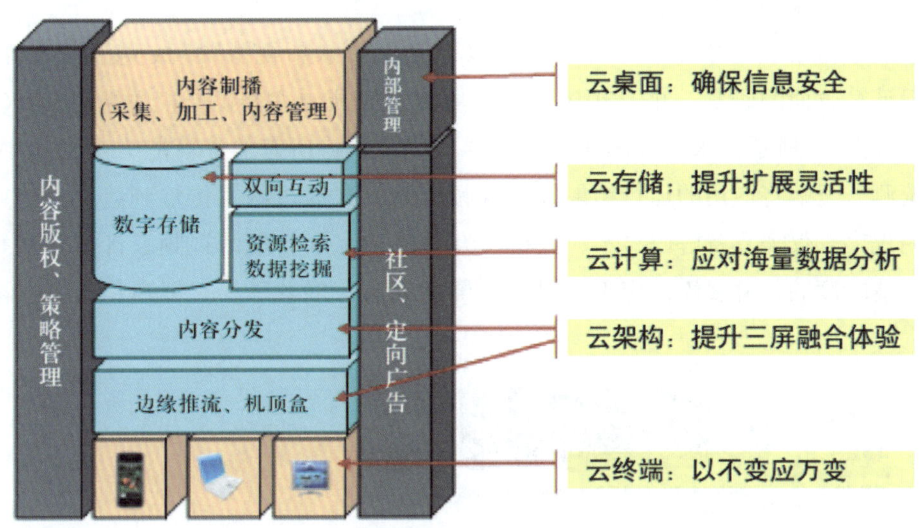

图 8　华为媒体“彩”云整体解决方案示意图

4.2.3　ChinaCache 推出 ChinaCache Cloud 云计算服务

北京蓝汛通信技术有限责任公司（ChinaCache）是国内领先的内容分发网络（CDN，Content Delivery Network）专业服务提供商，可为客户提供网络内容快速分发服务解决方案，ChinaCache CDN 监控中心如图 9 所示。2010 年初，ChinaCache 推出了 C3 基础设施云计算服

图 9　ChinaCache CDN 监控中心示意图

务解决方案，自此，ChinaCache 可以为互联网企业提供基于云计算、云存储以及 CDN 的一站式基础设施服务解决方案，让客户可以按需即时地扩展计算、存储、带宽三种资源，帮助客户缩短产品推向市场的周期，改善互联网应用体验，并大大降低客户的运营风险。目前该解决方案已得到互联网行业的认可，并受到网络媒体、电子商务、移动互联网、社会化网络游戏等领域高成长性互联网企业的好评。

4.2.4 永新视博推出视频云计算方案

北京永新视博数字电视技术有限公司（以下简称“永新视博”）成立了云计算事业部，着手开展云计算方面的研发，并于 2010 年 3 月推出了拥有自主知识产权的视频云计算端到端系统方案，如图 10 所示。永新视博视频云计算的核心是将所有的计算能力全部集中在云端，即前端系统侧，云端将应用的运行结果以视音频化的方式通过网络传输到终端，终端无需加载任何应用程序，仅需具备解码显示、人机交互等功能。永新视博视频云计算方案可以支持低时延、高清晰度的各种多媒体应用，以及三屏互动、三屏共享、三屏通信等三网融合创新应用。

图 10 永新视博视频云计算方案示意图

5. 云计算行业应用状况

5.1 云计算在电信行业的应用

电信运营商较早认识到云计算将给电信行业带来的机遇与挑战，在如何应用云计算解决现存问题、支撑未来业务发展方面进行了积极而富有成效的思考与探索。国外不少电信运营商已经开始应用云计算，并向社会提供云计算服务，如美国电信巨头美国电话电报公司（AT&T）推出了 Synaptic Hosting 网络托管云计算业务，并成功应用于美国奥委会网站，为其提供奥运期间所需的计算和存储服务，以支撑网站临时大量增加的奥运赛事新闻和录像的访问流量。韩国知名的移动通讯运营商 SK 电讯建设了云计算服务平台，可为 SK 电讯开发团队提供新业务开发中所需的服务器、存储和中间件等软硬件资源，有助于降低新业务开发成本及投资风险，加快新业务推出速度。在我国，中国移动、中国电信、中国联通等三大电信运营商也在云计算领域进行了积极实践。

5.1.1 中国移动的云计算实践

中国移动视云计算为未来技术发展方向之一，提出了“构建云计算信息服务平台，为个人和企业用户提供强大的移动互联网信息服务”的目标。中国移动通信研究院自 2007 年开始进行云计算的研究和开发，从最初由 256 台 PC 服务器、1000 核中央处理器、256 钛字节存储规模组成的试验平台，逐步发展为由 1000 台服务器、5000 核中央处理器、3000 钛字节存储规模组成的“大云”（BigCloud）实验室。2010 年 5 月 21 日，中国移动正式发布“大云”1.0 系统。“大云”是中国移动通信研究院为建设中国移动云计算基础设施而实施的关键技术研究及原型系统开发计划，旨在满足中国移动信息技术支撑系统高性能、低成本、可扩展、高可靠性的 IT 计算和存储需要，同时，满足中国移动提供互联网业务和服务的需要。

5.1.2 中国电信的云计算实践

中国电信发展云计算起步相对较晚，但推动较快。中国电信在云计算领域的探索和实践遵循业务驱动、积极稳妥、内外并举、降本增效、以点带面、合作发展的思路。2009 年 9 月，中国电信上海分公司与 EMC 公司共同宣布“e 云”正式发布。“e 云”是中国电信利用其宽带光纤网络与数据中心资源对外提供的一种在线备份服务。同年 12 月，“e 云”商用版上线。2010 年，中国电信正式启动“星云计划”，在广州、上海、成都和南昌四个城市进行云计算现场试验，涉及互联网数据中心（IDC，Internet Data Center）升级、业务平台能力构建、能力开发平台建设、内部 IT 应用等领域，旨在探索一种技术与运营模式，为中国电信未来云计算的建设和发展奠定基础。2010 年 5 月，中国电信推出两款“e 云”手机，能提供“世博服务云”、“天翼应用云”两大应用服务。

5.1.3 中国联通的云计算实践

中国联通以 IDC 业务为突破口，建设“互联云”项目。自 2009 年下半年起，中国联通开始建设 IDC“互联云”项目，整个项目按照全球云、云联云、互联云的架构层次划分，通过相关的软件及协议，实现不同云之间的互联。“互联云”集成了系统中的硬件、软件、网络、应用和服务，是一个综合性平台。

5.2 云计算在电力行业的应用

5.2.1 电力云全面支撑智能电网建设

2010 年 8 月，由北京云基地相关企业参与产品研发的国网信通电力云仿真实验室正式竣工，如图 11 所示。该实验室以建设智能电网云计算中心为使命，重点开展电力云操作系统、电力云资源虚拟化管理平台以及云计算在电力系统的典型应用等方面的研究与建设工作，拟为电力系统发电、输电、变电、配电、用电和调度六个环节提供强大的计算分析处理能力，以全面支撑智能电网建设。

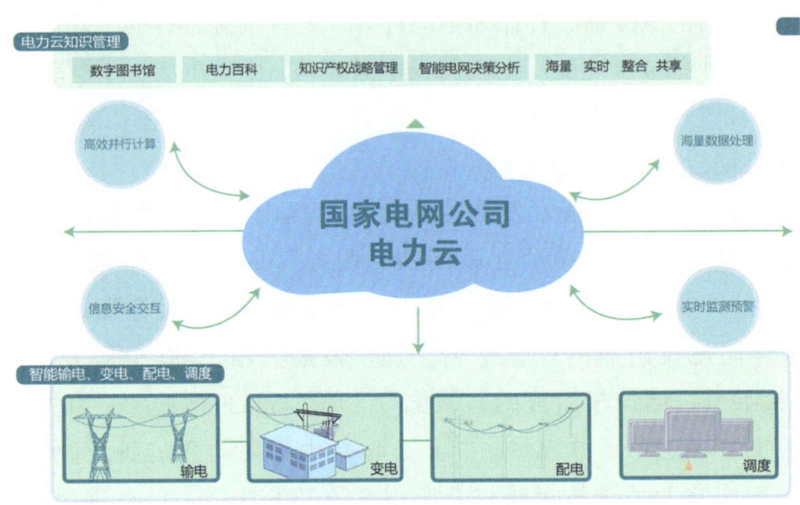

图 11　国家电网公司电力云仿真实验室示意图

电力云仿真实验室提供了一个基于云计算的开放式实验环境，涵盖了云计算的三种基本类型。实验室的技术与服务体系架构主要包括电力云资源虚拟化管理平台、电力云分布式操作平台和基于两平台之上的典型应用系统。其中，电力云资源虚拟化管理平台将分散的基础物理硬件资源，整合为计算、存储及网络三大虚拟资源池，并进行统一系统监控、系统配置及资源调配，具有资源利用率高、可集成性强、总体拥有成本低的特点；电力云分布式操作平台可为各类云应用提供基础架构，开发人员可以利用其构建自主可控的云应用，从而节约开发时间，降低实现成本；基于以上平台的典型应用包括国网国际合作业务、数字图书馆、专利云检索、电力云搜索系统、电力云百科、智能用电海量信息存储与分析、电力视频云系统和云资源租赁服务系统等，这些应用通过计算和存储的虚拟化，发挥了云计算的优势，具备良好的扩展性和经济性。

5.2.2　私有云改善江苏省电力公司数据管理

江苏省电力公司建有覆盖全省的综合信息网络系统，该系统约有 2000 台小型机和数量众多的服务器，负责操作和维护的员工逾 1000 名，在江苏电力业务运营中发挥着举足轻重的作用。随着系统结构日益复杂，业务整合难度加大、数据共享难以实现以及系统维护升级成本增加等问题逐渐凸显，为此，江苏电力借助云计算服务商提供的云计算核心底层构件，于 2009 年 10 月建成了网络化的虚拟数据存储和处理云平台。通过私有云的构建，江苏电力得以更好地存储、搜索和管理长期积累的海量数据，无论数据存储何处，都可通过统一界面对分布在各地的结构化和非结构数据进行访问和管理。未来，该私有云将进一步扩展，拟为建设中的智能电网提供支持平台。云计算的引进提升了江苏电力的数据管理效率，优化了数据使用方式，最终带来了运营绩效的改善。

5.3 云计算在广电行业的应用

伴随云计算的发展，广电行业的云计算应用也日渐兴起：中国国际广播电台、上海广播电视台、北京歌华有线电视网络股份有限公司、华数集团、中国网络电视台等多个单位结合自身的业务需要，对云计算进行了较为深入的研究，部分单位还尝试开展了云计算应用实践。

5.3.1 中国国际广播电台云计算应用实践

中国国际广播电台是一个具有音频、视频、图文、网站以及新媒体多种业务形态的国家级新闻制作机构，业务种类繁多，多媒体素材从采集到制作再到不同的发布环节，各种工序间的联系千丝万缕，是具有网状交织特性的复杂工作流。2008 年，中国国际广播电台应用“云计算”理念，建设了多媒体综合业务制播平台，较好地解决了复杂台内系统造成的建设难题，有效实现了音视频图文以及新媒体多种形态综合业务的服务能力，成功架构了多业务流程的相互关联和智能协作的节目内容资源池。多媒体综合业务制播平台通过“企业信息门户”的概念，将具有业务关联性的不同计算资源按权限呈现在浏览器内，从而方便地实现信息采集、音视频制作、资源检索、资源关联、信息管理乃至结果发布等功能。中国国际广播电台台内用户可根据不同的权限通过浏览器便捷地访问到云体内被授权的计算资源，而不用关心云体内的复杂结构以及计算细节。

5.3.2 华数集团云计算应用实践

华数集团是我国数字电视和新媒体运营企业，拥有全国 3G 手机电视、互联网电视牌照，是浙江省数字电视和移动数字电视发展的主平台。华数集团建有超百万小时的数字化节目内容媒体资源库，现已为全国 25 个省、120 多个城市的广电网络运营商提供互动电视技术和内容运营服务。华数集团还承建了国家广电总局“国家数字电视开放实验室”和“国家下一代广播电视网（NGB）融合业务创新实验室”。

华数集团在云计算领域进行了积极探索和尝试，着力将云计算应用到广播电视和新媒体领域。华数“媒体云”项目发展总体思路是立足于我国广播电视和新媒体行业的发展趋势，建设平台开放、特点鲜明、效益显著的广电“媒体云”。华数集团构建的“媒体云”包括云存储、云转码、云分发、云适配、云挖掘、云管理、云安全等。

华数“媒体云”项目具体目标为：一是以业务为先导，高起点高标准建设“媒体云”计算中心，构架开放的媒体云计算平台，面向全国提供“媒体云”计算服务；二是在“媒体云”平台基础上，通过分布式服务、海量存储、虚拟化应用、跨网络服务、跨屏幕展现等技术，向广电运营商、电信运营商、互联网运营商及其他各类用户提供“媒体云”应用服务，提升用户体验；三是推动建设“媒体云”联盟，带动“媒体云”相关产业发展，在我国普及“媒体云”应用服务。

6. 影响我国云计算广电应用的因素分析

目前，尽管各方对云计算充满信心，但云计算大规模商业化应用仍需时日。国家广电总局广播电视规划院信息研究所曾做过一项问卷调查，结果显示云计算的安全性、标准化、产业链及认知度被认为是影响云计算未来广电应用和发展的主要因素，如图 12 所示。

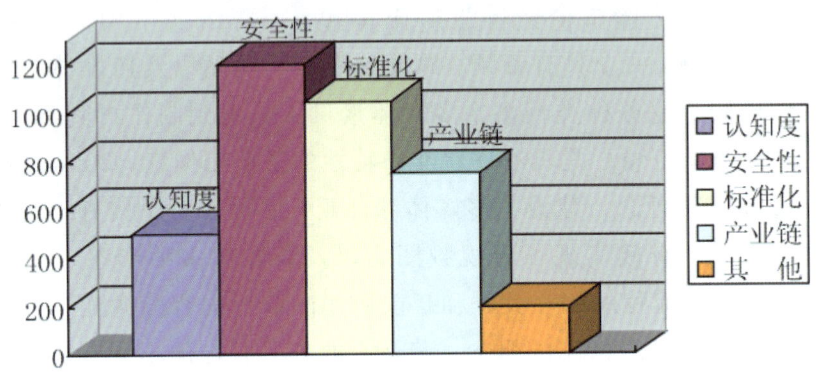

图 12　我国云计算广电应用影响因素分析图

6.1　云计算的安全性

据广电行业和其他行业的多项调查结果显示，数据安全性和私密性是阻碍用户选择云计算的重要原因。云计算安全与互联网安全类似，并不是单纯的技术问题，而是涉及诚信、法律等多方面因素的商业问题，从某种意义上说，信任机制比技术手段更为重要。解决云计算的安全性问题，需要从技术手段和非技术手段两方面作努力。确保云计算安全的技术手段有权限控制程序、存储隔离、虚拟机隔离、操作系统隔离、传输层加密、数据检验、数据备份、分布式存储等，非技术手段有设立安全等级的制度、采用第三方认证、建立企业信誉、签订服务水平协议等。

6.2　云计算的标准化

目前，不同云计算服务提供商提供的云计算服务并不能完全兼容，云计算标准化工作关系到云计算的进一步发展及规模应用。云计算的标准化工作正在十多个国际组织和不同国家中同步展开，呈现出多头并进的发展态势，云计算已成为国际标准化工作的新热点。2009 年 10 月，国际标准化组织/国际电工委员会（ISO/IEC）设立云计算研究组，2010 年 4 月，国际电信联盟远程通信标准化组（ITU－T）成立云计算焦点研究组。我国云计算标准化工作在工信部及国家标准化管理委员会的指导下，通过组建云计算标准化产业联盟，正在全面规划和快速推进中，并与国际标准化工作进行接轨。另外，云安全联盟、开放云计算联盟、云计算互操作性论坛等行业组织也在积极制定云计算相关标准。有专家认为，目前这种百家争鸣、百舸争流的云计算标准化工作态势有利于云计算的进一步发展，如果在短期内强制制定一种标准，反而可能会限制应用的多样化，进而阻碍云计算的发展。当然，云计算涉及 IT 基础设施、平台、应用、服务等多方面的内容，也很难在短期内形成统一标准。

6.3　云计算的产业链

尽管目前越来越多的公司开始重视云计算，纷纷涉足云计算产品的研发及云服务的提供，但云计算产业界的整体发展水平还远滞后于社会上日益迫切的云计算应用需求。不少公司虽然取得了阶段性的研发成果，但许多云计算应用范例仍然停留在理论和实验室阶段，缺乏规模应用的实践验证，值得实际应用单位信赖的公司数量不多。另外，云服务市场整体发展还不太成熟，能对外提供服务的类型比较有限。总之，云计算产业链有待进一步完善和成熟。

6.4　云计算的认知度

目前，云计算的内涵和外延还在不断丰富和发展，定义尚未达成完全共识。云计算实现方式呈现多样化趋势，一些徒有云计算之名、没有云计算之实的概念、产品、项目及解决方案陆续出现，令人难以甄别。尽管人们普遍看好云计算这一新兴技术和理念的发展潜力，但大多对云计算抱有谨慎务实的态度，既困惑又渴望，既心动又怀疑，观望者远多于尝试者或悲观者。未来，有必要加大云计算知识的普及力度，引导云计算的准确认知，从而促进云计算的健康发展和应用普及。

7. 云计算广电应用需求分析

科学技术的迅猛发展，特别是数字、网络等信息技术的突飞猛进，突破了传统媒体行业内部以及与电信等相关行业的技术壁垒，给广播影视制作播出、传输覆盖、用户接收等各个领域的建设和发展带来了深远的影响，给新媒体和传统媒体的融合发展带来了机遇，给广播影视带来了更加广阔的发展空间。在信息技术日新月异、广电媒体国际传播力不断提升、三网融合进程不断推进、NGB 建设全面展开的新形势下，广电行业作为信息技术的重要应用领域之一，在内容制播、内容资源管理、国际传播力建设、全台网建设、下一代广播电视网建设、业务运营支撑、监测监管数据分析以及广电信息化建设等诸多方面均有着广阔的云计算应用前景。国家广电总局广播电视规划院信息研究所曾开展“云计算最有可能在广电哪个机构率先得到应用”的问卷调查，统计结果显示，引领广电云计算应用的机构排名依次为：网络运营机构、新媒体机构、电视台、电台。经调研，当前阶段的云计算广电应用需求主要体现在如下领域。

7.1　云计算与下一代广播电视网建设

在三网融合的大形势下，能否将网络及相关资源有效聚合起来并转变为大众服务，成为下一代网络发展和竞争的关键。我国广播电视网经过几十年的发展，已经成为用户聚集度最高、用户终端规模全球最大、入户带宽资源极为丰富的基础信息网络。同时，广播电视网在业务内容丰富度、内容公信度、用户群体、多媒体表现形式、公共信息经济传播等方面具有明显的优势，这些不仅为NGB建设奠定了坚实的物质基础，而且为云计算应用提供了必要的前提条件，建设一个具有云计算特征的下一代网络将是NGB未来发展趋势之一。由NGB总体专家委员会编制，国家广电总局科技司于2010年7月1日转发的《中国下一代广播电视网（NGB）自主创新战略研究报告》指出，NGB融合了广播电视网络和互联网的技术优势，具有独特的网络特征。其网络特性之一主要体现在具有开放式业务支撑架构，承载网对业务透明，服务提供机制引入云计算和透明计算模式以保证业务提供的便捷性、开放性与可信度。

7.2 云计算与有线电视网络整合

随着数字化、网络化、双向化进程的逐步深入，有线电视网络现有条块分割、各自为战的格局已越来越不适应生产力的发展，迫切要求加快广播电视技术管理体制创新，推动网络整合，促进联合发展。国务院《推进三网融合总体方案》明确指出，要按照网络规模化、产业化运营的要求，积极推进各地分散运营的有线电视网络整合，逐步实现全国有线电视网络统一规划、统一建设、统一运营、统一管理。三网融合的实质是业务层面的融合，下一代广播电视网将在各有线电视网络上部署开放的业务平台，在原有广播业务的管理和控制的基础上，通过开放接口，提供对第三方业务的开放接入，通过业务平台的代理网关实现平台间的互联互通、对等跨域运营，形成全程全网的NGB业务网，并实现与电信网、互联网的互联。云计算可通过整合各类底层资源的计算能力，为上层业务开展提供技术支撑，为解决NGB互联互通技术问题，加快全国网络整合步伐提供了全新的思路。

7.3 云计算与广播影视节目内容资源的管理及使用

我国广播影视在节目套数、生产数量、播出时间等方面都位居世界前列，广播影视节目内容资源的完好保存、全面管理和充分再利用具有极大的社会效益和经济价值。目前，中央和省级广播电台、电视台等单位大多已实现数字化、网络化，建立了内容资源管理系统。然而，这些系统布局分散、服务方式单一，尚未形成集约化、规模化的管理和运营格局，还不能满足各类终端用户对节目内容的需求，不利于视音频资源的共享和增值。未来，可通过内容资源管理系统的云计算改造，构建区域性的广播影视节目内容资源池，逐步形成多片独立的“广播影视节目内容资源云”（或称“媒体云”），从而大大缩减广播影视节目内容资源的存储成本、设备购置成本及维护成本。同时，通过相应的云计算标准协议使不同的“媒体云”互联互通，逐步形成广播影视“媒体大云”。

7.4 云计算与广播影视节目内容制作

目前，我国新一轮文化体制改革正加速推进，全国范围内的广电制播分离改革正探索前行，未来，广电行业不仅为电视机、收音机等终端用户提供优质的节目内容及服务，还要为手机、计算机、MP4等终端用户提供优质的节目内容及服务。如何加强新媒体视听内容生产制作，大力开发面向多种平台、多种媒体、多种终端的新型节目形态是摆在电台、电视台及新媒体单位面前的现实课题。云计算的处理能力可以通过增减服务器的数量进行动态配置，相关软件可在任何具有闲置处理能力的服务器上运行，这些特性可以为广播影视节目内容制作流程中视音频编解码、实时渲染等大数据量处理提供相应的支撑。利用云计算技术优化广播影视节目内容制作生产流程，可进一步提高工作效率，降低生产成本，提升广播影视节目内容产业的核心竞争力。

7.5 云计算与广播影视监测监管

我国广电系统已建设了安全播出调度指挥系统，全国无线、有线、卫星广播电视监测网络系统以及节目收听收看、境外卫视、互联网视听节目监管系统。未来，还将建立集技术监测、节目监管、安全播出调度指挥于一体，国家和地方联动的广播影视监测监管平台，届时，海量的监测监管数据和信息需要及时统计、分析、处理并发布，云计算可提供强有力的技术支撑，其在计算及存储能力方面的优势将得到充分地展现。

7.6 云计算与广播影视国际传播能力建设

党的十七大首次将构建传输快捷、覆盖广泛的文化传播体系写入党的纲领性文件。2009年，中共中央办公厅、国务院办公厅发布《2009－2020年我国重点媒体国际传播力建设总体规划》，大力推进广播电视重点媒体国际传播能力建设将成为我国广电系统“十二五”时期一项重中之重的任务。近年来，广电系统高度重视互联网等新媒体的发展，积极利用互联网这一新途径、新方式，大力推进网络广播电视、手机广播电视的发展，不断提升广播影视的传播力和影响力。云计算为实施“走出去”工程，促进广播影视节目在国外的落地和发行放映提供了全新的思路和策略，可在全球建设多个存储视音频节目的云计算数据中心，利用云联云方式实现资源聚合，形成全球广域范围的视频服务云，对外提供全方位的视频云服务。

7.7 云计算与广电新业态

业务融合是三网融合的实质所在，业务形态的创新成为下一代广播电视网建设的核心。云计算可实现不同设备间的数据与应用共享，具有跨设备平台的业务推广优势，有助于推出数字医疗、智能家庭、家庭安控等三网融合类业务，为用户提供更多创新的业务体验。快速、低成本地研发推出广电新业态是赢取未来市场竞争的关键，可通过构建业务研发云平台，依靠云计算的大规模处理能力，为广电新业务开发动态提供所需的服务器、存储和中间件等软硬件资源，从而降低新业务开发成本，加快个性化新业务推出的速度。

7.8 云计算与业务运营支撑管理

随着三网融合及网络整合进程的推进，未来广电行业需要在统一的运营框架下，支持开放业务运营环境下的内容和业务的属地化运营与管理，支持结算中心和第三方支付等新型收/付费模式，支持创新业务或服务的全网快速部署，这对广电行业业务运营支撑管理提出了更高的要求。另外，在营销精准化、服务个性化及管理精细化的市场运营新环境下，广电行业需要进一步提高运营管理水平，需要对业务运营支撑管理系统中的海量业务数据进行深度挖掘，以提供体现未来发展趋势的预测信息，为市场营销、客户服务、财务分析及经营决策提供支持。云计算在跨域业务运营支撑管理系统建设与整合、规模数据的共享与处理、信息系统维护和升级方面都有着广阔的应用前景。

7.9 云计算与广电终端设备

下一代广播电视网终端将是集信息处理、交互、业务汇聚和安全控制等多种功能于一体的新型智慧家庭网络中心，可用丰富的有线和无线标准接口构建家庭信息与物联网络，云计算使简易终端支持复杂应用成为可能。通过云计算，数字电视机顶盒、移动多媒体广播电视（CMMB）手持设备等广电终端硬件配置不用太高，即可快速部署数字互动电视、高清互动电视、立体电视游戏等多种对终端硬件要求高的新业务，可有效减少相关资金投入，加快业务推出速度。

7.10 云计算与广电行业自身的信息化建设

目前，广电行业已在安全播出、内容制播、运营支撑、新业务开发、监测监管、办公自动化等方面相继建设了不少相对独立的信息系统，由此也产生了许多现实问题，如各系统独占信息系统资源，服务器无法在系统间共享，不能平滑调度不同系统的资源需求峰值，IT资源平均利用率偏低；对亟须开展的新业务，较长的设备采购周期导致业务部署慢，而对部分发展缓慢的业务，信息资源又难以及时回收，造成一定程度的资源浪费，信息支撑能力较差；各系统采用不同厂商、不同型号的硬件和软件，统一运维管理困难，系统维护成本高等。采用云计算架构部署信息系统，可逐步实现不同信息平台的整合以及通用软件的共享，并通过聚合系统中闲置的计算能力和存储能力，为一些特定的应用提供更为强大的处理能力，这将有助于降低运维成本，提高管理效率，践行绿色办公，实现低碳环保，最终提升广电行业信息化水平。

8. 云计算广电应用发展相关思考

云计算作为未来信息技术发展的趋势之一，应用前景十分广阔。广电行业所独有的内容、网络及用户资源优势为云计算应用与发展奠定了坚实的基础，可利用云计算进一步提升广电信息化水平，进一步强化广电信息服务功能，进一步推动广播影视发展方式和服务方式的转变。广电行业存在着诸多显见或潜在的云计算应用需求，加快推动云计算在广电行业的发展和应用具有重要的现实意义。为此，对未来云计算广电应用发展作出如下思考。

8.1 顺应信息技术发展趋势，将云计算纳入广电“十二五”规划

国家发展和改革委员会已将发展面向市场的高性能计算和云计算服务列为推进高技术服务业发展的工作重点之一，广电行业应积极迎接云计算这一新兴信息技术带来的机遇与挑战，尽早将云计算纳入广电“十二五”规划中进行统筹研究和部署，通过编制专项规划、开展专题研究，从有云计算切实需求的重点领域寻求突破口，实现云计算应用与“十二五”时期广播影视科技发展规划主要任务及重点项目的紧密结合，引导云计算在广电行业的科学发展。

8.2 高度重视广电云计算应用需求研究，适时编制技术需求白皮书

广电云计算应用需求是云计算技术与广电行业应用结合的桥梁和纽带，也是云计算标准化工作的前提和基础，直接关系到云计算在广电行业的落地及推广普及。深入挖掘广电云计算应用需求是加快广电云计算发展的一项基础性工作，可组织科研机构、高等院校的专家学者、实际应用单位的领导员工以及相关企业的研发人员交流研讨，进一步明确广电云计算的发展目标以及各级各类广电云计算应用模式和重点领域，适时编制广电云计算技术需求白皮书，论证云计算广电应用的技术实现方式及云计算安全解决方案的可行性，为云计算在广电行业的健康发展提供科学决策依据及咨询参考。

8.3 组建广电云计算产业技术创新战略联盟，培育广电云计算产业链

广电云计算应用发展离不开广电云计算产业链的形成与发展。可因势利导，通过组建广电云计算产业技术创新战略联盟等工作机制，建立以云计算应用需求为导向、产学研用相结合的技术创新体系，实现企业、大学和科研机构等在战略层面的有效结合。引导并鼓励业内外企业加大云计算研究力度，推出满足广电应用需求的云计算解决方案，研发具有自主知识产权的云计算产品，积极促成广电云计算技术集成创新，推进创新成果的产业化进程，支撑云计算在广电行业的规模化创新应用。

8.4 开展云计算试点工作，有序推进广电云的形成

为进一步促进广电云计算应用的发展，可紧密结合“十二五”时期广播影视科技发展规划中的主要任务及重点项目，通过搭建云计算应用演示平台、建设广电视频云等云计算示范工程项目，开展性能及成本分析，验证云计算广电应用的可行性，探索具有广电特色的云计算应用模式。同时，通过积极的技术及资金扶持政策，鼓励并引导有条件的广电部门开展云计算试点应用，及时总结先行先试地区的工作经验，大力推广成功模式，并基于云计算试点经验，统一规划、设计、建设广电系统级云计算试验平台，逐步形成广电专属“云”。国内广电部门，尤其是五个已被确定先行开展云计算服务创新发展试点城市的广电部门应主动创造条件，积极争取国家发展和改革委员会、科技部、工业和信息化部等国家部委以及当地政府的配套支持，整合对接国家资源，力争国家重大工程依托广电部门在当地率先应用试点。

8.5　启动云计算标准预研，适时制定广电云计算行业标准

云计算的标准化工作直接关系到云计算应用的推广与普及，广电行业应加强国内外云计算标准化进展情况的跟踪，组织成立广电云计算技术标准需求工作组，开展云计算标准预研，适时制定相应的广电云计算暂行技术文件及行业标准，为实现广电行业内外云计算平台的互联互通和应用迁移奠定基础。

8.6　开展云计算跟踪研究，出版云计算广电发展年度报告

云计算这一新兴信息技术将对广电行业多领域的工作产生影响，广电行业应加强云计算的跟踪研究，通过实地调研、研讨交流、期刊专栏、媒体报道、编制出版云计算广电发展年度报告等多种途径，专题研讨及深入剖析国内外云计算应用案例，及时反映国内外云计算技术发展的最新动态、云计算产品开发的最新成果，以及电信、互联网等与广电行业关联度较高行业的云计算应用最新进展，从信息研究层面推动云计算在广电的应用普及与长远发展。

8.7　加强云计算培训与人才培养，提升云计算在广电行业的认知度

可将云计算的培训纳入广播影视高新技术培训体系，组织开展广电高级管理干部及专业技术干部的云计算专题培训，并通过定向培养等模式，大力加强高层次专业技术人才队伍建设，培养一批实用性、复合型的广电云计算专业人才，为促进广电云计算应用发展提供有力的智力支持和人才保证。可通过各种形式推广普及正确的云计算知识，宣传广电业内外云计算的试点实践和成功案例，进一步提升云计算在广电行业的认知度，促进广电云计算发展。

参考文献

[1] 张亚勤．未来计算在“云－端”［R］. INSIGHT－2009 云计算中国论坛微软专刊，2009，5（4）.

[2] 刘国红，苏郁．电信运营商的云计算应用研究［J］. 移动通信．2009（5）：83－85.

[3] 自助式比例分配超级计算乐趣［OL］.（2007－1－11）. www. open. blogs. nytimes. com/2007/11/01.

[4] 代亚非．P2P 存储在云计算时代的新的机遇［J］. 中国计算机学会通讯．2009，6（5）：54－56.

[5] 刘鹏．3G 时代的云计算［R］. 南京：中国人民解放军理工大学，（2009－5－22）.

[6] 中国网格，http：//www. chinagrid. net.

[7] 中国云计算，http：//www. chinacloud. cn.

[8] 互动百科，http：//www. hudong. com/wiki/.

[9] 维基百科，http：//wikipedia. jaylee. cn/.

[10] 中国云计算，http：//www. cncloudcomputing. com/.

[11] 中国电子学会云计算专家委员会官方网站，www. ciecloud. org.

[12] 2009 中国云计算论坛，http：//subject. it168. com/survey/yit/index. html.

[13] 中国云计算网，http：//www. cloudcomputing－china. cn/.

[14] 2009IT 技术趋势大会云计算分论坛，http：//safe. it168. com/focus/200901/cloud/index. html.

[15] 刘鹏．网格和云计算时代的旅游信息化［R］. 南京：中国人民解放军理工大学，（2009－8）.

[16] 中国政府网，http：//www. gov. cn/gzdt/2010－10/22/content_ 1727982. htm.

[17] 工业和信息化部，http：//www. miit. gov. cn/

[18] 国家发展改革委，http：//www. sdpc. gov. cn/

[19] 上海市经济和信息化委员会，http：//www. sheitc. gov. cn/.

[20]（美）Ian Foster，Carl Kesselman. 金海，袁平鹏，石柯．The Grid 2：Blueprint for a New Computing Infrastructure［M］. 北京：电子工业出版社．2004.

[21]“云计算”在互动电视上的商业应用［OL］. IPTV 俱乐部，（2009－5－6）.
http：//q. blog. sina. com. cn/iptv.

[22] 云计算与网格计算的深入比较［OL］. 中国云计算,（2008－7－31）. http：//www. chinacloud. cn.

[23] 虚拟化将成为云计算的支撑基础［OL］. 网界网,（2009－4－1）. http：//www. cnw. com. cn/.

[24] 云计算对移动运营商的喜和忧 [OL]. 通信世界网,(2009 - 2 - 18). http://www.cww.net.cn/.

[25] 分析：数据中心与云计算服务的关系 [OL]. C114 中国通信网,(2009 -5 -21). http://www.c114.net/.

[26] 云计算风动电信业 [OL]. 中国云计算,(2009 - 4 - 17). http://www.chinacloud.cn.

[27] 王鹏，赵蔚，张彬. "云计算"搅动电信运营业的新格局 [OL]. 泰尔网，(2009 - 4 -15)，http://www.catr.cn/.

[28] 周毅，王力劭. 云计算与多媒体综合业务制播平台 [J]. 世界宽带网络. 2009.

[29] 王力劭，周毅. 云计算与多媒体全业务平台的结构安全特性 [J]. 电视技术. 2009.

[30] 中国电子学会云计算专家委员会. 云计算白皮书（概要）[R]. (2010 -5 -16).

[31] 微软. 让云触手可及——微软云计算解决方案白皮书 [OL]. 2010.

[32] 艾伦·E·奥尔特，彭亚利，林润华，珍妮·G·哈里斯. 中国云计算发展的务实之路 [R]. 埃森哲公司，中国电子学会. 2010 (5).

[33] NGB 总体专家委员会. 中国下一代广播电视网（NGB）自主创新发展战略研究报告 [OL]. 2010 (6).

[34] 刘鹏. 云计算 [M]. 北京：电子工业出版社，2010 (4).

[35] 张为民，唐剑峰，罗治国，钱岭. 云计算——深刻改变未来 [M]. 北京：科学出版社，2010 (1).

[36] 朱近之. 智慧的云计算 [M]. 北京：电子工业出版社，2010 (3).

[37] 吴康迪. 云计算在日本落地 [OL]. 计世网 (2010 -4 -20). http://www.ccw.com.cn.

后记

信息技术的快速发展，使得信息传播从单向单一形态向双向多元形态、从资源垄断向资源共享、从自成体系向开放体系、从不对称传播向互动交流方向转变，深刻改变着广播电视的媒体形态、业务模式、生产手段、经营方法及其管理体制，为此，国家广电总局科技司专门立项研究《信息技术发展对广播电视行业的影响》（以下简称“信息技术影响”）。

“信息技术影响”项目由国家广电总局广播电视规划院牵头承担，广播电视规划院信息研究所具体执行，国家广电总局原副总工、科技委副主任杜百川精心指导了项目研究工作，并亲自担任项目组顾问。“信息技术影响”项目共完成四份专题研究报告和六份跟踪研究报告，《云计算技术及广电应用对策研究》是四份专题研究报告之一。

《云计算与广播电视》研究报告基于《云计算技术及广电应用对策研究》课题成果，成文过程中，先后征求了中国云计算专家委员会、国家广电总局安全播出调度中心、中国国际广播电台、中国教育电视台、中国移动通信研究院、北京上地创业园、清华大学、中国人民解放军理工大学、北京科技大学等单位相关专家的意见，并在广播电视规划院组织召开的“云计算广电应用与发展研讨会”上广泛征求了意见。华数集团、思科系统公司、华为技术有限公司、北京蓝汛通信技术有限责任公司、北京永新视博数字电视技术有限公司、北京天云融创科技有限公司等单位还为报告提供了云计算发展的动态信息。

广电行业存在诸多显见或潜在的云计算应用需求，可利用云计算进一步提升广电信息化水平，进一步强化广电信息服务功能，进一步推动广播影视发展方式和服务方式的转变。《云计算与广播电视》研究报告的出版是一个起点，希望能在助益云计算知识的普及、引领广电云计算应用发展方面起到抛砖引玉的作用。

图书在版编目（CIP）数据

广播电视规划院技术研究报告. 2011. 上册／谢锦辉主编. -- 北京：中国广播电视出版社，2011.3
ISBN 978-7-5043-6400-5

Ⅰ. ①广… Ⅱ. ①谢… Ⅲ. ①广播电视－技术－研究报告 Ⅳ. ①TN93②TN94

中国版本图书馆CIP数据核字(2011)第027334号